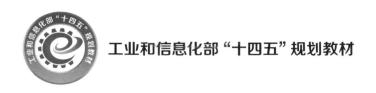

工业和信息化部"十四五"规划教材

群智化数据标注技术与实践

孙海龙　　杨晴虹　　陈尚义　　施佳樑　　编著

U0245601

北京航空航天大学出版社

内 容 简 介

本书属于工业和信息化部"十四五"规划教材。全书以数据标注对人工智能技术与应用的重要意义为出发点,梳理了数据标注从小规模、自给自足模式向大规模、职业化标注模式的发展脉络,深入介绍了当前以众包和数据标注工厂为代表的标注模式所呈现的"群智化"关键特征,并结合不同类型的数据以及典型应用场景,系统介绍了数据标注的基本概念、关键技术、支撑工具和系统平台,以及标注过程的组织和管理方法等。第1~4章详细介绍数据标注的基础概念、技术及系统等;第5~8章分别介绍文本、音频、图像和视频四类数据的标注技术;第9、第10两章以自动驾驶数据标注、人脸与人体数据标注的真实场景为出发点,从实操的角度分别阐述自动驾驶场景、人脸与人体数据标注实践过程;第11章展望数据标注技术的未来发展。

本书以培养人工智能应用所急需的数据标注人才为目标,可供高职、大专院校人工智能和大数据等相关专业师生使用,也可供从事数据标注职业的技术人员以及人工智能技术实践者参考阅读。

图书在版编目(CIP)数据

群智化数据标注技术与实践 / 孙海龙等编著. -- 北京 : 北京航空航天大学出版社,2022.8
ISBN 978 - 7 - 5124 - 3865 - 1

Ⅰ. ①群… Ⅱ. ①孙… Ⅲ. ①数据处理 Ⅳ. ①TP274

中国版本图书馆 CIP 数据核字(2022)第 148377 号

群智化数据标注技术与实践

孙海龙　杨晴虹　陈尚义　施佳樑　编著
策划编辑　董宜斌　　责任编辑　杨晓方

*

北京航空航天大学出版社出版发行

北京市海淀区学院路 37 号(邮编 100191)　http://www.buaapress.com.cn
发行部电话:(010)82317024　传真:(010)82328026
读者信箱:copyrights@buaacm.com.cn　邮购电话:(010)82316936
北京富资园科技发展有限公司印装　各地书店经销

*

开本:710×1 000　1/16　印张:23.5　字数:529 千字
2022 年 8 月第 1 版　2025 年 1 月第 2 次印刷
ISBN 978 - 7 - 5124 - 3865 - 1　定价:79.00 元

推荐序

  大规模高质量的训练数据是当今数据驱动的人工智能技术与应用创新的重要基础,而训练数据的构建离不开人工主导的数据标注。标注数据中蕴含的人类知识和经验是许多人工智能算法的基础,因此数据标注可以看作是实现从人类智能向人工智能转化的桥梁。特别是以深度神经网络为代表的人工智能技术需要更大规模的训练数据,使得传统小规模专家标注难以满足人工智能技术发展的需要。在这种情况下,出现了基于互联网的众包标注,其通过平台将数据标注需求方和标注者连接起来,从而依靠互联网上未知大量用户的群体智能实现高效的数据标注。例如,斯坦福大学通过众包标注构建了 ImageNet 数据集,推动了计算机视觉和深度学习算法的进步;卡内基梅隆大学的 reCAPTCHA 项目利用众包技术帮助《纽约时报》实现了过去 110 年的报纸的数字化工作。这些基于群体智能的数据标注模式和平台为我从事群体智能的研究提供了鲜活的案例和启发。

  伴随人工智能产业的发展,为了满足日益增长的标注数据需求,我国出现了数据标注员等新的职业岗位,并出现了许多专门从事数据标注业务的企业。这些企业雇佣大量的数据标注员,并引入工程管理方法,通过标注员之间的群智协同完成客户的标注项目,由此可见,数据标注已逐渐走向群智化、职业化。北京航空航天大学软件开发环境国家重点实验室的李未院士领导了群体智能方向的论证和规划,推动了群体智能列入国家新一代人工智能发展规划。近年来,我一直担任软件开发环境国家重点实验室学术委员会委员,有更多机会了解实验室在群体智能方面的工作。作为实验室的骨干成员,北航的孙海龙教授在群体智能理论和方法方面开展了深入的研究,在群智化数据标注方面提出了一系列提高数据标注效率和质量的新方法,发表在人工智能领域的重要学术会议 AAAI 和 IJCAI 等。百度公司作为国际知名的互联网公司,一方面自身有大量的数据标注需求,另一方面研发了百度众测平台提供数据标注服务,并开展了大量的数据标注实践。此次双方联合编写的《群智化数据标注技术与实践》教材是一个产教研融合的范例。教材梳理了数据标注发展的脉络,把握住了当前数据标注的“群智化”特征,对数据标注的基本概念、关键方法、支撑工具和应用案例等进行了全面介绍。特别是该教材已列入工业和信息化部“十四五”规划教材。我相信该教材对于培养数据标注人才,推动我国人工智能技术的发展一定能够起到重要作用。

  借此教材出版之际,我希望更多行业关注数据标注问题。实际上,许多行业的专业人员每天都在产生大量高质量的标注数据,例如,判读医学影像数据的医务工作者产生着医学影像标记数据;判读声呐信号的声呐员产生着水声标记数据等。如何高效、低成本、合规地汇聚和使用这些行业的标注数据,对于人工智能的研究具有重要意义,对于我国数字经济发展同样具有重要意义,无论是普通高等教育还是高等职业教育,都需要

1

提高学生的数据意识和能力。今年 5 月 1 日《中华人民共和国职业教育法》颁布施行，该法明确，职业教育是与普通教育具有同等重要地位的教育类型，高等职业教育不再被视为高等教育的一个初级层次，而是与普通高等教育具有同等重要地位的教育类型，两种教育类型具有很强的互补性。从数据标注实践中，我们可以看到研究型大学和职业型大学在人才培养上的合作空间。北京航空航天大学软件开发环境国家重点实验室与百度公司联合编写的《群智化数据标注技术与实践》教材，既是一个产教研融合的范例，也是研究型大学和职业型大学合作培养人工智能人才的实践。

中国科学院院士

2022 年 7 月 20 日

前　　言

近年来,以机器学习为代表的人工智能技术快速发展,已成为推动各行业创新发展的新技术引擎,因而得到世界各国政府、学术界和产业界的普遍重视。在各类机器学习方法中,决策树、朴素贝叶斯、支持向量机、k 最近邻、AdaBoost 以及神经网络等有监督学习算法得到广泛应用,而训练高质量的有监督机器学习模型往往需要丰富的训练数据,尤其是对于深度神经网络等具有大量参数的机器学习模型来说,往往需要更大规模的训练数据集。

数据标注是构建训练数据集的核心技术,其依赖人类标注员使用标注工具完成对待标注数据的标记或者解释。在数据标注技术的发展过程中,形成了两种典型的数据标注模式:专家标注和群智化标注。早期训练机器学习模型仅需要较少的标注数据,数据标注的工作往往由少量的标注专家即可完成。采用专家标注模式的标注质量较高,但是平均标注成本高。群智化标注包括众包标注和数据工厂标注两种形式。一方面,随着复杂机器学习模型的不断提出,特别是深度神经网络的快速发展,对标注数据的需求越来越大,互联网上出现了众包标注模式。众包标注的代表性工作是斯坦福大学李飞飞教授团队利用众包模式构建的著名的图像标注数据集 ImageNet,其有力地推动了深度学习技术与应用的发展。相对专家标注,众包标注的成本较低,但是标注人员的不确定性给数据标注的质量提出了新挑战。另一方面,随着人工智能的广泛应用,对标注数据的需求与日俱增,为了满足日益增长的数据标注需求,逐渐出现以数据标注为核心业务的实体企业或者部门,这些企业或部门从客户那里接收待标注数据,并通过设立标注项目、组建标注员团队、部署标注工具或平台和管理标注过程等活动开展标注任务,最终向客户提供高质量标注数据,我们将这种标注形式称为“数据标注工厂”。国内的百度、阿里、腾讯和京东等互联网企业纷纷推出数据标注平台,支撑基于数据标注工厂模式提供高效优质的数据标注服务。无论是众包标注,还是数据标注工厂,它们的共同特点是利用大量标注员的“群智”贡献实现对海量数据的标注。总之,群智化标注模式的出现与发展演进是数据标注从小规模、自给自足方式发展成为大规模、职业化方式的重要标志,是为了满足人工智能对标注数据需求不断增长的必然结果。

在此背景之下,培养大量高素质的数据标注员对于推动我国人工智能技术创新与产业发展,缩小我国与国际人工智能先进水平的差距具有重要意义,对数据标注员的职业化教育和培训成为我国教育领域的一项紧迫任务,相关的教材建设尤为重要。在数据标注领域,目前市面上有限的几种教材在对数据标注发展过程的系统化梳理,以及对当前以“群智化”为主要特征的数据标注过程管理、标注技术和应用实践中的新问题和新特性的把握等方面尚需改进。北京航空航天大学软件开发环境国家重点实验室的李未院士等科学家率先开拓了“群体智能(Crowd Intelligence)”研究方向,并推动群体智能列入国家新一代人工智能发展规划,北京航空航天大学成为开展"群体智能"方向研究的先行者和优势单位,在相关理论和技术方面积累了丰富成果。百度公司是大数据和人工智能领域中科研和实践的先锋企业,在国内很早就研发了"百度众测"平台,在山西省等地率先建立了人工智能基础数据产业基地,有力推动了群智化数据标注技术的研发与应用。为此,双方联合成立了教材编写团队,旨在充分发挥双方在学术研究和产业应用实践方面的优势与积累,编写一本高质量的反映数据标注最新技术特点的教材,希望能够为我国人工智能方面的人才培养和技术创新做出贡献。

本书重点介绍群智化数据标注的基础知识、关键技术、系统工具和应用实践等内容。从数据标注对人工智能技术与应用的重要意义出发,梳理了数据标注从小规模、自给自足模式向大规模、职业化标注模式的发展脉络,深刻把握当前以众包和数据标注工厂为代表的标注模式所呈现的"群智化"关键特征,结合不同类型的数据以及典型应用场景对数据标注的基本概念、关键技术、支撑工具和系统平台、组织和管理方法等进行系统性介绍。其中,第1~第4章对群智化数据标注的基础概念、技术及系统等进行详细介绍;第5~第8章则分别对文本、音频、图像和视频四类数据的标注进行介绍;第9、第10两章则从自动驾驶数据标注、人脸与人体数据标注的真实场景出发,从实操的角度进行阐述;第11章对数据标注的未来发展进行展望。本书以培养人工智能应用所急需的数据标注人才为目标,适合作为高职、大专院校人工智能和大数据等相关专业的教材,也适合从事数据标注职业的技术人员以及人工智能技术实践者阅读。

本书由北京航空航天大学的师生和百度在线网络技术(北京)有限公司的技术人员联合编写。在编写过程中,北京航空航天大学的博士生王子哲和柴磊重点参与了第1~第4章和第11章的编写工作,以及全书内容的整体规划、反复校对和多轮迭代修改工作;硕士生顾睿彤以及郝延朴、石泽宏、刘源森、闫思桥、戴芳菲、姜昊等本科生同学参与了第5~第10章内容的编写与校对等工作;百度公司的蒋晓琳、李昱霖、李明、陆汀、谭小红、蒋志坚、洪至远、王光浩、项光特、张亚萍、朱于磊、刘皓、侍纪伟、杨佳莹、马利艳、王瑞霞、孙源婕和刘悦旻等为标注平台及实践案例方面的内容编写、全书编写工作的组织、内容审核与校对等方面给予了重要支持;北京航空航天大学的陈志珺、孙成斌、齐斌航、沈逸君、王仲池、隋睿、许淳逸、李兆天、王乾伟和亓鲁等研究生多次参与书稿的校对工作。

中国科学院院士王怀民特别为本书作序,王院士是我国开展群体智能研究的著名专家,我们对王院士的支持致以最诚挚的感谢!工业和信息化部批准了本书的"'十四五'规划教材"立项申请,特别感谢工业和信息化部以及评审专家对本书的认可和支持!本书中阐述的群智化标注的一些思想和方法是编者在长期开展研究工作的过程中形成的,这些工作得到了国家自然科学基金项目(61932007,61972013 和 62141209)和国家重点研发计划(2019YFB1705902 和 2016YFB1000804)的支持,感谢科技部和国家自然科学基金委员会!此外,在本书编写过程中,参考、引用了许多学术界和工业界数据标注方面的理论方法、关键技术、系统工具和应用实践等成果和应用案例,在此,对相关的学者、技术人员和工程师等表示衷心感谢!

　　尽管我们已尽最大努力保证本书的编写质量，但由于水平所限，书中难免存在错误与不当之处，望广大读者批评指正，我们会持续改进本书的内容，欢迎读者通过电子邮件 ehailong@hotmail.com 提供宝贵意见和建议。

编　者

2022 年 7 月于北京

目　　录

第1章　人工智能与数据标注

在许多科幻文学和影视作品中,我们常常能看到形形色色的"人工智能"应用,这些应用代表了人们对未来的美好愿望:人类因大量工作被机器取代而得以解放双手,可以去做更有意义或更感兴趣的事情。近些年来,大数据、深度学习等推动了人工智能理论与技术的快速发展,人脸识别、自动驾驶、机器翻译等人工智能应用技术逐渐成熟,人们的很多愿望正在逐步变成现实。事实上,这一切都离不开大规模高质量数据标注。

1.1　人工智能基础

1.1.1　人工智能概述

如图1.1所示,从字面上来看,人工智能(Artificial Intelligence,AI)包含"人工"和"智能"两部分。其中,"人工"很容易理解,人为的、人造的即为人工。而"智能"则比较难定义,目前,"智能是什么"是很多科学家、哲学家一直在探索研究的问题。"智能"一词尚未得到完美的诠释。美国著名的发展和认知心理学家霍华德·加德纳(Howard Gardner)在1983年出版的《智力的结构》一书中提出:"智能是指个体在某种社会或文化环境的价值标准下,用以解决自己遇到的真正的难题或生产及创造出有效产品所需要的能力。"在该书中,他提出了多元智能理论(Multiple Intelligences),将人类智能分为语言智能、逻辑数学智能、音乐智能、空间智能、身体运动智能、人际关系智能、内省智能和自然智能。其中,逻辑数学智能(Logical-Mathematical Intelligence)是指运算和推理的能力,表现为对事物间各种关系,如类比、对比、因果和逻辑等关系的敏感性,以及通过数理运算和逻辑推理等进行思维的能力,与目前计算机科学中的"人工智能"比较相近。

人工　　　　　　　　智能　　　　　　　　人工智能

图1.1　人工＋智能＝人工智能

"人工智能"这一概念最早出现于1956年的达特茅斯会议上。当时很多科学家认为,原则上学习和智能的任何方面都可以被精确地描述,因此能够据此制造出模拟它们的机器。达特茅斯会议的目标是召集一些科学家共同探讨如何让机器掌握和使用语言,并形成抽象和概念,以解决现在人类尚难以解决的各类问题,同时改进机器自身构造及功能。

人工智能经典教材 Stuart R,Peter N *Artificial Intelligence*:A Modern Approach《人工智能:一种现代的方法》(第四版),将多种人工智能的定义进行了归纳,如 1.1 所列。

表 1.1　人工智能定义归纳

像人类一样思考	理性地思考
"使计算机思考的令人激动的新成就……完整的字面意思就是:有头脑的机器"(Haugeland,1985) "与人类思维相关的活动,诸如决策、问题求解、学习等活动[的自动化]"(Bellman,1978)	"通过使用计算模型来研究智力"(Charniak 和 McDermott,1985) "使感知、推理和行动成为可能的计算的研究"(Winston,1992)
像人类一样行动	理性地行动
"创造能执行一些功能的机器的技艺,当由人来执行这些功能时需要智能"(Kurzweil,1990) "研究如何使计算机能做那些目前人比计算机更擅长的事情"(Rich 和 Knight,1991)	"计算智能研究智能 Agent 的设计"(Poole 等人,1998) "AI……关心人工制品中的智能行为"(Nilsson,1998)

维基百科中则是这样定义的:人工智能指由人制造出来的、机器所表现出来的智能,通常人工智能是指通过普通计算机程序来呈现人类智能的技术。《现代汉语词典》(第七版)中将人工智能定义为:计算机科学的一个分支,利用计算机模拟人类智力活动。中国电子技术标准化研究院编写的《人工智能标准化白皮书(2018 年)》中给出的定义:人工智能是利用数字计算机或者由数字计算机控制的机器,模拟、延伸和扩展人类的智能,感知环境、获取知识,并使用知识获得最佳结果的理论、方法、技术和应用系统。也有其他一些人工智能教材认为:人工智能是关于知识的科学,主要研究知识的表示、获取和运用。

总之,目前尚未有统一的范式来指导人工智能的研究,对于人工智能的分类也存在多种体系。但目前被广泛接受的一种分类模式是按照人工智能的应用领域以及发展阶段,将其分为强人工智能和弱人工智能两类。

(1) 强人工智能(Artificial General Intelligence,AGI):强人工智能是指能够推理和解决复杂问题的人工智能。这样的人工智能系统可以被认为是有知觉的,有自我意识的。正如我们经常在科幻电影里所见到的很多人工智能系统,这些系统可以独立进行思考,制定最优的问题解决方案,甚至建立自己的价值观和世界观体系,一举一动就像人类一样,甚至超过人类。以著名的计算机科学奠基人图灵命名的"图灵测试",就是用来判断人工智能是否达到强人工智能的方法,我们会在后文详细介绍这个测试。除了计算机科学领域中的人工智能,生物科学领域中的人工生命也是实现强人工智能的一种技术路线。人工生命研究的是通过人工方法模拟生命系统，从而从生物学的角度实现强人工智能。

目前，在人工智能领域，距离实现强人工智能还很遥远。目前比较有代表性的一个实例是机器人——索菲亚，索菲亚是由中国香港的汉森机器人技术公司在 2015 年开发的类人机器人，于 2017 年获得了沙特王国的公民身份，成为世界上第一个获得人类公民身份的人形机器人。索菲亚看起来像女性，拥有橡胶皮肤，能够表现出超过 62 种的面部表情。索菲亚"大脑"中的算法使得它能够识别人脸，并与人进行眼神接触。它的目标就是像人类那样，拥有同样的意识、创造力和其他能力，比如学习、艺术创作、经商、建立家庭等，但目前索菲亚远没有达到强人工智能的效果。

（2）弱人工智能（Weak Artificial Intelligence，有时也称为 Artificial Narrow Intelligence）：弱人工智能是指用于解决特定问题（如人脸识别、语音识别等）的人工智能系统。这类系统主要是模拟智能，但是并不真正拥有认知和推理等智能，也不会有自我意识和感受。目前我们所能见到的人工智能，都属于弱人工智能。更加通俗地讲，若人工智能的一举一动都是开发者设计好的程序。针对可能出现的各类情况，工程师设计出相对应的方案，最后由机器判断是否符合条件，并加以执行。以智能语音助手为例，当我们和它说话或者聊天的时候，实际上是与程序设计者在背后设计的一套应对方法进行交互，程序设计者在语音识别的基础上加入了一套应对措施，使得大家以为它能够听得懂用户说的话，但它并不具有真正的智能。

弱人工智能的概念起源于 20 世纪七八十年代。当时强人工智能的研究者发现，对于强人工智能的研究过于理想化，要解决的问题过于庞大，很多软硬件技术不能实现。于是很多科学家和工程师转向了更加实用的、工程化的弱人工智能研究。他们在这些领域取得了丰硕的研究成果，比如人工神经网络、感知机等机器学习模型，并在人脸识别、手写体识别等应用领域都取得了不错的成果。随着近年来人工智能技术的飞速发展，这些弱人工智能成功地应用到了我们生活的方方面面。

1.1.2　人工智能发展简史

如今，人工智能技术飞速发展，实际上其之前经历了多次兴起和衰落，先后出现了各种技术路线。接下来我们将对人工智能的发展历史进行简要介绍，以帮助大家理解如今我们所说的"人工智能"的来源，以及它的具体内涵。

1. 图灵测试

首先，我们介绍人工智能的奠基性实验——图灵测试，这个实验提供了一个检验人工智能的标准。艾伦·麦西森·图灵（Alan Mathison Turing）是计算机领域的传奇人物（图 1.2），他不仅提出了图灵机，还在第二次世界大战的时候破解了德军密码，为盟军取得胜利做出了重要贡献。图灵被誉为计算机科学之父、人工智能之父。1950 年，他提出了一个根据机器是否有能力思考判断一个机器是否具有智能的实验，这个实验也被称为"图灵测试"。如图 1.3 所示，一个人类问询者（I）使用测试对象皆能理解的语言询问两个他不能看见的对象任意一串问题。其中，一个被询问对象是正常思维的人

（H），另一个是机器（M）。如果经过若干询问以后，问询者（I）不能分辨人（H）与机器（M）的不同，则此机器（M）通过图灵测试。图灵测试引出了人工智能最初的概念，它甚至早于1956年才正式提出的"人工智能"这一词语本身。

图1.2　艾伦·麦西森·图灵

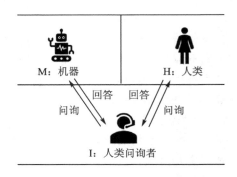

图1.3　图灵测试

2. "人工智能"的提出

1956年8月，在美国汉诺斯小镇宁静的达特茅斯学院中，约翰·麦卡锡（John McCarthy）、马文·闵斯基（Marvin Minsky）、克劳德·香农（Claude Shannon）、艾伦·纽厄尔（Allen Newell）、赫伯特·西蒙（Herbert Simon）等科学家正聚在一起（图1.4），讨论着一个未来对人类发展产生深远影响的主题：用机器模仿人类学习以及其他方面的智能。会议足足开了两个月的时间，虽然大家没有达成普遍的共识，但是却为会议讨论的内容起了一个名字：人工智能。

1956 Dartmouth Conference: The Founding Fathers of AI

John MacCarthy

Marvin Minsky

Claude Shannon

Ray Solomonoff

Alan Newell

Herbert Simon

Arthur Samuel

Oliver Selfridge

Nathaniel Rochester

Trenchard More

图1.4　参加1956年达特茅斯会议的著名AI科学家

　　因此,1956年也就成为人工智能元年。这个会议还有另外一个名字:人工智能夏季研讨会。科学家们讨论了人工智能研究诸多的潜在发展领域,包括学习和搜索、视觉、推理、语言和认知、游戏(如国际象棋),以及人机交互(如独立机器人)。这场讨论达成的普遍共识是,人工智能具有造福人类的巨大潜力。这次会议得出了一个"机器智能可能产生影响的研究领域"的总体框架及规范,并促进了人工智能多年之后的发展。

3. 感知机的提出

　　达特茅斯会议之后,人工智能出现了井喷式发展。在1956年至今60多年的人工智能发展历程中,一直存在着两个互相竞争的技术学派,即符号主义与连接主义。虽然它们同时起步,并行发展,但在20世纪80年代以前,符号主义一直主导着人工智能的发展,而连接主义直至20世纪90年代才逐步发展起来,到21世纪进入发展高峰。这两种人工智能学派采用不同的方式模拟人类的心智。符号主义主要基于物理符号系统假设和有限合理性原理,旨在设计通用的、基于推理的方法,解决广泛的现实问题。它假设人类是一个物理符号系统,而计算机也是一个物理符号系统,因此可以采用计算机模拟人的智能行为。连接主义的主要原理为神经网络及神经网络间的连接机制与学习算法,即仿造人脑的神经网络结构,让神经网络自己学习解决问题的方法。

　　20世纪50年代初期,一位年轻的心理学家弗兰克·罗森布拉特(Frank Rosenblatt)提出了感知机(Perceptron)的概念(图1.5),并且于50年代末期,在美国海军的支持下做出了感知机的机械原型。当时,罗森布拉特受到美国海军的经费资助,召开了新闻发布会。《纽约时报》记录:"海军透露了一种电子计算机的雏形,希望未来它能够走路、说话、书写、观看、自我复制,并意识到自己的存在。"直到20世纪80年代,科学家们还在激烈地讨论感知机的相关问题。这对于神经网络的研究非常重要,而神经网络正是当前人工智能发展的重要技术之一。

图1.5　Mark I 感知机与弗兰克·罗森布拉特

　　罗森布拉特的那台机器是为图像识别而设计的,它是一个模拟的神经网络,其中的感光单元矩阵通过导线与节点相连。他开发了一种"感知机算法",引导网络逐渐调整其输入强度,直到它始终正确地识别图像,从而有效地进行学习。罗森布拉特的感知机只有一层，而现代神经网络却有数百万层。

在此之后，世界上掀起了第一波人工智能投资热潮。

人工智能的研究并非一帆风顺，它进入过两次低谷期。主要原因是人们对人工智能技术不切实际的期待造成了大量盲目投资，以至于人工智能技术发展形成"泡沫"，最终泡沫破灭，人工智能进入"寒冬"。

4. 第一次人工智能寒冬

在 20 世纪 60 年代的大部分时间里，美国国防部高级研究计划局（DARPA）等政府机构为研究投入了大量资金，但对于最终的回报要求不多。与此同时，为了保证经费充足，人工智能的学者经常夸大他们的研究前景。直到 70 年代，因为当时技术条件有限，人工智能的价值始终达不到期望，各种撤资浪潮袭来，人工智能技术发展的第一个寒冬降临。

1966 年，美国语言自动处理咨询委员会（ALPAC）向美国政府提交了一份报告；1973 年，英国科学研究委员会（SRC）向英国政府提交了一份由知名应用数学家 James Lighthill 爵士带头起草的报告。两份报告都对人工智能研究各个领域的实际进展提出了质疑，对人工智能的技术前景表达了非常悲观的态度。报告认为，用于语音识别等任务的人工智能很难扩展应用于政府或军方领域。因此，美国政府和英国政府都开始削减大学人工智能研究的资金。在 20 世纪 60 年代，这些委员会一直慷慨地提供人工智能研究经费。之后，他们要求研究计划必须有明确的时间表，并且要详细描述项目成果才提供资助。

当时的人工智能水平似乎是让人失望的，可能永远达不到人类的水平。人工智能第一个"冬天"一直持续到 70 年代，并且蔓延到 80 年代。

5. 第二次人工智能寒冬

20 世纪 80 年代，人工智能随着"专家系统"（Expert Systems）的大获成功开始再次发展，这使得符号主义的发展达到了最高峰。专家系统是一种模拟人类专家解决领域问题的计算机程序系统。此系统内存储了大量专业知识，并可模仿人类专家做出决策。这一系统最初是由卡内基梅隆大学为数字设备公司（Digital Equipment Corporation）开发的，并且数字设备公司迅速采用了这项技术。

在当时，专家系统往往需要昂贵的专用硬件支持，而 Sun Microsystems 的工作站、Apple 和 IBM 的个人电脑都拥有与其近似的功能，而且价格更低，结果导致专家系统无法与越来越通用的台式计算机进行竞争。1987 年，专家系统计算机的市场崩溃了，其主要供应商黯然退场。

"人工智能"一词再次成为科学研究中的"禁忌"话题。为了避免被视为不切实际、渴求资助的"梦想家"，科研人员不得不为人工智能相关的研究冠上不同的术语，比如"信息学""机器学习"和"分析学"。

人工智能研究再次进入寒冬，但其发展并未完全停滞。1986 年，多伦多大学的 Geoffrey Hinton 教授提出了反向传播算法（Backpropagation Algorithm）；之后，纽约大学教授 Yann LeCun 提出了卷积神经网络(Convolutional Neural Network,CNN)。这些研究成果受限于当时的计算机硬件水平,并未给人工智能研究带来新的转机,但是这些工作为后来深度学习的发展打下了坚实的基础。Geoffrey Hinton 教授、Yann Le-Cun 教授和另一位深度学习科学家 Yoshua Bengio 教授因为在深度学习方面的巨大贡献,于 2018 年获得了计算机科学领域的最高荣誉——图灵奖。

第二个人工智能的"冬天"从 1987 年一直延续到了 1997 年,之后才迎来了一个转折。

(1)"深蓝"击败卡斯帕罗夫。如图 1.6 所示,1997 年,当 IBM 的计算机系统"深蓝"(Deep Blue)在国际象棋比赛中击败了当时的世界冠军——来自俄罗斯的加里·卡斯帕罗夫(Garry Kasparov)时,人工智能的公众形象大幅提升。在电视直播的 6 场比赛中,"深蓝"赢了 2 场,卡斯帕罗夫赢了 1 场,另外 3 场以平局告终。而在 1996 年,卡斯帕罗夫曾经以 4:2 击败了早期版本的"深蓝"。

图 1.6 "深蓝"击败卡斯帕罗夫

"深蓝"拥有强大的计算能力,它使用了一种类似"蛮力"的方法,每秒评估 2 亿种可能的走法,从而找到最佳走法。而人类每个回合只能检查大约 50 步。"深蓝"达到了就像人工智能一样的效果,但是计算机并未真正地在下棋中思考策略、自主学习。

"深蓝"的胜利将人工智能非常高调地带回了公众视野,有人很着迷,也有人对机器打败顶尖的人类棋手这件事感到难以接受。在金融市场方面,"深蓝"的胜利推动 IBM 股价上涨了 10 美元,创下了历史新高。

(2)2006 年,Geoffrey Hinton 教授及其学生在国际著名学术刊物 *Science* 上发表论文,提出了深层网络训练中"梯度消失"问题的解决方案:无监督预训练对权值进行初始化+有监督训练微调。美国斯坦福大学、纽约大学,加拿大蒙特利尔大学等成为研究深度学习的学术重镇,至此掀起了深度学习在学术界和工业界的热潮。深度学习对传统的人工神经网络算法进行了改进,通过模仿人的大脑处理信号时的多层抽象机制完成对目标对象的识别。深度学习中的"深度",指的是神经网络的多层结构。深度学习方法的提出在学术界引起了巨大反响。2012 年,在著名的 ImageNet 图像识别大赛中,

Geoffrey Hinton 领导的小组采用深度学习模型 AlexNet 一举夺冠。由于深度学习在视觉等领域解决问题的突出能力，其很快就得到了工业界的关注，世界各国的高科技企业纷纷投入巨大的人力和财力进行相关的开发和研究工作。百度是最早把深度学习提升到核心创新技术地位的中国互联网企业之一。早在 2013 年，百度就建立了深度学习研究院，有力地推动了深度学习在中国的深入研发与应用。

2016 年 AlphaGo 战胜人类围棋冠军李世石，人工智能的发展达到了新的高度（图 1.7）。我们之前提到过 IBM 的"深蓝"战胜了人类国际象棋高手，而围棋走法远多于象棋，比宇宙的原子数还要多。正是因为围棋变幻莫测，棋手需要大量的时间去学习和实践，复杂的变化导致围棋比国际象棋更需要棋手的直觉和逻辑。为了在这一领域战胜人类，由 Google 开发的人工智能围棋软件 AlphaGo 诞生了。

2015 年，AlphaGo 以 5:0 的成绩击败欧洲围棋冠军樊麾（二段）；2016 年 3 月，又以 4:1 击败世界冠军李世石（九段）；2017 年 5 月，AlphaGo 轻松击败在 Gorating 世界围棋棋手柯洁（图 1.8）。它使用蒙特卡洛树搜索，借助估值网络与走棋网络两种深度神经网络，通过估值网络来评估大量选点，并通过走棋网络选择落点。2017 年 10 月公布的更强的 AlphaGo Zero 没有用到任何人类数据。之后，AlphaGo 被认为是人工智能研究的一项标志性进展，从此人工智能的发展再一次显现出快速增长的趋势。

图 1.7　AlphaGo 战胜李世石

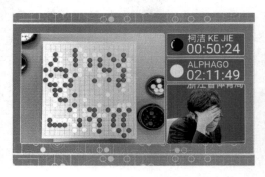

图 1.8　AlphaGo 战胜柯洁

当前，人工智能技术发展的三大核心要素包括数据、算力和算法。其中，算力主要依赖于图形处理器（GPU），随着芯片技术的不断升级，算力正在飞速地提升；伴随着全球范围内的深度学习热潮，新的算法也在不断地被提出；而随着算力和算法的飞速发展，人工智能对数据规模的要求也在不断增长。

1.1.3　人工智能主要研究内容与热点

人工智能的研究内容十分广泛，在经典人工智能教材将人工智能的主要研究领域分为：问题求解（Problem-solving），知识、推理与规划（Knowledge, Reasoning and Planning），不确定性知识与推理（Uncertain Knowledge and Reasoning），机器学习（Machine Learning）及通信、感知与行动（Communicating, Perceiving and Acting）五个方面。

（1）问题求解：针对给定的问题（如旅行商问题、汉诺塔问题、N 皇后问题、约束可满足问题和棋类问题等），通过问题分析与定义、识别可能的解空间、选择最优解或者近似解等步骤寻找求解方案。问题的解空间往往很大，寻找最优解的复杂度高，通常采用搜索的方法进行问题求解。主要研究内容为搜索策略的设计，当问题不能够通过一步完成时，智能体如何找到一组行动序列而达到目标，搜索即是指从问题出发寻找解的过程。

（2）知识、推理与规划：使智能体具备构建知识库，表示复杂世界以及在此基础上进行逻辑推理，最终依据推理结果确定下一步行动的能力。主要研究内容为逻辑智能体、逻辑推理、知识表示等内容。

（3）不确定知识与推理：通过概率方法对不确定性进行量化，让智能体根据置信度加以理解，并驾驭不确定性，并在具有不确定性的环境中进行决策。主要研究不确定性表示、概率推理和决策等内容。

（4）机器学习：让机器从过去的经历中学习经验，对数据的不确定性进行建模，对未来进行预测，是当前人工智能最重要的分支学科之一。主要研究内容为统计机器学习、深度学习和强化学习等内容。

（5）通信、感知与行动：设计能够理解自然语言、与人交流乃至理解所处世界的信息，并与物理世界互动的智能体。主要研究内容为自然语言处理、感知方法和机器人技术等。

本书中的数据标注技术主要服务于从数据中学习知识的人工智能，即机器学习类的人工智能方法，这也是目前最为主流的人工智能研究方法。为了与本书的主要内容——数据标注更好地结合，下面从应用角度介绍机器学习类人工智能的 3 个热点研究内容：计算机视觉、计算机听觉、自然语言处理。这 3 项研究内容旨在让计算机具备处理图像/视频、音频以及文本的能力。

1. 计算机视觉

计算机视觉（Computer Vision，CV）是使用计算机模仿人类视觉系统的科学，让计算机拥有类似人类提取、处理、理解和分析图像以及图像序列的能力。自动驾驶、机器人、智能医疗等领域均需要通过计算机视觉技术从视觉信号中提取信息，并处理之。近年来随着深度学习的发展，预处理、特征提取与算法处理渐渐融合，形成端到端的人工智能算法技术。根据解决的问题，计算机视觉可分为计算成像、图像理解、三维视觉、动态视觉和视频编解码 5 大类。作为一个科学学科，计算机视觉研究图像和视频相关的理论和技术，试图建立能够从图像或者多维数据中获取"信息"的人工系统。因为感知可以看作是从感官信号中提取信息，所以计算机视觉也可以看作是研究如何使计算机系统从图像中"感知"的科学。计算机视觉主要的研究内容包括图像/视频中的目标检测、识别等，常见应用场景包括自动驾驶（图 1.9）、人脸/人体识别（图 1.10）等。

2. 计算机听觉

计算机听觉（Computer Audition，CA）是一个基于音频信号处理和机器学习，对各

图 1.9　自动驾驶

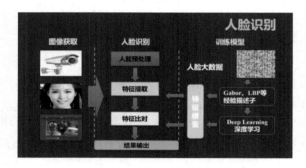

图 1.10　人脸识别流程

类数字声音内容进行理解和分析的学科。一般来说,计算机听觉技术包括声音采集、预处理、声源分离、去噪/增强、音频事件检测、音频特征提取、声音分类、声音目标识别及定位等。音频事件是指一段具有特定意义的连续声音;音频场景是一个保持语义相关或一致性的声音片段,通常由多个音频事件组成。计算机听觉技术在医疗卫生、安全监控、交通运输与仓储、制造、农林牧渔、水利环境、公共设施管理、建筑、采矿、日常生活、身份识别、军事等领域均有应用。

语音识别是计算机听觉的重要研究内容,其处理的对象主要是人类的语音数据。语音识别技术是让机器通过识别和理解,把语音信号转变为相应的文本或命令的技术。机器先听,再理解,最后给出结果,如图 1.11 所示。语音识别技术主要包括特征提取技术、模式匹配准则及模型训练技术 3 个方面。手机中的语音助手、输入法中的语音输入,都涉及语音识别技术。近年来,语音识别技术正逐步进入工业、通信、汽车电子、医疗、家庭服务、消费性电子产品等各个领域。

图 1.11　语音识别

3. 自然语言处理

自然语言处理（Natural Language Processing，NLP）是计算机科学领域与人工智能领域的一个重要方向，研究能实现人与计算机之间用自然语言进行有效通信的各种理论和方法，涉及的领域较多，主要包括机器翻译、机器阅读理解和问答系统等。自然语言处理这个概念很宽泛，可以把它分成"自然语言"和"处理"两部分。我们先看"自然语言"。自然语言区别于计算机语言，是人类发展过程中形成的一种信息交流的方式，包括口语及书面语，反映了人类的思维。我们说的汉语、英语都属于自然语言。再看"处理"，"处理"通常是由计算机执行的，计算机无法像人一样处理文本，它有自己的处理方式。简单来说，自然语言处理是指计算机接受用户自然语言形式的输入，并在内部通过人类所定义的算法进行加工、计算等系列操作，以模拟人类对自然语言的理解，并返回用户所期望的结果。自然语言处理涉及对自然语言的识别、表示、理解等。由于语言是人类思维的反映，故自然语言处理是人工智能研究与应用的核心问题之一，因此有人将其称为人工智能"皇冠"上的"明珠"。

1.1.4 人工智能的应用场景

人工智能的应用场景非常广泛，本小节以多个不同领域为例，简要介绍人工智能的应用场景，其中大多与我们的生活息息相关。

1. 智能制造

智能制造是基于新一代信息通信技术与先进制造技术深度融合，贯穿于设计、生产、管理、服务等制造活动的各个环节及相应系统的优化集成，具有自感知、自学习、自决策、自执行、自适应等功能的新型生产方式。其目标是实现制造的数字化、网络化、智能化，并不断提升企业的产品质量、效益、服务水平，推动制造业创新、协调、绿色、开放、共享发展。智能制造对人工智能的需求主要表现在以下 3 个方面：

（1）智能装备，包括自动识别设备、人机交互系统、工业机器人以及数控机床等具体设备，涉及跨媒体分析推理、自然语言处理、虚拟现实、智能建模及自主无人系统等关键技术。

（2）智能工厂，包括智能设计、智能生产、智能管理以及集成优化等具体内容，涉及跨媒体分析推理、大数据智能、机器学习等关键技术。

（3）智能服务，包括大规模个性化定制、远程运维以及预测性维护等具体服务模式，涉及跨媒体分析推理、自然语言处理、大数据智能、高级机器学习等关键技术。例如，现有涉及智能装备故障问题的纸质化文件，可通过自然语言处理，形成数字化资料，再通过非结构化数据向结构化数据的转换，形成深度学习所需的训练数据，从而构建设备故障分析的神经网络，为下一步故障诊断、优化参数设置提供决策依据。

2. 智能医疗

如图 1.12 和图 1.13 所示，人工智能的快速发展，为医疗健康领域向更高的智能化方向发展提供了非常有利的技术条件。近几年，智能医疗在辅助诊疗、疾病预测、医疗影像辅助诊断、药物开发等方面发挥了重要作用。

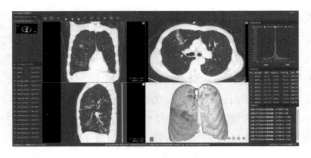

图 1.12 医疗影像

图 1.13 医疗机器人

（1）在辅助诊疗方面，通过人工智能技术可以有效提高医护人员的工作效率，提升一线全科医生的诊断治疗水平。如利用智能语音技术可以实现电子病历的智能语音录入；利用智能影像识别技术可以实现医学图像自动读片；利用智能技术和大数据平台可以构建辅助诊疗系统。

（2）在疾病预测方面，人工智能借助大数据技术可以进行疫情监测，及时有效地预测疫情，并防止疫情的进一步扩散和发展。以流感为例，很多国家都有规定，当医生发现新型流感病例时，需告知疾病控制与预防中心。但可能由于人们患病不及时就医，同时信息传达回疾控中心也需要时间，因此，通告新流感病例时往往会有一定的延迟，人工智能则可以通过疫情监测能够有效缩短响应时间。

（3）在医疗影像辅助诊断方面，影像判读系统的发展是人工智能技术的产物。早期的影像判读系统主要靠人手工编写判定规则，存在耗时长、临床应用难度大等问题，从而未能得到广泛推广。影像组学是通过医学影像对特征进行提取和分析，为患者预前和预后的诊断和治疗提供评估方法和精准诊疗决策。这在很大程度上简化了人工智能技术的应用流程，节约了人力成本。

3. 智能安防

智能安防技术是一种利用人工智能对视频、图像进行存储和分析，从中识别安全隐患，并对其进行处理的技术。智能安防与传统安防的最大区别在于智能化，传统安防对人的依赖性比较强,非常耗费人力;而智能安防能够通过机器实现智能判断,从而尽可能实现实时安全防范和处理。

智能安防目前涵盖众多的领域,如街道社区、道路、楼宇建筑、机动车辆的监控,移动物体监测等。今后智能安防还要解决海量视频数据分析、存储控制及传输问题,将智能视频分析技术、云计算及云存储技术结合起来,构建智慧城市下的安防体系。

4．自动驾驶

如图 1.14 所示,自动驾驶汽车又称无人驾驶汽车、电脑驾驶汽车或轮式移动机器人,是一种通过电脑系统实现无人驾驶的智能汽车。自动驾驶技术依靠人工智能、视觉计算、雷达、监控装置和全球定位系统的协同工作,让电脑可以在没有任何人类主动操作下,自动安全地操作机动车辆,我们会在第九章中进行详细介绍。

图 1.14　自动驾驶汽车

5．智能家居

参照工业和信息化部印发的《智慧家庭综合标准化体系建设指南》,智能家居是智慧家庭八大应用场景之一。受产业环境、价格、消费者认可度等因素影响,我国智能家居行业经历了漫长的探索期。至 2010 年,随着物联网技术的发展以及智慧城市概念的出现,智能家居概念逐步有了清晰的定义,并随之涌现出各类产品,其相应的软件系统也经历了若干轮升级。智能家居以住宅为平台,基于物联网技术,由硬件(智能家电、智能硬件、安防控制设备、家具等)、软件系统、云计算平台构成的家居生态圈,实现了人远程控制设备、设备间互联互通、设备自我学习等功能,并通过收集、分析用户行为数据为用户提供个性化生活服务,使家居生活安全、节能、便捷等。例如,借助于智能语音技术,用户应用自然语言实现对家居系统各设备的操控,如开关窗帘(窗户)、操控家用电器和照明系统、打扫卫生等操作;借助于机器学习技术,智能电视可以从用户看电视的历史数据中分析其兴趣和爱好,并将相关的节目推荐给用户;通过应用声纹识别、脸部识别、指纹识别等技术进行开锁等;通过大数据技术可以使智能家电实现对自身状态及环境的自我感知,具有故障诊断能力;通过收集产品运行数据,发现产品异常,并主动提供服务,降低故障率;还可以通过大数据分析、远程监控和诊断,快速发现问题、解决问题及提高效率。

6．智能金融

人工智能的飞速发展将对身处服务价值链顶端的金融业带来深刻影响,人工智能逐步成为决定金融业沟通客户、发现客户金融需求的重要因素。人工智能技术在金融业中可以用于服务客户,支持授信、各类金融交易和金融分析中的决策,并用于风险防控和监督,将大幅改变金融现有格局,使金融服务更加个性化与智能化。智能金融对于金融机构的业务部门来说,可以帮助获客,精准服务客户,提高效率;对于金融机构的风控部门来说,可以提高风险控制能力,增加安全性;对于用户来说,可以实现资产优化配置,体验金融机构更加完美的服务。人工智能在金融领域的应用主要包括:① 智能获客方面,依托大数据,对金融用户进行画像,通过需求响应模型,极大提升获客效率;② 身份识别方面,以人工智能为内核,通过人脸识别、声纹识别、指静脉识别等生物识别手段,再加上各类票据、身份证、银行卡等证件票据的 OCR 识别等技术手段,对用户身份进行验证,大幅降低核验成本,有助于提高安全性;③ 大数据风控方面,通过大数据、算力、算法的结合,搭建反欺诈、信用风险等模型,多维度控制金融机构的信用风险和操作风险,同时避免资产损失;④ 智能投顾方面,基于大数据和算法能力,对用户与资产信息进行标签化,精准匹配用户与资产;⑤ 智能客服方面,基于自然语言处理能力和语音识别能力,拓展客服领域的深度和广度,大幅降低服务成本,提升服务体验;⑥ 金融云方面,依托云计算能力的金融科技,为金融机构提供更安全、高效的全套金融解决方案。

7. 智能客服

智能客服是使用广泛、相对成熟的人工智能应用。这是因为客服领域的场景具有相对明确的特征。智能客服系统主要基于语音识别与自然语言处理技术,使用海量数据建立对话模型,结合多轮对话与实时反馈实现自主学习,精准识别用户意图,支持文字、语音、图片等富媒体交互,可实现语义解析和多种形式的对话。智能客服包含任务对话和业务咨询两种服务。任务对话服务通常是定制化服务,通过与用户的多轮交互,实现快递查询、订餐、医生预诊等服务类功能。业务咨询服务则可通过建立问答知识库,快速回复用户问题和咨询服务,解答常见问题。智能客服的优势在于其能够自动拨打、智能应答、客户分级、通话记录、数据分析,节省了大量人工成本。智能客服全年无休、态度时刻满分、无需业务培训快速上手、有一定的数据统计能力,并且可以对用户标注分级,方便后续跟进。

1.1.5 人工智能的发展前景

世界各国高度重视发展人工智能技术与产业。全球各大经济体均意识到了人工智能在产业发展、社会变革上的强大潜力,纷纷推出了相应的人工智能发展政策。中国信息通信研究院与中国人工智能产业发展联盟发布的《全球人工智能战略与政策观察(2019)》中指出:自 2013 年以来,全球已有美国、中国、欧盟、英国、日本、韩国、印度、新西兰、俄罗斯、加拿大、新加坡、阿联酋、越南等 20 余个国家和地区发布了人工智能相关战略、规划或重大计划。欧盟成员国家于 2018 年签署《人工智能合作宣言》,共推人工智能发展;东盟正在计划制定《东盟数字融合框架行动计划》,促进人工智能合作发展。国际社会推出的人工智能政策呈现出发达国家带头、新兴国家跟进的态势。图 1.15 为全球主要经济体的人工智能政策发布情况。

2015 年以来,我国出台了一系列政策支持人工智能的发展,推动中国人工智能步入新阶段。如表 1.2 所列,在 2015—2021 年,国务院和工信部、发改委等部门陆续出台了一大批推动人工智能技术与应用发展的政策和文件,包括指导方针、各种相关规划,以及人工智能标准化白皮书。我国人工智能市场规模巨大、企业投资热情高。埃森哲公司的数据显示,半数(49%)的中国人工智能企业。IDC 预测,到 2023 年中国人工智

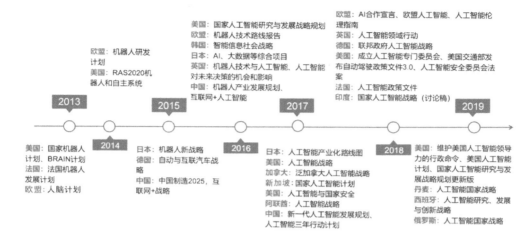

图 1.15 全球主要经济体人工智能战略

能市场规模将达到 979 亿美元。据麦肯锡预计,到 2025 年,人工智能将催生 10 万亿美元以上的市场规模,热点方向包括智能安防、智慧金融、智能家居、自动驾驶、智慧医疗、智能机器人等。

表 1.2 人工智能相关政策

时 间	发布会议或单位	政策名称	内 容
2015 年 5 月	国务院	《中国制造 2025》	我国在国家战略层面首次提出智能制造
2015 年 7 月	国务院	《国务院关于积极推进"互联网＋"行动的指导意见》	明确人工智能为重点发展领域
2016 年 3 月	十二届全国人大四次会议	《中华人民共和国国民经济和社会发展第十三个五年规划纲要》	人工智能被纳入"十三五"规划纲要
2016 年 4 月	工业和信息化部、国家发展和改革委员会、财政部	《机器人产业发展规划(2016—2020 年)》	聚焦智能工业型机器人发展
2016 年 8 月	国务院	《"十三五"国家科技创新规划》	研发人工智能,支持智能产业发展
2017 年 7 月	国务院	《新一代人工智能发展规划》	人工智能的迅速发展将深刻改变人类社会生活、改变世界。为抢抓人工智能发展的重大战略机遇,构筑我国人工智能发展的先发优势,加快建设创新型国家和世界科技强国,按照党中央、国务院部署要求,制定本规划
2018 年 1 月	中国电子技术标准化研究院	《人工智能标准化白皮书(2018 版)》	提出能够适应和引导人工智能产业发展的标准

时 间	发布会议或单位	政策名称	内 容
2018 年 3 月	国务院	《政府工作报告》	加强新一代人工智能研发应用
2018 年 11 月	工业和信息化部	《新一代人工智能产业创新重点任务揭榜工作方案》	遴选掌握核心技术、创新能力较强的企业,重点突破人工智能标志性产品、服务、平台
2019 年 3 月	国务院	《关于促进人工智能和实体经济深度融合的指导意见》	探索人工智能创新成果应用转化路径和方法,构建智能经济
2019 年 8 月	科技部	《国家新一代人工智能开放创新平台建设工作指引》	鼓励人工智能细分领域领军企业搭建开源、开放平台,推动行业应用
2020 年 7 月	国家发展和改革委员会等五部门	《国家新一代人工智能标准体系建设指南》	明确人工智能标准化顶层设计,研究标准体系建设和标准研制的总体规则,明确标准之间的关系,指导人工智能标准化工作的有序开展,完成关键通用技术、关键领域技术、伦理等 20 项以上重点标准的预研工作
2021 年 7 月	工业和信息化部	《新型数据中心发展三年行动计划(2021—2023 年)》	推动新型数据中心与人工智能等技术协同发展,构建完善新型智能算力生态体系
2021 年 9 月	国家新一代人工智能治理专业委员会	《新一代人工智能伦理规范》	旨在将伦理道德融入人工智能全生命周期,为从事人工智能相关活动的自然人、法人和其他相关机构等提供伦理指引

从 2015 年国务院提出《中国制造 2025》开始,每年都会有大量关于人工智能相关的政策出台。2016 年将人工智能纳入"互联网＋"建设,2017 年提出人工智能产业发展三年行动计划,2018 年制定《人工智能标注化白皮书》。国家对于人工智能政策的支持极大地激发了市场的积极性,催生了一大批企业参与其中,同时出现了很多的新生职业,例如,数据标注工程师。

《新一代人工智能发展规划》由国务院于 2017 年 7 月 8 日印发并实施,是为抢抓人工智能发展的重大战略机遇,构筑我国人工智能发展的先发优势,加快建设创新型国家和世界科技强国,按照党中央、国务院部署要求制定的。2020 年下半年,国资委正式印发《关于加快推进国有企业数字化转型工作的通知》,提出要打造制造类、能源类、建筑类、服务类企业数字化转型示范。近年来,我国政府高度重视人工智能的技术进步与产业发展,人工智能技术发展已上升为国家战略。人工智能市场前景十分广阔,随着人工智能技术的逐渐成熟,科技、制造业等业界巨头布局的深入,人工智能的应用场景不断扩展。从这些政策我们能看到国家对人工智能行业发展提出的期待和要求。首先,人工智能、芯片等领域的底层技术创新方面,要做到科技自立自强。其次,以国有企业为代表的数字化、智能化升级持续加速,覆盖各行各业。再次,工业制造等行业的数字化、网络化已经卓有成效,智能化成为"新三年"的核心工作目标。

目前,我国人工智能产业链结构主要分 3 层:基础层、技术层、应用层。基础层主要涉及数据的收集与处理,这是人工智能技术的基础,包括 AI 芯片、传感器、大数据与云计算等相关技术。其中,传感器及大数据主要负责数据的收集和管理,而 AI 芯片和云计算负责运算。技术层是人工智能产业发展的核心,其主要依托基础层的运算平台和数据资源进行海量识别训练和机器学习建模,开发面向不同领域的应用技术,包括感知智能和认知智能。应用层建立在基础层与技术层的基础上,实现与传统产业的融合发展以及不同场景的应用。随着深度学习、计算机视觉、语音识别等人工智能技术的快速发展,人工智能与终端和垂直行业的融合将持续加速,对传统的家电、机器人、医疗、教育、金融、农业等行业将形成全面的重塑。

1.2　数据——人工智能的重要基石

在 1.1 小节中,我们介绍了人工智能的基本概念、关键技术以及应用场景等背景知识,本节我们将介绍人工智能的重要基石——数据,并通过对人工智能的重要技术——机器学习的介绍,从机器学习底层原理的角度,说明数据对于人工智能的重要性。

1.2.1　数据是人工智能行业的"石油"

随着国家政策的倾斜以及相关基础技术的发展,中国人工智能产业开始快速增长,人工智能的广泛应用逐渐迎来商业化落地。

机器学习是人工智能技术的主要技术分支,当前主流的人工智能技术几乎都基于机器学习技术。其特点是给定一定量的数据和一个学习算法,机器自行学习数据特征,总结规律,从而具备像人一样的识别、判断、推理等能力。

在众多的机器学习方法中,深度学习脱颖而出,几乎主导了当今人工智能技术的发展,其特点是模型参数量大,需要的训练数据量大。其发展趋势就是模型越来越庞大,参数越来越多以及对数据需求量越来越大。前文说到,人工智能三要素是"算法、算力、数据"。其中,"算法"也即模型设计不受现有资源与技术的限制;"算力"则随着芯片技术的发展以及芯片行业对人工智能的逐渐重视而飞速提升,算力不足可以依靠增加训练时间弥补。因此,"数据"成了三要素中的短板。

知名人工智能学者、斯坦福大学的吴恩达教授提出了人工智能领域的二八定律:80% 的数据$+20\%$ 的模型$=$更好的人工智能,足见人工智能行业中数据的重要性。由此可见,数据可以看作是人工智能行业的"石油",对于人工智能技术的发展发挥着基础性作用。

数据可以分为标注数据(Labeled Data)与无标注数据(Unlabeled Data),采用标注数据进行训练的方法称为有监督学习(Supervised Learning)或半监督学习(Semi-supervised Learning)。在目前人工智能技术中,有监督学习占了很大比重,这类技术需要用大量的标注数据训练模型。因此,在人工智能产业的蓬勃发展背后,标注数据作为技术发展的基石,发挥着越来越重要的作用。

接下来,我们将介绍数据的定义与来源,然后介绍机器学习、深度学习以及有监督学习的概念与原理,以讲清楚数据(尤其是标注数据)对人工智能技术的重要性。

1.2.2 数据的定义与来源

1. 数据的定义

图 1.16 中左边的数值"26""170""50 000"和"800",在不带任何度量(单位)的情况下,显然是没有任何意义的。但是,如果是如下一段话:张三 26 岁了,身高 170 cm,月工资 50 000 元,工作地点距离家乡 800 km,这些数字就有了明确的含义。像这样由特定的数字符号组成的就是数字,而在现实世界特定场景中表示某种度量的数值就是数据,它是表示事物、对象的属性或反映相应物理特征的数值。

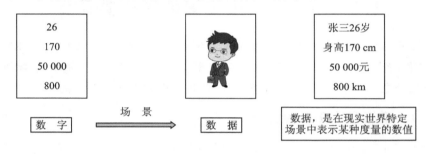

图 1.16 数字与数据的区别

计算机存储的数据其实远比这些数值要丰富,它主要包括文字、符号、图像、声音、视频等,按记录方式分为文本、音频、图像和视频等,按表现形式分为模拟数据和数字数据。模拟数据由连续函数表示,指在某个区间连续变化的物理量,如声音的大小和温度的变化又可以分为图形数据(如点、线、面)、符号数据、文字数据和图像数据等。模拟数据通常是由传感器采集得到的连续变化的值,如温度、压力,以及电话系统、无线电和电视广播中的声音和图像等。数字数据则是模拟数据经过量化后得到的离散的值,常见的数字数据有用二进制表示的字符、图像、音频、视频数据等,例如大写字母"A"的二进制表示是"01000001"。

2. 数据的来源

数据是用来记录信息的,而信息主要在网络空间(Cyber Space)与真实世界中产生。网络空间中的信息天然以数据的形式被记录,它们主要由互联网用户和机器产生;而真实世界中的信息则需要通过各类传感器转化为数据。因此这里将数据的来源分为互联网用户产生的数据、机器产生的数据以及传感器采集的数据。

用户数据:数据来源的第一个途径就是广大的互联网或者各类软件、系统用户。根据国际电信联盟(ITU)2021 年发布的数据,目前,全球已经有大约 49 亿人接入了互联网。每个人不仅是数据的接收者,也是数据的生产者。几乎每个人都在用智能终端设备拍照、拍视频、发微博、发微信等,每天我们都会产生大量的数据,常见的如微博、微信、推特等通信软件产生的移动通信数据,淘宝等电子商务平台产生的在线交易日志数据等。

机器产生的数据:数据来源的第二个途径就是机器产生的数据,这类数据主要是由企业的服务器、业务系统等产生的,一般来说有如下几种方式:一是谷歌、Facebook、百度、亚马逊和淘宝等互联网公司产生的数据。以百度公司为例,百度公司数据总量超过了千 PB 级别,数据涵盖中文网页、百度推广、百度日志、用户生成数据(User Generated Content,UGC)等多个部分,并以 70% 以上的国内搜索市场份额坐拥庞大的搜索数据。二是电信、金融、保险、电力、石化系统企业产生的数据。以电信行业为例,电信行业数据包括用户上网记录、通话、信息、地理位置等数据,运营商拥有的数据量将近百 PB 级别,年度用户数据增长超过 10%。三是公共安全、医疗、交通领域企业产生的数据。举个简单的例子,一个大型城市一个月的交通卡口记录数据量可以达到 3 亿条。四是制造业和其他传统行业方面的数据,该类数据量也在剧增,但是还处于积累期,整体体量不算大,多则 PB 级别,少则数十 TB 或数百 TB 级别。

这些数据不仅数据量巨大,而且数据类型也非常多。按照数据类型进行划分,可以分为结构化和非结构化数据。据统计,大约 20% 的数据量属于结构化数据,剩余 80% 属于非结构化数据。

传感器采集的数据:数据来源的第三个途径就是传感器从真实世界感知/采集到的数据,主要包括传感器数据,如温度传感器、距离传感器、声音传感器等,这些传感器数量庞大,收集的数据也非常多。其中,摄像头作为一种图像传感器,在我们生活中最为常见,各式各样的摄像头如手机摄像头、监控探头、车载摄像头,等每天都记录下来海量的数据。

1.2.3 标注数据是机器学习的重要基础工作

数据在人工智能行业中非常重要,而数据可以分为有标注数据和无标注数据。标注数据是一种重要的数据,我们进行数据标注的目的就是得到标注数据以供人工智能行业使用。下面以机器学习为例介绍人工智能对标注数据的需求。

1. 机器学习概述

机器学习是当前人工智能的主要技术,主要研究计算机怎样模拟或实现人类的学习行为,以获取新的知识或技能,重新组织已有的知识结构使之不断改善自身的性能。更实际地来讲,机器学习是从数据中产生"模型"的算法,即"学习算法"。有了学习算法,当我们把经验数据提供给它,它就能基于这些数据产生模型,在面对新的情况时,模型会给我们提供相应的判断。

假设我们想要开发一个根据人的"身高"和"体重"数据预测"性别"的机器学习模型。为此,在机器学习中,需要一些身高、体重、性别的历史数据,然后设计一个算法,让它在这些数据中寻找规律。如图 1.17 二分类模型示例所示,横坐标为身高,纵坐标为体重,深色的点为男性,浅色的点为女性。采用最简单的办法,用一条直线将它们分为两类,这条直线是根据图中点的坐标计算得到的,以尽可能地将这两类点分开。机器学习中将这个计算过程称为"训练"。对于一个没有性别标签的点,如果其在直线上方,就判断为男生,而在直线下方的就判断为女生。那么这条直线就代表了一个机器学习模型,它通过对训练数据(各个点的横纵坐标和相应的性别标签)的学习,拥有了将两类点分开的能力。

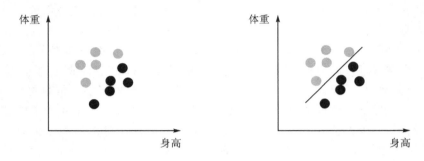

图1.17　二分类模型示例

接下来,我们简单地讨论一下数据量和模型分类能力的关系。图1.18为数据量对模型精度的影响。可以看到,当只有两个点时,采用上述方法得到的机器学习模型很可能非常不准确。假设最优的模型是图中的直线,可以看到,随着数据量的逐渐增加,模型也越来越准确。对于更为复杂的机器学习模型依然遵循这一规律,因此大量的标注数据是确保机器学习模型精度的重要因素。

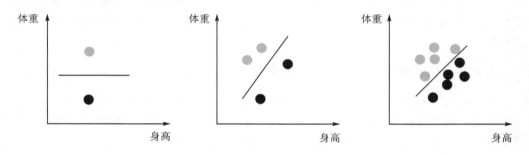

图1.18　数据量对模型精度的影响

2. 有监督学习

有监督学习是一种依赖有标注数据进行训练的机器学习方法;与之相应的是无监督学习,无监督学习仅需要无标注数据,依靠数据特征进行学习。

特征是指被观测对象的可测量性能或特性。在机器学习中,确定数据的特征是非常重要的环节。例如,身高、体重、性别中的"身高"、"体重"通常被称为特征,而"性别"则是这组(身高、体重)数据的标签。

按照训练数据是否有标签,机器学习可以大致分为有监督学习、无监督学习和半监督学习。有监督学习中所有的数据都是带有标签的,每一个数据都带有一个性别标签,用这些带标签的数据训练模型的过程就属于有监督学习。目前大部分机器学习模型属于有监督学习。

相应地,无监督学习就是用没有标签的数据训练模型。还以性别分类为例,如果没有性别标签,我们应该如何训练模型呢?事实上,在训练数据中,没有性别标签的情况下,模型是不可能根据身高体重判断性别的。但是,如图1.19所示,当没有性别标签时,图1.19中的点用黑圆点表示可以根据数据点的分布情况将其分为两类。因此,在没有标签的情况下,可以训练一个模型,将属于不同分布位置的点尽可能地分开。当给定一组(身高、体重)数据时,模型可以判断它属于哪一类别,这就是无监督学习。不需要标注数据的好处非常明显,因为数据是需要人工标注的,无监督学习能够节省大量的成本。

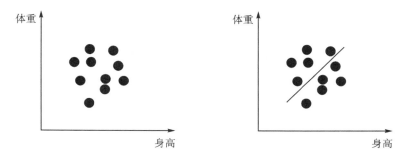

图1.19　无监督学习

此外,还有半监督学习模型,半监督学习是监督学习与无监督学习相结合的一种机器学习方法。半监督学习使用一定数量的未标注数据,同时也使用标注数据。在上面的例子中,已经可以利用无监督学习将数据点分为两类,那么,在无监督学习的基础上,只要我们知道少数点的标签,就可以大致判断其余和这些少数点在一类的点的标签,如图1.20(左)所示。

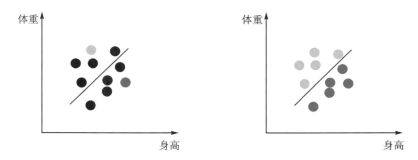

图1.20　半监督学习

相比有监督学习,半监督学习需要的标注数据少了很多。既然半监督学习如此方便,为什么我们还需要大量的标注数据呢?因为真实的应用场景远比上面示例情况要复杂得多。目前有监督学习仍为人工智能应用的主流。

3. 神经网络与深度学习

人工智能技术的飞速发展与 2006 年深度学习技术的提出是密不可分的。深度学习的基础则是神经网络,如图 1.21 所示。

神经网络是一种模拟生物神经系统的机器学习模型,它由许多个"神经元"组成。最初的神经网络是图 1.22 中所示的层级结构,每层的神经元与下一层神经元全互联,神经元之间不存在同层连接,也不存在跨层连接。

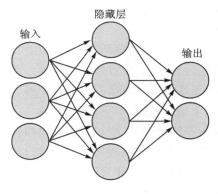

图 1.21　神经网络(人工)

20 世纪末,出现了很多机器学习模型,诸如逻辑回归、支持向量机、随机森林、决策树和神经网络等。一般来说,在数据量较大、特征数较小时,简单模型如逻辑回归就能取得不错的效果。在数据量较小、特征数较大时,随机森林的效果往往优于神经网络。但随着数据量的增大,两者的效果会逐渐接近。如果数据量继续增大,神经网络的效果则会更好。

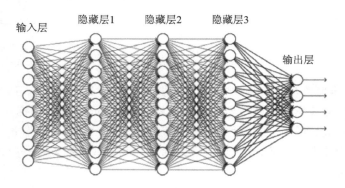

图 1.22　深度神经网络

上面提到的机器学习模型都属于浅层结构。浅层结构通常只包含 1 层或 2 层的非线性特征转换层,它们的局限性在于对复杂函数的表示能力有限,针对复杂分类问题,其泛化能力受到一定制约,比较难解决更加复杂的数据,例如自然语言、音频、图像和视频等的处理问题。对于神经网络,我们可以通过增加网络层数的方式提升模型对复杂函数的表示能力,但传统的前馈神经网络(即 BP 神经网络)模型存在"梯度弥散(Gradient Diffusion)"现象。随着网络层数的增多,这种问题会越来越严重,从而制约了神经网络的发展。

2006 年,加拿大多伦多大学教授 Geoffrey Hinton 提出了深度学习,通过改进模型训练方法打破了 BP 神经网络发展的瓶颈。深度学习可以简单理解为传统神经网络的拓展。深度学习采用类似神经网络的分层结构,是一个由输入层、多个隐层和一个输出层组成的多层网络。深度学习通过简单地增加网络层数,极大地提高了模型对复杂函数的逼近能力,展现了模型强大的特征表示能力。

但随着网络层数的增加,模型需要学习的参数量也成倍地增加,为了准确地估计模型参数,深度学习对数据的需求也与日俱增。2020 年,由 OpenAI 发布的深度学习模型 GPT－3,拥有 1 750 亿个参数,比它之前最大的同类模型还要多 10 倍。GPT－3 的训练数据集也十分庞大。整个英语维基百科(约 600 万个词条)仅占其训练数据的0.6％。在可以预见的将来,模型的复杂程度将会进一步提升,而对数据的需求也将进一步增加。

机器学习的机制注定了其对数据的依赖,而深度学习的兴起以及其模型规模突飞猛进的增大急剧加大了人工智能行业对数据的需求。尽管无监督学习正在飞速发展,但在智能安防、自动驾驶、智能客服等许多领域,有监督学习仍是主流,它们需要大量的标注数据(如带标注人脸、车道线以及语音等)以供模型进行训练。

1.3　数据标注的概念与现状

通过前几节的学习,相信大家对数据以及数据的重要性有了基本的认识,那么这一节,我们正式开始介绍数据标注的基本概念。

1.3.1　数据标注的概念

在介绍数据标注的概念前,我们可以思考一个问题,即如何教会 2 岁的小朋友认识"什么是苹果"。我们可能会先告诉小朋友,苹果是圆形的、红色的,有时会带着绿色的叶子;小朋友可能会问,只要是圆形的、红色的,就都是苹果么？我们会告诉小朋友"不一定",因为"圆形的、红色的"也有可能是西红柿,或者李子,还有可能是其他水果或食物。另外,苹果也有绿色的、黄色的。大家会发现,我们会提供充分的信息,供孩子准确地认识、掌握"什么是苹果"。

再举个简单的例子,我们告诉孩子"这是一辆汽车",并把对应的图片展示在孩子面前,帮助他记住这种拥有 4 个轮子、可以有不同颜色的日常交通工具。当孩子下次在大街上遇到飞奔的汽车时,就能直呼"汽车"。

我们假设人工智能就是一个"孩子",那么数据标注就是启蒙老师。在传授知识的过程中,老师讲得越细致、越全面、越有耐心,那么孩子学习得也就越快。如果说人工智能是一条"高速公路",那么标注数据就是高速公路的基石,基石越稳固、质量越过硬,数据就会越可靠。

如果想让机器具备与人类同样的认知能力,我们需要帮助机器识得相应的特征。对于人类,将汽车的特征告诉他一次,下次遇到汽车就能准确辨别;对于机器,需要向其提供有关汽车的特征,并提供大量汽车图片,使其通过训练及反复学习,并通过测试检查与巩固,最终准确识别汽车,而这些汽车图片就是标注数据。

简而言之,数据标注就是通过分类、画框、标注、注释等,对图片、语音、文本等数据进行处理,标记对象的特征和类别等信息,为机器学习提供训练数据集。

我们将数据标注任务分为 4 种类型:文本数据标注、音频数据标注、图像数据标注以及视频数据标注。本书会在第 2 章中对这 4 种数据标注任务进行简要介绍,并在第 5～8 章中分别详细介绍。

1.3.2　数据标注应用与发展现状

由于当前数据标注产业的主要应用是为人工智能提供训练数据,因此数据标注也服务于人工智能的应用场景。在 1.1.4 小节中提到了人工智能在制造、农业、医疗、安防、交通和金融等领域中都能够发挥重要作用,而这些领域中的人工智能采用的往往都是有监督学习或半监督学习模型,需要大量的标注数据。因此,数据标注在这些领域都有着极大的需求和应用。在将有监督学习或半监督学习的人工智能技术应用于某个业务场景前,往往需要采用数据标注技术对该场景的业务数据进行标注。虽然应用场景非常广泛,但被标注对象以及标注标签基本可以概括为音频、图像、文本、视频 4 种类型,因此不同应用场景中的数据标注既有相似之处也有不同之处。相似之处在于被标注对象相似,因此标注的方法、技术通常是通用的。不同之处在于由于业务场景不同,对应的标注规则也不尽相同,实际应用中,往往需要针对不同的应用场景设计不同的标注规则。

随着人工智能行业的飞速发展,其对数据标注的需求也在不断增大,数据标注行业作为人工智能的上游基础产业也迎来了爆发式的增长。根据咨询公司 iResearch 的数据分析,2019 年我国数据标注行业市场规模为 30.9 亿元,2020 年行业市场规模突破 36 亿元,预计 2025 年市场规模将突破 100 亿元。我国数据标注行业正处于高速发展阶段。

人工智能数据标注市场按照数据类型可大致分为语音、图像和 NLP 等。目前,人工智能在计算机视觉、语音识别/语音合成领域的投入相对较大,因此,图像、语音类数据的标注业务需求占比较大。2019 年,图像类、语音类、NLP 类数据需求规模占比分别为 49.7%、39.1% 和 11.2%。

随着数据标注行业市场规模的不断扩大,数据标注企业数量也在不断增多。截至 2020 年 12 月,北京、上海、成都、深圳、杭州为数据标注企业数量的 TOP5 城市,企业数量分别达到 185 家、84 家、68 家、63 家、46 家,其中北京、上海、成都、深圳企业数量均较 2020 年 4 月有所上升,杭州企业数量较 2020 年 4 月有所下降。北京地区对数据标注的需求遥遥领先,占全国总需求的 30% 以上。

从数据需求量看,目前,一个新研发的计算机视觉算法需要上万张到数十万张不等的标注图片训练,新功能的开发需要近万张图片训练,而定期优化算法也有上千张图片的需求,一个用于智慧城市的算法应用,每年都有数十万张图片的稳定需求;在语音方面,龙头企业累计应用的标注数据集已达百万小时以上,每年需求仍以 20%～30% 的增速上升。

随着人工智能技术在各行各业的广泛应用,人工智能的应用场景越来越丰富。相应地,训练模型所需要的标注数据呈现出定制化、多样化的趋势,这对数据标注行业提出了更高的要求。

数据标注行业面临的主要挑战为标注质量和标注效率的要求,即如何更快、更好地对原始数据进行标注。数据行业的特殊性决定了其对人力的依赖。由于标注员的能力不均衡以及标注工具的功能不完善,因此数据服务在标注效率和标注质量方面均存在不足。为了解决这些问题,可通过加强工程化的技术研发和更具科学性的流程化管理,提升人的能力和人机协作能力,通过辅助工具等有效地提高效率,大大提高标注准确性。

人工智能行业在快速发展,数据标注、数据服务行业作为人工智能的基础更是不可缺少。未来几年,数据标注员在数据标注行业、人工智能行业将继续发挥重要作用。

1.4　数据标注的主要发展脉络

我们已经知道,机器学习需要大量的标注数据,那么数据标注的方式是如何演变的呢?从数据标注人员的类型和组织方式的演变看,数据标注模式大致是由小规模专家标注开始,发展为大规模、专业性弱的众包标注,最后演变为大规模、专业化的数据标注工厂模式。其中,众包标注和数据标注工厂两种模式依赖于大量标注员的群体智慧和相互协作,我们称之为"群智化标注"。根据标注员的数量、专业程度以及组织模式进行区分,主要的数据标注模式包括小规模专家标注和群智化标注,而后者又分为众包标注和数据标注工厂。

1.4.1　小规模专家标注

由于算力和算法等限制,早期的机器学习所需的数据量往往较少,因此,大都由研究者自行标注或者请相关行业的专家进行标注。此时的数据标注呈现出小规模、零散性、自给自足的特点,标注者往往具有相关的专业知识,其标注结果一般被认为是准确的。专家标注的好处是准确率高,但相应地,成本也非常高。尤其是对于标注数据需求量较大的任务,小规模专家标注的模式往往是不可行的。

1.4.2　群智化标注

随着机器学习模型规模的扩大和深度学习的兴起,相关模型算法对高质量标注数据的需求量呈"指数级"增长。例如,一款新研发的目标检测算法需要数万张到数十万张不等的标注图像进行训练,甚至后续周期性的算法优化每次也需要上千张的标注图像。在这一背景下,传统的以专家手工标注为主的数据标注方式由于其高开销、低效率的特点,已经远远无法满足需求。尽管目前一些数据安全敏感或者复杂数据场景(如军工、医疗等)的标注工作还是由相关领域专家进行,但主流人工智能应用场景对海量标注数据的需求使得以利用大规模群体贡献、发挥群体智能为目标的群智化标注模式逐渐成为主流。

互联网作为重要的应用服务平台聚集了大规模用户群体,他们不仅是应用服务的使用者,而且是网络空间大数据和很多互联网服务的贡献者。这些群体用户以个体或社群为参与模式、以互联网为载体,通过贡献自己的智慧推动各个领域的发展。例如,在推动人工智能技术的进步方面,互联网用户群体以无偿或低廉的方式提供了大量标注数据(例如,ImageNet 数据集),这些数据成为机器学习研究与应用的重要基础;在科学研究方面,欧美国家发起的公民科学项目在普通大众的帮助下解决了天文观测、蛋白质折叠、生物种群分析和疾病诊断等许多难题;在软件工程方面,基于开源社区、众包社区和移动应用市场,开发者群体完成了数千万个软件项目开发;在知识生产方面,数千万的 Wikipedia(维基百科)用户协作完成了数亿词条的编写;在经济发展方面,众筹、共享经济和零工经济等建构于大规模互联网用户群体之上的新经济模式方兴未艾。总之,随着群体智能相关理论的完善和发展,利用大规模群智贡献完成各类任务处理已成为一种有效手段。

在这一背景下,越来越多的数据需求者采用群智化的方式,通过利用互联网平台上海量用户的群体智能进行数据标注。群智化数据标注逐渐成为数据标注的主流方式。总的来说,群智化数据标注可以分为众包标注和数据标注工厂两种模式。

1. 众包标注

尽管互联网上海量的群体智慧和群体资源可以用于解决数据标注问题,但仍有一些关键问题阻碍了群智化数据标注模式的发展。例如,如何高效地连接数据标注任务和标注者、规范数据标注规则、保障双方隐私等。在这一情形下,学术界和产业界开始尝试通过众包的方式解决数据标注问题。众包指的是机构或个人将特定的工作任务借助第三方平台,通过互联网以微任务的形式交给非特定大众参与者完成的做法。众包标注模式以众包的方式解决数据标注任务,这一过程通常包括任务分解、任务分配、任务执行和质量控制等。

当有标注需求方向众包平台提交任务时,平台首先对任务进行分析,根据分析结果将任务拆分为易于完成的微任务,然后向众包工人发布。接下来由众包工人完成标注任务,并返回标注结果。众包平台收到标注结果后,根据一定的原则对标注结果进行汇聚,得出高质量的标注结果,并向需求方提交最终的标注结果。

大多数众包平台以盈利为主要目标,因此如何合理地进行任务分解和定价,成为众包平台盈利多少的关键。众包平台通常对需求方报价、众包工人意愿、标注项目收入等因子间的关系建模,确定任务的定价,最终达到利润最大化的目的。

由于众包工人间的专业能力存在差异,且每个工人能够胜任的标注任务是有限的,因此在向众包工人发放任务时,只有充分考虑每个众包工人的技能特点,才能更合理地分配标注任务。因此,众包平台通常会通过能力画像、知识追踪等方式对众包工人的能力进行建模,以实现合理的任务分配,使得标注任务高效率、高质量地完成。

由于众包开放的参与形式以及任务冗余分发的机制不同,通常一个众包任务会由多个能力水平各异的众包工人同时进行。因此,如何从候选的标注结果中推理出高质量的标注结果成为众包标注质量控制的核心问题,即结果汇聚问题。通常业界会对工人能力和问题难度进行建模,通过分析每个答案的可靠性,推理正确的标注结果。常见的结果汇聚方法包括多数投票法、基于概率图的建模方法、基于人工神经网络的建模方法等。

2. 数据标注工厂

随着人工智能技术在各行各业生根发芽,人工智能被用来处理各式各样的任务。同样,对数据的需求也越来越精细和专业。标注任务不再是简单的分类任务,而是类似于"框选出图中的车辆、红绿灯、人行道等,并打上相应标签,且要求框的误差不高于 3 个像素点"这样的任务。在这种情况下,一是传统众包平台有限的标注工具已经难以适应这样的标注任务;二是没有经过专门培训的众包工人也已经难以胜任这样的标注任务,并且零散的标注工人难以统一管理。由于众包平台动态、零散的组织形式和上传、下载的数据传输方法,其标注结果的可靠性、标注项目的隐私性受到持续的质疑。产业界中头部企业逐步以数据标注工厂模式为核心,旨在为数据标注任务制定系统化、流程化的组织和实施过程。这一过程通常包括数据采集、数据处理、数据标注、数据质检和数据验收等。企业依靠其高效的组织管理,按照项目实施流程完成数据标注工程项目,从而得到大规模高质量的标注数据。

因此,数据标注行业变得更加工程化,标注过程更加规范化、标准化,数据标注不再是简单的任务,而变成一项系统性的工程。这些工程往往需要依托大公司完成。国内如百度、京东,国外如 Scale AI 和 Appen 等公司都采用了数据标注工厂的模式。数据标注工厂的特点是对标注员进行集中的培训和管理,对于有特定要求的任务,平台可以专门开发相应的标注,满足任务发布方的需求。以百度智能云的众测平台为例,这一模式在完成标注 5 大流程的同时,通过构造专门的出题模块、抽样策略控制模块和答案拟合模块来提升数据标注项目的效率和安全性。

需要注意的是,专家标注和众包标注并没有消失,它们依然在不同类型的任务或者场景中发挥着作用。例如,一些医学图像的标注任务需要标注者具有非常丰富的医学背景知识,仅凭简单的培训并不能很好地进行标注。并且这类任务标错的后果十分严重,如可能导致医疗误诊,因此一些医学图像的标注仍在采用专家标注。对于一些简单的标注任务,传统的众包模式就可以,不需要使用数据标注工厂。

综上所述,数据标注方式可以大致分为小规模专家标注群智化标注。它们的发展历程呈现出从小规模、零散性、自给自足到大规模、职业化、工程化的特点。这变化的背后是人工智能行业对标注数据需求的变化。此外,从数据标注的自动化角度看,数据标注正处于逐渐由纯人工标注向人工智能辅助标注乃至自动化标注转变的过程。为了节约人力成本,提升标注效率,研究者们也设计了很多的人工智能方法进行辅助标注,即人工智能辅助标注。人工智能辅助标注可以大致分为人机协作标注和自动化标注。人机协作标注通常的做法是训练一个机器学习模型,让它先对任务进行预标注,然后再由人进行修改;对于一些人工智能已经能完成得很好的标注任务,可以直接用机器进行标注,即自动化标注。我们将在第 2 章对此进一步介绍。

1.5　本章小结

人工智能作为计算机科学的一个研究热点,旨在模拟、延伸和扩展人类的智能,感知环境、获取知识,并使用知识获得最佳结果。它从1956年的达特茅斯会议被提出后发展至今,经历了多次的兴衰。伴随着深度学习的提出,人工智能的发展达到一个新的高峰。当今人工智能的研究内容非常广泛,涉及图像处理、自然语言处理等多个方向,并在自动驾驶、智能安防等多个领域发挥了重要作用。人工智能的发展吸引了世界各国的关注,大量的政策扶持意味着人工智能未来将蓬勃发展。当前人工智能的繁荣是机器学习技术近几十年的不断发展的结果,机器学习技术通过从大量的数据中学习规律掌握解决特定任务的能力。主流的机器学习模型通常是有监督的,即需要用带标签的数据进行训练。从感知机到深度神经网络,机器学习模型的发展呈现出愈发复杂的趋势,而其对标注数据的需求也逐渐增大。随着人工智能技术的发展,未来对标注数据的需求将越来越多。

数据标注作为人工智能行业的重要组成,它的发展历程与人工智能高度相关。随着人工智能对数据的需求逐渐变得大规模、专业化,数据标注技术也经历了从小规模到大规模,零散化到职业化的转变,逐渐形成如今的群智化标注形态。在使用人工智能技术解决具体问题前,首先需要的就是训练数据。因此,群智化标注有着与人工智能同样广泛的应用场景,并且将随着人工智能的发展而不断发展。

1.6　作业与练习

(1) 谈谈你对人工智能的理解。

(2) 人工智能的发展为什么离不开标注数据?

(3) 数据有哪些基本类型?

(4) 各类型数据分别有哪些标注任务?

(5) 什么是群智化数据标注?群智化数据标注有哪些类型?

第 2 章　群智化数据标注技术与系统

大规模高质量的标注数据是实现人工智能模型性能突破的关键。随着人工智能相关产业的发展以及国内外相关从业者对数据标注行业的深入探索，数据标注产业逐渐形成以需求方、群智化数据标注平台和标注团队为核心要素的产业链。其中，群智化数据标注平台不仅能够响应数据需求方提出的需求，为需求方提供各种类型的数据标注方案，而且为标注团队（或个人）提供标注工具。随着标注数据需求量的飞速上升，数据标注项目的组织和实施由小规模、零散型、自给自足的模式逐渐转向大规模、职业化和工程化的模式。如何利用相关的技术和平台高效协调和挖掘大规模群体贡献来完成标注任务成为工程化数据标注的关键问题。在这一模式下，数据标注产业呈现出清晰的群智化特征，这一特征为数据标注产业的相关方法理论赋予新的内涵，对相关的平台和工具提出新的要求。本章将从数据标注的基本方法、数据标注任务分类、数据标注工具、群智化数据标注技术、群智化数据标注平台等方面介绍群智化数据标注相关技术与系统。

2.1　数据标注的基本方法

在第一章中我们提到，数据标注实质上是人类知识向机器智能传递的过程，人类参与者通过打点、画框、类别选择等操作对原始数据的信息进行标识。但随着人工智能技术的发展，标注数据的数量和标注难度都在不断地提升，仅依靠纯人力进行标注，在质量和效率上已难以满足人工智能模型的需要。例如，当今自动驾驶场景下的目标检测任务对车辆等目标标注框的误差有着极高的要求，标注员需要对原始图片进行放大，十分精准地勾描目标的边界，以尽可能减小错标像素的数量。这给标注项目的质量和效率提出了很大的挑战。因此，许多企业和科研机构开始探索使用人工智能辅助的标注方法，以提升数据标注的质量和效率。

根据标注者的类型，可以将数据标注方法分为人工标注、自动化标注和人机协同标注三类。

2.1.1　人工标注

顾名思义，人工标注指的是基于人的认知和判断，人为进行数据标注的过程。标注员通常是领域专家或经过专门培训的数据标注员。在人工智能技术发展的早期，由于算力和模型规模的限制，人工智能算法对标注数据的需求量并不大，这一阶段的标注数据主要来自人工标注。

人工标注的好处在于标注信息蕴含丰富的人类知识,标注结果可信度高等,这类标注结果通常可以被当作真值直接用于模型训练。人工标注(尤其专家标注)的不足主要在于标注成本过高,且效率较低。目前,一些敏感的应用场景(例如,航空航天)或对标注质量要求极高的场景(例如,医疗)的数据依然由领域专家或专门培训的标注员进行人工标注。

根据不同的任务分发方式,人工标注可以分为单人标注和冗余标注两种类别。顾名思义,单人标注是指每个任务由一个标注员进行标注的方式;冗余标注是指将一个任务分配给多个标注员,并从多人的标注答案中获得高质量标注结果的方式。根据协作方式的不同,可以将冗余标注分为多人对同一任务依次进行串行标注、多人对同一任务进行并行标注以及二者共存的混合标注 3 种类别。串行标注的优势在于标注员可以根据先前的标注结果进行修改,这种标注结果通常有着更好的质量。但其依次标注的特性决定了此方法通常有着较大的时间开销。并行标注由于其多人的标注行为在时间上是重叠的,故有着更高的效率,但通常需要设计合理的结果汇聚算法才能得到高质量的标注结果。

在实际标注项目中,人们通常使用兼具串行、并行两种方式的混合标注方式。例如,通常会有多人同时对一个任务进行标注,以降低单人标注带来的偏差。同时,在单人标注结束后,通常会安排质量审核员对标注结果进行评估和修改,以提升标注质量。

2.1.2 自动化标注

随着模型规模的扩大和算力的提升,单纯的人工标注已无法提供人工智能模型所需的标注数据。例如,相关机构的测算结果显示,L5 级自动驾驶的实现需要 EB 级别相关标注数据的支撑。显然,这一数量级的标注数据要求已远无法通过人工标注满足。因此,各大厂商和科研机构也在寻求智能化、自动化的解决方案。例如,来自斯坦福大学人工智能实验室的创业团队 Snorkel,于 2019 年成立公司 Snorkel. AI,致力于推广由程序化数据标注推动的一站式人工智能数据管理与开发平台 Snorkel Flow。在Snorkel Flow 中,通过程序化的数据标注和人工智能算法实现高质量的数据标注,也实现了后续的模型训练、调参、部署等流程。除此之外,智能化软件开发公司 Neurala 于2018 年推出其深度学习平台 BrainBuilder。该平台在执行视频标注任务时,只需要人工将视频前几帧中感兴趣的对象标注,算法即可追踪标注后续视频中的同一对象。这与传统的人工视频标注方法比,标注效率大大提高。目前,自动化标注方法使得人们在特定的简单标注任务中以极低的代价获得高质量的标注数据。但由于缺少人类智能的指导,许多复杂场景的自动化标注方法的效果仍无法满足需求,因此复杂场景中的自动化标注技术依然是一个亟待发展的方向。

2.1.3 人机协同标注

人工标注能够为人工智能模型带来高质量的训练数据,但由于其低效率、高代价的缺陷导致其难以规模化。机器标注能够以极低的代价产生标注数据,但由于标注质量尚难以保障,而无法推广到复杂标注场景中。因此,人机协作的混合标注模式成为当下最为火热的标注方式。人机协同标注的基本思路为:对一定量的原始数据,可以通过人工智能模型对数据进行预处理,然后由标注者在预处理结果的基础上进行修改和校正。以图像标注的语义分割为例,机器模型首先通过预训练的语义分割模型生成多个图像区域、分类标签及其置信度分数。置信度分数最高的区域用于对标签初始化,并呈现给标注者。在此基础上,标注者可以从机器生成的多个候选标签中为当前区域选择合适的标签,或者对机器未覆盖到的对象添加分割区域。总的来说,人机协作的数据标注模式可以从以下 4 个环节提升数据标注项目的效率和质量:

(1)智能任务推荐:可以通过能力刻画模型对标注员能力进行建模,判断标注员擅长的任务类型。通过合理的任务推荐提高标注员标注质量和效率。

(2)预识别:常见的预识别算法可用于车辆检测、行人识别、语义分割等任务,算法的处理结果可以帮助标注员缩短大量的标注时间。

(3)数据预处理:包括数据增强、数据筛选、数据去重等环节,可以减少标注员的工作量。

(4)智能质量控制:通过人机迭代和结果汇聚等手段提升标注结果的质量。

人机协作标注技术的应用能在保证一定质量水平的前提下,极大地降低数据标注任务的人力成本和时间开销,是为人工智能算法提供大规模标注数据的重要途径。

2.2 常见数据标注任务及工具

从第 1 章的介绍中,我们知道数据标注是通过分类、画框等操作对多种形式的原始数据标记对象特征的过程。数据标注的目的是为人工智能模型提供训练样本,与人工智能模型的性能是息息相关的。数据标注任务本身也是随着人工智能应用的发展而不断发展变化的。

在人工智能技术发展的早期,人们通常只是希望通过人工智能实现一些简单的功能。例如,针对手写体识别任务,经典的 MNIST 数据集中包含的是手写体内容和对应的数字标签,这一数据集的标注任务就是简单的手写体识别。但随着人工智能技术在各行各业的广泛应用,数据标注任务随着应用场景的变化逐渐呈现复杂化和精细化的特征。

以智能安防为例,为了促进智能安防系统从传统的被动防御走向智能化的主动预警,一些新的数据标注任务也应运而生。例如,当一个神情紧张或者头戴面罩的人手握一根棍子准备翻越小区外墙,企图实施盗窃行为时,安防系统应该马上启动报警系统,并及时向安防人员发出警告，以保障住户的财产安全。实现异常情况预警的新标注任务，包括表情标注、危险品标注和行为标注，利用这些标注数据就能帮助安防系统识别紧张的表情、违法的面罩和违规的翻越行为以及可能的凶器——棍子。从技术角度看，新标注任务为异常行为的识别与建模提供了高质量的训练数据，有利于提高模型的准确性。总的来说，针对特定的行业需求细化标注任务，将是今后数据标注的一个发展趋势。

尽管数据标注任务随着人工智能技术和应用的发展不断变化，但待标注数据的类型依然以文本、音频、图像和视频为主。因此，数据标注任务可以分为文本数据标注、音频数据标注、图像数据标注和视频数据标注 4 个类别。这 4 类标注数据是常见的人工智能模型的基础。

数据标注工具是标注员执行标注任务的核心媒介，标注工具的优劣直接决定标注员的标注效率。通常，标注工具主要集成于专业的标注平台，通常需要参与平台发布的标注任务才能使用。对于不同类型的数据标注任务，数据标注工具通常有着不同的功能和操作方法。

为了建立读者对数据标注任务及其工具的基本认知，本节将对文本、音频、图像、视频等不同标注任务及其标注工具进行初步介绍，并会在本书第 5～8 章中详细介绍。

2.2.1 文本数据标注

1. 文本数据

与图像、视频等不同，文本是基于字符形式对事物进行表示的数据类型，是具有特定语义的一个或多个句子的集合。在计算机领域，文本数据也被称为字符型数据，指的是以英文字母、汉字、不作为数值使用的数字为代表的不直接参与算术运算字符的集合，主要用于记载和储存文字信息。互联网时代的文本数据形式多种多样，比如网页、社交网络数据、学术论文、程序代码、系统日志等。文本数据一般可以分为纯文本数据和富文本数据。纯文本数据是指单纯的字符序列；而富文本数据除了纯文本之外，还包含语言标识、字体、颜色和超链接等信息。例如，计算机中的.txt 文件是纯文本数据，而.html 和.rtf 文件是典型的富文本数据。

2. 文本数据标注

文本数据标注是最常见的数据标注任务之一，指的是将文字、符号等文本内容和属性进行框选、类别标注等一系列操作的集合，即文本标注是对文本进行特征标记的过程。其目的在于让计算机能够读懂并识别文本数据，从而使自然语言处理等相关的应用服务于人类的生产生活领域。文本标注的主要目的之一是为自然语言处理任务提供标注数据。因此，文本数据标注任务与自然语言处理领域的应用场景息息相关。自然语言处理是计算机科学领域与人工智能领域的一个重要方向，旨在实现人与计算机之间用自然语言进行有效通信的各种理论和方法。自然语言处理是一门涉及语言学、计算机科学、数学等学科的技术,它的应用场景主要包括机器翻译、舆情监测、自动摘要、观点提取、文本分类、问题回答、文本语义对比、语音识别、中文 OCR 等。如何让计算机看懂人类的语言和文字,并能通过文本与人类正常交流是文本处理任务的核心目标,也是自然语言处理领域的关键问题。

（1）文本数据标注的任务类型。与自然语言处理领域的定义和应用场景相对应,文本标注需要按照自然语言处理的要求,让计算机理解、处理和掌握人类语言,并实现人机交流的目的。在这个过程中,需要明确文本的多维度特征,对其打上具体的语义、构成、语境、目的、情感等元数据标签,以创建一个巨大的文本数据集（文本训练数据）。基于高质量的文本标注数据,我们可以教会机器如何识别文本中隐含的人类意图或情感,更加"人性化"地理解语言。常见的文本数据标注包括序列标注、关系标注、属性标注、生成性标注、文本泛化和多轮对话等,在第 5 章中将会详细介绍。

（2）文本数据标注工具。常见的文本标注工具主要面向序列标注、关系标注、属性标注、生成性标注等标注任务。通常,标注员包括但不限于给文本中涉及的概念或实体贴上标签;对事件主题进行归纳;对文本各部分间的关系进行分析;对文本的情绪极性进行判断。图 2.1 就是一个典型的文本标注操作界面。

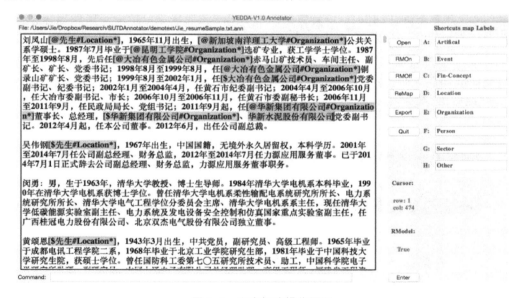

图 2.1　文本标注操作页面

2.2.2　音频数据标注

（1）音频数据:通常音频数据指数字化的声音数据。人类说唱、动物鸣叫、乐器演奏的声音,以及自然界的风声、雨声等经过采集和处理之后,都可以形成某种格式的音频数据,音频数据的自动化分析与处理有着广泛的实际应用。

（2）音频数据标注:音频标注是指将音频数据通过清洗、切分、转写等方式,处理为便于人类或机器可识别的形式数据过程。在各类音频数据中,语音数据的处理得到了学术界和工业界的广泛关注,其中,针对人类语音数据进行的标注,称之为语音数据标注。语音数据标注可为语音合成(Text-to-Speech,TTS)和语音识别(Automatic Speech Recognition,ASR)等典型的语音数据处理任务提供训练数据。语音合成(从文本到语音)是人机对话的一部分,是指将计算机自己产生或外部输入的文字信息转化为可以被人类理解的、流利的口语输出技术。语音识别(从语音到文本)指的是机器通过识别和分析将语音信号转变为相应的文本或命令的技术。比如,我们在使用微信时,可以通过按钮直接将语音转换成文字;在使用百度地图 App 时,可以通过 App 上的小麦克风功能直接对后台管理员说出问题等。这些语音-文本转换的功能前期都需要大量的语音标注数据来标记这些"说出的话"所对应的"文字",并采用人工方式仔细修正语音和文字间的误差。

(3)音频数据标注的任务类型:与音频处理任务类型相对应,音频数据标注是计算机听觉功能应用的基础,主要面向语音合成和语音识别两类任务,旨在使计算机掌握听和说的能力,最终实现人机间的音频交流。总的来说,音频标注任务可以分为音频属性标注、音频转写、音频切割、音素标注、韵律标注等。

(4)音频数据标注的工具:语音数据标注工具的主要任务包括语音属性标注、语音切割和语音撰写三部分内容。

① 语音属性标注:对语音中有区分度的特征进行标识的过程。图 2.2 展示了语音属性标注的操作页面,其中的"角色""是否粤语"即为这条语音需要标识的属性,"K""Y"和"纯粤语"则为具体的属性内容。

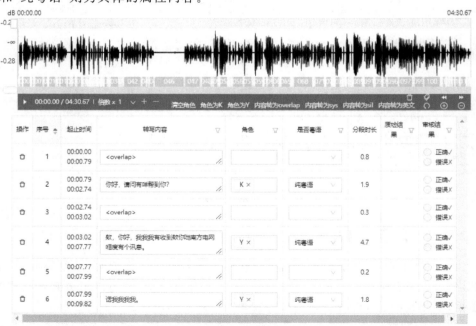

图 2.2　语音属性标注操作页面

② 语音切割：在语音转写之前，标注员通过切割语音，保留有效音频（例如，人声），去除无效音频（例如，噪声）。图 2.3 是一个典型的语音切割操作页面。

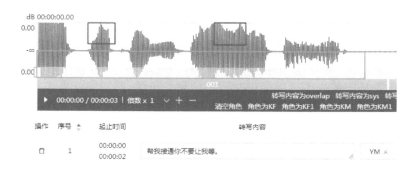

图 2.3　语音切割操作页面

③ 语音转写：标注员把听到的内容填写在"转写内容"区域，并为不同的人员选择不同的角色。图 2.4 是一个典型的语音转写操作页面。

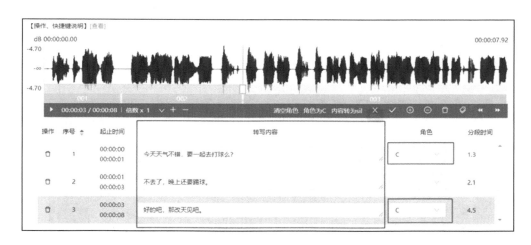

图 2.4　语音转写操作页面

2.2.3　图像数据标注

图像是二维或三维景物呈现在人们眼中的影像。以自然形式呈现的图像通常称作物理图象，而我们说的图像数据通常是指物理图象经过数字化处理之后，存储在计算机中的数字化图像。根据数据格式的不同，图像可以分为位图和矢量图两大类。

图像标注问题本质上是视觉到语言转化的问题，通俗来说，就是"看图说话"的过程。我们希望算法能够得出一段自然语言文本，可以描述相应图像的内容。因此，图像标注是对图像信息和属性文本化描述的过程。"看"是人类与生俱来的能力。例如，刚出生的婴儿只需要几天的时间就能通过"对图像的观察"学会模仿父母的表情。除此之外,我们人类的视神经系统还能够从复杂结构的图片中找到关注重点、在昏暗的环境下认出熟人等。随着人工智能的发展,机器视觉技术已经可实现"看"这项能力,甚至能够超越人类。机器视觉也称为计算机视觉,是指用摄影机等传感器代替人眼对目标进行识别、跟踪和测量等操作,并进一步做图像处理,形成与视觉技术相关应用技术的集合。计算机视觉技术试图建立能够从图像或者多维数据中获取"信息"的人工智能系统,从而用来辅助决策。感知是从感官信号中提取信息的过程,因此计算机视觉是主要研究如何使人工系统从图像或多维数据中"感知"信息的科学,其主要任务包括目标检测、物体识别、语义分割和三维重建等。在这些过程中,需要用到大量的、高质量的数据来完成模型的训练。

(1)图像数据标注的任务类型:图像数据分布广泛,其标注数据的需求涉及人脸识别、自动驾驶、智慧医疗等诸多场景,其标注内容涉及人脸点标注、红绿灯标注、车辆标注、行人标注等任务。按照标注形式,可以将图像标注任务分为关键点标注、标注框标注、图像区域标注以及属性标注等四个类别,本书将在第 7 章中对这四类图像标注详细介绍。

(2)图像数据标注工具:图像标注工具旨在实现包括 2D 框标注、3D 框标注、区域标注、关键点标注等主要标注功能。图 2.5 是一个典型的 3D 框标注操作页面,标注员使用 3D 立方体框选择图中的目标物体。图 2.6 则是一个典型的区域分割标注操作页面,标注员通过划线操作分割出图像中所有目标物的轮廓,完成区域标注。

图 2.5　3D 框标注操作页面

图 2.6 区域分割标注操作页面

2.2.4 视频数据标注

（1）视频数据：视频处理技术泛指将一系列静态影像以电信号的方式进行捕捉、记录、处理、储存、传输与重现的各种技术。依据视觉暂留原理，当连续的图像变化每秒超过 24 帧以上时，人眼将无法辨别单幅的静态画面，这些图像看上去具有平滑连续的视觉效果，这样连续的画面叫做视频。

（2）视频数据标注：视频数据标注是指将整段或部分区间视频内容进行分类判断或对于视频中的某些元素进行追踪标注的过程，主要是为视频处理任务提供支持。常见的视频处理任务包括目标跟踪、内容抽取、视频分类等。

（3）视频数据标注的任务类型：视频是融合了图像、语音、文本等多种类型的媒体数据。由于视频数据具有信息聚合度高、展现形式生动直接的特性，相对于其他类型的数据，视频数据展示媒介（如文本、语音等）有显著的市场优势。同时，视频数据标注的难度更大。总的来说，视频数据标注任务可以分为视频属性标注、视频切割和视频连续帧标注 3 类，本书第 8 章会对这些标注任务详细介绍。

（4）视频数据标注工具：视频数据标注主要分为视频切割标注、视频标注和视频连续帧标注 3 类，下面简单介绍这 3 类任务的工具。

① 视频切割标注。视频切割也叫做视频截取，指对视频中需要进行截取的时间点或者时间片段进行标注。需要进行切割的片段规则要求由客户给出，例如视频精彩内容片段、有音乐或有人说话的片段、低俗画面、违规画面等，如图 2.7 所示。

② 视频内容标注。图 2.8 所示为一段工地监控视频进行视频内容提取的结果展示，图片右下侧是经过后续对标注结果的应用得到的视频标签。

图 2.7 视频切割标注操作页面

图 2.8 视频内容标注操作页面

③ 视频连续帧标注：视频连续帧标注是指对视频进行抽帧，并对不同目标用从 0 开始的整数进行连续编号的过程。即通过对连续画面中出现的同一目标标注相同的 ID，从而记录目标轨迹的变化，如图 2.9 所示。

图 2.9　视频连续帧标注操作页面

2.2.5　面向特定场景的综合数据标注

在实际中,通常有一些特定的人工智能应用场景(如自动驾驶、行人追踪等),为了支撑这些应用场景,通常需要对面向多种格式的数据(如文本、语音、图片、视频等)进行综合标注。为此,需要提供能够完成各类标注任务(如打点、画框、划线等)以及支持多种数据格式(如 JSON、XML 等)的标注工具。表 2.1 中列举了一些常见的数据标注工具及其基本信息。

表 2.1　常见数据标注工具

名　称	简　介	运行系统	标注形式	许可方式
Labelbox	基于 Web 的文本、图像、视频标注平台	Windows,Linux,MacOS	矩形画框、分类	Apache2.0
LabelMe	图形界面标注工具,能够标注图像和视频	Windows,Linux,MacOS	多边形画框、划线、打点、分类	MIT 许可协议
VOTT	微软发布的基于 Web 方式本地部署的标注工具,能够标注图像和视频	Windows,Linux,MacOS	画框、打点、分类	开源
VIA	VGG（Visual Geometry Group）的图像标注工具,也支持视频和音频标注	Windows,Linux,MacOS	多边形画框、划线、打点、音频转录	开源
RectLabel	图像标注工具,侧重目标检测和场景分割	MacOS	多边形画框、分类	免费

名　　称	简　　介	运行系统	标注形式	许可方式
COCO UI	用于标注 COCO 数据集的工具	Windows,Linux,MacOS	分割、画框、分类、添加标题等	MIT 许可
Vatic	Vatic 是一个带有目标跟踪的视频标注工具,适合目标检测任务	Windows,Linux,MacOS	以逐帧画框标注为主	开源
BRAT	基于 Web 的文本标注工具,主要用于对文本的结构化标注	Windows Linux MacOS	实体标注、关系标注、属性标注	开源
DeepDive	处理非结构化文本的标注工具	Windows,Linux,MacOS	词性标注、实体标注、关系标注、属性标注	开源
Praat	语音标注工具	Windows, Unix,Linux,MacOS	音段切分、属性标注等	开源
Supervisely	算法辅助的图形标注工具	MacOS	以多边形画框为主	商业使用需申请许可
精灵标注助手	图片、文本、视频标注工具	Windows,Linux,MacOS	分类、矩形画框、多边形画框、打点、文本分类和实体标注等	免费

表 2.1 中所列举标注工具大多可以免费使用,甚至开源了代码。除了个别工具(例如,RectLabel 针对 MacOS 开发),大部分标注工具都能运行在 Windows、Linux、MacOS 等通用操作系统上。大多数标注工具都针对特定场景或任务(例如,COCO UI 是针对 COCO 数据集标注的工具),少数具有基本场景的通用标注能力。除此之外,还有一些特殊场景的标注工具(例如,3D 点云),我们将在本书后续章节中进行详细介绍。

2.3　群智化数据标注技术

群智化数据标注是在互联网推动下发展起来的一类重要的数据标注方法,目前已经成为众多人工智能模型性能突破的关键。随着互联网、大数据、人工智能和物联网等技术的进一步发展,群智化数据标注将会发挥更加重要的作用。然而,由于群智资源的特殊性以及环境的开放性,质量保障依然是群智化数据标注系统所面临的重要挑战之一。

2.3.1　群智化数据标注的产生背景

互联网平台作为支撑社会生产与生活的重要基础设施之一,承载了类型多样、数量庞大的网络化应用与服务,并因此聚集了大规模的用户群体。互联网用户不仅是应用服务的使用者,更是网络空间大数据和很多互联网服务的直接贡献者。首先在数据提供方面,各种博客、微博和论坛等 Web 2.0 应用推动了网络从 Web 1.0 时代的只读模式(Read-Only)演化为可读/写模式(Read-Write),互联网上的内容主要由用户群体产生,用户生成的内容(User Generated Content,UGC)成为互联网大数据的主要来源。以国内的新浪、腾讯、搜狐和网易微博为例,每天新增的微博数曾多达 2 亿条、新增图片达 2000 万张,这些数据几乎全部由用户提供,基于对这些数据的分析,人们研发了大量高效的应用服务。其次,互联网用户群体显式地参与完成了大量任务的处理,对社会、经济和科技等的发展起到了直接推动作用。例如,在科学研究方面,美国和欧洲等发起了各类公民科学项目(Citizen Science),在普通大众的帮助下成功解决了天文观测、蛋白质折叠、生物种群分析和疾病诊断等许多科学难题,有效推动了科学技术研究的进步;在软件产业方面,开源社区、众包软件和移动应用市场等依托互联网上的软件开发者群体完成了数千万个软件项目和产品的开发,推动了整个软件产业的变革;在知识获取方面,基于互联网的百科全书 Wikipedia 通过大规模用户的协作,完成了 200 多种语言、数亿词条的编写;在经济形态方面,共享经济(Sharing Economy)和零工经济(Gig Economy)等依托大规模互联网用户群体资源的新经济模式方兴未艾,成为国家经济发展的重要组成部分。此外,用户在互联网上的活动数据和反馈信息等间接地为互联网应用服务的构建和完善提供了重要的贡献。以搜索引擎为例,提高搜索结果与查询请求的相关性排序算法离不开大规模用户群体点击网页的反馈信息。

由此可见,用户群体是支撑互联网应用与服务的重要资源——群智资源,即由多个人类个体所构成的群体智力资源。在此背景下,群智计算作为一种基于互联网的重要计算模式应运而生,其目标是通过大规模群智资源的高效协同汇聚实现群体智能,从而为问题求解提供有效支持。我们将群智协同计算的实现系统称为群智系统,其本质上是将用户发布的任务分配给群智资源进行处理的计算系统。构成群智系统的主要实体包括任务发布者(Requester)、任务执行者(Worker,一般称为"工人")和计算机等。与传统计算系统不同,群智系统是人机协作的计算系统,所支撑的计算模式涵盖众包、人本计算(Human Computation)、集体智能和开放式协作(Open Collaboration)等。事实上,对大规模群智资源的协同利用已经成为普遍关注的重要问题。互联网先驱 J. C. R. Licklider 早在 1960 年就提出了 Man-Computer Symbiosis 的设想,认为"人脑和计算机将会紧密协作"以解决单独依靠计算机难以解决的数据处理等问题。万维网的发明人、2016 年图灵奖的获得者 Tim-Berners Lee 于 2009 年在 Artificial Intelligence 上发表论文,提出社会机器的概念,认为社会机器是 Web 发展的未来,其本质是人和机器的交互协作。我国于 2017 年发布新一代人工智能的国家重大科技战略,其中群体智能是核心内容之一。

我们在本书第一章已经围绕着数据标注问题,概要地介绍了群智化数据标注的两种典型模式,即众包标注和数据标注工厂。群智化数据标注本质上是利用大规模群智资源的高效协同解决人工智能所需要的海量标注数据问题。一方面,群智化数据标注能够以较低的成本快速地完成大量的数据标注任务;另一方面,用户群体和标注环境的开放、不确定,面临着任务分配和质量保障等技术挑战,因而得到学术界和产业界的广泛关注。

2.3.2　群智化数据标注面临的挑战与应对方法

图 2.10 给出了群智化标注的基本过程。首先,任务发布者将数据标注任务发布到群智系统平台;然后,标注者通过平台获取任务,并按照任务需求完成任务处理,进而提交标注结果;最后,平台或者任务发布者对接收到的标注结果进行汇聚,从而获得任务的最终标注结果。由此可见,任务、标注者和结果是群智标注任务处理过程中的 3 个关键要素。从这 3 个要素来看,群智化标注系统面临如下挑战:

(1) 对标注任务进行合理设计以降低处理难度。群智化标注系统所处理的标注任务往往比较复杂、具有较大难度,难以依靠现有的计算系统进行自动化处理。因此,针对任务特征和群智资源的特点,通过对任务界面和处理流程等进行设计,从而降低任务处理的难度是实现群智化标注系统质量保障的重要内容。

(2) 提高标注者完成任务的质量。针对特定标注任务,提高完成该任务质量的关键在于找到最适合处理该任务的标注者,并激励标注者更好地完成任务。为了实现这样的目标,一方面,需要从技能水平和兴趣偏好等方面对标注者进行“画像”,从而为优化的任务分配提供支撑;另一方面,需要设计合理的激励机制和恶意行为处理机制,以促进标注者积极参与任务处理。

(3) 实现标注结果的优化汇聚。由于单个标注者所完成的任务处理往往具有不可靠性和片面性,因而群智化标注系统常采用冗余的任务分发机制,即将一个任务同时分配给多个标注者进行处理。在标注者提交处理结果之后,群智化标注系统面临的重要问题是如何对不可靠、多样的结果进行优化汇聚,这也是影响最终群智化标注任务处理质量的关键。

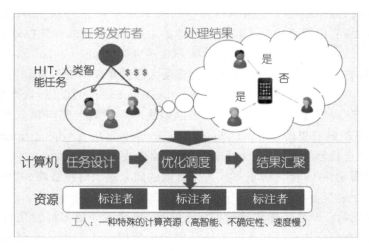

图 2.10　群智化标注的基本过程

总体而言,质量保障是群智化数据标注系统面临的重要问题。针对上面所提及的3方面技术挑战,人们提出了如下应对方法:

1. 群智任务设计

给定一个任务,降低其处理难度是提高其完成质量的重要途径。具体而言,在任务的设计上,任务划分、流程设计以及任务界面是影响任务完成质量的重要因素。

(1) 任务划分。首先要按照一定的粒度对任务进行划分,以便提高标注者完成任务的效率。对于图片标注、实体识别等类型的任务,一般将整个数据集直接切分成若干个相互独立的小任务。例如,图片标注任务可拆分成标注一张或者几张图片的任务单元。对于软件开发、手写体识别和写作等复杂任务,需要将任务分解为多个互相关联和依赖的小任务,也就是将任务的处理用工作流进行刻画。例如:在微写作的过程中,当任务请求者给定一个写作主题时,可将该任务分解为列出提纲、根据提纲写作、句子整合 3 个任务,各个阶段安排不同水平的标注者来完成。

(2) 任务流程设计。对于简单的微任务,其处理流程相对简单,任务发布者通常将一个微任务(例如,标注一张图片)发放给多名标注者处理,然后对标注者提交的结果进行汇聚。而对于较复杂的任务(如写作、翻译和语音识别等),上述简单的处理流程往往难以保障质量,通常需要根据任务特征引入不同的工作流模式。

① 协同工作流。有些任务单靠一轮的处理难以获得高质量的结果,因此人们设计了多轮迭代的处理流程。例如,佐治亚理工学院的 Greg Little 博士针对手写文本体识别等复杂任务,首次提出通过多轮处理对结果质量进行改进的迭代工作流。其中,迭代的次数取决于预算,预算用完,工作流自动停止。这种方式广泛用于图片标注、手写体识别、微写作和软件开发等任务的处理。

② 自适应工作流。迭代工作流在控制过程中只受到费用约束。事实上,在任务的迭代优化过程中,随着轮数增多,改进效果逐渐降低,若利用费用确定迭代优化的轮数,则可能会花费过多。为此,华盛顿大学的研究人员 Peng Dai 对迭代工作流进行了改进,利用部分可观测马尔科夫决策过程控制工作流。设计一个称为 TURKONTROL 的智能体,在标注者表现模型给定的情况下,通过决策理论对工作流进行自动控制,并通过实验证明该方法可以显著提高手写体识别任务的质量,同时获得同等质量的情况下平均节省 28.7% 的费用。

③ 多阶段工作流。多阶段工作流的基本思想是把任务划分为多个阶段,后一个阶段任务依赖于前一个阶段产生的结果。通过任务阶段的划分,每个标注者只需专注于复杂任务的一个阶段。Find-Fix-Verify 是一个利用众包标注者处理复杂任务的工作流,其中典型的例子是文字处理。任务的输入是特定主题的一篇文章,输出是这篇文章的改进版本。利用 Find-Fix-Verify,任务会被划分为多个阶段,在 Find 阶段,标注者被要求标注可能需要修改的部分,如一些拼写和语法错误以及不清晰的表述。在 Fix 阶段,另一组标注者被要求去编辑和修改 Find 阶段产生的文章中被标注的部分。最后新的版本会被提交给另一批标注者进一步校对。实验结果表明,在这种工作流下,最终可以产生类似专家修改的质量。类似地,基于 Map-Reduce 的工作流将任务划分为多个微任务,利用 map 方式把各个微任务分配给标注者,最后利用 Reduce 方法进行汇总。

(3) 任务界面。任务界面是标注者理解和处理任务的接口,这直接影响着任务处理的效率和质量。在计算机协同工作（Computer Supported Cooperative Work，CSCW）和人机交互（Computer Human Interaction，CHI）领域面向群智任务处理界面的设计开展了大量的工作。总体上，群智任务处理的界面设计可以分成两大类：显式和隐式。其中，显式界面是指针对特定的群智任务发布者设计专用的系统界面，例如，问答系统、维基百科和众包平台上的各类众包任务等。而隐式界面是指将群智任务的处理隐藏在其他系统中的任务接口设计，用户在进行其他操作的同时隐式地完成群智任务的处理，例如，GWP（Game with a Purpose）、reCaptcha 和 Duolingo 等。此外，界面的设计还要考虑对任务进行清晰的描述，以及利用好奇心等引导用户更多地投入任务处理，更加准确、全面地收集工人的回答信息。

2. 群智资源的高效管理

由于群智资源（即标注者）是完成群智任务处理的主体，因此对群智资源进行高效的管理是提高任务处理质量的重要内容。具体包括工人能力测试、工人能力刻画、恶意行为处理和任务的激励机制等。

（1）工人能力测试。在任务划分之后，需要选择完成任务的工人，即建立工人池。一般通过在任务中添加已知答案的测试任务（通常称为"黄金测试任务"，Golden Task）对工人进行能力评估和筛选。测试任务的添加方式有两种：一种是直接加在任务的开始，其优点是能够直接在任务开始前把不合格的工人剔除，从而节约成本，缺点是无法避免任务真正开始后，工人开始恶意答题的情况；第二种方法是将测试任务散布在整个任务的各个部分，这样做的好处是工人不知道哪些是测试任务，筛选恶意工人的效果更好，同时保证了结果的质量，缺点是成本较大。然而，对于回答开放型而没有标准回答的任务来说，通过标准回答和常识问题筛选恶意工人的方法都不再适用，这类任务通常都涉及多人合作，恶意工人通常指抄袭他人回答、消极怠工的工人。如何检测出这类工人成为任务设计中的一大难题。

（2）工人能力刻画。对工人能力进行准确刻画，有助于实现合理的任务分配。针对这个问题，人们围绕各类互联网群智系统开展了大量的研究工作，其核心是对任务进行合理的分配。近年来，针对工人的自主和不可控，人们开始关注众包任务中工人能力的动态变化，通过一定的数学模型刻画这种动态性，并基于此进行更加优化的工人选择和结果汇聚。

（3）激励机制。不同于传统计算资源的任务处理方式，群智资源投入任务处理的程度在很大程度上会受激励机制的影响。常见的激励形式包括金钱、实物和信誉度等。在众包应用中，金钱激励是最常见的激励形式，其中一个关键问题就是任务定价。由于工人的目标是得到更多的报酬，而任务请求者的目标是花最少的钱，最快最好地完成任务，因此，如何在任务花费、任务质量与任务完成时间三者之间做出平衡是重点问题。任务价格过高或过低都会影响任务的完成，过高的价格会吸引更多的工人完成该任务，但对任务质量的提高并没有太大帮助，且会增加负担。此外，任务价格过高会吸引恶意工人，进而影响结果的准确性。反之，如果价格过低，工人则不感兴趣，这会导致任务不能在预期时间内完成。此外，复杂任务会分解为多个互相关联的不同类型的任务，所以需要根据任务类型选取工人。由于不同任务对工人的要求不同,在给任务定价时,也应当考虑任务的难度和复杂度。对于需要专家完成的任务,定价要高;而对于简单的任务,定价则可以低一些。

3. 群智标注结果的优化处理

当任务被处理之后,任务发布者会收到多个工人提交的结果,如何对这些结果进行处理是影响任务最终结果的质量的关键。总体上,对群智标注结果的处理包括结果筛选和结果汇聚两个方面。

(1)结果筛选。该步骤主要是针对收集到的工人处理结果进行预处理,筛选掉低质量的结果,以减少对最终结果质量的影响。例如,可以通过人工筛查或者统计分析的方法对一些高度随机、明显不合理的结果予以清除。此外,在这方面的研究开始关注从群智结果中探测工人的串谋行为,可过滤掉串谋者所提供的处理结果,以确保最终任务处理结果的质量。

(2)结果汇聚。由于单个标注者的标注质量难以保障,因而,群智任务大多采用冗余分发的形式,然后通过对结果的比较分析得到最终结果。如何从众多结果中剔除无用信息和错误信息,最终汇聚出可信结果是非常具有挑战性的,人们提出了大量的结果汇聚算法。整体上可以分为两类:基于多数投票的方法和基于统计机器学习的结果推断方法。① 基于多数投票。多数投票是最简单、使用最为广泛的方法,实践中也有很不错的表现。多数投票假设高质量的标注者占多数,而且独立工作。多数投票没有对标注者行为和协同工作过程进行建模,所以可以很容易地做出快速推断,也很容易从二项选择推广到多项选择,但也容易导致低质量的众包结果。② 基于统计机器学习的结果推断。这类方法主要通过建立贝叶斯模型,描述工人能力、问题难度、任务真实结果和工人回答等相关参数之间的依赖关系,通过所获得的任务处理数据进行各个变量的联合推断。其中,Dawid & Skene(DS)是一种经典方法,即每个标注者有一个混淆矩阵,利用 EM 算法同时评估标注结果、工人的混淆矩阵和类别先验。

2.4　群智化数据标注平台

数据标注平台是需求方发布标注任务、标注团队进行数据标注活动的场所,也是标注工具的核心载体,起到了连接需求方和标注团队的桥梁作用。专业数据标注平台的出现,大大地减轻了原本零散数据标注模式中数据集管理困难、多样标注工具的学习成本高、标注项目管理混乱等问题,为提升标注工作效率、规范标注方法和流程起到了重要作用。

2.4.1　群智化数据标注平台产生背景

一个数据标注项目通常包括数据采集、数据清洗和数据标注三个环节。需求方在开发人工智能模型时需要标注数据,向数据标注团队提出需求。此时,标注团队相关人员就会根据需求方算法人员的需求进行数据采集、数据清洗,随后会安排人员进行数据标注。起初,在没有专业的数据标注平台时,互联网公司通常会安排自己公司内部员工进行人工数据标注,因为这种方式方便快捷,便于理解需求且没有安全风险。

但随着人工智能业务的发展和数据标注需求的增加,"自给自足"标注模式的缺陷逐渐显现,具体存在以下问题:

(1)数据集管理困难:对于采集、标注完成的数据集,业界通常会以"文件+目录"的形式保存在镜像服务器中,而标注数据通常规模巨大,随着数据标注团队项目数量累积,目标数据集的检索和维护会变得十分困难。

(2)多样的数据标注工具带来高学习成本:目前,市面上主流数据标注工具已达数十种。由于数据标注平台和标注工具通常由需求方提供,每个标注员在面对不同的标注任务时常常要学习新的标注工具。据统计,虽然不同的数据标注任务(如人脸的68点标注、3D点云标注等)有着不同的学习难度,但每种标注工具平均需要3～5天才能熟练掌握。频繁切换标注工具会为标注员带来额外的学习负担和大量的时间浪费。

(3)项目管理混乱导致效率降低:在"自给自足"的标注模式中,数据标注任务主要通过QQ、微信或公司内部通信平台分配。这种分配方式具有封闭性。一方面容易使得团队成员只了解单独的子任务,无法了解任务全貌,这种对任务整体信息的管理通常会导致成员对任务理解的偏颇,进而降低标注结果的质量;另一方面,这种低效的项目管理方式会使团队成员标注进度出现不一致现象,从而降低项目整体的标注效率。

(4)算法需求不明确:需求方与数据标注员直接对接时,通常会存在需求理解的问题,即"需求方无法清楚理解标注团队的数据需求,标注团队也无法直接明白需求方的标注需求"。一旦需求文档给出的需求标准不明确、存在歧义,就会导致巨大的隐性沟通成本。

总的来说,"自给自足"标注模式中存在的不足推动了数据标注平台的产生。

2.4.2　群智化数据标注平台现状

国外的群智化数据标注业务起步较早,主要依托于在线众包平台。这类众包平台允许需求方雇佣远程"众包工人"执行计算机目前无法或难以完成的任务。需求方发布与人工智能相关的数据标注任务,如识别图像或视频中的特定内容、撰写产品描述和回答问题等。数据标注员(通常称为"众包工人")在工作列表中浏览,并依靠标注工具完成数据标注任务,以换取需求方设定的奖励。能够完成群智化数据标注任务的众包平台有很多,包括Innocentive、Upwork、MTurk、Appen等,其中MTurk是最早被认可且流行的平台,超过50万名Turkers依托平台完成各类工作。MTurk也被后续众多的众包相关的研究工作、应用系统用作实现的基础,例如卡耐基梅隆大学提出的Crowd-Forge系统等。另一具有代表性的众包平台Appen,凭借其先进的人工智能辅助数据标注平台以及强大的全球资源,在人工智能数据服务领域占有重要位置,目前Appen已经在全世界拥有超过100万的标注承包商,分布在170个国家和地区。国外的群智化标注业务产生了一系列的成果,有力推进了人工智能技术和方法的进步。例如,计算机视觉领域著名的 ImageNet 数据集就是基于 MTurk 平台上 5 万多名众包工人花费两年多时间标注完成的,ImageNet 包括超过 1400 万张图片,被分为两万多个类别。又如,基于众包平台,谷歌发布的开源数据集 YouTube – 8M 包含 800 万部标注信息的视频;微软发布的 COCO 数据集,包含超过 30 万张涉及目标实例、目标关键点和自然语言描述三类标注信息的图片。

国内的数据标注平台通常有着更明确的设计目标,以更好地定向完成数据标注任务,提升数据标注项目的完成质量为主要目标。随着人工智能模型对高质量标注数据需求量的飞速增加,各大互联网机构分别推出自己的数据标注平台。据 2020 年《互联网周刊》和 eNet 研究院"用户选择排行"显示,国内主要数据标注平台有百度众测、京东众智、数据堂、猫众包、格物钛、MBH 莫比嗨客、有道众包、倍赛 BasicFinder、海天瑞声、爱数智慧等。这些数据标注平台通常都能胜任常见的文本、语音、图片、视频内容的标注工作,但其标注能力会根据自身业务有所侧重。例如,百度众测由于百度内部 Apollo 项目对自动驾驶相关场景标注数据的需求,侧重驾驶场景相关的图像标注任务,包括 2D – parsing、3D – parsing 和点云标注等。这些专用标注平台可以分为以下几个子类别:

内需驱动型标注平台:内需驱动型标注平台通常依托大公司,主要目标是完成本公司的业务需求。百度、阿里巴巴、京东、科大讯飞等公司都根据自身业务对标注数据的需求建立了自己的数据标注平台(或众包平台)。例如,百度众测承担了百度 Apollo 无人车项目所需的所有标注数据的标注任务。这类公司主要特点是已经形成相对完善的数据标注服务供应商体系,对供应商的能力评级更精准,自身也有非常实用的标注工具及项目管理系统。这类标注平台对标注团队的技术能力和管理能力要求相对更高。在具体项目中,数据标注团队的首要任务是按时按质交付数据标注结果,这就对标注团队的管理水平提出了更高的要求。

技术驱动型标注平台:技术驱动型标注平台通常以先进的标注技术作为核心竞争力,通过技术研发、技术革新打动需求方,进而占据更大的市场份额。这类平台包括专注于数据标注工具开发的科技公司,例如龙猫数据(LongMao Data)和倍赛(BasicFinder),这些公司通过数据标注工具研发以及半自动化数据标注方法的研发提高标注效率。类似公司还有标贝科技和爱数这类专注传统人工智能同时兼营数据标注业务的公司。技术驱动型标注平台通常能够紧跟技术潮流,快速适应新的标注平台、标注工具和标注模式。但这类公司通常在面向业务端(ToB)的运营和渠道把控上比较薄弱。

信息分享型标注平台:信息分享型标注平台通常更加注重渠道的发掘和维护。这类公司认为数据标注行业的本质是面向业务(ToB)的服务型项目,需求方在发布需求时通常会"货比三家",通过全面比对选择最优的解决方案。此类平台选择将所掌握的渠道作为平台的核心资源进行分享,不管是个人、标注公司或者平台公司都可以在平台中找到自己的位置。这类平台的核心是节约客户对于数据标注项目管理的成本。

2.4.3 群智化数据标注平台的主要功能

作为连接数据标注需求方和标注团队（或个人）之间桥梁以及标注团队进行标注活动的场所，群智化数据标注平台的性能优劣（如上手难易程度、标注工具效率等）对数据标注项目的完成质量有着至关重要的影响。如图 2.11 所示为数据标注产业要素及其关联关系。

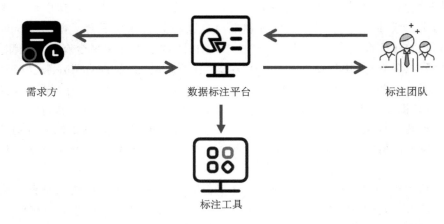

图 2.11 数据标注产业要素及其关联关系

总的来说，专业的群智化数据标注平台应具备以下基本功能：

（1）数据集管理：旨在规范管理数据标注过程中的生产资料。相比常见的"本地保存数据"模式，标注数据应存放在专有数据库中。这样可以通过设计特定词条进行数据的增加、删除、修改、检索等操作，避免因为数据管理混乱而导致效率降低。除此之外，数据集管理模块的主要功能还应该包括数据集创建、导入、数据的隔离、共享和权限管理以及公共数据集内置等。

（2）标注任务管理：群智化数据标注平台是标注任务管理与执行的载体，高效的任务管理是数据标注任务效率和质量的保障。总的来说，专业的群智化数据标注平台应该包括任务创建、任务上下线、任务分发、任务执行、任务质检、任务验收、标注结果导出等功能。

（3）标注工具集成：专业的群智化数据标注平台应该能够应对大多数标注任务的标注工具。当标注员对不同标注任务（例如打点、划线、画框等）进行处理时，可以在平台内高效地进行工具切换。

（4）信息反馈和进度控制：专业的群智化数据标注平台应具备一定的信息反馈功能，例如，标注任务的基本信息、标注任务总量、标注时长、标注效率、标注员的当前准确率等。这些反馈信息一方面有利于标注员对当前标注进度和质量的把控，同时也有助于项目管理者进行信息统计和流程优化。

2.4.4　群智化数据标注平台架构概述

在前边的章节中,我们已经对群智化数据标注平台的基本概念、主要功能以及常见平台进行了介绍;在本节中,将从数据标注平台的架构出发,结合前文所述的数据标注工程中的重要概念,讲述典型的数据标注平台的结构组成。

典型的数据标注平台包括基础设施、标注后端以及最终产品 3 部分,它们分别是平台的软硬件基础、基于软硬件基础形成的标注工具、管理流程等,以及最终形成的面向客户的产品,如图 2.12 所示。

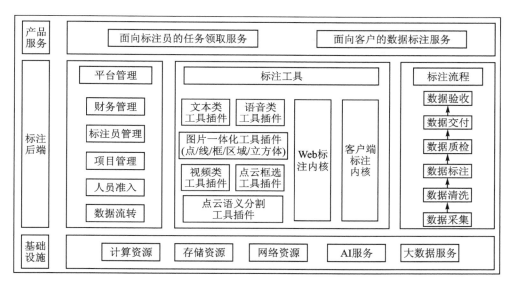

图 2.12　群智化数据标注平台典型架构

1．基础设施

群智化数据标注平台的基础支撑包括计算资源、存储资源、网络资源、AI 服务以及大数据服务。其中,计算资源、存储资源与网络资源是最基础的资源,搭建一个群智化数据标注平台需要这 3 类资源存储、传输和处理数据。随着计算机技术的飞速发展,大数据与 AI 技术也逐渐成了一种基础资源。在搭建群智化数据标注平台时,AI 基础能力能够帮助平台方更好地进行预标注、任务推荐、人员调度等工作,提高平台的标注质量与效率;大数据基础能力有助于更好地进行数据分析、可视化等工作,从而及时感知平台的运行状态,并发现平台运行过程中存在的问题。

2．标注后端

群智化数据标注平台的后端由 3 大部分组成,分别是平台管理、标注工具与标注流程。

（1）平台管理。平台管理是指为了维护平台正常运行而对平台展开的管理措施。

平台管理的内容非常丰富,主要有财务管理、标注员管理、项目管理、人员准入、数据流转等。其中,项目管理能力是数据标注平台的核心能力,它保证了数据标注平台核心业务即数据标注项目的正常展开,而其他管理措施如财务管理等则是数据标注项目展开的基础,为群智化数据标注平台的正常运转和项目的高效实施提供支持。

(2)标注工具。数据标注工具是指标注员进行数据标注任务时所要用到的工具,能够帮助标注员根据待标注数据生成标签。

根据数据类型的不同,可以将数据标注工具分为文本数据标注工具、图像数据标注工具、视频数据标注工具、语音数据标注工具、3D点云标注工具。

根据工具的自动化程度的不同,则可以将数据标注工具分为手动标注、半自动标注和自动标注三类。

根据标注工具的载体不同,还可以将标注工具分为Web标注工具与客户端标注工具。对于相对简单的、可以在Web完成的任务,可以基于Web标注内核进行开发,对于比较复杂的、无法在Web完成的任务,则应当基于客户端标注内核进行开发。

标注工具应满足如下特点:

① 易用性:标注工具应易于标注员使用。其界面应简洁直观、操作便捷,以降低标注员的操作难度。

② 高效性:标注工具应保证乃至提高标注任务的完成效率。比如,给标注工具加入预标注算法,以减少标注员的操作量。

③ 可复用性:标注工具应能够在不同任务中重复使用。由于客户方的需求不同,往往对标注任务的细节有不同的要求。为了避免重复开发,标注工具应当具备较高的可复用性,面对不同的任务要求,只需要进行微调即可满足新任务要求。

④ 易定制:对于一些众包类标注任务,需要由客户自行定制标注工具,这就要求标注工具易于定制。如可以设计成可拖拽的网页控件,供没有代码基础的客户使用,或封装成API以供具有一定代码基础的客户使用。

可以看到,图2.12中将各类标注工具称为工具插件,就是为了强调标注工具的可复用性与可定制性。当平台方接收到一个数据标注项目时,可以通过对这些工具插件进行调整与组合,设计出适合该标注项目的标注工具。

(3)标注流程。数据标注流程是指数据标注项目的实施流程。数据标注项目作为群智化数据标注平台的核心业务,应具有一套科学且高效的流程。一个典型的数据标注流程可以大致归纳为数据采集、数据清洗、数据标注、数据质检、数据交付和数据验收6个步骤。

3. 产品服务

上述的基础设施与标注后端支撑起了群智化数据标注平台的主要功能:面向标注员的数据标注服务与面向客户的数据标注服务。

(1)面向标注员的数据标注服务

面向标注员的数据标注服务是指向标注员提供数据标注任务,并在其完成后提供相应的报酬。对标注员而言,该服务主要涉及标注员的身份认证、员工培训、参与项目、结果验收 4 个环节。

（2）面向客户的数据标注服务

面向客户的数据标注服务是指由客户提供待标注数据、标注需求与报酬,最终由平台方向客户交付标注好的数据的服务。对客户方而言,该服务主要涉及需求分析、任务设计、任务发布、数据验收 4 个环节。

2.5 群智化数据标注平台实例

本节将分别以众包平台 MTurk 和支持数据标注工厂模式的百度众测平台为例,对群智化数据标注平台的功能和典型架构进行介绍。

2.5.1 众包平台——亚马逊 MTurk

亚马逊 Mturk 平台（Amazon Mechanical Turk）成立于 2005 年 11 月,是亚马逊公司旗下的众包平台,也是世界上最早被认可和流行的众包平台。据 Djellel 等人于 2018 年的研究表明,该平台在任何时刻都有超过 10 万名活跃的 Turkers。许多工作也针对 MTurk 平台功能的一些局限开展了相应的改进性工作,例如卡耐基梅隆大学提出了 CrowdForge 系统。

1. MTurk 平台基础设施

亚马逊网络服务（Amazon Web Services, AWS）为 MTurk 平台提供了基础的存储、网络、计算等资源。在客户发布任务时,需要将待标注的数据以及任务需要的相关数据上传至 AWS,并在设计标注工具时填入数据的存储链接。AWS 是由亚马逊公司所创建的云计算平台,向个人、企业和政府提供一系列包括信息技术基础架构和应用的服务,如存储、数据库、计算、机器学习等。AWS 提供的大多数服务都使用按需付费（Pay-As-You-Go）的收费模式,按照用户使用资源的级别和时长收费。因此,用户可以关闭和删除未使用的 AWS 服务资源以节省费用,或者在用户请求突然增加时快速添加新的资源,避免在平时为峰值系统负荷付费。对于一些初创企业,使用 AWS 提供的计算资源也有助于减少初期的硬件投资和维护软硬件的人员费用。AWS 通过连接互联网的软硬件系统的组合提供 Web 服务,用户也是通过以 Web 界面形式提供的控制台,或通过 HTTP 请求形式提供的 API,或软件 SDK 设置、管理和使用这些服务,根据业务需求将这些服务组合成产品。

AWS 目前提供超过 175 种服务产品,其中 Amazon EC2、Amazon S3、Amazon CloudFront 等是使用量最大的服务,其在 2002 年 7 月首次公开运作,提供其他网站及客户端（Client-Side）的服务,截至 2007 年 7 月,已经有 330 000 名开发者曾经使用过这项服务。

2. MTurk 平台标注后端

MTurk 拥有一套基于超文本标记语言 HTML 的 Web 端标注工具开发。自 1990

年以来,HTML 就一直被用作万维网的信息表示语言,使用 HTML 描述的文件需要通过 Web 浏览器显示出效果。HTML 是一种建立网页文件的语言,通过标记式的指令(Tag),将影像、声音、图像、文字、动画等内容显示出来。MTurk 平台提供了多种任务模板,包括问卷调查、图像标注、文本标注、语音标注、视频标注,以及诸如数据收集、网页收集等其他任务的工具设计。在标注工具设计页面,客户能够看到模板代码,通过修改模板的 HTML 代码实现客户对标注工具的需求。对于模板以外的任务,只要能够通过 HTML 代码实现,也可以由客户自行编写代码设计标注工具。

MTurk 提供的任务模板见表 2.2。

表 2.2　MTurk 提供的任务模板

类　　型	模板名称
问卷类	Survey Link，Survey
视觉类	Image Classification，Bounding Box，Semantic Segmentation，Instance Segmentation，Polygon，Keypoint，Image Contains，Video Classification，Moderation of an Image，Image Tagging，Image Summarization
语言类	Sentiment Analysis，Collect Utterance，Intent Detection，Emotion Detection，Semantic Similarity，Conversation Relevance，Audio Transcription，Document Classification，Translation Quality，Audio Naturalness
其他	Data Collection，Website Collection，Website Classification，Item Equality，Search Relevance，Other

3. MTurk 平台服务

如图 2.13 所示,MTurk 平台提供了两类服务:面向标注员的任务领取服务与面向客户的任务发布服务。MTurk 平台的任务领取服务需要标注员自行注册账号、领取任务、提取工资。同样地,MTurk 平台的任务发布需要客户自行分析需求、设计任务、发布任务、验收结果。

or

Create Tasks

Human intelligence through an API. Access a global, on-demand, 24/7 workforce.

Make Money

Make money in your spare time. Get paid for completing simple tasks.

Create a Requester account

Request a Worker account

图 2.13　MTurk 任务发布与领取界面

2.5.2　支持数据标注工厂模式的平台——百度众测

百度众测成立于 2011 年,是百度公司开发的众包在软件和产品测试上的延伸,隶属于百度质量部。百度众测起初是一个使广大的互联网用户能够第一时间体验百度的新产品,从用户体验的角度对百度的新产品提出改进建议,收集各种反馈意见,以便于百度公司及时地改善产品质量的测试平台。目前,百度众测已有超过 1500 万的注册用户。

随着人工智能的井喷式发展,其对高质量标注数据需求逐渐凸显。百度众测逐渐将业务重心转向数据标注,一方面承担百度内部人工智能数据标注任务(如 Apollo 计划中自动驾驶模型训练所需的标注数据),另一方面也面向市面上人工智能公司的数据标注项目接单。2018 年 9 月,百度众测分公司在山西成立,并投产了自己的数据标注基地,拥有超过 2000 名全职标注员工以及庞大的代理商队伍。目前,百度众测是国内稳定、先进的数据标注机构。

图 2.14 展示了百度众测标注平台的架构。可以看到,其产品架构包括标注工具、项目分配和管理、资源管理三大平台,以及相应的财务支持和流程风控模块作为支撑。

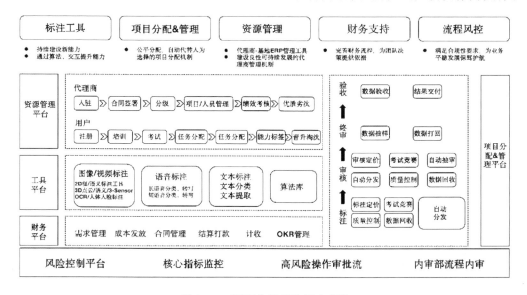

图 2.14　百度众测标注平台架构

1. 百度众测平台标注工具

图 2.15 展示了百度众测平台数据标注工具基于插件的微内核架构:基于 Web 和客户端的双内核,通过插件实现不同业务需求下标注工具的快速配置;结合图片、语音和点云增强器灵活配置多种标注场景下的标注插件。图 2.16 展示了百度众测平台常见场景下的标注示例。

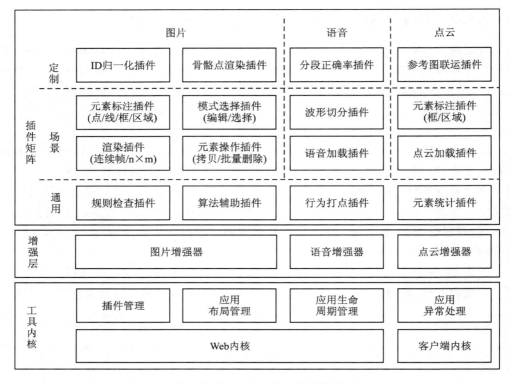

图 2.15 百度众测标注工具基于插件的微内核架构

图 2.16 百度众测平台常见场景下的标注示例图

2. 百度众测平台标注后端

图 2.17 展示了百度众测平台的标注后端架构图:基于百度 7 层流量接入平台 BFE 实现流量调度与监控;基于容器引擎服务 CCE 进行容器的规模化管理;基于云数据库 RDS 实现数据库的全托管和快速扩容;通过整合百度内部 DevOps 平台进行自运维,全面提升可靠性和安全性,进而提升产品迭代效率、研发效率、质量以及代码的可维护性。

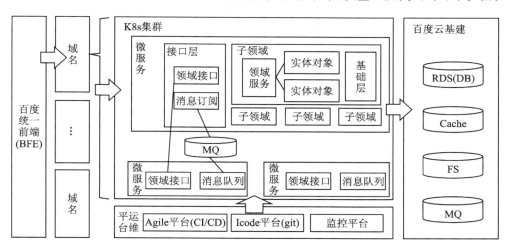

图 2.17　百度众测平台标注后端——领域驱动的微服务架构

3. 百度众测平台服务

图 2.18 展示了百度众测平台的数据管理架构。可以看出,标注数据在客户的私有化数据管理平台、百度数据标注管理平台及百度用户标注平台三方流转。从数据流转过程中可以看出,百度众测平台主要提供两方面的服务:① 面向客户的项目发布、验收和任务管理;② 面向标注员的任务领取和答案提交以及专业标注工具的支持。

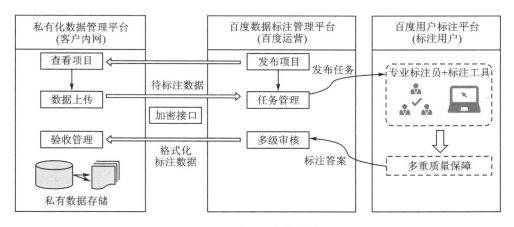

图 2.18　百度众测平台数据管理架构

2.6 本章小结

本章从群智化数据标注所涉及的关键要素出发,介绍了常见的数据标注任务、技术方法、工具和平台等。随着人工智能相关理论的不断发展,相关模型与算法对标注数据的需求不断上升,本章介绍了群智化数据标注的产生背景以及面临的三大挑战,并描述了群智化数据标注平台的发展现状,且对主要架构进行了概述,并用两种群智化数据标注平台加以说明:以亚马逊 MTurk(众包平台)和百度众测平台(支持数据标注工厂模式)为例展开介绍,以帮助读者掌握群智化数据标注产业相关的方法和理论,把握群智化数据标注产业升级的方向。

2.7 作业与练习

(1)常见的数据标注任务有几类,分别是什么?

(2)人机协同标注和人工标注、机器标注的关系是什么,人机协同标注有哪些关键环节?

(3)群智化数据标注的三要素是什么,群智化标注系统面临哪些挑战?

(4)群智化数据标注平台产生的原因包括哪几个方面?

(5)请注册并登录两个以上的数据标注平台,比较它们的异同。

第3章　群智化数据标注项目的管理方法

前面的章节主要从数据标注产业相关的任务、方法、工具、模式和平台5个方面,介绍了能够提升数据标注质量和效率、促进数据标注行业发展的方法和工具。传统以个人、零散方式进行的标注难以满足人工智能行业对标注数据提出的新需求,随着互联网技术的发展,出现了以大量标注员群体协同标注为主要特征的群智化数据标注模式(如众包和数据标注工厂等),并得到快速发展。在此背景下,如何有效地对标注任务、标注流程和标注人员等进行管理成为标注项目成功的关键问题。

本章从群智化数据标注项目的实施流程、项目管理方法、质量控制体系和标准化进程4个方面介绍数据标注项目的组织、管理与实施方法。

3.1　背景简介

作为人工智能的重要基石,数据的数量和质量对人工智能技术与产业的发展具有重要的影响。随着人工智能的发展,"AI+"逐渐登上舞台,成为人工智能领域新的发展方向。例如,对于农业领域的 AI 转型,曾有研究人员基于标注了水分、病害等属性的农作物照片对农作物状态进行分类,进一步设计人工智能算法对需要进行喷药操作的农作物进行自动化检测,大大降低了农作物的害病率,进而提升了农作物产量。与此同时,2020 年 3 月中共中央、国务院《关于构建更加完善的要素市场化配置体制机制的意见》指出,支持构建工业、农业、教育、安防、交通等领域的规范化数据开发利用的场景。在这一方针的指导下,人工智能产业对于标注数据提出了新的要求,数据标注任务从以下几个角度呈现新的特征:

(1)面向应用领域的定制化标注任务。随着 AI 与传统行业的深度融合,会出现各种各样的、面向应用领域的定制化标注任务。例如,客户需要基于计算机视觉算法构建智慧工地时,相应地会要求对工地可能出现的工程车、安全帽、安全服、钢筋等物体进行标注。

(2)更短的标注周期与更高的质量要求。越来越多的企业会在各自的行业中寻找垂直方向进行深耕。在企业寻求标注数据时,通常会将标注数据作为商品进行交易,以项目的形式实施标注任务,迫于公司规划和竞争压力,通常会对数据标注项目的周期和质量提出更高的要求。

(3)更高的隐私和安全要求。对于传统企业而言,长期积累的数据通常包含许多涉及公司秘密的重要信息,这些信息一旦外泄会给公司带来极高的安全风险。因此,在企业的 AI 转型道路上,数据标注的安全性问题至关重要。

针对这些数据标注需求,首先出现了基于互联网的众包数据标注方式。但是,由于众包数据标注采用松散的组织形式、不固定的标注员来源以及公开的任务发布方式等问题,无法满足新形式下标注任务的需求:

(1) 在面对新型标注任务时,众包平台无法保证合格标注员资源。

(2) 众包平台松散的组织形式和开放的人员管理模式,通常会导致效率和质量低下的问题。

(3) 众包模式下数据会涉及网络传输和多方参与的问题,可能存在隐私泄露风险和其他安全隐患。

因此,在众包标注的基础之上,人工智能产业迫切地需要在数据标注中采用工程化的技术和方法提高数据标注的效率和质量,推动数据标注工厂模式的发展。由于标注任务类型多样、规模庞大,再加上标注人员的行为与能力高度不确定,无论是众包标注,还是数据标注工厂模式,都需要对数据标注项目的整个实施流程进行优化管理,以提高数据标注的效率和质量。

3.2　数据标注项目的实施流程

随着数据标注任务日趋复杂,数据标注项目流程化管理的意义日益凸显。依照既定的、标准化的项目流程执行数据标注项目,能够减少不必要的时间、资源的浪费。面对新的数据标注项目,如果没有一套标准的实施流程,就容易陷入盲目摸索的境地,影响项目的完成效率。目前的数据标注项目实施流程可以大致概括为:数据采集、数据清洗、数据标注、数据质检、数据交付和数据验收。其中,数据采集、数据清洗是初期工作,数据标注与数据质检是流程的核心,数据交付和数据验收则是后期工作,其流程如图 3.1 所示。

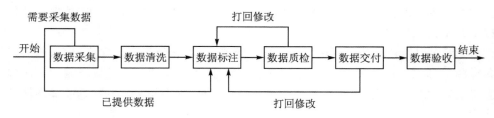

图 3.1　数据标注项目实施流程

3.2.1　数据采集

在日常生活中产生的各种数据,记录了我们的日常生活与社会运转情况,就像埋藏在地下的石油,只有开采出来才能发挥它们最大的价值。

1. 数据采集的方式

数据基本都来源于人们的生产生活,因此数据采集很容易涉及隐私和安全问题。因此,在采集数据的过程中,一定要保证采集数据的手段与被采集的数据合法合规,不影响个人隐私以及国家安全。数据采集的方式大致可以分为以下 4 种:

(1) 网络爬虫获取。这种方式是通过网络爬虫或网站公开的 API 从网站上获取数据信息,主要用于获取网络上的公开数据。我们平时上网时经常要浏览各类网站,这些网站上的图片、文字等都是数据。这些数据可能是用户产生的,如知乎等一些问答网站的问答记录;可能是企业产生的,如一些企业官网发布的进货信息;也可能是传感器记录的,如气象网站的天气数据。它们来源可能各不相同,但有一个共同点,就是它们是公开的,人们可以随意浏览和获取。网络爬虫就是通过脚本模拟自然人对网站的访问行为,持续不断地扫描所监控的网站,自动地从网站上爬取需要的信息,并将其存储为本地的数据文件。它支持包括图片、音频、视频等各类文件的采集。在不违反法律法规的前提下,我们能够通过网络浏览到的信息,一般都是可以通过网络爬虫采集到。此外,还可以通过带宽管理技术如深度包检测(Deep Packet Inspection,DPI)和深度/动态流检测(Deep/Dynamic Flow Inspection,DFI)等对网络流量进行采集。网络爬虫只可用于采集可公开获取的数据,禁止使用非法的、侵犯隐私的技术手段进行网络数据爬取,或使用网络爬虫对涉及隐私的数据进行采集。

(2) 与企业合作获取。随着我国互联网行业的蓬勃发展,我国产生的数据量也在逐年增加。国际数据公司(International Data Cooperation,IDC)统计表明,全球近90%的数据将在这几年内产生,预计到 2025 年,全球数据量相比于 2016 年的 16.1 ZB将增加 10 倍,达到 163 ZB。根据 IDC 最新发布的统计数据,中国的数据产生量约占全球数据产生量的 23%,美国的数据产生量占比约为 21%。据分析,我国三分之一的数据都属于行业服务的机构与企业。这里的企业主要指的是拥有庞大高质量数据资源的行业企业和机构。这些高质量数据资源通常存储在各企业的服务器中,如果想要获取这类数据,就需要向企业购买或者与企业进行合作。这些数据通常是非公开数据,比如企业用户的交易记录、个人信息等,在合作的过程中需要注意数据的隐私问题。此外,对于企业的服务器日志数据,需要使用数据采集工具进行采集。有很多数据采集工具可以用于系统日志采集,如 Hadoop 的 Chukwa,Cloudera 的 Flume、Facebook 的Scribe 等。很多企业保存有大量的用户隐私数据,这类数据应当由企业妥善保管,不经用户授权不可交易或用作其他用途。

(3) 众包采集。众包采集是一种基于大规模用户的群体力量采集数据的方式。美国康奈尔大学鸟类实验室开展的 eBird 项目就是一个很好的例子。科学家们想要获取各种鸟类的分布、迁徙相关数据,以便更好地进行科学研究和保护鸟类。但这些数据显然是不可能直接从网络或企业获取到的,需要依靠大规模的人工采集,但采集全球鸟类的分布情况需要耗费巨大的人力、物力。eBird 项目旨在全球范围内收集鸟类信息,参加该项目的全球鸟类爱好者在观鸟时将鸟类信息录入 eBird 数据库,从而实现了全球鸟类数据的采集。众包采集数据的方式很多,首先是通过众包平台采集数据。国外的亚马逊 MTurk、澳鹏（Appen）、国内的百度众测和数据堂等平台都有数据采集的业务，它们的特点是拥有广大的用户，可以较快地采集到大量数据。另外，也可以自己搭建网站或移动端 App 进行众包数据采集。还有一种众包数据采集形式就是以公益的形式采集数据，如刚才提到的 eBird，还有我们熟知的百度百科等，它们都可以算是众包采集。采用众包方式采集数据时，需要注意隐私问题。

（4）传感器采集。除了上述 3 种方式以外，对于一些不需要大量人力采集，也不能直接获取到的数据，还可以采用传感器采集。比如通过汽车传感器（如车载雷达、车载摄像头等）采集道路数据，通过监控摄像头采集车辆数据等。采用传感器采集时，同样需要注意隐私问题，对于涉及隐私以及国家安全的人脸、道路等数据，不应采集与使用。

2. 数据采集举例

数据采集流程大致可以分为 3 步：明确应用场景、确定数据规格和采集数据。我们以几个主要的数据类型为例来具体介绍数据采集的流程与要求。

（1）人脸数据采集。人脸数据通常为图片形式，一般通过各类相机（如手机摄像头与监控摄像头）拍摄采集。在采集前，应当首先明确数据的应用场景，并根据应用场景确定数据规格。数据规格包括但不限于人的特征（如性别、年龄、人种、表情）、环境特征（如光线、拍摄角度）、文件属性（如图片格式、尺寸、文件大小）以及所需数据条数。采集过程中要做好隐私保护工作，以避免被采集者的隐私泄露，采集结束后应当对数据进行脱敏处理。

（2）街道数据采集。对于街道数据，最主要的来源是交通监控视频与车载传感器（如车载摄像头与车载雷达）。同样应当根据具体的应用场景，明确数据规格。数据规格包括车辆特征（如车型、车牌、品牌、颜色）、街景特征（红绿灯、十字路口、交通指示牌、人行横道等）、环境特征（如拍摄位置、拍摄时间）、文件属性（如图片格式、尺寸、文件大小）以及图片数量。

（3）语音数据采集。对于特定类别的语音数据，主要通过众包的方式进行采集。在采集前，需要对下游人工智能模型的任务和需求进行分析，以明确需要的特征和数据量。例如，对闽南语语音的采集，一方面需要考虑语音本身的特征，例如总时长、片段长度、口音特征、话题分布；另一方面要考虑语音发出者的特征，例如男女比例、年龄分布等。

3.2.2 数据清洗

通过各种数据采集手段，可以获取大量的初始数据，但这些数据存在许多问题，并不能直接拿来标注，需要进行数据清洗。主要问题包括数据缺失、存在噪声、数据重复。数据清洗就是将这些不规整的数据转化为规整数据的过程，下面详细介绍这些问题和相关的处理手段。

1. 数据缺失

在数据采集的过程中，经常会出现部分数据丢失的情况。比如在问卷调查时，可能出现某些问题没有被回答的情况,可能因为设备异常导致系统日志中部分数据没有记录等。接下来,以一个例子介绍处理缺失值的 3 种常见手段。

假设有一个记录学生身高、体重和性别的数据集,而其中某些学生的身高数据缺失了。我们需要用这些数据训练一个机器学习模型,但是这些缺失身高的数据是不可以直接拿来使用的。为了让这个数据集可用,可以采取如下措施:

(1) 不处理。一些机器学习模型可以直接处理包含空值的数据,在这种情况下可以不对空值进行处理。

(2) 直接忽略。就是将有缺失值的数据条目删除。可以将这些缺少身高数据的学生的身高、体重和性别的数据直接删除,这样得到的数据集中每条数据都是完整数据,然后就可以用这个数据集来进行模型训练。这种方法通常适用于缺失数据占比较小的情况。当大部分的身高数据都缺失时,删除数据对象可能导致训练效果变差。直接删除缺失数据的方法有一个明显的问题,就是其他数据也被一并删除了。比如删除缺失身高记录的数据时,它的体重和性别信息也被一并删除了,这种做法无疑是浪费了一些信息。为了保留这部分信息,就需要用到数据补齐的相关方法。

(3) 数据补齐。数据补齐就是采用特定手段补齐缺失的数据。数据补齐的方法很多,下面简要介绍几种。

① 数据补录:采用人工或其他方法重新补录缺失的数据。这种做法要求补录者了解原始数据的具体情况,能够补录一个准确的值,成本一般较高。

② 特殊值填充:如果缺失的数据是数值,可以使用平均值、中位数等进行填充。对于非数值型的缺失,可以用出现频率最高的值填充。此外,根据具体模型的不同,还可以用一些例如"0""−1""unknown"之类的值填充。

③ 真值推测:由于重新填写成本高,可以采用算法推断缺失部分的真实值。例如,一个体重较大的男生,他的身高较高的可能性更大一些,可以采用一个略高于平均值的身高进行填充。具体来说,可以采用诸如建立回归模型估计,或者采用贝叶斯模型推理等方法推测真实值。

2. 噪声数据

噪声数据是指数据采集过程中因为多方面原因产生的错误或偏差数据。产生噪声数据的原因很多,包括数据采集工具不稳定,数据输入、输出过程中出现传输错误等。例如,在一天的气温记录中,某一时刻的温度与前后差距过大,那么可以认定该数据属于噪声数据。消除噪声数据的方式根据采用的技术手段可以大致分为回归、分箱和离群点检测。回归是指通过函数拟合数据的方法计算拟合曲线/面,对于偏离拟合曲线/面较远的数据,对其进行修正或者删除的过程。分箱是通过考察相邻数据确定噪声数据的真实值。以气温为例,如果某时刻气温与前后气温差异较大,则可以认为数据存在噪声,并根据前后气温计算其真实值。当数据维度较高时,情况则更复杂一些。离群点检测是指通过聚类的方法,将类似的数据点聚为一类,不属于任何一类的数据点则称为离群点,这类点通常为噪声数据,可以进行删除或修改。

3. 重复数据

某些属性值相同的数据可以视为重复数据,例如,姓名、学号等。消除重复数据的常见做法为合并或删除。对于完全相同的数据,可以保留一条,而删除其他数据。对于各有缺失的数据,可以将它们整合为一条数据。但是某些时候,数据是否重复也是较难判断的。例如"鲁迅"和"周树人",其实指的是同一个人。这时候,仅仅依靠字符串匹配是无法判断这两个词是否相同的。判断这些词是否重复主要有人工和算法两种方式。其中,人工方法可以采取众包的方式,可让具有相关经验的人辨别这些数据是否重复;基于算法的方式则可以根据已有的知识图谱判断这些词语是否重复。两种方法结合则可以达到更好的效果。

数据清洗可以按照明确错误类型,发现错误数据,然后纠正错误数据的步骤展开。首先是明确错误类型:我们可以采集的数据种类非常之广,对于不同类型的数据,可能出现的错误也各不相同,在这一步中,可以通过手动检查、抽样检查,或者根据经验,判断可能出现的错误类型。在确定错误类型后,就可以针对不同的错误类型,设计脚本,逐一排查不同的错误,定位数据集中存在的错误数据。在此步中,可以通过统计、聚类或是关联规则的方法,检测数据中的属性错误,通过字符串匹配和实体对齐算法,检测重复数据。纠正错误数据则可以根据前述数据清洗方法,针对不同的错误类型逐一纠正。经过这 3 个步骤,就可完成数据清洗,得到一个干净的数据集。

3.2.3 数据标注

标注环节是数据标注项目中的核心部分,大致可以分为明确需求、任务设计、任务分发和用户培训 4 个环节。这 4 个环节中包含如图 3.2 所示的组成元素。

图 3.2 数据标注流程

可以看到,上述四个环节中又细分出许多环节,接下来我们将对它们进行详细介绍。

1. 明确需求

(1) 明确需要的标注数据样式。明确标注数据样式是为了确定任务类型,以进行后续的任务设计工作。标注数据样式包括被标注的数据类型、标注方式、标签类型等具体细则。明确标注样式时需要结合数据需求方的使用场景和标注平台的实际情况,制定可行的标注数据样式需求。

(2) 明确需要的标注数据数量。明确标注数据数量是为了确定所需人员数量,以进行后续的任务分发工作。

(3) 明确标注数据的存放方式。明确数据与标签的具体存放方式、命名规则,以方便对标注数据进行统一管理。数据与标签的命名或存储路径应当具有一定联系,以便于查找每条数据的对应标签。此外,命名规则应当避免在更新迭代过程中产生重名。

(4) 明确隐私与保密要求。待标注数据通常涉及个人隐私以及公司机密,在进行数据标注前应当与数据需求方确定具体的保密要求,以便制定具体的保密规则。

2. 任务设计

任务设计是数据标注中最关键的一环,它的主要内容包括确定任务类型、拟订标注规范、任务定价、设计激励机制、设计恶意检测机制、设计标注工具、撰写标注指南、设计标注流程这些步骤。

(1) 确定任务类型。在明确需要标注数据样式后,就需要据此确定具体的任务类型。常见的任务类型可以概括为文本、音频、图像、视频 4 个大类。每一类中根据具体的标注要求不同(如属性标注、框选等)又可以继续细分。对于较为复杂的任务,可以将其分解为多个不同的子任务。在分解任务时,需要尽量最大化各任务间的独立性,以保证标注员可以分别独立完成。但也要构建好子任务间的依赖关系,保证任务整体能够顺利完成。常见的任务分解方式有基于 MapReduce 的任务分解框架。

(2) 拟订标注规范。根据数据需求方的具体需求,拟订标注规范,设定具体的质量标准,并定义不合规的标注行为,以及相应的保密要求。在不同类型的任务中,标注合格的认定方式各不相同,设定适当的质量标准非常重要。如在图像框选任务中,标注规范通常为对框的误差的像素点数的要求。同时,标注规范中还应当包括对欺诈者及其他不合规行为的判定以及处理方式。欺诈者通常指通过不正当行为获取标注奖励的标注者。为了避免此类行为,需要完善标注规则、减少标注工具漏洞、增加恶意检测机制以及制定相应的人员管理规则。保密要求中应当列明数据安全等级、明确保密责任。对于违规的行为,可以给予适当的处罚,如扣除奖励、禁止继续执行任务等。

(3) 任务定价。任务定价是任务设计中的重要一环。任务定价需要综合任务难度、时间期限等因素,与数据需求方综合拟订。研究表明,在传统的众包数据标注中,一个任务的定价过低或过高都会影响任务的完成质量。过低的定价会导致无人领取任务,或者任务很难被及时完成;过高的定价则可以吸引大量标注者快速完成,但不会提高标注质量,反而可能吸引来欺诈者,导致完成质量下降。

(4) 设计激励机制。为了提高标注员的积极性,除了基本的单个任务价格外,还可以设计相应的激励机制。激励机制的设计主要分为两种,一种是基于金钱报酬的激励方式。在标注员的标注行为满足一定要求后(如准确率高于某个值,题量多于某个值等),发放一些报酬。另一种是基于信誉的激励机制,通过建立信誉积分系统,在标注员达成某些要求后,给予一定的信誉积分奖励。在任务分发的过程中,也可以给高信誉积分的标注员一定的优先级。

（5）设计恶意检测机制。由于每完成一个任务，标注员都可以获得一定的报酬，一部分标注员可能会进行欺诈，从而骗取报酬，造成最终的标注结果质量不高。常见的恶意检测方式有，在开始任务前进行准入考试，以评估标注员能否胜任该任务；在任务中加入一些具有标准答案的样本题，样本题难度一般与普通题目相当，以防止出现轻易发现样本题导致的作弊行为，当标注员答错时可以认为其没有认真答题，从而取消奖励或将其从任务中剔除。

（6）设计标注工具。设计标注工具包括前端的任务操作界面设计以及后端的数据存储方式设计。通常可以通过调整已有标注工具适应新的需求。对于无法适应的需求，则需要开发新的标注工具。任务界面设计应当做到简洁、清晰，能够向工人直观、完整地展示任务内容，以提高任务的完成效率。

（7）预标注算法。标注工具中还可以加入预标注算法。人工标注的目的就是让机器学习模型学会自动标注，两者的目标是一致的。对于一些简单的标注任务，通用机器学习模型的标注结果可能已经足够好，能够满足数据发布方的需求。因此可以在进行人工标注前采用通用的机器学习模型进行预标注，标注员在机器学习模型的标注结果上进行进一步修改。这样做的好处是，节省了标注员的时间，提升了整体标注效率。

（8）撰写标注指南。标注指南是标注员进行标注的操作指南，撰写时应当做到足够完善，尽可能覆盖标注过程中所有可能遇到的问题。标注指南应当包括如下内容：

① 操作界面介绍。对标注工具的操作界面进行系统性介绍，建立标注员对标注工具的基本认知。

② 基本操作及快捷键。介绍标注工具的基本使用方法以及快捷键，让标注员了解标注工具的实际操作方法。

③ 标注要求。介绍数据需求方需要的具体标签形式，如属性、点、框等，同时明确对各类标签的精度要求。标注要求应详细，对于最常见的标注场景，标注员在学习后能够准确地完成任务。

④ 注意事项。介绍标注时的注意事项，明确各类特殊情况（如框选任务中的遮挡、截断情况）的处理方法。注意事项应尽可能涵盖标注过程中可能出现的各种问题。并且在标注过程中不断更新和补充遇到的新问题。

⑤ 标注示例。在标注要求与注意事项中，应加入典型的标注示例，以便标注员深入理解标注要求与注意事项。标注示例应当具有代表性，能够使标注员快速掌握同类型问题的处理方法。

（9）设计标注流程。在任务开始前，要先拟订具体的标注流程。对于简单的分类、计数类任务，可以采用"冗余分发"与"结果汇聚"相结合的流程，即将一个子任务冗余地发给多人完成，然后利用汇聚算法将多人提供的答案汇聚为一个。对于无法进行结果汇聚的开放式答案的任务，可以采用"标注"与"审核"相结合的迭代标注形式。审核的轮数可根据标注任务的难度进行调节。此外，还可以通过举办竞赛的方式进行数据标注，让表现最好的标注团队赢取任务奖励。

3．任务分发

在完成任务设计后，就可以开始任务分发工作，但应明确以下参数：任务的发放对象（如标注员与质检员）、参与标注人数、任务中子任务数量、标注员与质检员的工作量、每个子任务需要的标注员与质检员人数和任务期限（包括子任务期限与整体期限）。如果一个子任务被分发给多个标注员完成，则还需要确定子任务结果回收后的结果汇聚方式。

任务分发方式可以分为三类：一类是由标注员自行领取，另一类是由平台直接发放给标注员，而第三类则是两者相结合，由标注员在平台推荐的任务中进行选择。通常，我们将标注员自行挑选的行为称为任务搜索，平台分配给标注员的行为称为任务推荐。

（1）任务搜索。任务搜索常见于传统众包任务，主流的众包平台（如 MTurk）都是采取任务搜索的方式发放任务。任务发布方将任务发布在平台上，由平台上的标注员自行领取。通常，大部分平台仅提供任务列表，需要标注员自行翻页挑选，不支持个性化的任务搜索。由于大部分平台采用分页浏览的形式，当任务较靠后时，不容易被用户发现，而标注员通常会选择完成最近发布的任务，这会导致部分任务长期得不到处理。为了提高任务的总体完成量，平台应当对任务的排序和搜索方式进行优化。目前 AMT 等众包平台只提供了基于关键词的搜索功能，如调整任务显示顺序、优化搜索结果等，而没有针对标注员的个人特征进行个性化推送。

（2）任务推荐。任务推荐是平台根据标注员的兴趣爱好与能力特征，针对性地将任务分发给标注员的分发方式。任务推荐要求平台能够对标注员进行准确的刻画，以保证将最合适的任务推荐给标注员。对标注员兴趣与能力的刻画通常需要标注员的历史答题数据以及个人信息（如国籍、年龄、性别、学历、专业等）。历史答题数据能够准确地刻画标注员在不同类型任务方面的能力；个人信息则可以用于估计标注员在未知任务方面的能力（如中国人大概率能够胜任汉语类文本标注任务），用于解决标注员能力模型冷启动的问题。通常，标注员能力呈现出多维度、动态性的特点。多维度是指标注员要执行多类标注任务，其在不同类型任务上的能力与兴趣各不相同；动态性是指标注员能力并非一成不变，会随着其标注经验的积累而变化。常见的标注员能力刻画方法有学习曲线、知识追踪、马尔可夫链等。平台可通过对标注员在不同类型任务上能力的估计，给标注员推荐相应的标注任务。此外，还可以直接采用推荐算法对标注员和任务进行匹配。常见的推荐算法有协同过滤、基于内容的推荐和概率矩阵分解等。

在进行任务推荐时，除了考虑任务与标注员/团队的匹配程度，还应考虑标注员/团队是否有正在执行的任务、预计执行时间、任务需要的标注员人数等，对平台整体的任务完成时间进行动态规划，使所有任务的完成效率最大化，尽可能减少任务超时的情况。在确定任务分发方式后，可以进行试标注。即先从待标注数据中选取一小部分，由平台标注员进行标注。试标注的主要作用是：提前发现标注过程中可能存在的问题，及时对任务设计进行调整；及时发现与数据需求方的需求冲突，重新调整需求，避免最后无法交付数据。

4. 用户培训

在正式开始数据标注前，需要先对标注员进行培训，以帮助其尽快掌握标注要点，熟悉标注流程。用户培训的主要内容包括课程培训和准入考试。

（1）课程培训。对于难度较高的任务，应首先对用户进行课程培训。课程应当包括背景知识与实操讲解两部分。背景知识主要讲解标注任务的背景、应用场景、数据需求方的具体需求等，以有助于标注员理解数据需求方的实际需求，从宏观上理解标注任务，从而在标注过程中灵活变通，自行解决一些特殊问题。实操讲解主要从具体操作的角度进行教学，依据标注指南，结合具体案例介绍标注工具、操作方法、标注要求以及注意事项。

（2）练习题。在课程结束后，应提供练习题供标注员进行实操练习。练习题应涵盖相应任务类型中最典型的标注场景、最常见的标注问题，保证标注员在熟练掌握练习题后能够在完成相应的任务时达到足够高的准确率。练习题的设置和挑选工作通常由人工完成，但人工挑选耗时费力，且难以做到针对标注员自身特点进行个性化的习题设置，因此可以设计算法为标注员挑选习题。算法挑选练习题的好处在于，能够节省大量人力，尤其是在习题量较大、人工挑选难以胜任情况下；能够针对单个标注员进行个性化推荐，在标注员的答题过程中，能够针对其不擅长的部分针对性地发放练习题，快速弥补其能力短板。目前，常见的挑题算法主要有：智能导学系统（Intelligent Tutoring System）中基于知识追踪算法的习题发放算法；基于机器教学（Machine Teaching）的标注员教学算法。还可以使用工具筛选出问题数据，并转化为练习题，同时达到消除问题数据和对标注员进行教学的目的。

（3）准入考试。为了确保标注任务完成后的准确率，以及参与的标注员都具有足够的标注能力，需要进行标注员准入考试。准入考试的题型设置应当涵盖正式标注过程中可能涉及的重点、难点，且不与练习题重复。此外，还应设置试题的合格标准，合格标准应与标注规范中一致或高于标注规范，以保证任务能够顺利验收。除了对标注员设置考试外，也应对相应质检员设置考试。

在实际的标注项目中，通常有专门的项目管理部门通过人员管理、项目评估、项目过程管理和进度管理等手段保证数据标注环节的高效实施，这部分内容将在 3.3.2 小节进行详细的介绍。

3.2.4 数据质检

由于数据采集、清洗以及标注过程并不是完全可靠的，最终获得的标注数据仍然可能存在问题。为了保证标注数据的准确性，应对标注数据进行质检。质检前需制定相应的质检合格标准，以便在质检过程中贯彻实施。数据质检通常采用排查或抽样的方式进行。对于数据量较小或质检难度较小的任务，可以由质检员逐一排查；对于数据量较大或质检难度较大的任务，应采用抽样的方式进行质检。在质检发现数据不符合要求后，应及时打回修改，直至通过审核。常见的抽样方式有随机抽样、分层抽样等，应根据具体情况制定抽样方式，如重点抽查准确率较低的标注员。数据质检是数据标注实施流程中非常重要的一环,我们将在 3.4 节中对其进行重点介绍。

3.2.5　数据交付

数据质检合格后即可进行数据交付。数据交付是指将质检合格的数据整理并交付给数据需求方的过程。数据交付时的主要注意事项包括数据与标签的格式、数据与标签的存储方式。

交付的数据通常为原始数据的标签。数据的标签通常包含标签的类型(如点、框、属性等)、标签在原始图片中的坐标(如图像画框任务中框的坐标、语音切分任务中切分的位置)、标签的值(如框选物体的类别、被转写语音的内容)等信息。

交付数据应当采用易解析、易存储的存储格式,如 JSON、XML 或 TXT 等文件格式。医疗影像数据比较特殊,一般采用 DICOM 类型的数据,参照 ISO 12052 的要求以及其他类型数据的存储格式,存储在 DICOM 数据格式的相应标签与数据集中。

标注团队应对最终交付的数据提供说明文档,文档包括数据量、数据格式、命名方式等基本信息,并与标注结果一同交付。

3.2.6　数据验收

在标注团队完成数据交付后,由数据需求方对数据进行验收。数据需求方通常会对交付数据进行质量检验,检验过程同样分为全量检验与抽样检验。若质量达到数据需求方预期,则完成验收;若达不到预期,则打回修改至合格为止。

3.3　数据标注项目管理

在数据标注工厂模式下,数据标注任务通常以项目的方式进行组织和实施。科学、规范的项目组织形式和管理体系是数据标注工程的关键,也是数据标注工厂面对大规模数据产品生产业务需求时标准化、流程化的处理方法。

本节以项目管理的基本内容为基础,对数据标注项目管理的关键步骤进行介绍。

项目管理属于管理学的范畴,是指在项目中运用专门的技能、工具、知识和方法,开展各种计划、组织、领导、控制等活动,保证项目能够在确定(有限)资源条件下达到预设需求或期望的过程。

根据项目管理领域的世界龙头 PMI(Project Management Institute)的定义,项目管理主要包含五大流程和十大知识领域。

PMBOK(Project Management Body of Knowledge)描述了项目管理专业技能的总体知识,其中项目管理包括启动、规划、执行、监控过程和收尾五大过程,其主要内容包括:获得项目授权,定义项目内容或为项目设定目标;明确项目工作范围,优化项目目标,为实现目标而制订执行方案和计划;完成项目管理计划中确定的工作内容以实现项目目标;跟踪、监控项目进展与成果,设置变更计划,并启动相应变更;结束项目或完成项目验收。

PMBOK 介绍了项目管理包含的十大知识领域,包括整合管理、范围管理、时间管理、成本管理、质量管理、人力资源管理、沟通管理、风险管理、采购管理、干系人管理。

项目管理十大知识领域构成了项目管理的主要内容,也明确了高质量的项目管理工作需要考虑的问题和相应的做法,这十大知识领域之间的逻辑关系可以概括为:在整合管理内容的指导下,范围、成本、时间、质量管理的内容规定完成项目的标准;资源、采购和沟通管理保证项目达到要求的基础;风险管理估计和规避整个项目流程中可能存在的风险。

数据标注项目是一类特殊的工程项目,其项目管理流程和知识体系是 PMBOK 项目管理五大流程和十大知识领域在数据标注项目上的凝练和体现,是数据标注工程项目管理的指导思想。

3.3.1 人员管理

数据标注项目的人员管理是人力资源的组织、编排方法在数据标注项目中的体现,旨在通过规范和明确数据标注项目团队中的参与人员及其关键职责和管理办法,确保数据标注项目的规范、高效实施。

如图 3.3 所示,数据标注项目团队中的主要参与人员包括项目经理、项目助理、标注组长、标注员和用户招募员 5 个类别,其中标注通常以公会的形式组织,受雇于数据标注项目。参与人员各司其职,又相互协作,共同确保项目的进度和质量,这些角色的职责和介绍如下:

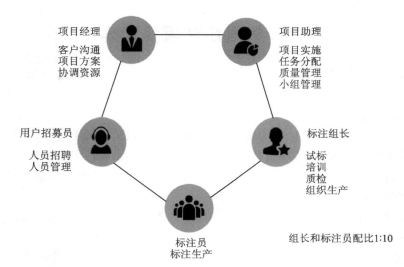

图 3.3　数据标注项目的人员构成

（1）项目经理。项目经理主要负责整个项目的全流程管理,直接对整个项目的最终结果负责。其主要职责包括基于公司当前的业务、技术和项目能力与客户进行沟通、确认项目计划,调配项目资源;协调各部门人员;把控项目进度;编写项目交付文档,汇报项目整体进展,总结项目实践经验。

（2）项目助理。项目助理的主要职责分为两个方面。一方面负责在交付前确认数据质量,其主要职责包括熟知数据质量要求和评判标准,拟订验收标准;另一方面是对标注组长的管理,配置标注团队、保证任务的合理分配。

（3）标注组长。标注组长主要负责标注员资源的管理调度。其主要职责包括了解项目需求和工作内容,为项目调配合适的标注员资源;开拓外包标注员供应商资源,包括合同签订、日常管理;负责标注员资源的日常管理等。通常来说,标注组长和标注员的人数配比为 1∶10。

（4）标注员。标注员主要负责对数据进行标注,是数据标注项目的根基。标注员大致可分为内部基地标注员、外包标注员以及众包标注员 3 类。外包标注员是指第三方组织的标注员群体,众包标注员是指互联网上零散的标注员。除了标注以外,标注员还可以承担一部分质检工作。

（5）用户招募员。在数据标注项目中,用户招募员主要负责对项目团队所属的工作人员进行调配和平衡,在保证项目有足够人力资源完成的情况下尽可能减少人力开支。其主要工作内容包括但不限于协调标注组长和标注员的人数比、招募新员工,以及联系外包资源、开展标注员的测试和培训、设计人员奖惩规则等。

明确了数据标注项目所需的人员及其主要职责后,还需要一系列的规章和管理制度来保证团队人员的职责的正常履行,避免因为意外或者行为不规范给项目带来额外的风险。其主要目标在于通过建立溯源体系、规定相关人员的行为规范来保证标注团队的数据和财产安全。

数据标注团队人员的行为管理主要采用视频监控系统与门禁系统实现。视频监控系统主要负责对数据标注工厂内人员的行为进行视频监控,预防数据窃取行为。若发生数据泄露,视频监控系统能够用于发现和追踪嫌疑人。门禁管理系统的主要功能为考勤管理和防止无关人员进入。应当根据项目密级和部门工作性质设置门禁,保证项目无关人员接触不到项目内容。

为预防数据泄露问题的发生,还应当建立相应的溯源及追责机制。在数据泄露问题发生后,及时找到发生问题的源头,并解决问题或避免再次发生。溯源体系的建立需要从数据的预处理到交付过程中建立完整的记录机制,对每一名经手数据的人员都做好记录。若发生数据泄露,就可以清楚地了解哪些人接触过泄露数据,以便缩小调查范围。

在众包数据标注的过程中,由于平台无法约束标注员的上下线、接收任务等行为,因此难以进行人员管理,所以平台更侧重于采用约束性较弱的任务推荐等技术。但随着数据标注行业的不断发展,为了达到更高的标注效率,尤其是数据标注工厂模式方面,逐渐出现了由标注员形成的公会,通过系统的人员管理,提高了标注的准确率与效率,同时提高了标注员与标注数据需求方的议价能力。许多数据标注公司成立,渐渐通过系统地招募、培训标注员进行数据标注。人员管理在数据标注项目中正在扮演着越来越重要的角色。

3.3.2　项目评估

由于标注数据对于人工智能应用的开发和模型训练有着决定性的作用,以及重要的商业价值,因此标注数据及其相应的数据标注项目通常被作为数据标注产业中的商品进行交易。广义的项目评估是指对拟实施项目的计划、设计和实施方案进行全面的技术论证和评价,进而确定项目发展前景的过程。对数据标注项目的评估主要指的是通过对项目需求和验收标准分析确定项目可行性、成本的过程。对数据标注项目的准确评估有助于规范项目定价、正确估计工时,进而帮助需求方和标注团队控制成本。

数据标注项目评估的主要步骤包括需求整理、项目试做、成本估计和方案确认 4 个步骤。

在 3.2.3 小节中对需求的定义和明确需求的方式做了较为详细的介绍,因此在这里,我们结合数据标注项目实例对需求分析的过程和内容进行介绍。

示例 1:项目需求整理

客户需求:"我们这里有一批闽南语的语音数据,你们抓紧时间给标注一下,我们希望训练出一个闽南语识别的应用,对大多数情况能识别出来就行。"

整理需求后的需求文档如下:

项目名称:闽南语语音标注项目

类型:语音标注项目

项目周期:3 个月

原始数据信息:数据包含 1000 h 的闽南语语音,其比例大约为:男女比例 1:1;青年人占 35%,儿童和少年占 35%,30%;话题分布较为均匀,涉及日常交谈、工作、娱乐等社会生活的多个方面。

应用背景:语音是人机交互的核心载体,语音交互技术是识别、理解和生成语音的技术的集合,其主要流程包括人向智能应用(例如,小度、天猫精灵)说话→智能算法识别和理解这段语音的内容→算法生成回答→智能应用将生成的回答转化为语音输出。

标注任务:对每一段筛选后的语音(每句长度不大于 20 字、没有影响语音理解的逻辑、口音等问题)逐字转写,标注出场景和说话人类别的属性信息。

验收标准:产出不低于 500 h 的闽南语语音及其对应的文本标注内容,要求截取句完整、属性标注准确、标注内容准确,要求整体合格率不低于 97%。

上述示例展示了一个项目需求整理的例子。最初客户只给出待标注数据的说明文档和对标注任务、应用场景的简单说明。项目经理通过对数据文档的阅读分析以及和客户的沟通交流,将客户的数据标注项目需求整理为上述需求文档。相比于客户最初对需求的简述,整理后的需求文档包含对原始数据内容和基本分布的介绍、应用背景的简介、对标注任务的说明以及对验收标准的详细规定。通过需求整理环节,模糊的客户需求被整理成细化的、严谨的需求文档,用于指导项目的实施,同时使客户和标注团队能够对标注项目的内容和标准有着更清晰的认识。

（1）项目试标。旨在通过对标注任务的小范围测试验证项目需求的准确性、衡量任务的难度,项目试标的结果对项目定价和最终实施方案的确认起了重要的参考作用。通常来说,在项目试标开始前要基于分层抽样的方法抽取代表性的样例,保证试标的标注任务能够完整地反映任务全集的内容和难度。

（2）成本估计。通常基于项目试标的结果,其核心任务在于准确地评估标注任务所需的人力和工时。准确的成本估计是标准团队对项目进行合理定价的基础,对标注团队控制成本、提升利润有着十分重要的意义。例如,对上述示例中闽南语语音标注项目的成本估计主要包括以下步骤:

项目任务包括语音切分、内容转录、属性标注 3 类。通过项目试标发现,15 字左右语音的切分操作大约需要 20 s,内容转录大约需要 30 s,属性标注大约需要 30 s。其中语音切分的任务量为 1000 h,内容转录和属性标注的任务总量为 500 h。按照每 15 字语音数据的播放时长大约 10 s,以及每位标注员每天 8 h 工作时间计算,可以估计出项目总的时间开销为:

$$[(1000\times60\times60\div10)\times20+(500\times60\times60\div10)\times(30+30)]\div3600\div8=625 \text{ d/人}$$

即该闽南语标注项目总开销大约为 625 d/人,即一个标注员 625 d 的工作量。标注团队可以根据这一工时估计结果计算完成项目所需的人力成本,进行员工的合理配置,同时结合其他开销给出项目报价。

（3）方案确认。这是项目评估的最后阶段,基于整理后的项目需求对项目进行试做,挖掘项目需求中可能存在的错漏和不合理的地方,结合对项目成本估计的结果,给出完整的项目方案。数据标注项目方案通常包含项目名称、项目背景、项目工期、标注任务和验收标准等部分内容。

项目评估是数据标注项目的起始阶段,准确的项目评估是项目进行合理人员配置、项目实施、进度管理以及项目报价的基础。

3.3.3　过程管理

在 3.2.3 小节中,我们对数据标注环节的核心步骤和主要元素进行了介绍。接下来我们结合数据标注项目实例对数据标注环节的主要过程和关键环节进行介绍,以提升对数据标注项目管理方法和流程的理解。

示例 2:工地图像采集和目标识别数据标注项目需求

项目名称:工地图像采集和目标标注项目

类型:图像采集标注项目

项目周期:1 个月

应用背景和场景:图像是最直观传递信息的方式,是人工智能通过"看"认识世界的方式。目标识别是目前应用广泛的人工智能技术,已经广泛应用于国民经济、国防、空间技术等领域,其应用产品包括但不限于多个场景下的人脸识别、行人追踪、高空侦察等。目标检测和识别是机器视觉共同的基础任务,其主要流程包括人对其中图像里的物体进行标注(包括画框、分类等标注操作)→机器算法进行学习→给机器不含标注信息的图像→机器对图像进行分析理解→机器框选出图中存在的目标,并给出类别信息。

目前,简单场景下的目标检测和目标识别应用已经有了很好的效果。例如,学校或小区的人脸识别算法通常能够达到95%以上的识别准确率。特殊场景下的目标识别和检测的需求与日俱增,仍需要大量标注数据。

工地目标检测是实现智慧工地的一个基础任务,在准确识别工地目标(例如,工人、安全帽、塔吊和压路机等)的基础上,可以通过训练一系列算法(如安全帽检测)对工地进行实时监测,进而提升工地安全和工地运行效率。

采集任务:拍摄10 000张工地照片;每张图片至少包含1个属于目标域的目标(如工人、安全帽、压路机);需要强弱光照状态7:3(弱光照状态包括阴天、雨天、傍晚);需要至少30%的照片包含至少5类目标;每类目标应至少包含1 000张图片。

标注任务:对拍摄到的工厂实景照片中出现的目标物体进行画框标注。

要求首先判断图片的有效性,即图片是否包含目标物体、图片是否清晰、光照条件是否良好等,并删除无效图片。其次要求对图片中的目标物进行框选,并选择对应的类别。

验收标准:按照采集标准收集满足要求的工地照片,并对照片中目标物进行框选和类别标注。要求漏选、错选率以及类别错误率均低于1%,且标注框的误差不大于1像素。

示例2给出了工地图像采集和目标识别数据标注项目的需求内容。

在方案验证阶段,标注团队中的项目经理首先要和客户详细沟通业务需求,明确需求的关键步骤、是否可行和关键节点,进而设计出详细、可行的标注项目方案,这一过程通常要借助小流量测试的方法。例如,对上述示例中需求进行分析,发现10 000张不同情况下的工地照片采集和标注任务很难在一个月内完成,即项目周期安排不合理,方案需要重新商定;在对任务进行试做后,发现标注框误差不大于1像素的要求过高,许多工人无法达标或按照这一标准标注需要消耗的时间过长,因此需要重新商定验收标准。在方案验证后,项目周期调整为3个月,数据框最大误差调整为3像素,并根据这一结果再进行方案设计。

在正式标注阶段,标注团队中的技术员通过目标检测算法对图片中的目标自动检测和画框,同时根据方案验证阶段明确的标注方案和需求对标注员进行培训,明确标注任务需要的工具和平台的用法、标注方法和标注标准。培训结束后,标注员对算法预标注的结果进行调整、纠错和二次标注,完成标注任务。

在数据质检阶段,标注团队质检员对初次标注结果进行人工质检,同时标注团队后台根据标注项目的监测信息对标注结果有针对性地抽检以及机器质检,将不满足验收标准的结果返工重标,且对标注质量不达标的员工二次培训。

在验收阶段,项目经理将标注产品整理后,按照合同交给需求方。需求方依照方案验证阶段后确定的方案文档对提交的标注产品进行质检和验收,并确定数据的使用权限和许可合同。如果在验收过程中发现提交的标注产品不合格,则需要协商,并二次标注。如果质量无法提升或工期已到,则根据方案验证阶段设定的验收标准折价协商。在完成二次标注达到要求的验收标准或者完成价格协商后,将标注产品交付,至此这一标注项目结束。

3.3.4 进度管理

数据标注项目的进度管理是保证项目在一定质量和开销要求的前提下,按期完成的重要保障,是项目进度管理过程、方法和原理在数据标注项目中的体现。总的来说,数据标注项目进度管理分为计划制定和计划控制两部分。

在制定数据标注项目的进度计划时,需要以项目的标注内容、期限、外在条件(如标注工具、人力资源等)为基础,对项目结构(实施流程、细节等)进行仔细剖析,将项目分解为相对独立的、内容明确的、易于开销计算的项目单元,并结合项目流程明确项目单元间的逻辑关系进行综合考量。在过程管理部分,我们已经明确数据标注项目的流程包括方案验证阶段、正式标注阶段、数据质检阶段和交付阶段 4 个步骤,且这 4 个步骤之间为明显的前后关系。因此在实际的数据标注项目中,可以通过标准的过程管理流程明确数据标注项目中的任务单元,根据项目评估结果规划项目进度,并将项目进度计划用专业的图表(如甘特图)表示。

甘特图(Gantt Chart)又称横道图、条状图(Bar Chart),是项目管理中常见的反映项目、时间、进展关系变化的工具。甘特图的纵轴表示活动类型,横轴表示时间点,横条长度表示项目的其持续时间。甘特图能够清楚地反映活动的时间跨度、完成情况以及项目的整体进度。

图 3.4 展示了示例 2 中闽南语语音标注项目的甘特图。如图所示,我们依照项目过程管理步骤将数据标注项目分为需求整理、项目试做、成本估计、方案确认、模型预标注、标注员考核与培训、人工标注、项目质检和产品交付等项消耗特定时间、有着先后顺序的活动。甘特图展示了满足项目工期要求的活动时间安排。通过项目评估,我们明确了标注过程大约需要 657 天/人,因此为了使标注过程可以在 7 周内完成,可以推断出该任务需要安排大约 14 名标注员。

图 3.4 闽南语语音标注项目甘特图

在项目进度管理中,进度计划给出了理想状况下数据标注项目的步骤和周期。但在实际的项目实施过程中,时常会出现因为各种客观条件变化或不可控因素出现而导致实际项目进度与计划进度不匹配的情况(包括提前和延后),如果不及时对项目进程的偏差进行纠正,往往会造成项目延期。所以需要通过一系列计划控制对项目进度计划进行动态调整,以保证项目按期完成。

项目进度计划控制的方法和步骤以项目进度计划为依据,在实际项目进程中对进度情况进行动态追踪,比如每天比较计划进度和实际进度的偏差,分析偏差产生的原因,提出解决办法,设计调整措施方案,并对原进度计划进行调整并实施。随后按照固定时间间隔(如一天)重复检查、分析、调整,直至项目完成。

在数据标注项目的进度管理过程中,要及时地对项目进度及偏差进行检查。通常项目进度有两类表示方法,一种是以时间表示,即按照原项目进度计划表中的时间节点判断是否在规定的时间内完成了规定的活动;另一种是以工作内容表示项目进度,即在计划中对整个项目的工作内容或者活动数量预先做出估算,在检查项目进度时,以实际的工作量完成情况(或者活动完成数量)为衡量标准,而不是以时间为标准。基于这种进度表示规则,即使某些项目活动有所延后,但如果实际完成的工作量不低于计划的工作量,那么也认为项目进展是合格的。在数据标注项目进度管理中,由于数据标注项目的实施流程有着明显的先后顺序,因此通常需要按照先后顺序完成项目进度计划中的活动,一般采用时间节点衡量项目的进度情况。

通常来说,项目进度计划的调整需要多个部门的协调配合来调整项目的资源配置。例如在图 3.4 所示的进度计划中,由于项目试标和工具开发活动没有在项目计划日期内完成,导致项目延后 5d,那么为了赶上工期,人工标注过程就需要向前赶 5d,即需要在 6 周零 2 d 的时间内完成 657d/人的工作量。在不增加每日工时的情况下,需要再增加一名标注员参与人工标注过程,才能赶上工期,这一过程增加了标注项目的成本,同时需要人力资源部门协调配合,提供更多的标注员。

3.4 数据标注质量管理

标准化的项目流程、管理体系和数据标注工厂架构为数据标注工程的系统化、流程化的组织与实施提供了基础,给数据标注工程的解决方案提供了新的范式。这一范式指导各部门间高效协同,规范了相关人员的工作流程,从而大幅提升了数据标注工程的实施效率,降低了标注工程中存在的各类风险,保证了在数据标注项目中标注数据高效、稳定的产出。

效率固然是衡量团队工程能力、反应团队素质的重要指标,质量同样是不可忽视的关键指标,能反应产品或工作的优劣程度。尤其在工程问题中,质量往往被比作"1",效率、开销等指标都是"0"。只有质量过关工作才有意义,没有"1"则一切皆无。

通常,在数据标注工厂模式下的数据标注工程中,管理者通过规定不同标注项目的质量标准、设计标准化的审核和检验方法把控标注数据的质量,进而保证标注项目的正确率,提升标注员的工作水平。本节通过介绍数据标注质量的意义、概念、流程和方法介绍数据标注质量控制的基本内容。

3.4.1　数据标注质量控制的意义

大规模的标注数据是结构越发复杂的机器学习和深度学习模型的基础,支撑着人工智能相关产业的发展。数据标注的质量直接决定了人工智能模型的性能优劣和自动驾驶、人脸识别等智能场景应用的实现。

(1)标注数据的质量决定了人工智能应用实现的效果。如果把人工智能系统看作是一个正在学习知识的孩子,那么在一定程度上可以把标注数据看作为其启蒙老师。在教授知识的过程中,老师的讲解决定了人工智能这个“孩子”的学习结果;如果老师以严谨准确的知识对孩子反复讲解,孩子通常能够准确学到相应的知识;若老师提供的知识是错的,那么无论怎么教授,孩子终究无法学到正确的知识。

例如,图 3.5 展示了一个自动驾驶场景中的车道线标注任务,这一标注任务要求标注员把路面指示线标出后,按照“导指示线”“白色虚线”“人行横道”等类别分类。这种类别标注信息就是老师用于教授给人工智能这个“孩子”的知识,告诉他车道线的含义和类别。在这一过程中,如果老师向“孩子”提供了错误的知识,则人工智能无法学习到正确的知识,也就无法在自动驾驶过程中准确控制车辆。例如,我们知道,在驾驶车辆经过人行横道时需要减速慢行,注意避让行人。如果我们的标注数据没有准确告诉自动驾驶算法“车行道上的斑马线等标线是行人横穿车道的步行范围”,那么自动驾驶算法控制的车辆在经过斑马线时就不会减速慢行、避让行人,这无疑为自动驾驶带来巨大的安全风险,进而阻碍自动驾驶的发展。

图 3.5　车道线标注示例图

(2)标注数据的质量对人工智能模型的性能优劣有重要影响。我们已经知道,数据的标注信息可以看作是老师教授给人工智能的知识,知识的准确与否决定了人工智能的学习结果。一方面,对于与生命安全、财产安全相关的人工智能应用场景,低质量的标注数据会直接阻碍人工智能应用场景的实现。例如,对于自动驾驶,标注数据异常或算法学习不准确导致的车祸是绝对不允许的。另一方面,对于常见的人工智能应用场景,人工智能模型的优劣通常由一系列的评价指标(例如准确率、误差等)进行评估。低质量的标注数据未必会直接导致模型不可用,但会显著地降低模型的性能。

如图 3.6 所示,有研究显示,相比于标注完全正确的训练数据,对于常见的机器学习模型,当标注数据质量为 80%(即标注结果正确的样本占总样本量的 80%)左右时,机器学习模型的训练效果(通常通过准确率等指标度量)通常只有 30%～40%;而随着标注数据质量的提高,机器学习模型的训练效果也会逐步提高。当标注数据质量达到98%时,机器学习模型的训练效果达到其最高值,约 80%。在这一过程中,标注数据的准确率从 80% 到 98%,只提升了 18%,但模型性能却出现 40%～50% 的提升。可见标注数据的质量对模型的性能优劣有至关重要的影响。

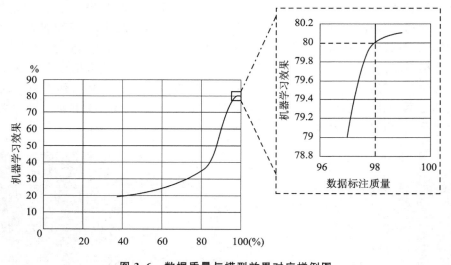

图 3.6　数据质量与模型效果对应样例图

如图 3.7 所示,在实际的标注工程中,标注项目通常要求在给定时间内,按照高标准完成大量标注任务。这一方面对数据标注员的熟练度提出了很高的要求,另一方面也对数据标注工厂的管理者提出了更高的要求。因此,对数据标注项目的质量控制就成为提升标注效率和质量,进而提升人工智能模型性能,实现人工智能应用场景的关键一环。

3.4.2　数据标注质量控制的概念、流程和方法

数据标注项目的质量控制存在于数据标注的各个环节,旨在预防和纠正该过程中可能出现的错漏,使标注项目能够在规定时间内按预期质量要求完成,最终顺利通过验收并交付。按照项目进程,数据标注的质量控制可以分为标注前技术准备、标注中质量监控和标注后质量检验 3 个部分,如图 3.8 所示。

图 3.7 数据标注项目特征

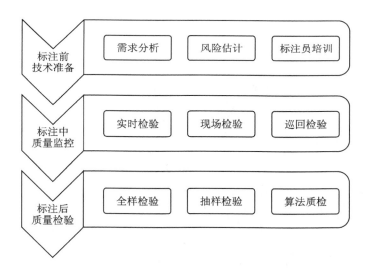

图 3.8 数据标注质量控制流程图

1. 标注前技术准备

标注前技术准备指在标注之前,为确保标注产品能够满足质量要求所进行的一系列技术准备,包括明确标注项目的需求、根据任务类型和难度选派合适的员工,并预防可能出现的风险。标注前的技术准备可以分为风险估计、需求分析和标注员培训 3 个部分。

(1)风险估计。传统意义的风险估计指的是在风险事件发生之前或之后(还未结束),对该风险事件可能给人们的生活、生命、财产等各个方面造成的影响和损失进行量化估计的过程。对于数据标注项目,风险估计重点关注可能存在的导致标注产品无法顺利通过验收、完成交付的因素,如标注结果与需求不一致、标注质量不达标、标注产品无法按期交付等。对数据标注项目的风险估计结果指明了数据标注项目质量控制的重要环节,如需求分析、标注员培训。

(2)需求分析。结合我们在 3.2.3 小节中对需求分析的定义,对项目需求的详细分析和调整对于明确标注内容、确定标注质量标准,进而保证标注结果质量是至关重要的。

(3)标注员培训。随着人工智能涉及的场景越来越多,标注任务也变得越发多样。在人工智能兴起之初,广为人知的 ImageNet 只是要求标注员对图片的类别进行标注。例如,一些任务要求标注员对图片中存在的动物是"猫"还是"狗"进行分类判断。如今,随着自动驾驶越来越火热,驾驶场景的标注任务成为图像数据标注的重要任务。图 3.9 即展示了 3D 点云数据和 2D 图像数据融合标注的例子。该标注场景包括传感器产生的 3D 点云数据和相机拍摄的 2D 图像数据。在这一标注任务中,标注员需要用 3D 标注框在黑色部分的 3D 点云数据中框选出目标物体(如车辆、行人等),并根据点云标注框在 2D 图像中的位置映射进行大小和角度的调整,最终高质量框选出目标物体。显而易见,这一标注任务的难度较高,要求标注员具备一定的空间想象能力和几何基础,在明确标注项目的需求和标注任务的评价标准后,根据整理好的标注规则对员工进行针对性的培训是不可或缺的一环。

图 3.9 3D 点云数据与 2D 图像数据融合标注示例

通常来说,标注员培训包括一次培训、任务试做、二次培训、人员确定 4 个环节。在第一次集中的规则培训后,项目经理将包含标准答案的试做任务按难度平均分配给所有候选的标注员;根据标注员的准确率,选择合格的标注员作为该项目的准入人员;对于准确率不达标的标注员进行二次培训后,再进行规则讲解和任务试做,确保大多数标注员能够准确地理解标注规则和内容,排除掉少量无法按照质量要求完成标注任务的标注员,至此确定该项目所有的准入人员。

2. 标注中质量监控

质量监控指的是在项目进程中将实际的质量情况与目标质量情况进行对比,并根据质量偏差,采取相应的措施,以避免质量偏差扩大的过程。对于数据标注项目,主要采用实时检验的方法进行标注中的质量监控。

（1）实时检验：起源于传统制造业，指的是在生产过程中通过一些必要的监测与检验方式，保证工程质量的检验方式，主要包括现场检验和巡回检验两种方式。

（2）数据标注实时检验：是一种针对数据标注任务，把现场检验和巡回检验方法相结合的方式，一般安排在数据标注任务进行过程中，旨在能够及时发现并解决数据标注任务中存在的问题。

（3）现场检验：是指在工程施工和使用期间进行的检验与监测手段。其目的在于保证工程的质量和安全，提高工程效益。

（4）巡回检验：是指检验员按一定的时间间隔对有关工序的产品（成品或半成品）进行抽查，并对其生产条件进行监督检验的过程。

图 3.10 展示了数据标注任务中实时检验的流程。一般情况下，一名质检员需要负责 5～10 名标注员的数据标注结果的进行实时检验。在项目管理部分，我们介绍过，在对数据标注任务进行人员配置时，项目经理需要保证每个标注小组中都有质检员和标注员，通常一名质检员同 5～10 名标注员分为一组，一个数据标注任务会分配给若干个小组，质检员会对自己所在小组的标注员的标注方法、熟练度、准确度现场实时检验，当标注员操作过程中出现问题时，质检员可以及时发现，及时解决。为了使实时检验更有效地进行，除了将数据标注任务划分小组完成外，还需要将数据集分阶段标注，即当标注员完成一个阶段的标注任务后，质检员就可以对此阶段的数据标注进行检验。通过将数据集分阶段标注，可以实时掌握标注任务的工作进度。当标注员对分段数据开始标注时，质检员就可以对标注员进行实时检验；当一个阶段的分段数据标注完成后，质检员将对该阶段数据标注结果进行检验。如果标注合格就放入该标注员已完成的数据集中；如果标注不合格，则立即让标注员返工。

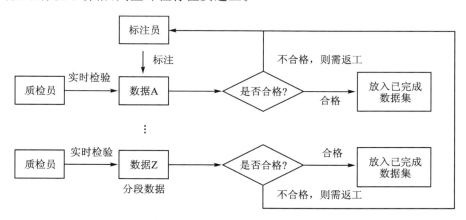

图 3.10　数据标注项目实时检验流程图

作为一种常用的质量检验方法，实时检验有着明显的优缺点。首先，作为一种标注任务过程中的检验手段，实时检验能够及时发现并解决问题，有助于减小风险；其次，实时检验能够有效减小标注过程中错误重复出现的概率，这对于标注员技能水平的提升有着显著的作用；再者，实时检验和整改能够保证整体标注任务的流畅进行，避免因为特定标注员或特定题目出错导致标注项目无法推进;最后,实时检验有助于实时掌握数据标注任务的进度,有助于把握每个题目和标注员的任务进程,以进行针对性的进度调控。同时,实时检验也存在明显的缺点。一方面,实时检验的高效执行需要不同部门间、不同岗位工作人员间的高效协同,这对管理体系的设计和执行质量有着较高的要求;另一方面,实时检验需要招聘和培训专门的质检员,这为标注项目带来了额外的开支。

3. 标注后质量检验

标注后的质量检验是数据标注任务质量控制的最后一道关,是发现和纠正数据标注中存在的错漏、提高标注产品准确率,使其达到预期目标和交付要求的最后环节。

(1)质量检验:是指采用一定检验测试手段和检查方法对目标产品的质量特性进行测试,并把测定结果与规定的质量标准进行比较,从而判断产品是否合格的质量管理过程。

(2)数据标注质量检验:是指质检员根据不同标注任务的标注规则和标注质量标准对各个场景标注结果进行针对性的检查,从而发现数据标注的错误,提高数标注据的准确率,保障机器学习训练效果的过程。按照质检员类型进行分类,标注后的质量检验方法可以分为人工质检、算法质检两大类,其中人工质检主要包括全样检验、抽样检验两种。

(3)全样检验:是指依照质量要求对需要检验的全部产品逐个检验,判断每一件产品是否合格的检验过程。全样检验又叫逐条抽取检查、全面检验、普遍检验等。

(4)数据标注全样检验:是指质检员根据标注质量标准对所有标注数据逐条检验,通过分析每条标注结果的质量水平判断整体标注任务完成情况的过程。

图 3.11 展示了数据标注项目中全样检验的流程图。在数据标注员完成标注任务后,质检员对已标注数据进行逐条检验,判断标注数据的质量是否合格。符合质量标准的标注数据可以加入合格数据集,用于后续验收。未满足质量要求的标注数据则会要求返工,重复之前的步骤,直到所有标注数据质检合格,得到合格数据集。

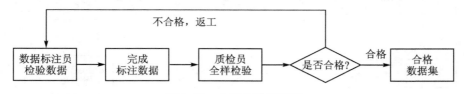

图 3.11 全样检验流程图

全样检验的优点十分明显,一方面全样检验能够对数据集做到无遗漏检验,这对于标注结果的质量有着明显的提升作用;另一方面全样检验能够精准地把控数据集整体、每一项标注任务乃至每个标注员的准确率。对标注准确率的精准把控有助于准确发现问题、提升标注质量。但全样检验也存在明显的缺陷,即需要耗费大量的人力集中进行检验,成本较高。

(5)抽样检验:指的是从一批产品中随机抽取少量样本进行检验,根据抽取样本的检验结果判断整体产品合格情况的统计方法。它与全面检验不同之处在于后者需对整批产品逐个进行检验,而抽样检验则只需要抽取少部分样品即可推断出整批产品的质量情况。在数据标注项目中,抽样检验的方法主要包括简单抽样、系统抽样和分层抽样3 种方法。为了兼顾质检效果和成本,抽样检验是现在最为常用的标注数据质检方法。

① 简单抽样又称为简单随机抽样,是指按照某个概率从样本总体中随机抽取样本的过程。简单随机抽样的重点在于每个样本被抽到的概率是相同的。在数据标注任务的质量检验中,抽样概率通常根据项目的性质、难度、规模以及客户的需求设置。

② 系统抽样是指将样本排序后随机选取起点,并进行等距抽样的过程。在数据标注项目中,距离通常为样本数量或时间,这一参数通常由需求方的质检要求确定。

③ 分层抽样也叫类型抽样,是指将样本整体分类(层)后按照一定比例从各个类别中抽取样本的过程。这种抽样方法的好处在于可以根据分层规则灵活抽取具有代表性的样本。在数据标注项目中,分层规则通常根据项目性质和质检标准设定。

示例 3:抽样质检

任务名称:闽南语标注项目抽样质检

类型:抽样质检

任务周期:2 周

原始数据信息:数据包含 1 000 h 的闽南语语音,其比例大约为:男女比例 1:1,青年人比例占 35%,儿童和少年分别占 35%,30%。话题分布较为均匀,涉及日常交谈、工作、娱乐等社会生活的多个方面。

已标注数据信息:800 h 的已标注有效语音。

待质检数据:标注数据的 10%,即 80 h 的已标注语音。

质检任务:依据质检规范,判断标注结果是否准确。

合格标准:准确率达到 97% 以上视为合格,可进入交付阶段。否则打回修改后重新抽样质检。

(6)算法质检:人工质检方法的好处在于质检结果通常是可靠的,经过人工质检的标注结果通常可以直接交付。相应地,这种质检方式需要安排专门的质检员,并设计相关的质检流程,这对质检的成本、效率和流程设计都带来影响。为了节约质量检验过程中的各种开销,提升标注结果的质量,许多评价标准和评判算法被设计出来,以模拟人类的评价标准和评判过程,用于检验并提升标注结果的质量。

① 算法可以用于标注数据的自动质检。在评判某一条文本标注结果的质量时,质检员通常会比较这条标注结果和真实结果的相似性,这种相似性度量可能是主观的,但一定包含更多客观的规则。比如需要比较这条标注结果与标准答案是否有一样的关键词,是否有相同的句式,是否表达了准确的意思等。这一相似性通常可以由算法(评价标准)ROUGE(Recall-Oriented Understudy for Gisting Evaluat)进行自动评估,ROUGE 通过计算标准答案和标注文本 N 元组的共现率评判真实答案,以及标注文本的真实性和充分性,而这一过程是自动化且高效的。

② 算法可以用于标注结果的质量提升。为了保障标注结果的质量,在基于众包模

式的数据标注项目中,常存在任务的冗余分发,即一个相同的任务会同时分发给多个标注员。在得到标注结果后,人工质检员通常会对所有标注结果综合分析后,得出(选择或生成)一个最好的结果。比如质检员经常会采用多数投票法对结果进行汇总。在这一过程中,质检算法实际上就是模拟人工质检员在面对多个标注结果时的分析过程。相比于人工质检员,这种分析和判断的过程也是低成本且高效的。

3.4.3 数据标注质量评价指标

数据标注质量的评价指标是判断标注数据质量优劣的依据。只有明确各类标注任务及其相关应用场景的标注质量评价指标,才能设置合理的质量控制方法,进而提升数据标注的质量。本小节按照文本、语音、图像和视频4个任务类别介绍数据标注质量的评价指标。

1. 文本标注质量指标

(1) 文本标注质量的内涵。文本标注通过概括和提取文本数据中实体、类别、语义、情感倾向等内容标明文本蕴含的信息,以类别标签表示相关属性等信息,满足客户在模型识别领域研发、测试和产品开发等方面的不同需要。其标注结果需要满足对文本数据的合规性、相关性及自身特有属性的要求,最终得到高质量的文本标注数据,用于对机器学习算法进行训练。

(2) 文本标注质量指标。不同的标注任务有着不同的标注标准。文本数据在生活中广泛存在,涉及众多的任务类别,常见文本标注任务和质量标准见表3.1。

表 3.1　常见文本标注任务及其质量评价指标

任务类型	标注内容	标注类型与常见类别	评价指标
情感标注	情感类别	分类:愤怒、快乐、悲伤等	判断标注类别与真实类别是否一致
	情感程度	分类:轻微、轻度、中度、重度;打分:如情感分值为0.6(悲伤)	判断标注类别与真实类别是否一致;判断打分与真实情感分数的差异
意图标注	意图类别	分类:请求、命令、确认等	同分类
	意图主体	选择:人、动物等文本中表达意图的主体	判断所选主体是否正确且全面
	意图内容	描述:对意图内容的描述	判断标注内容和正确内容的相似度
实体标注	实体类别	分类:人物、地点、天气等	判断实体分类是否正确
	实体内容	选择:如北京大学、小明、晴天等文中实体	判断所选实体是否正确,全面
语义标注	语义表达的实体标注	实体类别、实体内容	判断所选实体是否正确,全面
	语义内容	描述:对特定词或短语含义解释	解释文本与真实含义的相似度

图 3.12 展示了一个语义标注的例子。左图"他还很小,经常分不清东西"中的"东西"指的是表示方向的东和西,而右图"他正在走路,忽然有什么东西落在脚边"中的"东西"是物体的代称,意思是有什么物品落在了脚边。在这个语义标注任务中,标注员至少要将需要判断语义的词(或短语)"东西"标注出来,再对其所包含的"方向东和西"以及"物体的代称"这两重语义进行描述。

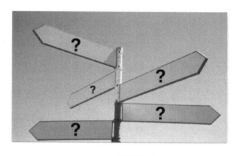 

他还很小
经常分不清东西   他正在走路
忽然有什么东西落在脚边

图 3.12 语义标注示例

2. 语音标注质量指标

(1)语音标注质量的内涵。语音是人机交互的主要载体。标注员通过准确的语音切分、内容转写等操作得到高质量的语音标注数据,提升以语音为载体的人工智能算法的性能,助力语音识别、语音合成等应用的发展和成熟。表 3.2 列出了语音低质量的原因及处理方法。

表 3.2 语音低质量的原因及处理方法

语音低质量原因	常见问题	处理方法
噪声干扰	突发噪声	截取并去除包含噪声片段或舍去整段音频
	持续噪声	通过算法降噪或者音轨删减的方法排除噪声干扰或舍去整段语音
	信号、回声等干扰	音频舍去
语音错误	语音内容错误,如读写错误、逻辑错误、语法错误等	音频舍去
截取错误	截取音频过长、过短或截取位置不当导致缺少关键内容	音频舍去
语音无效	口齿不清、语速过快、结巴、小众方言等导致语音无法理解	音频舍去
	片段丢失、跳跃	人工补全或音频舍去
	音量波动、语音失真、能量缺失等	音频舍去

（2）语音标注质量指标。不同的语音标注任务有着不同的标注标准。由于语音数据本身对噪声敏感，因此其对环境和内容质量要求较高。表3.3列出了常见语音标注任务及其质量评价指标。

表3.3　常见语音标注任务及其质量评价指标

任务类型	标注内容	标注类型与常见类别	评价指标
语音识别	语音发出者	编号；对话中存在的人名或编号	判断人名是否正确，编号是否合理
	内容转写	描述；听到语音内容的文本描述	比较转写内容和真实文本的相似度
	语音切分	打点分割；例如某段音频的起始点时间	判断切分得到的音频是否包含信息
语音合成	文本校对	文本改写；对文本中词汇、语法进行修正	判断校对后的内容是否顺畅、逻辑是否正确
	文本分词	打点；将文本按照单独实体分割成词	判断分割能否表现实体以及是否冗余
	音素标记	打点分割；音素的始末点	判断音素分割是否准确、生成的语音韵律是否合理

图3.13展示了一个语音切分的例子。语音切分的目的在于保留有效音频（例如，人声），去除无效音频（例如，噪声）。因此，切分点要落在音频波形明显平缓的地方，避免切到有效音频。图3.13音轨图中，大部分的音轨都有显著的起伏，凡是有人声的部分都是有效的；我们应在微噪音或静音部分进行切分。图3.13中切分部分音轨基本平稳，这部分就属于包含微量噪音的静音片段。这种音频切分方式得到的语音片段就是保留了有效音频的高质量片段，对于语音识别或语音合成模型的训练有着很好的效果。

图3.13　语音切分示例

3. 图像标注质量指标

（1）图像标注质量的内涵。像素是指包含明确的位置和色彩数值的图像小方格，是整个图像中不可分割的单位或元素。像素在空间上的堆叠组成了图片，即像素的颜色和位置决定了该图片所呈现出来的样子。由于人工智能算法对于图像的分析和识别的基本单元是像素点，因此对于图像标注的质量也是以像素点位为判别标准的，即标注像素点越接近于标注物的边缘,标注的质量就越高,对于机器识别算法的训练也就越好。

(2) 图像标注质量指标。由于图片直观的信息表达方式,这一类型数据涉及众多的应用场景,其标注任务和要求也各不相同。但从标注形式来说,图像和视频的标注内容可主要分为属性标注、关键点标注、框选标注、区域标注等。因此,常见图像标注任务及其质量评价指标见表 3.4。

表 3.4 常见图像标注任务及其质量评价指标

任务类型	标注内容	标注类型与常见类别	评价指标
属性标注	属性类别	分类:车辆的颜色、朝向、车型等	判断标注类别与真实类别是否一致
关键点标注	关键点数量	打点:如对人脸的 68、72、106 点标注	判断标注点数量与标注要求是否一致
	标注点位置	打点:标注位置是否准确。例如,对眉毛的标注通常需要在 2 等分、4 等分、8 等分处打点	判断标注点的位置和正确位置之间的位置差
框选标注	框选数量	画框:框选出目标物体如汽车、行人	判断框选物体数量与实际目标数量是否一致
	框选类别	选择:2D 框选、3D 框选等	判断所画框与要求是否一致
	框选位置	画框:2D 框选行人、3D 框选汽车等	判断框选的误差情况,即框选了多少无关像素
	框选目标	画框:框选病灶、特定类别车辆、特定性别行人等	判断框选目标与要求目标是否一致
区域标注	区域数量	分割:按照不同类别将图像分割为不同的区域	判断分割的数量与目标类别是否一致
	颜色数量	选择:不同区域由不同颜色表示	判断颜色数量与区域数量是否一致
	区域贴合度	分割:分割边缘明确目标边界	判断分割的误差情况,即分割中包含多少无关像素
图像理解	实体抽取	描述:判断图像中出现的人和物	判断所选实体与真实实体是否一致
	关系描述	描述:用(实体 1、关系、实体 2)三元组表示图像中的关系	判断所抽取的三元组与是否准确
	内容描述	描述:对实体、行为、状态等内容的文本描述	比较描述内容是否有歧义以及与真实内容的相似度

如图 3.14 展示了一个区域分割的例子。区域标注旨在通过划线操作分割出目标物,并用于后续的场景理解、语义分割等任务。因此,区域分割要尽可能准确地标注出每个物体和轮廓,并用不同颜色将其区分。

4. 视频标注质量指标

(1) 视频标注质量的内涵。通常来说,视频是由连续的图像帧组成的,因此与图像

图 3.14　区域分割示例

标注类似,视频标注主要也是以像素点的误差作为质量的评判指标,即对跨帧图像中目标框选越准确,视频标注的质量就越高。除此之外,对于一些特殊的任务(如视频情感分析、关键帧抽取),对视频内容的理解和准确表示则成为获得高质量标注结果的关键。

(2)视频标注质量指标。作为图片的特殊形式,视频数据涉及的应用任务大多与图片相同,如目标检测、物体识别、视频分类等。但还有一些视频数据特定任务,如目标追踪、关键帧提取等,同时也带来新的标注需求。从标注任务类型上来说,视频标注主要为连续帧标注,其标注内容主要包括目标追踪、情感标注和关键帧标注。常见视频标注任务及其质量评价指标见表 3.5。

表 3.5　常见视频标注任务及其质量评价指标

任务类型	标注内容	标注类型与常见类别	评价指标
连续帧标注	目标追踪	编号:对跨帧的相同目标进行编号	判断相同目标在不同帧中的编号是否一致
	情感标注	描述:标注帧间的情绪变化,如平淡—高潮	判断所标注情感变化是否正确
	关键帧标注	分类:某一帧是否为关键帧	判断对每一帧的类别标注是否正确

如图 3.15 所示为一个基于跨帧目标追踪的例子,图中展示了被框选出的卡车及其编号。这一标注任务要求框选出视频中的特定目标,并对跨帧出现的相同目标进行同一编号。这一标注任务首先要求用高精度的标注框框选出属于目标类别的物体,其次再进行跨帧的准确编号。只有标注框精度足够高,且编号准确,目标追踪算法才能在连续的视频中准确判断目标物体,并更深入地识别行为和内容等。

图 3.15　连续帧目标追踪标注示例

3.5　数据标注的标准化

标准化是指在经济、技术、科学和管理等社会实践中,对重复性的事物和概念,通过制订、发布和实施标准达到统一,以获得最佳社会效益和稳定秩序的过程。公司标准化是以获得公司最佳生产经营秩序和经济效益为目标,对公司生产经营活动范围内的重复性事物和概念,以制定和实施公司标准,以及贯彻实施相关的国家、行业、地方标准等为主要内容的过程。

3.5.1　数据标注标准化背景

数据标注行业作为人工智能行业的支柱行业,其标准化进程与人工智能行业的标准化进程密不可分。随着人工智能技术的飞速发展,人工智能行业的规范化、标准化工作迫在眉睫。标准是对事物和概念的统一规定,是在科学技术和实践经验的基础上,为各项生产活动提供共同遵守的准则和依据。人工智能标准化是促进人工智能产业健康发展的重要基石。

2017 年 10 月国际标准化组织/国际电工委员会的第一联合技术委员会(ISO/IEC JTC 1)在俄罗斯召开第 32 届全会,会上决定成立人工智能分技术委员会第一联合技术委员会(JTC 1/SC 42),负责人工智能标准化工作。人工智能的相关标准制定主要围绕人工智能的基础标准、数据质量、可信度、用例与应用、计算方法与系统特征等方面展开,大量相关国际标准被立项或发布。此外,IEC 在人工智能应用伦理、智能设备、智能家居、智能制造、智慧城市、智慧能源等具体领域展开了大量标准制定工作。国际电信联盟(International Telecommunications Union,ITU)下设 ITU - T 重视人工智能在提高电信自动化、性能和服务质量方面的重要性。其下成立了"未来网络-机器学习"焦点小组、"人工智能促进健康"焦点小组、"人工智能和其他新兴技术的环境效率"焦点小组以及"自主和辅助驾驶的人工智能"焦点小组,以开展人工智能相关的标准化工作。

电气和电子工程师协会(Institute of Electrical and Electronics Engineers,IEEE)主要聚焦人工智能领域伦理道德标准的研究。截至 2019 年 12 月,IEEE 批准了近 20 项人工智能相关的标准项目,包括机器学习、知识图谱、自治系统、应用评价等 4 个方面。美国国家标准与技术研究院(National Institute of Standards and Technology,NIST)发布了《美国 AI 领导力:联邦参与制定技术标准及相关工具的计划》的报告,把"积极参与 AI 标准的开发"列为四项任务之一,就联邦政府机构如何制定人工智能技术及相关标准给出了指导意见。此外,欧盟、欧洲电信标准化协会(European Telecommunications Standards Institute,ETSI)、德国人工智能研究中心以及国外知名企业如微软、亚马逊等也纷纷开始人工智能相关标准的制定工作。

国内也在积极推动人工智能的标准化。全国信息技术标准化技术委员会(SAC/TC28,信标委)、全国自动化系统与集成标准化技术委员会(SAC/TC159)、全国音频、视频及多媒体系统与设备标准化技术委员会(SAC/TC242)、全国智能运输系统标准化技术委员会(TC268)、中国电子工业标准化技术协会分别在术语词汇、人机交互、生物特征识别、计算机视觉、大数据、云计算、智慧城市、自动控制机器人、智能电视、智能交通等领域展开了人工智能的标准化工作。

3.5.2 数据标注标准化进展

作为人工智能技术重要的组成部分,数据标注行业很大程度上受益于人工智能发展政策。除此之外,专门扶持数据标注行业的政策也在逐步出台,如 2019 年,山西省政府公布《关于加快我省数据标注产业发展的实施意见》,提出要按照"龙头+集聚"的推进路径,聚焦专业领域数据标准化和数据资源价值延伸,积极探索数据服务模式创新,培育构建涵盖数据采集、数据清洗、数据标注、数据交易、数据应用为一体的基础数据服务体系,打造国家级数据标注产业基地和数据资源集散地,推动人工智能产业快速发展。该意见的推出,标志着山西正式以数据标注为切入点,培育发展人工智能产业。百度也在山西建立了自己的数据标注基地。

随着数据标注行业的成熟与发展,数据标注相关的标准化进程也在迅速推进。国际上对于数据质量标准化的研究和制定工作都在起步阶段,其中 ISO/IEC JTC1 SC32 的"数据管理与交换"分技术委员会、ISO/IEC JTC1 WG9 大数据工作组、ITU 以及美国国家标准技术研究院 NIST 等相关组织和机构开展与此相关的研究和标准编制工作,重点面向大数据应用进行,从基础、技术、产品和应用的不同角度进行分析。国际标准化组织/国际电工委员会第一联合技术委员会(ISO/IEC JTC 1)的人工智能分技术委员会(JTC 1/SC 42)成立之后,数据标注的标准化进程得到不断推进,表 3.6 为目前国际上关于数据标注的主要标准。

表 3.6　主要的数据标注国际标准

标准名称	标准性质	标准简介	状　态	标准制定单位
Information technology—Artificial intelligence—Data quality for analytics and machine learning（ML）—Part 1：Overview, terminology, and examples	国际标准	机器学习数据质量概述、术语与示例	在研	人工智能分技术委员会（ISO/IECJTC1/SC42）
Information technology—Artificial intelligence—Data quality for analytics and machine learning（ML）—Part 2：Data quality measures	国际标准	机器学习数据质量度量方法	立项	人工智能分技术委员会（ISO/IECJTC1/SC42）
Information technology—Artificial intelligence—Data quality for analytics and machine learning（ML）—Part 3：Data quality management requirements and guidelines	国际标准	机器学习数据质量管理要求和指引	在研	人工智能分技术委员会（ISO/IECJTC1/SC42）
Information technology—Artificial intelligence—Data quality for analytics and machine learning（ML）—Part 4：Data quality process framework	国际标准	机器学习数据质量过程框架	在研	人工智能分技术委员会（ISO/IECJTC1/SC42）
Information Technology—Use of Biometrics in Video Surveillance Systems – Part 4：Ground Truth and Video Annotation Procedure	国际标准	视频中生物体的标注标准，给出了人体、人脸、身体其他部位等物体的具体标注标准	发布	生物统计学（ISO/IEC JTC 1/SC 37）
Information Technology—Biometric Data Interchange Formats	国际标准	定义了各类型生物数据的交换格式，包括声音、各类生物图像、手指模式等	发布	生物统计学（ISO/IEC JTC 1/SC 37）

对于围绕数据标注规程、各类数据的质量、数据标注企业的服务管理、数据标注预处理、数据采集等，国内科研机构和产业单位正在积极推动开展相关标准制定工作。其中，有代表性的工作如下：

（1）国家信标委正在起草制定《人工智能 面向机器学习的数据标注规程》和《面向人工智能的数据质量及服务管理规范数据生产服务能力成熟度模型》等标准，旨在制定面向机器学习的数据标注流程框架，规定数据标注流程，包括数据标注前期准备、数据标注任务执行以及标注数据结果输出，并描述数据交付和验收方法。

（2）中国通信标准化协会正在推动《面向人工智能的数据集质量评估规范语音数据集总体要求》《面向人工智能的数据集质量评估规范图像数据集人脸识别》《面向人工

智能的数据集质量规范总体要求》和《人工智能文本和图像数据预处理框架》等标准的制定。

（3）此外,软件行业协会和汽车工程学会等组织也在积极开展《人工智能基础数据标注服务通用要求》《智能网联汽车数据点云标注要求及方法》和《智能网联汽车场景数据图像标注要求及方法》等数据标注标准化工作。

3.6　本章小结

　　本章从工程的视角对群智化数据标注任务进行解读,介绍了数据标注工厂模式下数据标注工程的系统化、流程化的组织、管理与实施方法,依次介绍了数据标注任务的组织形式、数据标注项目的实施流程、数据标注项目的质量控制方法和管理体系。通过本章的学习,读者能够了解工程化的数据标注项目实施、管理的相关流程、关键节点和关键动作以及具体的质量控制标准和方法,从而获得对数据标注项目的工程化组织和实施方法的深入理解。

3.7　作业与练习

　　（1）数据标注项目的实施包括哪些步骤？请简要概括。

　　（2）A公司需要标注一批温州方言语音数据,请设计从人员招募到数据验收的全套流程,并写出每个环节的重要事项。

　　（3）数据标注项目管理的过程包含哪些重要步骤？

　　（4）数据标注质量控制方法有哪些？请比较它们的异同。

　　（5）对比各类标注任务的质量评价标准,你认为哪种类型的标注任务难度最大,为什么？

第4章 基于平台的群智化数据标注实践

前面章节介绍了数据标注的基本概念、流程和项目管理等知识,并对数据标注项目的工程化实施方法和流程进行了描述。本章首先分别从客户和标注员的视角,介绍群智化数据标注项目实践中的关键节点和重要环节,以便于不同参与者明确数据标注项目的参与流程。然后,结合国内外主流的两类数据标注平台实例(众包平台 MTurk 和支持数据标注工厂模式的百度众测平台)对群智化数据标注的实践方式进一步阐述。

4.1 面向客户的数据标注实践

客户作为标注数据的需求方,是数据标注项目的发起者。在一个数据标注项目中,客户需要参与的环节大致包括需求分析、任务设计、任务发布和数据验收。在一些平台(如百度众测),任务设计与发布是由平台方负责完成的,客户只需要参与需求分析与数据验收环节。但是,亚马逊 MTurk 等众包平台仅提供基本的任务设计模板,允许客户根据任务实际需求自主设计任务界面和激励机制等。

4.1.1 数据标注项目需求分析

数据标注项目中的需求分析通常是由客户独立完成或由客户和标注平台的产品经理共同完成的。接下来将以一个 2D 车道线标注项目为例,讲解需求分析中的几个关键步骤。

1. 准备工作

数据标注平台能够提供的是用于模型训练的标注数据,而对标注数据的具体要求是由待训练模型所决定的。因此在客户与数据标注平台交涉前,应当首先明确需要解决什么问题,待训练模型将用于怎样的业务场景,并最终确定要训练怎样的模型。

在某项目中,客户的需求是训练一个车道线识别模型,且训练好的模型应当满足:每输入一张道路图片,模型就能够标注出该图片中的所有车道线以及每条车道线的属性(如实线、虚线等)。

2. 确定数据格式

客户方需求的最终产品是用于训练模型的标注数据,所以在进行需求分析时,应当首先确定标注数据的具体格式。通常,数据标注项目需要客户方提供待标注数据,由平台方最终给出待标注数据的标签,由待标注数据与其对应的标签共同组成训练数据。

因此,需要确定待标注数据与标签这两类数据的格式。待标注数据的格式包括文本、图像、语音、视频等。标签的格式通常包括位置标签(如进行打点标注时点的坐标,拉框标注时框的坐标)与属性标签(如图片的类别,拉框标注时框的属性)等。

以 2D 车道线标注项目为例,待标注数据是通过车载摄像头或其他传感器采集到的道路图片。待标注数据的格式为图片,图片的大小、存储格式应当同时提供,以便于后续数据标注工作的展开,图 4.1 为一张待标注的车道线图片。

图 4.1　2D 车道线标注数据示例

标签数据则是标注员对每张道路图片的标注结果,包含该图片中所有车道线以及每条车道线的属性。标签数据是文本格式,包含每条车道线的坐标信息与属性信息,如图 4.2 所示,标签数据是图中点与线的属性信息。

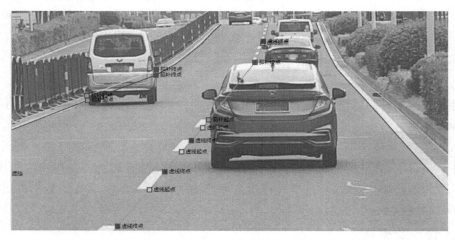

图 4.2　带标注的 2D 车道线图片

3. 确定验收标准

正确的数据格式只是对标注数据最基本的需求,并不足以保证最终获得可用的、高质量的标注数据。验收标准是指在验收环节判断标注结果是否合格的具体标准。确定验收标准是非常必要的,这有助于平台方理解客户需求,提高标注质量,减少打回修改的次数。

产品验收时,通常采用抽样,并计算合格率的方式进行,因此确定验收标准需要确定抽样方式、整批产品合格标准和单个标注合格标准,其中最重要的是单个标注合格标准的确定。在确定单个标注合格标准后,就可以通过抽样的方式,计算整批产品的合格率(即样本中合格的标注数量/样本总数),并判断其合格率是否达标。

对于相对简单的分类或计数任务,可以直接根据其与标准答案是否相同判断单个标注是否合格。对于一些相对复杂的任务,可以设计一个计算其与标准答案差异程度的方法,并给出差异程度的阈值,判断其是否合格。对于一些更加复杂的标注任务,通常难以给出差异程度计算方法,这时就需要采用人工质检的方式判断单个标注是否合格,而人工质检前需要拟定相应的判断规则。

以 2D 车道线标注项目为例,车道线标注的基本规则应当包含:高速场景标注范围、城市场景标注范围;划线要求、推测车道线的规则(在车道线不可见的情况下);虚线、路口点、停止线交叉点、路沿、车位线、减速线、停止线、导流区的标注细则等。当标注结果不满足这些规则时,应当视为不合格的标注。可以看到,验收标准不仅可用于验收,还可以作为标注员进行标注的标准依据。

4. 其他需求

在数据标注时除了上述的需求,还应明确其他需求如预算、预期的完成时间等。明确这些需求后,才可以确定后续的人力资源调度方式等问题。当任务比较紧急时,可以通过增加标注员数量、雇佣高熟练度员工或提高标注单价的方式,吸引更多的标注员进行标注。任务不紧急时,可以在保证任务能够如期完成的前提下,适当调低单个标注的报酬。

需求分析非常重要,尤其对于一些预算高、工期长、待标注数据多的任务,在需求分析阶段,一定要多和平台方产品经理交流,以避免后续可能出现的问题。如果需求分析阶段出现了问题,可能导致后续验收不合格、多次返工、任务无法进行等问题,将给客户和平台双方造成时间和金钱上的损失。

4.1.2 任务设计与发布

客户并不一定会参与任务设计与发布,要视标注任务而定。对于一些定制化程度较高、相对复杂、需要平台方专人进行设计的任务,客户只需要提出需求,后续的任务设计与发布会由平台方的产品经理和开发人员共同完成。对于一些相对简单的任务,客户可以通过使用平台方提供的任务设计工具,按照需求自行设计并发布。面向客户的任务设计与发布的主要内容有标注工具设计、激励机制设计以及标注员选择。

1. 标注工具设计

各大数据标注平台通常只在客户发布众包标注任务时才会让客户自行设计标注工

具,这是因为对于众包标注任务,由于其形式限制(标注员为大量的网络用户),其特点是标签相对单一,不需要设计太复杂的标注工具,也不需要专业的标注人员,通常只是针对基于网页的简单标注任务。如上文提到的 2D 车道线标注,就需要复杂的标注工具,并且需要标注人员具有专业的相关知识。客户设计标注工具的方式主要有如下3 种:

(1)通过平台提供的网页端设计工具进行设计。这种方式的好处是非常直观,对于不会编码的客户较为友好。但通常可定制的深度有限,不一定能达到预期的效果。目前百度众测在常用标注工具上进行了处理,可以通过可视化界面实现 Web 端的复杂标注场景配置。百度众测和 MTruk 都提供了这种标注工具设计方式。

(2)通过平台提供的 API 在本地进行编码设计。这种方式的好处是能够严谨地设计标注工具的每个细节,且能够进行较深的定制,对于有一定编码能力的人来说,这是最好的设计方式。MTurk 和澳鹏 Appen 都提供了这种标注工具设计方式。

(3)自己设计,并部署标注网页,通过链接的形式发布在标注平台,让标注员通过链接跳转到标注页面,以进行标注。这种方式的好处是可定制化程度最高,客户可以完全按照自己的想法设计工具,不受限于平台提供的工具;但同时这种方式对客户的编码能力要求更高,需要客户具有网页的设计与部署能力。采用这种方式设计标注工具时,通常平台会提供一个校验码,在标注员完成标注任务后,获得校验码,并交给标注平台,才能获得相应的报酬。MTurk 提供了这种标注工具设计方式。

在进行标注工具设计时,除了基本的任务界面设计,还应当结合具体需求,考虑是否进行冗余分发,是否需要迭代标注,综合考虑多种因素完成标注工具的设计。

2. 激励机制设计

在 3.1.3 小节数据标注中已经介绍过激励机制设计相关知识,从平台的角度看,除基本的报酬外,还有很多可选的激励方式,如额外的奖励、荣誉积分等。但在客户参与的激励机制设计中,客户基本只有决定单个任务报酬的权限。值得注意的是,任务报酬与任务的完成速度存在着正相关关系,即随着报酬的增加,任务完成速度会相应地加快。当报酬过低时,没有人领取任务,任务可能无法被完成。报酬过高时,对完成速度的提升不够明显,反而可能会吸引投机者,降低标注质量。因此,客户在进行激励机制设计时,要平衡好完成速度与报酬的关系。

3. 标注员选择

在标注员选择方面,平台通常会对标注员打上不同的能力标签,用以描述标注员在不同类型任务方面的能力,客户在发布任务时可以进行选择。雇佣高质量标注员通常需要支付更高的报酬。此外,由于标注员掌握的专业技能各不相同,还可以根据标签对其进行划分。由于众包标注中都是由标注员自行挑选任务,因此客户在选择标注员时,最多只能决定标注员应当满足的标签,然后由满足该标签的标注员自行领取任务,而不能指定具体的标注员完成任务。

例如,当客户想发布一个"将闽南话翻译为普通话"的标注任务时,就需要限制标注员同时掌握闽南话和普通话,然后由满足该条件的标注员自行领取任务。当客户希望标注质量高一些时,在发布时就可以选择历史表现更好的高质量标注员,然后由这类标注员进行数据标注。

4.1.3　数据验收

在完成数据标注后,就可以进行数据验收。对于一般众包平台,在标注完成,并且客户下载完标注结果时就已经完成了验收,无论最终标注质量如何都无法打回修改,因为众包标注中标注员的组织相对松散,平台难以组织他们进行返工,且返工的报酬难以确定。一般来说,如果客户对标注结果不够满意,只能重新设计,并发布任务,但百度众测等平台也支持对众包任务的返修功能。对于更为复杂的标注任务,在客户与平台方完成需求分析后,就由平台方全权进行任务的设计与发布,以及平台内部的数据质检等,客户需要等待最终的标注数据。这种任务通常涉及的交易金额大,且标注员通常为平台内部人员,便于管理,因此会加入验收与返工的环节。

客户在发布任务前,可以在待标注数据中加入一些有标准答案的数据,在验收阶段将标注结果与标准答案进行比对,计算合格率。也可以对标注结果进行抽样,然后由客户方进行人力质检,从而计算标注结果的合格率。若验收不合格,则打回修改,直到验收合格为止。在数据验收之后,就可以将最终的标注数据交付给客户。

4.2　面向数据标注员的实践环节

前面两节介绍了数据标注项目中的数据标注系统和数据标注客户两个要素。数据标注系统作为数据标注项目的主要平台,集成了数据标注所需的工具和软件,对项目的实施起到了支撑作用。

数据标注员(团队)是数据标注项目实施过程中具体标注工作的操作者,是数据标注产业中的 3 大核心要素之一。标注员的技能水平、协作能力、操作规范程度,甚至安全意识都直接影响数据标注项目的完成效率和质量。因此,在数据标注项目的工程化的组织中,我们通过设定标准化的标注员参与流程明确标注员的关键动作,保证每位标注员均能够正确、顺利完成标注任务。

本节以项目实施流程为序,从身份认证、数据标注员培训、标注项目参与、标注结果验收 4 个部分介绍标注员的数据标注项目参与流程。

4.2.1　身份认证

在常见的数据标注项目中,一些数据标注操作是比较容易的,不需要过多的数据标注相关技能就能完成。但大多数标注任务(尤其对标注质量要求较高时)通常需要标注员经过专业的标注培训,具备过硬的标注技能后才能进行标注操作。因此,普通用户在以个人或团队(如加入公会)的方式参与数据标注项目前,需要通过一系列的测试和认证,证明其具备了相应标注任务所需的技能。

如图4.3所示,对于无认证用户,其个人信息不可展示在雇佣大厅,且全部不可答题;对于未认证用户列表中的用户与审核公会,有权限进行试标任务审核,无审核考试项目的标注考试任务审核和标注任务审核以及审核考试任务答题,但不能进行有审核考试项目的任务审核;只有已认证用户,可以进行完整展示,且可以对所有类型任务进行答题操作。

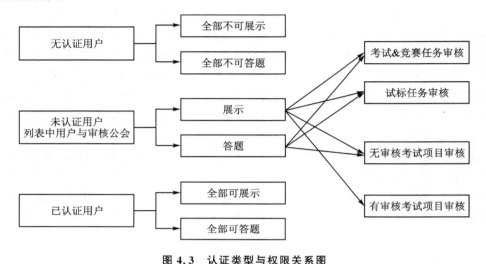

图 4.3　认证类型与权限关系图

按照任务类型,认证身份分为标注用户、审核用户以及黑名单用户3类。

1. 标注用户

标注用户指的是通过标注资格审查,能够参与数据标注项目的用户。由于用户可以以个人标注员或标注公会成员的身份参与标注任务,标注员准入考试分为个人考试和团队竞赛考试两种类型。对于个人考试,用户可以添加非竞赛类项目试题作为考试内容,在测试准确率达到阈值后即可获得个人标注用户身份认证,获得领取正式标注任务的资格。

2. 审核用户

审核用户指的是通过审核资格审查,能够参与数据标注项目中质量检验和结果审核任务的用户。审核用户的任务通常包括以标注结果质量检验为核心的初审工作和以项目交付为目标的终审工作,因此审核用户的培训与资格检验也以这两部分内容为主。

通常,审核用户认证用到的题目由平台随机配置,覆盖语音、图像、文本、视频等多种标注任务。除此之外,对于特殊任务的用户身份认证,平台也会进行人工配置,以保证测试题目能够成功筛选出具备完成标注任务的公会和员工。例如,对于3D点云和2D图像的融合标注项目,平台除了配置语音转录、文本情感标注、图像分类等基本任务,通常还会配置3D点云标注、图像标注任务以及二者融合标注的题目对用户进行测试,获得认证审核用户身份的用户,除了具备基本的质检技能外,也能完成当前的特殊项目。

通过审核资格测试的用户,按照审核轮次,可以分为初审用户和终审用户两类。初审用户面对的是标注员的初步标注结果,这轮结果通常会存在较多的错漏,初审用户的任务是在尽可能检查出更多错漏的前提下,重点纠正、打回明显的标注错误,同时统计公会和标注员的标注情况,判断是否需要进行二次培训以及资格审查。终审用户面对的更多是客户验收工作,需要在对标注结果进行质量审核的同时,判断整体项目是否能够达到验收标准,从而协助项目经理调整工作计划。

3. 黑名单用户

黑名单用户指的是在测试或项目标注过程中,因主观或客观原因严重违反相关规定或带来不良后果的用户,这些用户会被取消各种形式的参与数据标注项目的资格,例如标注、审核等工作。

通常而言,完成数据标注任务的用户工资由任务类型、完成数量、完成质量以及用户级别等因素决定。因此,对于标注员(或审核员),每一次正确的标注(或质检)工作都能为其带来报酬,其个人账号的历史标注成绩也是影响工资多少的重要因素。在这种条件下,一些用户会试图通过走"捷径"获取更多报酬。比如一些用户会随机地快速答题,希望能获得答题量带来的基本报酬;一些人会在数据标注过程中恶意填写,进而加快自己的答题速度;还有一些人会通过盗用、冒用他人账号的方式,非法窃取他们的利益。这些用户最终都会被平台拉入黑名单,而禁止参与数据标注项目,情节严重或造成严重后果者还会面临公安机关的指控。除此之外,也有一些用户并无主观上的犯错意愿,但因为对标注规则以及平台守则的不理解进行了错误操作而被拉入黑名单。这一类用户可以向平台提出申诉,说明情况,且加强学习后,有可能恢复认证身份,继续参与数据标注项目。

因此,严格遵守数据标注相关规章制度和平台规定,认真学习数据标注所需的相关技能,是获得在数据标注行业良好发展前景的前提条件。

4.2.2 数据标注员培训

身份认证可以理解为一个匹配过程,使得参与人员能够在数据标注项目中找到适合自己的任务类型,高质量地完成任务。员工培训则是提升员工技能、通过培训使得员工具备完成数据标注项目所需的技能和资质的过程。对于员工,积极、认真地参与员工培训是高质量完成数据标注项目、实现自我提升的必由之路。员工培训主要分为技能培训和职业素养培训两部分。

对于数据标注产业,完善的员工培训体系,是推动数据标注行业职业化必不可少的部分。在这一方面,百度网讯科技有限公司于 2021 年 6 月依照国家制定的《标准化工作导则第 1 部分:标准化文件的结构和起草规则》的规定发布了第一版《数据标注工程师职业技能等级认证标准》(参见附录),规定了数据标注工程师对应的工作领域、工作内容及需要具备的职业能力,可以指导数据标注工程师的培训与考核,相关用人单位的人员聘用、培训与考核起到指导作用。对于标注员而言,了解数据标注工程师的认证细则,有助于其明确学习和努力的目标,也为其在数据标注师的道路上自我提升、实现自我价值指明了方向。下面将详细介绍百度网讯科技有限公司关于数据标注工程师的职业等级划分和相应的技能要求。

1. 技能培训

数据标注工程师等级划分和认证要求明确了标注师职业生涯发展过程中的技能要求，依照不同等级数据标注工程师的职业技能和基础知识的要求，可以有针对性地对数据标注师进行技能培训。技能培训指的是用户为了学习、掌握数据标注或标注审核技能，在相关平台通过阅读文档、研讨案例、题目试做等方式进行学习的过程。

2. 职业素养培训

技能培训给用户完成数据标注任务提供了技术上的支持，使用户能够在技术上逐步具备数据标注工程师的能力。对于数据标注产业，每个标注工程师产生的标注结果都会作为训练集的一部分支撑人工智能模型的训练，推动人工智能行业的发展。只有每一位标注员都尽心尽力、认真严谨，才能保证整体算法和模型的成功；只有认真严谨的态度、勤劳负责的职业操守才能保证每一次标注结果的质量。除了扎实的标注技能，优良的职业素养也是数据标注员职业化道路上不可忽视的重要因素，职业素养的培训也是员工培训的重要组成部分。

从前面章节对数据标注项目中验收和交付环节的介绍可以看出，数据标注任务的完成质量和交付时间是极其严苛的。对于项目负责人来说，质量或者工期上存在的问题通常会导致交付违约金，甚至失去项目合作机会的后果。对于数据标注员而言，了解数据标注相关职业素养，按照要求完成标注任务，也是顺利完成项目、获得报酬的基础。接下来，我们结合数据标注工程师职业等级认证要求以及主要工作内容，对数据标注员的职业素养要求进行介绍。

（1）保密精神与契约精神。由于标注数据具有显著的经济和商业价值，会被作为商品进行交易，因此原始数据作为标注数据的原材料，其内容和形式对于客户和标注团队都属于隐私，应该得到保护。对于每个标注员而言，在接触原始的待标注数据时，要严格按照标注团队的规章制度和协议内容对数据内容保密、保证数据不外泄，这既是对客户和团队的财产安全负责，也是对数据标注员所要求的职业素养的践行，是成为合格的数据标注工程师的重要条件。对于数据标注项目而言，其保密内容主要包括以下方面：

① 对客户信息保密：不得泄露客户机构及其相关的地址、人名、联系方式等信息；

② 对项目信息保密：不得泄露项目背景、目标、工期以及项目人员配置等信息；

③ 对数据信息保密：不得以各种形式拷贝、发布原始数据和标注数据以及相关的统计信息；

④ 对价格信息保密：不得泄露项目总价、任务单价、标注员工资等项目相关的价格信息。

通常，除了标注团队会和客户签署项目合约之外，平台方对项目参与人员行为、报酬以及保密内容也会以合约的形式进行界定。合约一方面明确了行为的准则和边界，有助于项目顺利实施,另一方面也是对标注员自身权益的重要保障。合约虽然能够规定参与项目各方人员的主要责任和义务,但参与方的契约精神才是高质量完成项目所需的工作、履行自己项目相关责任的根本保障。对于参与项目的各方员工(包括标注员、审核员、项目经理等),只有认真了解合约内容,理解自身在项目中的位置和责任,才能更好地完成项目,并在职业数据标注师的道路上获得更好的发展。

(2)职业数据标注师所需的特质。相比于传统工厂,数据标注工厂的组织形式、工作内容以及工作特点都有新的表现形式,这对数据标注员的特质提出了新的要求。

① 持续学习。由于当前以机器学习和深度学习技术为代表的人工智能仍处在高速发展的阶段,新的算法、模型和应用层出不穷,相应地,新的标注任务也不断涌现。例如,随着 AI 落地传统行业,智慧安防领域涉及的业务已经从起初单一的人脸识别和车辆检测扩展到了车牌识别、行人重识别、异常物体检测等诸多场景,对安防的要求也从被动防御转向了主动示警。标注任务也从单一的人脸打点标注、车辆画框标注扩展出异常物体标注、车牌号标注等标注任务。

在这一背景下,许多新的标注场景、标注任务和标注规则都会不断涌现。每一位数据标注员只有持续学习,不断地了解新的应用场景和标注规则,学习专业知识,了解新的标注内容和标注工具的用法,才能顺利完成标注任务。

② 认真仔细。通过前面部分的介绍可以知道,如果将人工智能模型看作一个天赋异禀的孩子,那么标注数据就是它的老师,只有正确的、高质量的标注数据才能为"孩子"带来正确的教学效果,人工智能模型才能获得准确的知识,拥有强大的性能。数据标注工作是一种既需要速度,又需要质量的任务,只有标注员认真地对待每一次标注任务,才能使错误率降到最低,进而促进标注数据质量的提高。例如,对图片标注中的 2D框选任务,通常要求误差不大于 3 个像素。这一要求需要标注员聚精会神,细致观察图片中的每一个实体(如车辆、行人)的位置、大小、角度等信息,而且认真对待每一个像素点才能完成。除此之外,精度要求只是对标注数据可用范围的规定,3 个像素误差和 1个像素误差的标注数据有着明显的差别,即使在精度要求范围内,不同误差水平的标注结果会使最终的模型性能产生差异。只有每位标注员都认真地对待每一项标注任务,尽可能地提高标注结果的精度,才能保证数据标注项目高质量完成。

③ 团队协作。在数据标注项目管理部分,我们介绍了数据标注项目人员的构成和组织形式,即数据标注是以项目团队形式进行实施的,参与人员包括项目经理、项目助理、标注小组长、标注员、用户招募员 5 种身份,其中标注员也分为标注员和质检员两种类别。在具体数据标注项目的实施过程中,项目经理与客户对接,总领项目,且对项目整体的内容、方式和规则进行把控;在明确标注任务后,标注员按照标注规则进行标注;质检员进行质检,指导标注员修改标注结果;最后进行验收和交付。在这一过程中,标注团队中的每位成员都发挥着不可替代的作用,只有项目团队中多方人员不断沟通、不断协调,才能顺利解决项目进行过程中遇到的诸多问题,例如规则不明确、标注质量不达标、标注人员不够等。因此,对每个数据标注员而言,良好的团队协作方法和沟通表达能力是提高工作效率、解决项目过程中遇到的各种问题的重要保障。

4.2.3 标注项目参与

在标注员通过培训具备了实施标注项目的能力并完成身份认证后,就可以申请参加正式的数据标注项目了。通常,基于数据标注平台的项目参与流程包括任务获取、规则学习和参加标注3个部分,接下来以百度众测数据标注平台为例,分别对这3个部分的内容进行介绍。

1. 任务获取

拥有相关项目资格的标注员通常以个人或者公会的方式在相关的数据标注平台申领任务。根据平台设计,任务领取方式各有不同,相应示例可见4.3.5小节及4.3.6小节。通常,获取的标注任务题包会包括内容介绍、验收标准、进度安排以及标注规则等部分信息,以帮助标注员准确理解项目需求,高质量完成标注任务。

2. 规则学习

标注项目任务说明中除了项目的背景和时间要求,还包括标注任务对应的详细标注规则。这些规则规定了标注的内容、标准和精度要求,是标注员进行标注操作的参考指标,也是标注项目验收时评估标注产品质量的依据。因此,在正式标注之前,标注员需要对标注规则认真学习。

通常,标注规则是基于标注任务定制的,其目的在于将完整、复杂的标注项目分解为简单且明确的标注子任务,使标注员能够清晰理解自己的标注操作,使客户能够获得与自己需求一致的标注产品。对于不同的标注项目,标注规则也不尽相同,但同一个数据标注项目中的标注规则,要求是清晰且不冲突的,即规则之间需要一致性。诚然,在数据标注项目的实施过程中可能存在临时改变标注规则的情况,但只有规定好标注规则的边界,其演化过程才能可控。只有清晰且一致的标注规则,才能将大的标注项目分解为明确的子任务,使得标注项目实施中的每个环节都可以被清楚地控制。

3. 参加标注

通常经过规则学习后,标注员对需要完成的任务有了充分的了解,可以根据标注规则和平台提供的标注工具完成具体的标注任务。项目平台的任务信息统计功能,会帮助标注员了解项目的完成情况和自己产生的标注结果的统计信息。在标注过程中,标注员可以结合平台提供的项目进度、倒计时、准确率等信息来实时地了解项目的完成情况,确保项目高质量完成。

4.2.4 标注结果验收

完成数据标注任务后,标注员可以向平台提交标注结果,并申请验收。平台收到验收申请后,会提示审核员对结果进行审核,只有质量达标的结果才会通过审核,并计入标注结果。

与客户验收不同,通常平台的结果验收过程包括提交、质检、打回修改、验收合格5个环节,其中质检环节通常指的是拥有审核资格的用户对标注用户的标注结果进行初审和终审的过程,其关系如图 4.4 所示,只有标注结果最终通过质检后,才能被认为是有效成果,并被加入合格数据集。

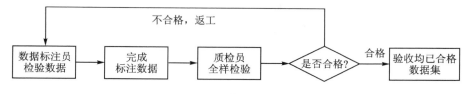

图 4.4　验收流程示意图

标注员根据审核报告以及修改意见完成题包修改后,可以再次提交结果,当标注结果检验合格后被加入合格数据集,即完成本轮结果验收。至此,标注员完成了从身份认证、员工培训到项目参与、结果验收的完整数据标注项目的参与流程。

4.3　基于亚马逊 MTurk 的众包标注实践

MTurk 作为国际上广泛应用的众包平台,拥有来自全球众多国家和地区的大规模群智资源。除此之外,相比于其他众包平台,MTurk 有更为灵活的配置。例如,任务发布者可以与平台合作,甚至独立地发布标注工具、设计标注界面,这大大扩展了标注任务的种类和完成方式。接下来,我们结合 MTurk 平台实例对众包数据标注的实践内容进行介绍。

4.3.1　任务发布及验收示例

1. MTurk 平台基本术语

在介绍 MTurk 的任务发布流程前,需要先明确 MTurk 平台的几个常用术语。

（1）标注员（Worker）

MTurk 平台的标注员被称为 Worker。2019 年的一项研究表明,在 MTurk 上至少完成过一项任务的标注员有 250 810 人,其中活跃用户为 85 000 人。在 MTurk 工作的人多是寻求兼职的众包标注员。

（2）任务发布者（Requester）

任务的发布者被称为 Requester,也就是前文所说的客户。MTurk 是一个典型的众包数据标注平台,在 MTurk 平台上,需求分析、任务设计与发布、数据验收都需要客户自行完成。

（3）任务（HIT）

HIT 是 Human Intelligence Task 的缩写。通常一个标注任务由多个 HIT 组成,一个 HIT 又由多个具体的标注子任务构成。例如,对于包含 100 篇文本的文本摘要任务,发布者可能将其拆分为 20 个 HIT,每个 HIT 包含 5 个摘要子任务。发布者可按照标注员完成的 HIT 数量支付报酬。

(4) 子任务(Assignment)

子任务对应每一个具体的标注。以刚才的文本摘要为例,如果一段文本只需要一位标注员进行一次标注,一个 HIT 有 5 个子任务,那么完成这个 HIT 就需要 5 次标注,也就是 5 个子任务。标注员每进行一次标注,数据就以子任务的形式被上传给任务发布者,由任务发布者对标注结果进行审核,然后根据审核结果决定是否支付报酬。

(5) 报酬(Reward of bonus)

Reward of bonus 是任务发布者支付给标注员的报酬。MTurk 的收费标准如下:

① 当任务发布者向标注员支付报酬时,MTurk 会收取 20% 的额外费用;

② 对于超过 10 个子任务的 HIT,MTurk 会再额外收取 20% 的费用;

③ 每次给标注员最少支付 $4.01。

根据任务难度、对标注员专业技能的要求的不同,相应的报酬不尽相同。通常,可以在发布任务前,以标注员的身份去了解相似 HIT 的价格,作为自己定价的参考。

在问答网站 Quora 的一个回答中,认为 MTurk 日常任务的费用大约为 $6.0～$7.25/h。根据经验,$6.5/h 几乎是学术项目中的一种常见价格。众包领域的一些研究人员,例如卡耐基梅隆大学的 Jeffrey P. Bigham 教授,鼓励报酬设置为 $10/h。在另一篇知乎回答中,认为平均 $1/30min,$4.25/10min 比较常见。

2. 任务发布及验收流程

(1) 注册/登录

如图 4.5 所示,在 MTurk 官网(https://www.mturk.com/)以 requester 身份登录。

图 4.5　注册/登录界面

进入模板选择界面:左侧是 MTurk 提供的任务模板,模板的样式会显示在右侧。比如,我们选择 Image Classification,那么标注页面的效果就如图 4.6 所示,图中展示了一个对图片进行分类的任务界面。

MTurk 提供的模板大致可以分为:

① 问卷调查类;

② 计算机视觉类;

③ 自然语言处理类;

④ 其他数据搜集类,比如从指定的网页搜集特定的商品信息。

图 4.6　模板选择界面

（2）输入项目属性（Enter Properties）

挑选好需要的模板后，点击模板右下角的 Create Project，就可以创建自己的标注任务了。首先进入 Enter Properties 界面，如图 4.7 所示：

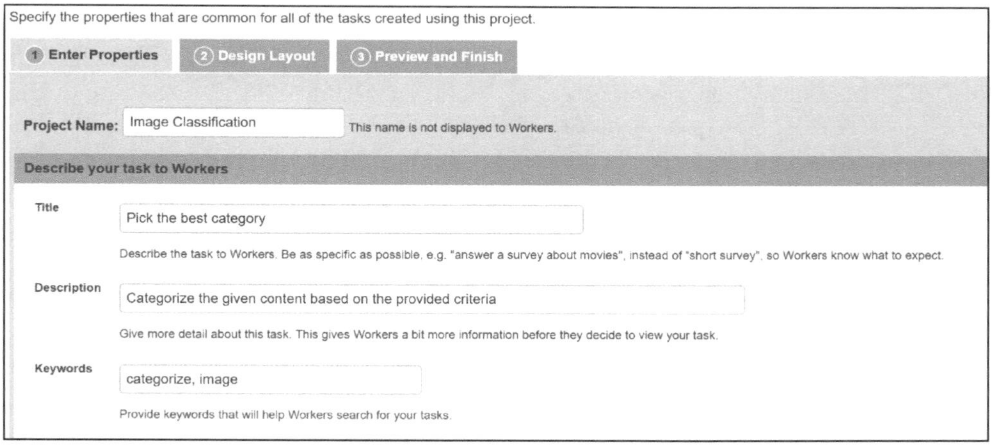

图 4.7　基础设置页面（1）

图 4.7 的页面是对要发布的任务进行一些基本的设置。在不同的模板中，这一页和最后的 Preview and Finish 是一样的，但 Design Layout 页面是不一样的。我们需要设置 Project Name，即项目名称，该名称只有任务发布者能够看到。

Enter Properties 主要有 3 个模块，其中第一个模块是向标注员描述任务，包含 3 个字段：

① Title：任务名称，即标注员在任务领取界面看到的项目标题；

② Description：项目简介，即对任务进行一个简要的介绍；

③ Keywords：关键词，方便标注员检索。

第二个模块的功能是任务属性设置，如图 4.8 所示。其设置的属性包括：

① Reward per assignment：即每个子任务支付的报酬。

② Number of assignments per task：即每个任务同时由几个标注员来做。比如，设置为 3 时，一个任务就会同时有 3 个人进行标注，任务发布者最终将收到 3 份答案。这样做的好处是可以通过比对 3 个人的答案，选出最优答案，以此提高标注质量，这个过程就是结果汇聚。

③ Time allotted per assignment：标注员在单个子任务上所能花费的最大时间。

④ Task Expires in：任务过期时间，即该任务在 MTurk 平台上留存的总时间。

⑤ Auto-approve and pay Workers in：对标注做出回复的最长时限。由于收到标注后需要任务发布者自行审核，然后支付报酬，因此需要设置一个审核并支付报酬的最大时限。

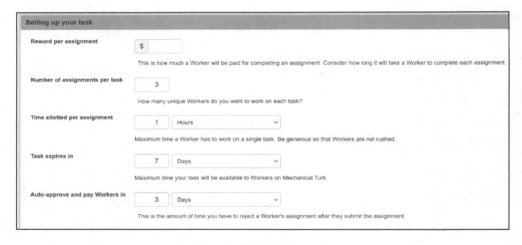

图 4.8　基础设置页面(2)

第三个模块的功能是设置标注员的筛选条件，如图 4.9 所示。

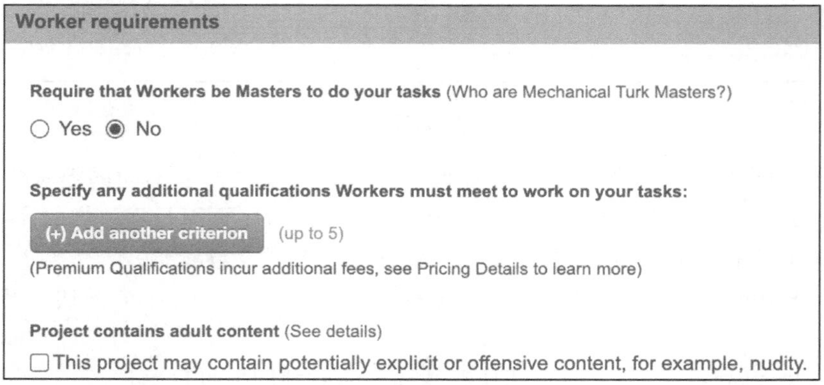

图 4.9　基础设置页面(3)

在图4.9的界面中,可以设置是否需要标注员是相关领域专家。勾选之后,需要支付的报酬也会相应地高一些。

(3) 设计答题界面(Design Layout)

在完成 Enter Properties 页面的设置后,就进入 Design Layout 页面,如图4.10所示。

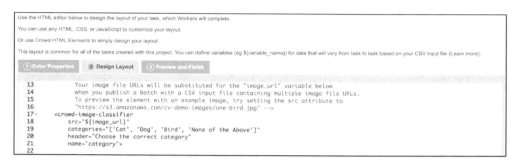

图4.10 任务界面设计页面

Layout 就是最终的任务界面,标注员要在该界面上进行标注。由于已经选用相应的模板,MTurk 已经写好该模板的 HTML 代码,这些代码的最终效果和图4.10一致。可以对这些代码进行修改,以满足任务要求,但修改这些代码需要具备一定的 HTML 基础。

当前模板的 HTML 代码如下:

```
1.  <!-- You must include this JavaScript file -->
2.  <script src = "https://assets.crowd.aws/crowd - html - elements.js"> </script>
3.
4.  <!-- For the full list of available Crowd HTML Elements and their input/output docu-
    mentation, please refer to https://docs.aws.amazon.com/sagemaker/latest/dg/sms - ui -
    template - reference.html -->
5.
6.  <!-- You must include crowd - form so that your task submits answers to MTurk -->
7.  <crowd - form answer - format = "flatten - objects">
8.
9.      <!-- The crowd - classifier element will create a tool for the Worker to select the
    correct answer to your question. Your image file URLs will be substituted for the "image
    _url" variable below when you publish a batch with a CSV input file containing multiple
    image file URLs. To preview the element with an example image, try setting the src at-
    tribute to "https://s3.amazonaws.com/cv - demo - images/one - bird.jpg" -->
10.     <crowd - image - classifier
11.         src = "$ {image_url}"
12.         categories = "['Cat', 'Dog', 'Bird', 'None of the Above']"
13.         header = "Choose the correct category"
14.         name = "category">
```

```
15.
16.      <!-- Use the short-instructions section for quick instructions that the Worker
     will see while working on the task. Including some basic examples of good and bad an-
     swers here can help get good results. You can include any HTML here. -->
17.         <short-instructions>
18.             <p> Read the task carefully and inspect the image. </p>
19.             <p> Choose the appropriate label that best suits the image. </p>
20.         </short-instructions>
21.
22.      <!-- Use the full-instructions section for more detailed instructions that
     the Worker can open while working on the task. Including more detailed instructions and
     additional examples of good and bad answers here can help get good results. You can in-
     clude any HTML here. -->
23.         <full-instructions header = "Classification Instructions">
24.             <p> Read the task carefully and inspect the image. </p>
25.             <p> Choose the appropriate label that best suits the image. </p>
26.         </full-instructions>
27.
28.     </crowd-image-classifier>
29. </crowd-form>
```

其中,核心代码段为:

```
1.      <crowd-image-classifier
2.          src = "${image_url}"
3.          categories = "['Cat', 'Dog', 'Bird', 'None of the Above']"
4.          header = "Choose the correct category"
5.          name = "category">
```

上述这段代码定义了图片链接、图片分类、题目描述以及题目类型。

如果需要发布一个图片分类任务,类别为啄木鸟、布谷鸟与其他,那么只需要对这些代码进行微调就可以实现需求。可以将上述代码中的

```
6.      categories = "['Cat', 'Dog', 'Bird', 'None of the Above']"
```

修改为:

```
7.      categories = "['Woodpecker', 'Cuckoo bird', 'None of the Above']"
```

修改后的任务界面如图 4.11 所示。

如果需要对任务界面进行更深度的设计,就需要任务发布者对 HTML 语言有较深的掌握。值得一提的是,对模板的选择只会影响 Design Layout 界面的代码内容,而最终的任务界面只与该界面最终的代码有关,任务发布者完全可以将模板所示代码全部删除并重写,最终得到的界面不会受模板选择的影响。

(4)预览与完成(Preview and Finish)

在完成代码修改之后,单击下一步,就可以看到 HTML 代码所呈现出来的预览效

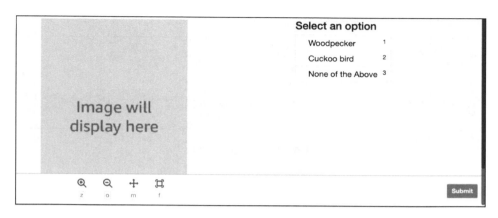

图 4.11　任务界面

果,如图 4.12 所示。如果不满意,可以单击"上一步"重新调整代码,直到满意为止。在确认任务界面满足要求之后,设置就全部完成了,可以单击"确认",进入最后一步,发布数据了。

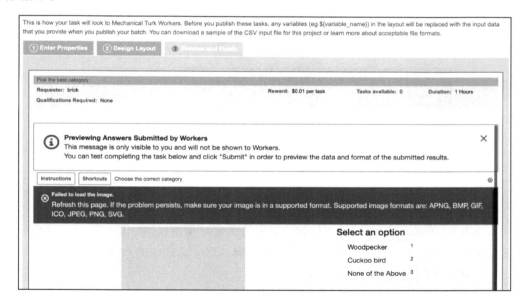

图 4.12　Preview and Finish 界面

(5) 任务发布(Publish Batch)

单击"确认",就进入如图 4.13 所示界面。

单击 Publish Batch,就可以上传数据,图 4.14 为上传数据页面。

需要上传 csv 文件,其中,列名为变量名,每一行数据为每个任务发布者填充进变量中的内容。以刚才的图像分类任务为例,需要输入的数据只有图片,所以 csv 文件中只需要图片的链接信息。如图 4.15 所示,csv 文件只有一列数据,列名为 image_url,内容为每个 HIT 需要的图片链接。

图 4.13　任务发布页面

图 4.14　上传数据

	A	B	C	D	E
1	image_url				
2	Hit1_image_url_data				
3	Hit2_image_url_data				
4	Hit3_image_url_data				
5					
6					

图 4.15　数据格式示例

在上传数据前,需要将图片上传到 AWS 的文件存储系统 S3 bucket 中,并将图片的 url 以及其他变量内容填入 csv 文件中,然后确认 csv 文件中的内容无误。

（6）确认任务信息

在数据上传完后,会进入任务发布页面,在该页面,可以再次预览任务界面,如图 4.16 所示。

This is how your task will look to Workers. Make sure that any variables in the task are correctly replaced by your input data, then click "Next".

Image Classification

Pick the best category

Requester: brick	Reward: $0.01 per task	Tasks available: 3	Duration: 1 Hours
Qualifications Required: None			

图 4.16　任务界面预览

任务界面确认无误后,点击"下一步",就进入 Confirm and Publish 页面。如图 4.17 所示,在该界面,任务发布者将再次确认任务的基础信息。

Please review the information about the Batch, then click "Publish".

Image Classification

Batch Summary		
Batch Name: Image Classification 1	Description:	Categorize the given content bas

Batch Properties

Title:	Pick the best category
Description:	Categorize the given content based on the provided criteria
Batch expires in:	7 Days
Results are auto-approved and Workers are paid after:	3 Days

Tasks

Number of tasks in this batch:	3
Number of assignments per task:	x 3
Total number of assignments in this batch:	9

Cost Summary

Reward per Assignment:	$0.01	
	x 9	(total number of assignments in this batch)
Estimated Total Reward:	$0.09	
Estimated Fees to Mechanical Turk:	+ $0.09	(fee details)
Estimated Cost:	$0.18	
Applied Prepaid HITs Balance:	- $0.18	
Remaining Balance Due:	$0.00	

图 4.17　任务发布确认页面

(7) 沙盒(Sandbox)

上传 csv 文件后,将进入付款页面,在付款完成后,任务就正式发布了。如果不想直接公开发布,想先内部进行测试,就需要用到 MTurk 的 Sandbox 平台。

Sandbox,即沙盒,可以模拟任务发布和任务领取的过程,且不会发布到 MTurk 上。沙盒分为:

Requester sandbox(https://requestersandbox.mturk.com/):用于发布者发布任务,其与正式平台的区别是不会收费,也不会发布至正式平台,而是发布到 worker sandbox 上。

Worker sandbox(https://workersandbox.mturk.com/):在这里可以搜索到 requester sandbox 发布的任务,并进行标注。可以供任务发布者进行测试,从标注员视角体验标注流程。

这两个网站上发布和领取任务的流程与正式流程完全一样,在上传 csv 文件后,就可以发布任务了,且不需要付费。发布任务后就可以在 worker sandbox 上搜索自己的任务进行标注,也可以组织其他人注册账号一起测试。

（8）数据验收

在 Manage 界面，单击 Review Results，就可以看到标注员提交的标注结果，如图 4.18 所示。

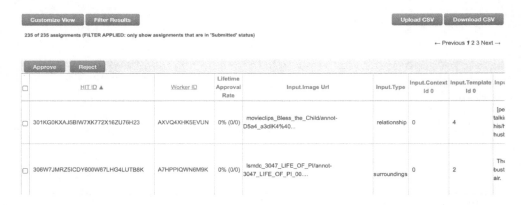

图 4.18　结果验收页面

单击 Download CSV，即可下载含标注结果的 csv 文件，也可以直接在线审核每一条子任务，选择接收或拒绝。需要注意的是，不合理的拒绝可能会被标注员举报。

4.3.2　基于 MTurk 平台的数据标注示例

本小节将介绍如何以标注员的身份在 MTurk 上领取任务。在 4.3.1 小节中，我们介绍了 MTurk 平台的基本术语。以下是在 MTurk 上领取任务的具体流程。

1. 注册/登录

与任务发布一样，在领取任务前，需要先注册/登录 MTurk 平台。进入 www.mturk.com，在如图 4.19 所示页面，单击右上角的 Sign in as a Worker，然后在如图 4.20 所示页面中输入账号信息进行登录。

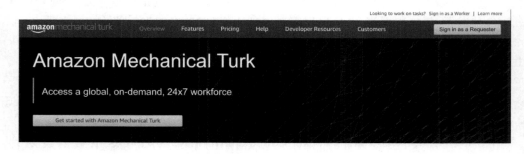

图 4.19　MTurk 登录页面一

2. 挑选任务

在完成登录后，就进入如图 4.21 所示的挑选任务页面。在任务列表中，标注员可以浏览已经发布的 HIT，并挑选想要执行的 HIT。此外，标注员还可以在右上角的搜索栏搜索关键词,搜索想要领取的 HIT。

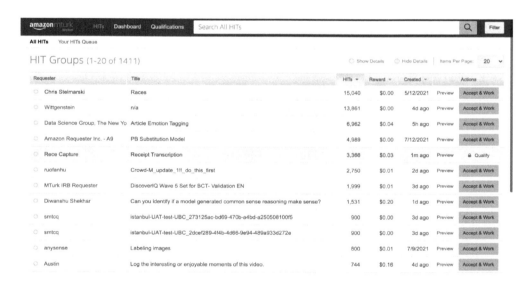

图 4.20　MTurk 登录页面二

图 4.21　任务列表

在领取任务前,可以单击任务右侧的 Preview 按钮,预览该任务,图 4.22 为任务 Labeling images 的预览页面。在完成预览后,如果想要领取该任务,就可以单击页面右上角的 Accept & Work 按钮领取,并开始执行任务。

3. 完成任务

领取任务后就可以执行任务了。以刚才的 Labeling Images 任务为例,图 4.23 为任务介绍,可以看到,该任务是一个图像标注任务,共用 5 个待标注属性,标注员以回答选择题的形式对每张图片的这 5 个属性进行标注。

图 4.22　任务预览页面

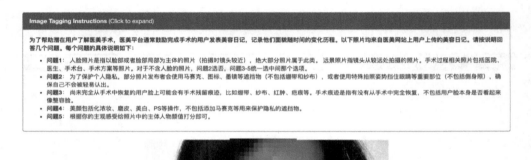

图 4.23　任务介绍

图 4.24 为相应的 5 道选择题。在完成该 HIT 下的所有题目后，就可以单击最下方的 Submit 按钮提交任务。

1.该照片属于	2.发布者不希望自己被轻易认出	3.该照片手术残留痕迹	4.该照片使用美颜的程度	5.请给照片主体人物的颜值打分
○ 1 人脸照片	○ 1 是	○ 1 非常不明显	○ 1 无	○ 1 低
○ 2 远景照片	○ 2 否	○ 2	○ 2 较低	○ 2 较低
○ 3 手术过程相关片		○ 3	○ 3 中等	○ 3 中等
○ 4 多人合照		○ 4	○ 4 较高	○ 4 较高
○ 5 其他（如不含人脸）		○ 5 非常明显	○ 5 高	○ 5 高

Submit

图 4.24　任务界面

当出现如图 4.25 所示页面时，说明该 HIT 提交成功。

4. 查看任务状态

点击网页上方的 HITs — Your HITs Queue，可以查看当前已领取但未完成的 HIT，如图 4.26 所示。在该页面可以看到已经领取的任务，以及其对应的奖励和剩余的完成时间。点击右侧的 Work，就可以开始执行对应的 HIT。

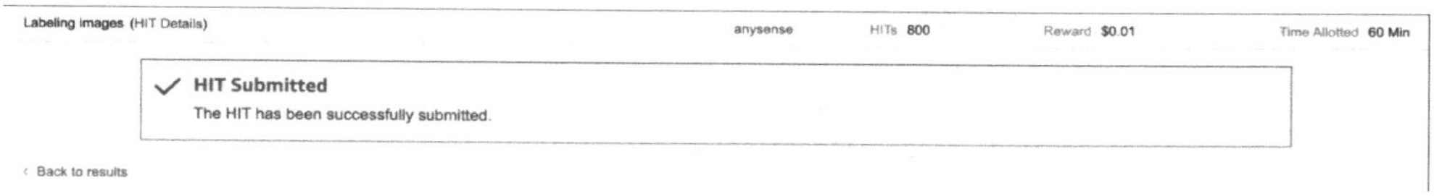

图 4.25 提交成功页面

图 4.26 已领取任务队列

5. 其 他

单击网页上方的 Dashboard,进入历史记录页面,在该页面,可以查看过去 7 周完成的所有 HIT 的记录。包括每周提交的 HIT 数量、通过的数量、被拒绝的数量、还未审核的数量、完成奖励、额外奖励、总奖励等数据。同时右侧还统计了标注员的总通过率、赚取的总奖励等数据,如图 4.27 所示。

图 4.27 历史记录统计页面

单击网页上方的 Qualifications,进入图 4.28 所示的完成质量统计页面。在该页面中,会看到对标注员所有 HIT 完成质量的更详细统计,包括通过率、提交率、总通过 HIT 数、被拒绝率等数据。标注员可以在这个页面直观地感受到自己的标注成绩。

图 4.28　完成质量统计页面

4.4　基于百度众测平台的数据标注工厂模式实践

相比于众包标注动态、零散的组织形式,数据标注工厂模式更注重对数据标注相关资源的集中管理,为特定标注任务设计定制化标注方案,以提升标注的质量和效率。百度众测作为在国内拥有大型标注基地的数据标注平台,其强大的组织和资源配置能力是许多复杂、敏感标注任务的重要保障,在诸多复杂标注任务方面(如自动驾驶、医学影响标注等)体现出了数据标注工厂模式的优势。因此,基于百度众测平台的标注实践过程会格外重视参与者的身份认证、能力培养与标注结果。例如,标注员在参与标注项目之前,会进行一系列学习、考核与认证,获得不同种类标注任务的参与资格以及多级代理商和公会的准入资格。接下来,我们将基于百度众测平台对数据标注工厂模式下数据标注任务的发布、验收以及标注员的项目参与实践实例进行介绍。

4.4.1　基于百度众测平台的任务发布实例

任务发布是整个数据标注项目的起点,其连接了客户的标注数据需求与具体标注任务。本小节基于百度众测平台的任务发布流程介绍客户在任务发布过程中的关键步骤。这部分内容可以帮助客户确认自己的标注需求,确保标注结果的有效性。通常,基于百度众测平台的任务发布包括数据投放、场景选择、题目配置和指南生成 4 个步骤。

图 4.29 展示了数据投放的实例图,数据投放旨在将待标注数据上传至百度众测后台。其中上传的文件可以是原始的待标注数据,也可以是数据的 url 地址。也可以从其他项目导入原始数据或标注结果。

在完成数据投放后,客户需要根据任务场景选择标注数据类型。百度众测平台支持以文本、图像、音频、视频等任务为基础的全场景标注。场景可以是不同题型的组合,例如,网页的相关性搜索比较就可能同时包括图片和文本的比对和标注。对于选好的

数据投放

上传文件

* 需求id: 　　　　　　　不知道需求id，去查询

* 关联客户批次id: 请关联　　去关联

上传方式: ⊙ 文件　　○ url

文件: ⬆ 选择文件　成功0个，共0条数据。失败0个。

图 4.29　数据投放实例图

场景可以进行场景预览，以初步了解该场景的题目说明和模板，如图 4.30 所示。

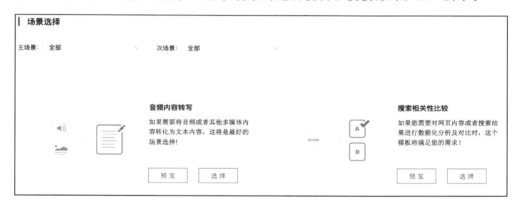

图 4.30　场景选择实例图

选择某个题目场景后，可以基于该类题型进行任务设计和题目设计。例如，图 4.31 展示了一个街道场景的图片标注题型。对于这一题型，可以通过"图片配置"设置图像中的标注目标，例如"汽车""路灯""指示牌"等；也可以通过"标注类型"规定该题型的标注操作，例如"2D 框选""3D 框选"场景分割等。

接下来，百度众测平台会根据客户上传的数据集、选择的标注场景以及配置的题目信息生成答题指南文档。答题指南文档是客户标注需求的指南形式，它清楚地规定了该标注项目的标注类型、标注方法以及标注标准等信息，是标注员完成标注任务的主要依据。图 4.32 展示了街道场景标注任务的答题指南。

题目：

图 4.31   题目配置实例图

图 4.32   答题指南生成实例图

4.4.2   基于百度众测平台的项目验收实例

任务发布和项目验收是客户参与数据标注项目的两大关键环节。这里我们结合百度众测平台项目验收实例介绍客户进行项目验收时的关键环节。这部分内容一方面可以帮助客户明确自己在验收数据标注项目时需要关注的信息，避免因为操作失误带来安全隐患和财产损失；另一方面可以帮助标注员深刻理解数据标注任务的需求，有助于标注员自审自检，进一步提高标注质量。

图 4.33 展示了百度众测平台的题目验收页面。客户在这里可以看到相关验收题

目的信息,包括验收 ID、题目 ID、拟合一致律以及验收状态等,并可以对已完成的项目进行验收操作。

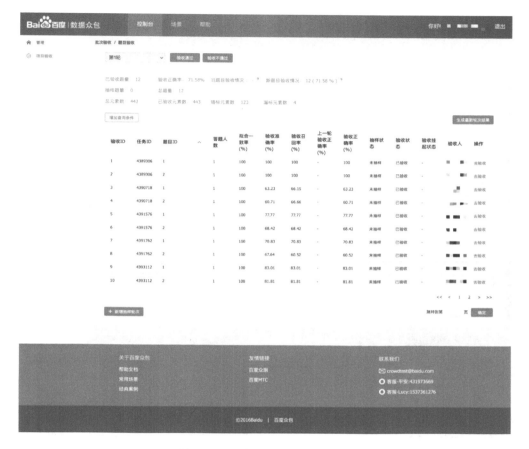

图 4.33　百度众测题目验收页面

客户可以在题目验收页面中单击操作栏中的"去验收"按钮进行特定题目的验收。图 4.34 展示了百度众测平台中文本题的验收过程,客户可以根据用户填写的答案对标注内容质量进行评估,在"红线""低质""一般""优质"和"其他"选项中做出选择。保存后,该题目在题目验收页面中的验收状态即会变为"已验收",该批次题目的"验收准确率""验收情况"等信息也会随之改变。

图 4.35 展示了一个具体的 3D 车辆框选任务的验收页面。页面上方展示了不同视角下标注员的标注结果。客户可以通过单击右下角的快捷操作页面观看不同视图下的点云标注结果。图片中间部分展示了 3D 点云状态下的标注结果,客户可以通过拉伸、旋转等操作观察标注细节。查验结束后,客户可以在白色属性框中勾选错误类型,并备注错误信息,系统会以标注元素为单位自动计算该标注任务的正确率。

图 4.34　题目验收页面实例图

图 4.35　3D 车辆框选任务验收示例图

4.4.3　基于百度众测平台的标注员实践示例

相比于众包模式下标注员松散的组织形式,数据标注工厂模式对标注员的能力和资质提出了更高的要求。标注员一方面需要提升自己的标注技能,力求更高的标注效率和质量;另一方面还要遵从标注工厂的规则和流程,通过一系列的培训和考试获得复杂题目的准入资格和身份认证。本小节基于百度众测平台,通过身份认证、技能培训、标注项目参与和结果验收 4 个环节介绍标注员的项目实践环节。

1. 身份认证

对应于数据标注项目的不同环节,标注员可以在百度众测平台上获得"标注员"和

"审核员"两类认证身份。特别是,在数据标注工厂模式下,标注员通过参与标注公会,以公会成员的身份参与标注项目成为一种尤为关键的项目参与方式,因此公会标注认证也是一种重要的标注身份。图 4.36 展示了待认证标注员身份认证类别。

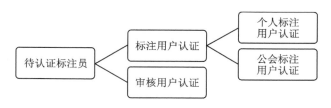

图 4.36 身份认证类别示例

用户需要按照流程,通过对应认证类别的准入测试才能获得对应的身份认证,并进行答题或审核操作。其中,考试结果的审核方式如图 4.37 所示,分为自动审核和人工审核两种。自动审核的优势在于速度快,从题目提交到审核,再到得出题目正确率,全流程都是实时的;而人工审核多出"生成审核题目"这一环节,且人工审核无法实时进行,效率会略低。人工审核的优势在于精准,能够准确判断用户的考试结果,准确评估用户是否能够通过认证,成为审核用户。

图 4.37 考试结果审核流程图

2. 技能培训

下面展示一个标注员在百度众测平台进行技能培训的实例,该培训过程分为培训申请、题目发布、完成标注、意见反馈和结果修改 5 个部分。

(1)培训申请。在技能培训开始前,用户衡量自己当前的技能水平和感兴趣的任务类型,向平台提交自己的培训需求。提交培训申请需要的参数主要包括试题类型(文本、语音、视频或图像)、试题数量以及技能难度等级(包括初级、中级、高级 3 类)。

(2)题目发布。图 4.38 展示了百度众测的用户培训模块的任务发布界面。在这一环节,平台根据用户的培训需求设置题目内容及相关任务参数,生成标注任务以及相应的标注规则,并在平台向特定用户发布。

(3)完成标注。用户在获得所需试题后按照题目给出的标注规则进行标注操作。图 4.39 展示了某道路场景汽车 2D 框选的标注结果。

(4)意见反馈。根据培训用户的标注结果,后台训练员结合验收标准对标注结果反馈如下意见:

① 路面汽车标注不完整,存在漏标。

② 标准框框选不准确,存在多辆汽车被标注在同一个框内的情况。

图 4.38　任务发布界面

图 4.39　汽车 2D 框标注

③ 标注错误,汽车框选任务中存在框选其他物体(如栏杆、行人)的情况。

④ 标注精度低,整体框体过大,像素误差过高。

(5)结果修改。在训练员对标注结果进行审核并反馈意见后,用户会对标注规则进行再次学习,结合反馈意见对已标注结果进行修改,并重新提交。

3. 标注项目参与

(1)任务领取

图 4.40 展示了百度众测的公会任务查询界面。用户可以在公会任务栏目根据任务名称搜索自己掌握的题目类型,通过单击答题或自审按钮选择自己的任务类型。

选择好任务类型后,标注平台就会给用户发布对应任务的题包。图 4.41 展示了题目信息界面,标注员需要重点关注题目数量、正确率要求、标注倒计时、打回次数及上限

公会首页 / 公会列表 / 资源组学习

资源组学习

本月成长值: 0

本周成长值: 0

本周答题量: 0

本周正确率: 0%

入会条件: 无

会长: ▆▆▆   QQ群: ▆▆▆ 🐧

上月（4月）履约情况: --

能力标签:

能力标签名称	获得方式

公会公告:

公会成员　　公会金库　　公会历史　　产能承诺　　公会任务

📢 任务通过后，代理任务礼券将直接发给联盟盟长，分配礼券后也相应从盟长账号扣除

任务状态　|　全部　　标注中　　待分配　　已完成

进度状态　|　全部　　标注中　　质检中　　送审中　　审核不过　　审核通过

🔍 任务名称

任务名	任务状态	进度状态	个人答题量	个人礼券	操作
【审核】人工智能基础数据标注技能大赛复赛-车道线标注卷	标注中	-	0	0	去答题 自审
【审核】人工智能基础数据标注技能大赛复赛-语音切分转写卷	标注中	-	0	0	去答题 自审
【审核】人工智能基础数据标注技能大赛复赛-车道线标注卷	标注中	-	0	0	去答题 自审

图 4.40　任务查询界面

的相关信息，这些信息通常蕴含着项目的宏观要求，是标注员合理安排标注任务的依据。

（2）规则学习

下面示例展示了某语音转录项目的完整标注规则。可以看到，标注规则分为语音有效性判定、文本转写和说话人类型标注 3 部分。其中，第一部分属于辅助工作，负责排除掉不可用数据。第三部分属于属性标注，对标注人的性别和年龄段进行标注。第二部分是项目要求的转录规则，规定了格式、符号、口音和同音字等 7 类问题的处理方式，以保证标注结果有效，且确定转写数据的正确性。通常而言，经过反复修订而最终

图 4.41　题目信息界面

敲定的标注规则,能够覆盖标注项目中可能遇到的大多数疑问,标注员只要认真学习标注规则,就能够正确解决标注过程中遇到的问题。

语音转录标注规则示例

1. 语音有效性判定

(1) 转写出音频中说话人有交互意图的音频。

(2) 如语音内容清晰或通过搜索可确定语音内容,直接标注为"有效确定转写"即可;如需要搜索,比如动画片、儿歌、电视剧等,则要搜索到对应结果进行标注。

(3) 如果声音极小,几乎无法识别,可标注为"无效"。

(4) 对于非真人声音(如设备合成声音)和广播电视中出现的播音员声音,标注为"无效"。

(5) 只含有噪声或者静音,标注为"无效"。

(6) 如果语音有截断,则标注为"无效"。

(7) 只有一个字,确定是交互内容的,如"是""对""好""播""放""停""换",0~10 数字,方向等,需要正常标注;"嗯""啊""为"等不是交互或不确定是不是交互,标注为"无效"。

(8) 不是发起一个人机交互命令,如跟旁边的人说话,或说"嗯""啊"等无意义的词,标注为"无效"。

(9) 整句听不懂的标注为"无效"。

(10) 两个人说话的情况标注为"无效"(只要有两个人声音都无效,比如,咳嗽,笑声,乱叫,超过一个人以上的任何声音都无效,除了机器人声有效)。

(11) 一个人唱歌,则标注为"无效"。

2. 文本转写

所有语音都需通过搜索确定文本内容,保证转写正确。最终要保证标注有效,且确定转写的数据是完全正确的。

(1) 语音内容必须和听到的语音完全一致,不能多字、少字、错字。

① 将听到的内容转写出来,如:

a. "vivo xplay 系列"等词,有时发音人将英文字母 X 读作"叉",应标注为"vivo 叉 play 系列";

b. "@"读"at"时要写为"at";". com"读成"点 com"时要写成"点 com",读成"dot com"时要写成"dot com";

② 对于英文缩写和完整写法要根据实际发音标注,注意区分 I'm/I am,I'll/ I will,isn't / is not,can't/can not 等。

(2)语气词相关转写要求:

① 语音中有犹豫或者"嗯""啊"等语气词也要写出对应的汉字,英文中的叹词或语气词,比如"oh""hmm"等要写出对应的单词。

② 音频中说话人清楚地讲出的语气词,如 "呃""啊""嗯""哦""唉""呐"等,应按照正确发音进行转写。常见的语气词除了"了"和"不 "没有口字旁,其他基本上都有口字旁。

(3)数字、符号等按发音人所读的内容标注对应的汉字或英文单词。

① 中文:数字、数字符号需要按照发音转写出中文,注意区分"一"和"幺"。"二"和"两"。例如:

a. 发音人读"我在王者荣耀中花了 210 块钱",标注为"我在王者荣耀中花了二百一十块钱"。

b. 发音人读"1+1=2",标注为"一加一等于二"。

c. 发音人读"现在的时间是 12:10",标注为"现在的时间是十二点十分"。

d. 发音人读"足球比分是 2:1",标注为"足球比分是二比一"。

e. 发音人读"今天涨了 1‰",标注为"今天涨了百分之一"。

② 英文:数字、数字符号、特殊符号需要按照发音转写出英文,个别专名可能有多种读法,根据发音人读的实际内容标注。例如:

a. 表示年份的数字,如"in 1999",应标注为"in nineteen ninety – nine"。

b. "@"读"at"时要写为"at";". com"读成"点 com"时要写成"点 com",读成"dot com"时写成"dot com"。

c. 发音人读"it has risen by 10‰",标注为"It has risen by ten percent"。

d. 个别专名可能有多种读法,根据发音人读的实际内容标注。如 AKB48,若发音人用中文读数字,用汉字标注;若发音人用英文读数字,则标注为"A K B forty – eight"。

(4)转写格式要求:

① 逐个英文字母拼读单词,或产品型号、人名、专名中含有单个的英文字母,需用大写字母标注。

② 汉字与单词之间、汉字与拼读字母之间、每个拼读字母之间、每个英文单词之间、英文单词与拼读字母之间,需要用一个空格隔开。

③ 遵循英文常规书写习惯。如:

a. 人名、地点、国家、月份、星期等按照英语语法首字母大写标注。

b. "I"表示"我"的意义时,虽独立成词,仍按规范写法标注为大写字母。如"i love you"应标注为"I love you"。

c. "a"表示"一(个)"的意义时独立成词,标注为单词,用小写字母,如"I have a book";拼读时用大写字母标注,如"A B C D E F G"。

d. 表示"几十几"意义的数字,其中间要加连字符"-"。如:51 应标注为"fifty – one"。

e. 专有名词或品牌按照搜索结果结合其他要求标注。

④ 示例:

a. 单词"pen"拼读时,应标注为"P E N"。

b. "oppo R9S 手机",应标注为"oppo R 九 S 手机"。

c. "我喜欢 tfboys 的歌",应标注为"我喜欢 T F boys 的歌"。

(5)标注中只能含有中文、英文以及英文中特殊符号。

① 缩写符号统一用"'",如 I'll 等。不能使用如"·""""\"","等其他符号。若需要使用引号,统一用"",不能使用单引号''。

② 数学符号、特殊符号按发音人所读的内容标注对应的汉字或英文单词。

(6)中英文有口音的要按照正确的标注。

① 英文单词词尾的"—p""—t""—k"等读重了,比如 don't 读音类似"don 特",仍标注为"don't"。中文如"湖南",读的是"湖兰",则标注为"湖南"。在"5.是否包含口音"题目中选择"是"。

② 有口音的要按照正确的标注。比如一个人读的是"ji1 jie4 chang3",发音不标准,但是写出来的结果应该是"机械厂",而不能写成"机戒厂"。

(7)同音或读音相近的字、词,若不能根据语义等区分和确定,标注任意一种即可。

① 中文中若有两个或两个以上的地名为同音不同字(即同一条语音搜索结果为多个同音地名),比如"贵阳"和"桂阳";若语音只有"gui4 yang2"两字,则标为任意一种,若语音为"贵州省 gui4 yang2"需标为"贵州省贵阳"。

② 英文如 I usually go to bed at ten,意思是"我通常 10 点睡觉",此处"bed"不能写成相似读音的"bad"。

所有语音需通过搜索确定文本内容,保证转写正确。

3.说话人类型

(1)能听出是儿童的标为"儿童"。

(2)标注出说话人的性别。

(3)参加标注。在对标注规则仔细学习后,标注员就可以正式进行数据标注操作了,图 4.42 和图 4.43 分别展示了百度众测数据标注平台答题中的操作和信息统计页面。可以看到,在答题过程中,标注员完成一道题目后,通常可以保存,也可继续答题,或者保存、退出,并暂停答题任务。同时,信息统计页面会对当前任务的进度、倒计时、打回次数以及已进行操作的标注进行统计,方便标注员了解当前任务的完成情况。

图 4.42 答题操作和信息统计页面示例(1)

图 4.43 答题操作和信息统计页面示例(2)

4. 结果验收

图 4.44 展示了百度众测数据标注平台结果提交后的任务信息图,上方状态栏会显示"质检已提交";此外,在"当前轮审核正确率"一栏中,只有在质检员对标注结果题包质检结束后才会显示数字。

图 4.44　结果提交界面图

在这一过程中,标注员可以通过题包状态窗口查询审核结果。图 4.45 展示了百度众测数据标注平台的题包状态窗口示例图。可以看到,对于未验收的题包,在审核状态栏中会显示未审核;对于已审核的题包,其中合格的题包在题目状态栏中,会显示审核提交信息,而审核未通过的错误题包会显示待打回。对于待打回题包,需要标注员进行修改。

题目ID	答题人数	拟合一致率	题目状态	审核正确率	拟合答案质检状态	拟合答案审核状态	质检答案审核状态	审核答案复审状态	审核用户名
1			审核提交	100	正确	正确	正确	未复审	
3			审核提交	100	正确	正确	正确	未复审	
4			审核提交	100	错误	正确	正确	未复审	
5			待打回	-	错误	错误	错误	未复审	
6			审核提交	100	错误	正确	正确	未复审	
7			审核提交	100	正确	正确	正确	未复审	
8			审核提交	100	正确	正确	正确	未复审	
9			审核提交	100	错误	正确	正确	未复审	
10			审核提交	100	错误	正确	正确	未复审	

图 4.45　题包状态窗口例图

如图 4.46 所示,题包被打回后,标注员可以在任务栏点击审核报告,了解打回返修的相关信息,其主要内容包括题目状态、审核正确率以及多轮审核的状态等。

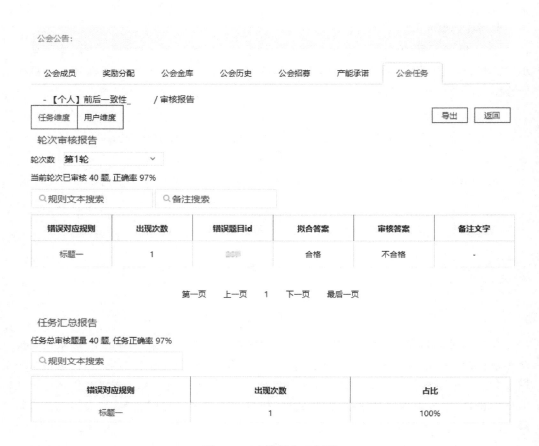

图 4.46　审核报告示例图

标注员根据审核报告以及修改意见完成题包修改后,可以再次提交结果。当标注结果检验合格后,即被加入合格数据集,完成本轮结果验收。至此,标注员完成了从身份认证、员工培训到项目参与、结果验收的完整数据标注项目参与流程。

4.5　本章小结

前面的章节介绍了群智化数据标注项目工程化组织和实施涉及的相关理论、技术和方法。本章以行业内领先的数据标注产品(亚马逊 MTurk 和百度众测平台)为基础,分别介绍了众包模式和数据标注工厂模式下数据标注项目实践的主要内容,以帮助读者了解数据标注项目的参与方法,明确以不同角色(标注员和客户)参与其中时的关键操作。

4.6 作业与练习

（1）在参与数据标注项目时，客户有哪些重要操作？请简要概括。

（2）在参与数据标注项目时，标注员有哪些重要操作？请简要概括。

（3）从实践的角度看，MTurk 和百度众测平台的主要区别是什么？请从客户和标注员两个角度进行分析。

（4）本书 4.1 节中提到的数据验收和 4.4 节中提到的结果验收有什么区别和共同点？

（5）实操题：在百度众测平台注册，并通过技能培训、身份认证，拥有 2D 框选标注资格。

（6）实操题：在百度众测平台完成不少于 5 项 2D 框选任务。

第 5 章　文本数据标注

文本数据标注是数据标注领域的重要分支。文本数据标注包括序列标注、关系标注、属性标注和生成性标注。作为最常见的数据标注类型,文本数据标注所支撑的自然语言处理技术在医疗、教育、金融等领域都有广泛的应用,其典型应用包括智能搜索、个性化推荐、语义推理、智能问答等。总之,文本数据标注作为自然语言处理的数据基础,具有非常广阔的应用前景。

5.1　文本数据标注简介

当下,网络数据呈现出爆炸性增长的趋势,大量数据以文本形式存在。文本数据具有无固定结构、高维度、高数据量和丰富语义等特点。文本数据标注,即根据文本的结构和语义信息,将文本中的文字或符号按照一定规则进行标记,便于算法模型解析文本的构成和含义。本章中,我们会对文本数据的概念、文本数据标注的方法、文本数据标注的平台和应用场景依次进行介绍。对应用场景的介绍有助于了解文本数据标注的目的,能让标注员更好地理解标注的过程,更加灵活地掌握这项技能。对文本数据标注相关平台的介绍,可方便读者了解各个平台的不同特点与共性之处,更快地胜任标注工作。在本书第 2 章中,我们已经对文本数据标注进行过初步介绍,为方便阅读,本章中会对第 2 章提到的基本概念进行回顾。

5.1.1　文本数据

文本,是书面语言的数据化表现形式,通常指的是有系统、完整含义的一个或多个句子的集合。文本可以是人类语言的载体,例如单个句子、段落或者篇章。狭义上,文本是由语言文字组成的文字实体;广义上,文本是由书写所固定下来的文字集合。在计算机领域中,文本数据也称为字符型数据,指的是不能参与算术运算的字符,主要用于记载和储存文字信息。互联网时代的文本数据多种多样,比如搜索引擎的网页、社交网络数据、学术论文、程序代码、系统日志等。

文本数据是应用最为广泛的数据类型之一。首先,文本是记录人类知识的最自然方式。大多数人类知识是以文本数据的形式保存下来的。比如,从古至今的历史都以书籍的形式记载。古人的哲学和今人的科学理论基本都能在相关的文章和书籍中找到。同时,文本是人们最常遇到的信息类型。即使是其他类型的数据,从中都可以找到文本的数据,比如音频中的对话、视频中的台词。文本数据甚至可以被用以描述图像或者视频等其他数据。

文本数据主要有以下特点：

1．无固定结构

可以按照数据结构将文本数据分为 3 类——结构化数据、半结构化数据、非结构化数据。

结构化数据是高度组织化的，其设计具有易于搜索的显式功能。非结构化数据通常是开放的文本、图像、视频等，它们没有预先确定的组织或设计。半结构化数据是不能在关系数据库中组织或没有严格的结构框架，但确实具有一些结构特性或松散的组织框架的数据。半结构化数据包括按主题、主题组织或适合分层编程语言的文本，但其中的文本是开放式的，本身没有结构。文本数据中既有结构化的数据（例如，关系数据表中的记录），也有半结构化的数据（例如，XML 文档），以及无结构的数据（例如，一条微博）。

2．高维度

统计中的维度是指数据集有多少个属性。例如，医疗保健数据包含血压、体重、胆固醇水平等属性。在理想情况下，这些数据可以用电子表格表示，每个维度用一列表示。实际上，这很难做到，部分原因是许多属性（例如，体重和血压）是相互关联的。

数据的高维度会大幅增加计算的难度。如图 5.1 所示，对于高维数据，特征的数量可以超过观察的数量。特征量是数据具备的属性数量，观察数即是不同属性对应的值。以医疗数据为例，个体特征包括血压、心率、身高、体重等，每个特征下对应的数值即为其观察数。在这些数据集中，特征量大于观察数是很常见的。

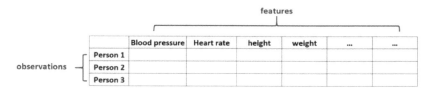

图 5.1　观察与特征

文本向量的维数通常比较高，甚至可以达到上万维，大多数数据挖掘和数据检索方法由于其计算量过大或代价高昂而不具有可行性。

3．大数据量

随着互联网用户的增长和移动设备的增加，大家对 GB、TB，甚至 PB 这样的单位已不陌生。实际上，其中大量的信息为文本信息。截至 2020 年，全球数据规模已达到 44 ZB，这大约是可观测的宇宙恒星数量的 40 倍。在 IDC 发布的《数据时代 2025》中显示，2025 年全球每天产生的数据量将达到 491 EB（1 EB＝1 024 PB）。

4．语义丰富

文本数据中存在着一词多义、多词一义的情况，其语义也时常受时间和空间上下文的影响。以现代汉语举例，“意思”一词，在“你这句话是什么意思？”中可以表示语言文字的意义;在"这不过是我的一点意思,你就收下吧!"中指的是礼品所代表的心意;在"天有点要下雨的意思。"中表示趋势或苗头;在"这小狗真有意思。"中表示情趣、趣味。类似的情况数不胜数,这也反映了语言文学的魅力。

5.1.2 文本数据标注及其发展

1. 文本数据标注概述

文本数据标注是常见的数据标注任务,指的是将包括文字、符号在内的文本内容和属性进行框选、类别标注等一系列操作的集合,即对文本进行特征标记。其目的在于让计算机能够读懂并识别文本数据,从而使自然语言处理相关的应用服务于人类的生产生活领域。我们在本章最开头提到过,文本数据标注是自然语言处理(Natural Language Processing,NLP)的基础,人类语言非常复杂,文本数据标注有助于计算机理解语义,训练各种 NLP 相关的机器学习和深度学习模型,如神经机器翻译(Neural Machine Translation,NMT)程序、自动问答平台、智能聊天机器人、情感分析、文本转语音(Text to Speech,TTS)合成器和自动语音识别(Automatic Speech Recognition,ASR)等。

2. 文本数据标注的发展与现状

互联网的发展导致大量数据产生。大数据的体量大、增长速度快、价值高。我们在网上购物、搜索等行为会留下文本形式的记录,这些用户行为数据对于互联网公司的价值是非常大的。比如,搜索引擎会根据我们的搜索记录精准投放广告,淘宝会根据我们的购买行为推荐商品。我们这些记录都是以文本形式存储的,一旦涉及文本数据意义的分析,就要用自然语言处理技术。

20 世纪 80 年代,大多数 NLP 系统还在使用复杂的"手写"规则。但是在 80 年代后期,由于计算能力的快速增长以及机器学习算法的不断发展,NLP 领域迎来了一场变革。虽然一些早期的机器学习算法(例如,决策树)生成了类似于手写规则的系统,但新的研究越来越关注能够做出概率性决策的统计模型。在这个时期,IBM 公司开发出几个成功的复杂统计模型。

在 20 世纪 90 年代,基于统计方法的自然语言过程分析模型得到越来越多的重视,并在巨大的在线文本流量方面变得非常有价值。N‑Grams 在识别和跟踪语言数据块和数字方面显示出重要作用。1997 年,人们提出了长短期记忆人工神经网络(Long Short-Term Memory,LSTM)循环神经网络模型,并于 2007 年在语音和文本处理领域获得了成功。目前,神经网络模型被认为是 NLP 对文本和语音生成理解的研究和开发的前沿技术。

在自然语言处理方面,NLP 专注于从文本数据中挖掘结果,自然语言生成(Natural Language Generation,NLG)则更关注如何将文本分析结果和上下文叙述相结合来合成文本内容。自动化的自然语言生成相当于人类将想法转化为写作或演讲时的过程。心理语言学家更喜欢用"语言生产"术语描述这个过程,也可以用数学术语来描述,或者在计算机中建模，以进行心理学研究。NLG 系统类似于人工计算机语言的翻译器（例如，反编译器或转译器），它们也生成可读代码。与编程语言相比，人类语言往往要复杂得多，并且允许更多的歧义和多样性的表达，这使得 NLG 更具挑战性。无论是 NLP 还是 NLG，为了能让计算机更好地学习人类的语言，文本数据标注都是必要的基础条件。

5.1.3　文本数据标注应用场景

1．搜　索

谷歌、必应等搜索引擎均在努力优化原有的搜索模式，使信息搜索方式与日常对话模式变得一致，这种搜索类型称为"自然语言搜索"。这一发展摆脱了自搜索引擎出现以来一直主导网络的搜索方式，即试图通过理解搜索者的意图和更复杂的部分查询提升搜索的质量和效率。

自然语言搜索是基于日常用语进行的搜索，是按照人与人交谈时的措辞方式进行提问的。查询时可以输入搜索引擎，通过语音搜索大声说出来，或者作为一个问题向以 Siri 和 Cortana 为代表的数字助理提出。与基于关键词的搜索相反，大多数习惯于使用网络搜索引擎的人仍然默认使用自然语言搜索。基于关键词的搜索关键在于将查询分解为最重要的术语，以摆脱不必要的连接词，如"如何""和"等。

例如，若想知道东方明珠有多高，基于关键词的搜索查询可能是"东方明珠高度"。但是，如果使用自然语言搜索，会把查询表述为："东方明珠有多高？"

2．智能推荐

个性化推荐是大数据时代不可或缺的技术，在信息分发、电子商务、互联网金融、计算广告等领域都有着重要的作用。具体来讲，个性化推荐在信息高效分发、流量高效利用、提升用户体验等方面均起着核心作用。推荐系统中存在大量的文本数据，如商品描述、新闻资讯、用户留言等需要分析和处理。

3．问　答

问答系统是自然语言处理领域中重要的研究和应用场景，它允许用户以自然语言提出问题，并返回答案。为了给出针对问题的高质量回答，一般来说问答系统需要实现以下功能：

（1）执行基于上下文的推理；

（2）根据训练数据对问题进行识别和分类；

（3）搜索数据库或知识库，做出问题与答案间的匹配；

（4）根据非结构化知识生成回答。

4．信息提取整理

信息提取事实上是计算机在自然语言中自动提取出有用的信息，将非结构化的内容转化为结构化的内容，以便整理、存储或者做进一步处理。比如，在一句话"北京市有 2000 万人口"可以提取出｛"地点"："北京"，"人口"："2000 万"｝一组信息。

5. 推理、预测

自然语言推理是在给定"前提"的情况下确定"假设"是真、假,还是不确定的任务,如表 5.1 所列。

表 5.1　自然语言推理示例

前　提	假　设	标　签
一个男人在某个东亚国家检查一个人物的制服	男人正在睡觉	假
一个年长的和一个年轻的男人微笑着	两个男人微笑看着在地板上玩耍的猫	不确定
多人比赛的足球比赛	有些男人正在做一项运动	真

5.2　文本数据标注技术和方法

根据标注的具体对象,文本数据标注主要分为 4 种标注类型,包括序列标注、关系标注、属性标注和生成性标注。序列标注关注对句子组成成分的分类;关系标注关注的是已经进行分类的成分之间的关系;属性标注则是对一句话、整个文本或者多个文本所具有的属性进行标注;生成性标注不同于以上 3 种标注,其要求标注员根据需要标注的文本生成对应的文本,比如在给定情景下的生成性标注是一系列人类的对话内容,或者给定英文文本的生成性标注是对应的中文翻译文本。

5.2.1　序列标注

1. 基础概念

序列标注是文本数据标注中最基础的任务。在深度学习被普遍应用之前,最常见的序列标注问题的解决方案都是借助于隐马尔科夫 HMM 模型、最大熵模型、条件随机场(Conditional Random Field,CRF)模型等一些机器学习的算法模型。随着人工智能的不断发展,循环神经网络(Recurrent Neural Network,RNN)等相关深度学习技术大大提高了序列标注问题的解决效率和准确程度。序列标注还可以再具体细分为分词、实体标注和词性标注。

分词是自然语言处理的门槛,一旦出现分词错误将对下游任务造成级联影响,导致自然语言处理的整体效果不佳。对于英语、法语等语种而言,单词之间自带空格,分词过程只需将标点符号与缩略语还原即可。中文分词则需要结合上下文的语义信息,将句子分解成一个一个的词语。这种标注主要是为了解析文本语句的结构,同时也可以方便之后的实体标注、关系标注等其他标注。

实体标注的目的是识别出文本中命名实体,并打上类别标签。常见的实体类别包括人名、时间、地点等。实体类别一般会根据具体标注项目的需求细化,比如本章之后提到的"东莞接诉即办辅助工单填写项目"中,我们需要标注的就是事件发生地点,而不是所有地点。具体标注规则和细节之后我们会提到。

词性标注也称为语法标注,是语料库语言学中对语料库内单词的词性按其含义和上下文内容进行标记的文本数据处理技术。常见的词性标注算法包括隐马尔可夫模型、条件随机场等。通俗来说,词性标注就是给文本中的词、标点和符号打上词性标记。国标 863 词性标注集是语言技术平台 LTP(Language Technology Platform)使用的词性标注集,有助于规范自然语言处理的分析。其中规定的各个词性含义见表 5.2。

表 5.2 863 词性标注集词性及其含义

标 记	说 明	示 例	标 记	说 明	示 例
a	adjective 形容词	美丽	ni	organization name 组织机构名	保险公司
b	other noun - modifier 其他修饰名词	大型,西式	nl	location noun 位置名词	城郊
c	conjunction 连词	和,虽然	ns	geographical name 地名	北京
d	adverb 副词	很	nt	temporal noun 时间名词	近日,明代
e	exclamation 感叹词	哎	nz	other proper noun 其他专有名词	诺贝尔奖
g	morpheme 词素	茨,甥	o	onomatopoeia 拟声词	哗啦
h	prefix 前缀	阿,伪	p	preposition 介词	在,把
i	idiom 成语	百花齐放	q	quantity 量词	个
j	abbreviation 缩写词	公检法	r	pronoun 代词	我们
k	suffix 后缀	界,率	u	auxiliary 助动词	的,地
m	number 数词	一,第一	V	verb 动词	跑,学习
n	general noun 一般名词	苹果	wp	punctuation 标点	,。!
nd	direction noun 方位名词	右侧	ws	foreign words 外来词/舶来词	CPU
nh	person name 人名	杜甫,汤姆	x	non—lexeme 非词位	萄,翱

序列标注可以应用于文本理解、知识抽取等自然语言处理的应用场景。序列标注对文本中的实体做具体解释,可以说是机器理解自然语言的基础。

2. 标注规则

序列标注主要包括分词、词性标注和实体标注,下面结合这 3 种标注对序列标注的通用规则进行介绍。序列标注的规则总体来说比较简单,但是对每个具体标注项目需要根据需求制定新的标准。如果想了解较为详细的各部分标注规则,请参考本章的综合案例部分。在进行序列标注时要注意:

(1) 如果出现多个重复类别的信息,一般情况下只标注其中一个即可。但如果标注规则有特殊规定,则要依据规则。

(2) 如果文本中不存在所需要标记类别,则不进行标注。

(3) 进行标记提取时,要保留原文的全部信息。

3. 序列标注实操

如图 5.2 所示,以百度众测平台的关键词提取练习为例,对一道题进行实际操作。该操作页面中从上到下依次是文本信息、问题和作答区。

图 5.2　关键词提取练习(1)

步骤 1:阅读文本。如图 5.3 所示,该文本结构较为简单,只有 text_content 一段信息,内容是"位于东莞市南城莞太路 257 号广彩城酒店-员工宿舍附近位置,于 2021 年 2 月 27 日晚上 10 时 16 分正在有建筑施工,发出噪音影响周边居民休息。(市民要求紧急处理)"

query: {"text_content": "位于东莞市南城莞太路257号广彩城酒店-员工宿舍附近位置于2021年2月27日晚上22时16分正在有建筑施工,发出噪音影响周边居民休息。(市民要求紧急处理)"}

▶ 提取事件发生地点 (文中出现多个地点时,只标注一个地点)

▶ 提取时间发生时间 (文本中出现多个时间时,请主观判断一个事发时间,标注一个时间即可,时间精确到日)

▶ 被投诉的主体 (出现多个被投诉主体时,只标注一个即可)

验证　保存并上一题　试试"一"或"大号锁定"键

图 5.3　关键词提取练习(2)

步骤 2:阅读问题,得知需要提取的实体类型。如图 5.4 所示,本题中要提取的实体包括事件发生的时间、地点和被投诉主体。

步骤 3:将答案填写到对应问题下方的作答区即可,如图 5.5 所示。

本题中只出现一个地点,也是事件发生地,为"东莞市南城莞太路 257 号"。填入"地点"问题下方的文本框中。

时间为"2021 年 2 月 27 日晚上 10 时 16 分",但是题中规定,时间精确到日,所以填写"2021 年 2 月 27 日"即可。

投诉主体并未在文本中提及,故不在该问题下进行作答。

135

▶ 提取事件发生地点（文中出现多个地点时，只标注一个地点）

▶ 提取时间发生时间（文本中出现多个时间时，请主观判断一个事发时间，标注一个时间即可，时间精确到日）

▶ 被投诉的主体（出现多个被投诉主体时，只标注一个即可）

图 5.4　关键词提取练习（3）

▶ 提取事件发生地点（文中出现多个地点时，只标注一个地点）

东莞市南城莞太路257号

▶ 提取时间发生时间（文本中出现多个时间时，请主观判断一个事发时间，标注一个时间即可，时间精确到日）

2021年2月27日

▶ 被投诉的主体（出现多个被投诉主体时，只标注一个即可）

图 5.5　关键词提取练习（4）

5.2.2　关系标注

1．基础概念

在自然语言理解中,除了实体本身的含义很重要之外,实体与实体之间的关系对理解文本也起着至关重要的作用,关系标注就是针对这一问题的处理。关系标注是对数据的语法关联、语义关联进行识别,并作出重要标识的任务。关系标注主要分为依存句法分析和语义角色标注两类,下面依次进行介绍。

依存句法分析研究文本中词与词之间的支配与被支配的关系。需要首先标记出句子中出现的实体,然后根据这句话的语义信息,探究实体间的依存关系,并做出依存关系标注。依存句法分析在智能客服、智能音箱等人机交互场景下有重要的应用,通过分析用户 Query 的依存句法结构信息,抽取其中的语义主干及相关语义成分,可帮助智能产品实现精准理解用户意图。依存关系类型及其含义见表 5.3。

表 5.3　依存关系类型及其含义

标　记	关系类型	说　明	示　例
SBV	主谓关系	subject – verb	我送她一束花(我←送)
VOB	动宾关系	verb – object	我送她一束花(送→花)
IOB	间宾关系	indirect – object	我送她一束花(送→她)
FOB	前置宾语	fronting – object	他什么书都读(书←读)
DBL	兼语	double	他请我吃饭(请→我)
ATT	定中关系	attribute	红苹果(红←苹果)
ADV	状中结构	adverbial	非常美丽(非常←美丽)
CMP	动补结构	complement	做完了作业(做→完)
COO	并列关系	coordinate	大山和大海(大山→大海)
POB	介宾关系	preposition – object	在贸易区内(在→内)
LAD	左附加关系	left adjunct	大山和大海(和←大海)
RAD	右附加关系	right adjunct	孩子们(孩子→们)
IS	独立结构	independent structure	两个单句在结构上彼此独立
HED	核心关系	head	指整个句子的核心

语义角色标注的目的是将语言信息结构化,方便计算机理解句子中蕴含的语义信息。语义角色标注属于浅层的语义分析技术,标注句子中某些短语为给定谓词的语元(语义角色,Argument),如施事、受事、时间和地点等。语义角色类型及其含义见表 5.4。

2．标注规则

关系标注通常情况下会基于实体标注,也就是在实体标注任务完成后进行标注。在部分操作流程简明的标注平台中,可以通过单击已标注的实体就可以完成关系标注的流程。在进行关系标注时要注意:

表 5.4　语义角色类型及其含义

标　记	说　明
ADV	adverbial，default tag（附加的，默认标记）
BNE	beneficiary（受益人）
CND	condition（条件）
DIR	direction（方向）
DGR	degree（程度）
EXT	extent（扩展）
FRQ	frequency（频率）
LOC	locative（地点）
MNR	manner（方式）
PRP	purpose or reason（目的或原因）
TMP	temporal（时间）
TPC	topic（主题）
CRD	coordinated arguments（并列参数）
PRD	predicate（谓语动词）
PSR	possessor（持有者）
PSE	possessee（被持有）

（1）首先要阅读文本，理解文本含义。

（2）然后找出实体的方法和要求依据序列标注的规则。

（3）根据文本语义信息，理解实体之间的关联关系，然后进行标注。如果实体间的关系为并列关系，则标注时不需要考虑选择实体的顺序。如果实体间的关系为从属关系，则标注时要注意选择实体的顺序。具体顺序根据平台要求和规则而定。

3．关系标注实操

下面以一个演示为例介绍关系标注的实际操作。在图 5.6 所示的操作界面中，中间为文本内容，点击"实体"后会在其旁边弹出实体关系标签，右侧下面会以列表形式呈现已经标注的关系标注，最右边则是所有的关系标签。本例中，在进行关系标注之前，已经完成了实体标注。

在开始进行关系标注之前，先快速阅读文本，理解文本语义，找出文本中的实体内容，根据语义信息找出实体间的关系。可以看到，李宗霄是《五星大饭店》的导演，因此实体"五星大饭店"与"李宗霄"属于"direct"关系，而文本中其他人名皆为演员，与实体"五星大饭店"属于"act"关系，如图 5.7 所示。

选中实体 1，点击鼠标左键，移动鼠标到实体 2，单击鼠标左键，则两个实体之间建立联系。此时在弹出的实体关系标签中选中所需标签，完成关系标注，如图 5.8 所示。

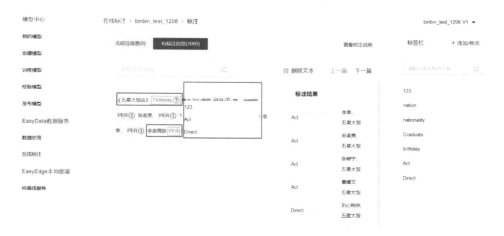

图 5.6　关系标注实操界面

图 5.7　关系标注示例(1)　　　　　图 5.8　关系标注示例(2)

单击鼠标右键,产生一条曲线,连接实体 1 和实体 2。

图 5.9　关系标注示例(3)

其中,图 5.6 右侧的标签栏中还可以自定义其他可供选择的标签,如图 5.9 所示。

图 5.10　关系标注示例(4)

如图 5.10 所示,当标注完成后,在标注结果栏中可以看到产生实体关系。点击标注栏中任意一个实体关系,可在文本内容上看到对应的关系。如想删除已标注的关系,可在标注结果部分选中关系,删除即可。

5.2.3　属性标注

1. 基本概念

属性标注则是对一句话、整个文本或者多个文本所具有的属性进行标注。对于单个文本的属性标注,常见的有情感标注、合规性标注和相关性标注等。

情感标注用于情感识别,对于有些情感分析、情绪识别,情感标注任务就是标记原始文本对应的情感。不同的标注项目中,对情感标注的情绪力度要求也不一样。最基础的情感分为"正面""负面""中性"。细分则有"高兴""愤怒""悲哀""失望"等。更细致的情绪强度,比如"高兴"又可分为"一般高兴"和"很高兴"等。常见的情感分类如图 5.11 所示。

合规性标注则用于合规性检验和风险识别,其标注任务是标记出原始文本中不合规的信息。不同的合规性标注项目对于是否合规的要求不一样,常见的是对违法犯罪、封建迷信等信息的标记,具体细节视任务要求而定。

涉及文本标注的属性标注类型中,典型的是相关性标注。相关性标注按照类型又分为文本-文本标注、文本-图像标注、文本-落地页标注、文本-视频标注。

2. 标注规则

下面介绍属性标注的通用规则。

(1) 情感标注

上文提到过情感标注就是标记原始文本对应的情感,对包含主观情绪类文本做分

大类	中类	小类
中性	中性	中性
	惊讶	吃惊、惊愕、震惊
		好奇、感兴趣
	接受	同意、顺从、接受、信任
		喜欢、爱、亲密
正面	高兴	感激、感谢
		开心、愉快、欢乐、乐观
		自信
		尊重
	称赞	祝贺
		赞扬
	厌恶	拒绝、缺乏兴趣、冷漠、不赞成
		讨厌、反感、吹毛求疵、反叛、厌恶、可憎
	侮辱	羞辱、侮辱、嘲笑、不尊重
	恐惧	不安、担心、害怕、惊恐、焦虑
	怀疑	怀疑、迟疑、疑惑、多疑
	愤怒	生气、激怒、敌对、气愤、暴怒
负面		抱怨
		威胁
		批评
		失望
	悲伤	伤心、悲痛、痛苦、沮丧
		抱歉、羞愧、内疚、懊悔
		自卑
		受害、委屈
		绝望、无力、脆弱、挫败

图 5.11 常见情感分类

析判断,标记出其中的情感倾向,常用于个性推荐的场景。

情感标注的规则一般如下:

① 给定一段文本,依据上文中情绪分类表,判断对话包含的情绪;

② 给出文本包含的情绪或判断该情绪在本段对话中是否存在。

例如:

文本:张三你可太棒了! 你是怎么做到的!

解答:文本中情绪赞扬的同时也包含好奇,那么便可在对应的赞扬与好奇情绪分类后标"是",其他情绪则标为"否"。

（2）合规性标注

合规性标注包含 3 个小的维度：高危度、低俗度、迷信程度。评判标注如下：

1）高危度。指广告创意不涉及现有标准中的违规内容，但存在法律风险，或潜在地具有欺诈嫌疑，可能会给公司带来负面影响及风险的内容。高危度大的情况包括但不限于以下几类：

① 疑似违法：标注对象可能涉及法律风险，或者描述含糊其辞，带有诱惑性，可能存在有风险嫌疑的内容。

② 赌博：标注对象含有博彩、赌博性质游戏等的内容。

③ 政治：标注对象含有政治性反动言论的内容。

④ 减丰性：创意未直接说效果，内容描述含模糊的内容。

⑤ 隐私：高清摄像机、针孔摄像机类创意（正常摄像机除外）。涉及窥探隐私、偷窥性质的，有法律风险的内容。

⑥ 信息虚假：标注对象涉及描述明显夸张夸大，虚构商品或服务信息，误导消费者，对消费者行为构成实际影响的内容，或者标注对象信息完全不可信，本身属于信息虚假的内容。

⑦ 效果虚假：不真实的通过率数据及保证性言论违背事实，标注对象信息完全不可信，过度承诺，夸大效果，效果虚假的情形。

⑧ 其他违法：血腥暴力、惊悚、虐待、体罚、刀剑类、威胁人身安全等的内容。

2）低俗度：宣扬淫秽行为，挑动人们性欲的内容，同时包含隐晦的性暗示。不符合社会主义主流价值观、违反伦理道德、不符合公序良俗的内容。按低俗的不同程度分为黑级别和灰级别。

① 黑级别：标注对象通过文本、图片、视频的形式，宣扬低俗行为，对性行为、性过程、性方式直接描述的内容，或者挑动人们性欲的内容，均判定是"黑"级别表现。

② 灰级别：标注对象通过文本或图片的形式，表现低俗擦边、不符合社会主义主流价值观、违反大众道德伦理和社会公序良俗的内容，均可认为是"灰"级别表现。

3）迷信程度：涉及宗教、算命、星座、占卜、神鬼等渲染恐怖气氛的内容。

（3）相关性标注

相关性标注往往应用于电商、搜索等具体场景，一般情况下，相关性会根据具体场景而定。下面以文本-文本标注为例介绍相关性标注规则。

在文本-文本标注中，给出一个"问题（query）"和一个"段落（para）"，需要判断"段落"能否回答"问题"，可分为以下几类情况：

1）"段落不可以回答问题"包含以下几种情况：

① 段落和问题完全不相关，不可以回答问题；段落末句不完整，导致答案不完整，也不可以回答问题。

② 段落与问题有一点关联，但回答偏了，不可以回答问题，例如：

query：合铜高速都经过哪里？

para：合铜高速公路东起陕西省渭南市合阳县百良镇，西至陕西省铜川市耀州区演池乡,是中国铁建股份有限公司在陕西投资的第一条高速公路项目。

例子中由于段落讲的是起点和终点,并非回答"经过哪里",所以不可以回答问题。

query:美团创始人是谁?

para:美团高管王慧文离职。

这个例子中问题和文本都提到了美团,但段落并未回答"创始人",则不可以回答问题。

③ 段落和问题的主体、限定范围不一致,不可以回答问题,例如:

query:人造大理石有辐射吗? para:大理石的放射性很低,基本不会对人体造成伤害。

例子中"人造大理石"和"大理石"不同,所以不可以回答问题。

④ "做法"、"怎么做"这类问题,段落提供操作步骤,但不是从第一步开始的,则不可以回答问题,例如:

query:黑椒牛柳的做法? para:2.锅内放油,上火烧热,将葱头末、柿子椒末、蒜末下入锅内,爆香,加黑胡椒碎粒、蚝油、老抽,上汤烧滚,用湿淀粉勾芡,放油馓中。

段落中的步骤没有从第一步开始,所以不可以回答问题。

⑤ 是否问题:如问"是不是""是吗""能不能"等,段落只回答"是"或"否",没给出原因,不可以回答问题,例如:

query:住酒店能不能用电子身份证? para:不能

例子中由于只回答"不能",没回答原因,不可以回答问题。

⑥ 问题和段落涉及的时间不一致,不可以回答问题,例如:

query:建行 2018 年国庆上班时间? para:建设银行 2015 年的国庆上班时间是 10 月 4 号到 7 号。

例子中问题问 2018 年,段落是 2015 年的信息,时间不匹配,所以不可以回答问题。

query:建行 2018 年国庆上班时间? para:建设银行的国庆上班时间是 10 月 4 号到 7 号。

例子中问题问 2018 年,段落没说时间,所以不可以回答问题。

query:建行国庆上班时间? para:建设银行 2015 年的国庆上班时间是 10 月 4 号到 7 号。

问题没有明确提到是哪一年的国庆,段落回答哪年的信息都可以。

⑦ 问题本身有缺陷(如"水上遇险求救电")、问题意图不明(如"太子是谁"),不可以回答问题,例如:

query:太子是谁? para:叶护太子(? ——约 758 年前后),药纥汗氏。回纥汗国的太子,唐朝的忠义王,是英武可汗默延啜之长子、太子。名字不详,史书通常称他为"叶护太子"或"太子叶护"。

例子中问题的信息无法确定"太子"范围,问题不明,所以不可以回答问题。

⑧ 问题寻找的只有图或音频,段落不管怎样都不可以回答问题,例如:

"三阴交位置图"这种问题,由于问题需求只有图片信息,所以不可以回答问题。

2）"段落可以回答问题"包含以下几种情况。

① 段落和问题完全相关：段落直接回答问题，准确无误，且不包含无关内容，可以回答问题。

② 段落和问题部分相关，主要包括如下情形：

a. 段落中有线索可推断答案：段落没有直接回答问题，但通过段落能轻松推理出答案，可以回答问题，例如：

query：袁隆平的年龄。para：1930 年 9 月 7 日生于北京，中国杂交水稻育种专家，中国研究与发展杂交水稻的开创者，被誉为"世界杂交水稻之父"。

由于段落中根据年份可推理出"年龄"，所以可以回答问题。

b. 问题包含一个以上需求，段落能正确、清晰地回答其中至少一个需求，可以回答问题，例如：

query：农业区位因素与农业地域类型。para：a. 自然区位因素。自然条件中的气候因素对农业区位的影响极大，各地区由于热量、光照、水分条件的差异形成了农业生产极为明显的地域性。b. 社会经济因素。例如，三江平原和青藏高原分别处在我国的东北部和西南部，由于诸多因素，如气候、劳动力等条件的差异，分布着不同的农业类型。

例子中问题包含 2 个需求，段落完整回答了"农业区位因素"这个需求，算部分回答，所以可以回答问题。

3. 属性标注实操

下面以百度众包平台上的标注为例介绍属性标注的实际操作，如图 5.12 所示。操

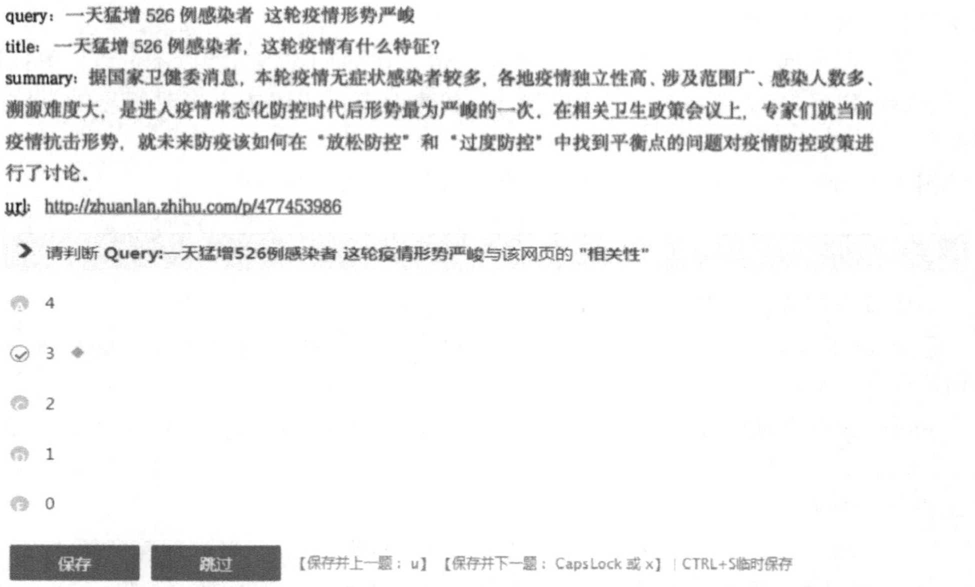

query：一天猛增 526 例感染者 这轮疫情形势严峻

title：一天猛增 526 例感染者，这轮疫情有什么特征？

summary：据国家卫健委消息，本轮疫情无症状感染者较多，各地疫情独立性高、涉及范围广、感染人数多、溯源难度大，是进入疫情常态化防控时代后形势最为严峻的一次。在相关卫生政策会议上，专家们就当前疫情抗击形势，就未来防疫该如何在"放松防控"和"过度防控"中找到平衡点的问题对疫情防控政策进行了讨论。

url：http://zhuanlan.zhihu.com/p/477453986

❯ 请判断 Query：一天猛增526例感染者 这轮疫情形势严峻与该网页的"相关性"

4

✓ 3 ◆

2

1

0

| 保存 | 跳过 | 【保存并上一题：u】【保存并下一题：CapsLock 或 x】｜CTRL+S临时保存 |

图 5.12 属性标注实操界面

作界面中,上方是文本信息,文本的结构式为{query;title;summary,url},下方是问题和回答区域。

步骤 1:阅读问题,可知任务需要我们判断 query 和 title 的相关性。summary 和 url 作为补充。

步骤 2:阅读文本 query 和 title 部分的内容。显然 query 和 title 都是疫情相关的报道,根据二者文本中都提到了"一天猛增 526 例"可以判断描述的主体相同,进而判断 query 和 title 总体比较相关。除此之外,我们通过阅读 summary 可以发现,title 文档侧重对疫情特征及相应的讨论进行报道,不仅报道严峻的疫情形势。由此我们可以对 query 和 title 的相关性做出判断。

步骤 3:点击"3 比较相关"做出选择。

5.2.4　生成性标注

1．基础概念

常见的生成性标注包括摘要标注、翻译、对话标注。摘要标注指将一段长文本(例如,论文或者书籍)生成一段短文本,用以概括长文本的内容。翻译,顾名思义是将某种语言的文本生成另一种语言的文本。翻译对语言能力有额外的要求,常用于智能词典、"翻译官"等软件。对话标注是根据给定情景,模拟现实生活中的对话内容。计算机只有使用标注员所模拟的对话内容进行模型训练,才能完成现实生活中与人类的对话。生成性标注一般用于智能问答机器人的训练中,问答机器人要根据使用者的问题进行相应的回答。

2．通用规则

下面我们介绍生成性标注中对话标注的通用规则。

(1) 对话内容要符合正常逻辑;

(2) 对话内容要符合所给定的场景和对话者画像;

(3) 整体对话要自然、流畅,不尴尬;

(4) 避免重复说同样的话,所有对话内容都会用来计算重复率,重复率高的将会被视作无效标注;

(5) 语言尽量丰富。

3．生成性标注实操

下面我们基于百度众包平台介绍生成性标注的实际操作案例,如图 5.13 所示。操作界面中,上方会给定用户 user 和机器人 robot 的画像,标注员需根据画像进行标注。操作界面下方是对话框,即标注区域,在此区域模拟 robot 和 user 的对话即可。

步骤 1:robot 提问:"看啥电视剧啊?"

步骤 2:user 回答:"看甄嬛传,你看过吗?"

步骤 3:重复步骤 1 和步骤 2,robot 和 user 交替对话,保证逻辑通畅,符合场景即可。

图 5.13　生成性标注实操界面

5.3　文本数据标注工具及典型数据集

5.3.1　文本数据标注工具

1. doccano

doccano 是一个由 Clemens Wolff、Hiroki Nakayama、Youichiro Ogawa 3 人开发的开源的文本数据标注工具。它为文本分类、序列标记和序列到序列任务提供标注功能,因此可以为情感分析、命名实体识别、文本摘要等创建标记数据。只需创建一个项目,上传数据并开始标注,就可以在几小时内构建一个数据集。图 5.14 是命名实体识别的文本标注工具 doccano 操作界面。

其优势在于可以进行多人合作标注,分配标注任务,而且可标注的语言很多,包括英文、汉语、日语、阿拉伯语等。

2. CoreNLP

CoreNLP 是由斯坦福 NLP 小组用 Java 实现的自然语言处理的一站式服务。

图 5.14　文本标注工具 doccano 操作界面

CoreNLP 能帮助用户获得文本的语言学注释,包括标记和句子边界、语篇、命名实体、数字和时间值、依赖和成分解析、核心推理、情感、引文属性和关系。CoreNLP 目前支持 6 种语言,包括阿拉伯语、中文、英语、法语、德语和西班牙语。图 5.15 是 CoreNLP 的操作界面,可以可视化各种 NLP 注释,包括命名实体、词性、依赖解析、选区解析、指共和情感。

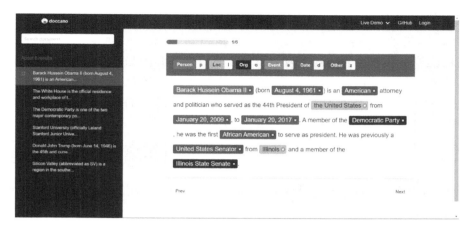

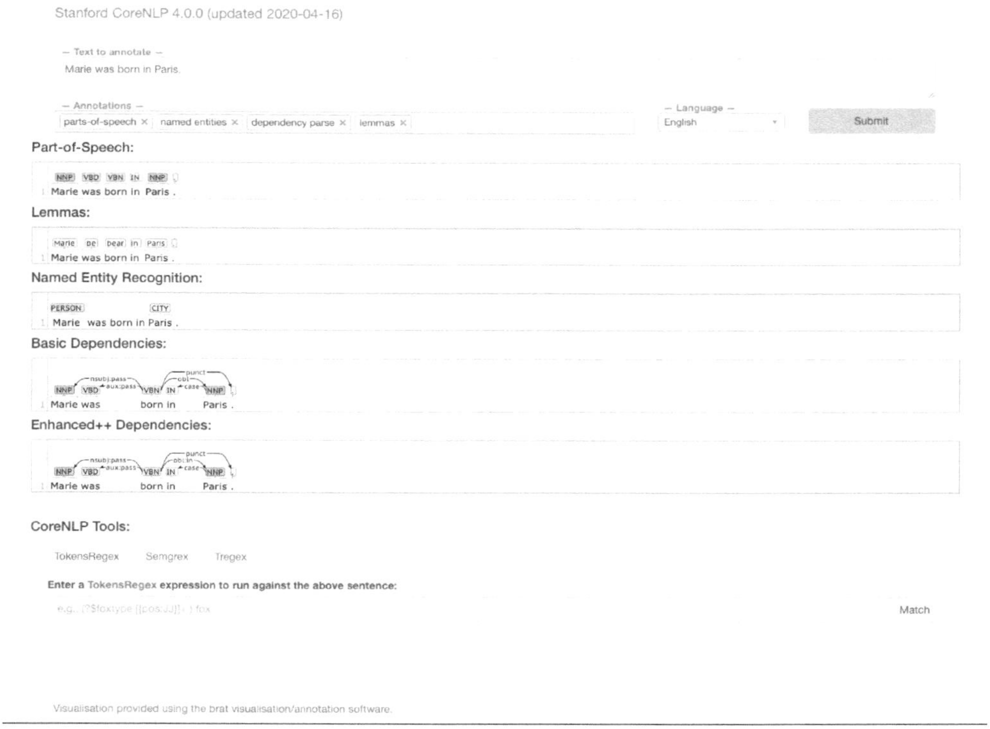

图 5.15　文本标注工具 CoreNLP 界面

3. BRAT

BRAT 主要的开发者是 Sampo Pyysalo、Pontus Stenetorp、Goran Topic、Tomoko Ohta。BRAT 是一个基于 Web 的文本标注工具,其 URL 为 http://brat.nlplab.org/。该工具通过结构化标注将无结构的原始文本结构化,供计算机处理。利用该工具可以方便地获得各项 NLP 任务需要的标注语料。图 5.16 是关系注册和实体注册文本标注工具 BRAT 的界面。

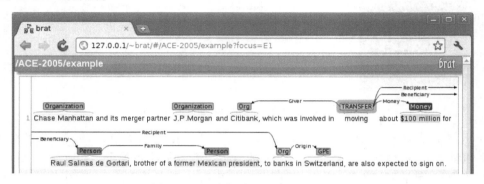

图 5.16　文本标注工具 BRAT 界面

5.3.2　典型文本数据集

文本数据由于发展时间较长,公开资源也相对丰富,目前也存在很多已经做好数据标注的数据集,可以供相关人工智能的训练直接使用。接下来,我们对几个文本数据集进行介绍。

1. 搜狗实验室数据

搜狗实验室(Sogo Labs)是搜狗搜索核心研发团队对外交流的窗口,其主页包含研究合作、数据资源、数据挖掘云等几个栏目。其中数据资源栏目包括评测集合、语料数据、新闻数据、图片数据和自然语言处理相关数据,包含的全网新闻数据 SogouCA 是来自若干新闻站点 2012 年 6 月～7 月期间国内、国际、体育、社会、娱乐等 18 个频道的新闻数据,提供 URL 和正文信息。为了满足不同需求,SogouCA 分为不同的版本,差别主要体现在数据量上。其中完整版共 711 MB,有 tar.gz 格式和 zip 格式。

该数据集下载地址为:http://www.sogou.com/labs/resource/list_pingce.php。

2. Yelp Reviews

Yelp Reviews 是 Yelp 为了学习目的而发布的一个开源数据集。它包含约 5 200 000 条用户评论,174 000 条商业属性数据以及来自多个大都市地区的超过 20 万张照片。

3. IMDB Reviews

互联网电影资料库(Internet Movie Database,简称 IMDB)是一个关于电影演员、电影、电视节目、电视明星和电影制作的在线数据库。IMDB Reviews 记录了观众对

IMDB 中作品的评价。除了训练和测试评估示例之外,还有更多未标记的数据可供使用,包括文本和预处理的词袋格式。IMDB Reviews 有 25 000 个高度差异化的电影评论用于训练,25 000 个测试用于英文的情感理解。

该数据集下载地址为:https://tensorflow.google.cn/datasets/catalog/imdb_reviews?hl=en.

5.4 文本数据标注实践案例

5.4.1 市长热线投诉内容关键要素抽取——辅助工单填写

1. 案例背景

这个项目用于接诉即办(接到投诉立即办理)标品建设。其中要素提取功能是接诉即办标品的核心功能,接诉即办的预警等功能均要基于要素提取能力开发,最后的目的是辅助相关工作人员智能填写工单。项目解析出来的关键要素再结合工单分类的信息,可以构建考核分析报告,供政府领导和考核人员参考决策,还可以搭建预警功能辅助政府领导及时掌握民生诉求中的突发事件、高发时间、高发区和重点企业组织,以便采取有针对性的管理措施。

2. 标注任务

标注主要为信息提取功能服务,所以数据标注的对象便是文本中蕴含的信息。对于接诉即办的要素提取功能,标注对象就是投诉工单所需要填写的信息,包括时间、地点、被投诉对象和投诉内容等。

(1) 地点标注

1) 任务目标。即根据给定文本,标出其中涉及的投诉地点或者事发地点。具体来说,需要在标注工具中选择"地点(事件发生地点)"。文中出现多个地点时,只标注一个地点(选择事发地点)。

2) 标注要求及示例:

① 地点可以是包括省区市街道门牌号+小区名称+精确地点。

例子:"成华区建设南路 20 号河畔华苑小区旁边的工地晚上施工,严重扰民",地点标注为"成华区建设南路 20 号河畔华苑小区旁边的工地"。

② 地点和小区/公司名出现时,需要判断小区/公司名是否需要包含在地址里,该地名可能是地点,也可能是被投诉主体。

例子:来话人是郫都区成灌西路 38 号郫都区种子公司的安保人员,其称该公司员工宿舍区域的变压器出现故障已经一个多月了,公司一直未派人维修,且一直在拖延处理,现给在公司居住的员工生活带来不便,请处理。

地点应标注为:郫都区成灌西路 38 号,被投诉主体为郫都区种子公司。

③ 地址需要尽量精确到具体案发位置。

示例1：图5.17中的地址＝标框中的信息"海淀区东升镇马坊河北村，该村里石油第二附属小学东边大概五十米处"（直接复制粘贴），地址只标注到"海淀区东升镇马坊河北村"是不对的。

图5.17　地点标注示例(1)

示例2：图5.18中地址＝标框中的信息"海淀区永丰路和用友路交叉路口处向西大概400米处的路北侧"，把路北侧漏掉是不对的。

图5.18　地点标注示例(2)

示例3：图5.19中地址＝"88号院的东南角"，选择实际案发地址，直接复制粘贴"海淀区圆明园西路88号院17号楼"是不对的。

> query：市民反映，自己是海淀区圆明园西路88号院17号楼的住户，在88号院的东南角有一个土山和一片草地，不清楚是街道办事处还是哪个部门用围栏把此处给围起来了，并且在里面盖了很多小房子，不清楚用途，围栏外面都锁上了，别人进不去，里面堆放了很多建筑材料，存在安全隐患。

图5.19　地点标注示例(3)

示例4：图5.20中地址＝"海淀区东升镇莱圳家园南区，二号楼二单元旁有个小广场"。应特别注意，基本的标注原则是：直接复制、粘贴原文中出现的地址，不允许润色，且要标注真实事件发生地。

> query：市民反映，自家在海淀区东升镇莱圳家园南区，二号楼二单元旁有个小广场，当时因为垃圾分类占用广场位置建造垃圾站，现在小区也没有活动区域，垃圾场离窗户也非常近，异味也大。

图5.20　地点标注示例(4)

（2）时间标注

① 任务目标。事发时间（文本中出现多个时间时，请主观判断事发时间，标注一个时间即可）。

② 标注要求及示例。文本中出现多个时间描述时，只选择实际投诉的事发时间标注；年、月、日-时、分、秒，时间精确到日即可，时、分、秒可不标注如果投诉的是一个现象，如施工扰民、共享单车乱停放，事件发生的时间会持续一段，这种时间（诸如："每天晚上""工作日早上 8：30－9：30""晚上"）无需标注出来。

（3）被投诉对象

① 任务目标：被投诉的主体。

② 标注要求及示例：出现多个被投诉主体时，只标注一个即可。文本中可能出现多个主体，需要标注的是被投诉的主体。如图 5.21 所示，该句子中虽然狗主人也是主体，但市民打电话真正投诉的不是狗主人，而是物业。

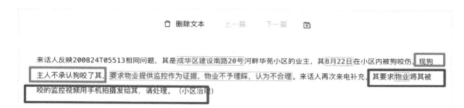

图 5.21　标注被投诉对象

（4）投诉内容

① 定义：市民打电话要投诉的主要内容。

② 举例。

示例 1："市民反映，海淀区甘家口街道分成路北二街 13 号楼和 12 号楼中间有个厕所，因为疫情厕所已经不用了。但现在忽然说经过业主投票，重新开放，市民称并不知道被别人代表的事，市民称这个厕所味道特别大，导致自己家从来不敢开窗，然后厕所一旦重开，人员流动不利于疫情防控。故来电反映厕所味道大不愿重开厕所问题。"中内容应该为"这个厕所味道特别大，导致自己家从来不敢开窗"。

示例 2：图 5.22 中，内容应该为"该小区近期有很多流浪猫因误食老鼠药死掉了，市民听说老鼠药是街道派人投放的"。

> query: 市民来电反映: 其是上述小区居民，该小区近期有很多流浪猫因误食老鼠药死掉了，市民听说老鼠药是街道派人投放的，其表示小区内流浪猫都是好心的阿姨自己出钱帮它们做了绝育的，目前小区内没有看到老鼠，却把流浪猫毒死了。诉求: 要求管理部门核实此事，给其一个说法。区平台于4/13 11: 04首联市民。未接于4/13 13: 31首联成功。市民主要诉求是想知道小区的老鼠药是否是按政府规定投放的，市民担心万一有小孩子误食了老鼠药，后果就很严重了

图 5.22　标注投诉内容

3．项目标注规则

该标注任务要标注的是"事件发生地点""时间""投诉主体""投诉内容"，要注意以

下几点：

（1）如果出现多个重复类别的信息，一般只标注其中一个实体即可。但如果标注规则有特殊规定，就要依据规则。比如若文本中时间出现多次，可规定标注第一次发生投诉时的时间。

（2）如果文本中不存在需要的实体类别，则不填写任何实体。

（3）提取实体时，要保留全部信息的最短内容。

4. 标注实操方法

步骤 1：阅读整个文本，如图 5.23 所示。

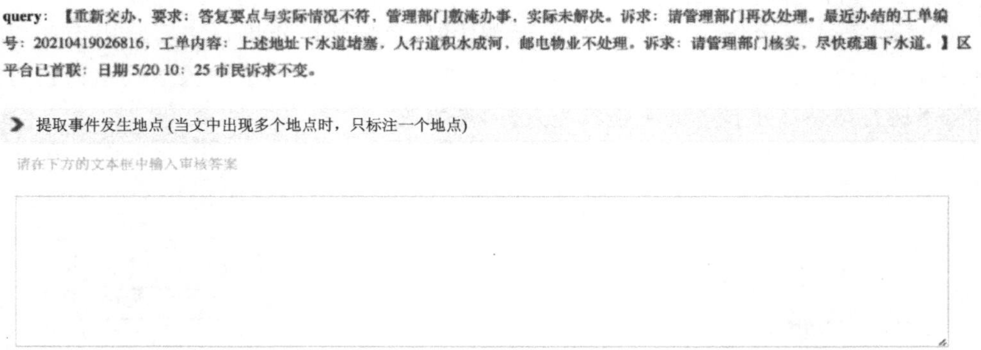

query：【重新交办，要求：答复要点与实际情况不符，管理部门敷衍办事，实际未解决。诉求：请管理部门再次处理。最近办结的工单编号：20210419026816，工单内容：上述地址下水道堵塞，人行道积水成河，邮电物业不处理。诉求：请管理部门核实，尽快疏通下水道。】区平台已首联：日期 5/20 10：25 市民诉求不变。

❯ 提取事件发生地点(当文中出现多个地点时，只标注一个地点)

请在下方的文本框中输入审核答案

图 5.23　阅读完整文本

步骤 2：找到所有的地点。如图 5.24 所示，若文本中并未提及事件发生的地点，则不填写地点。

query：【重新交办，要求：答复要点与实际情况不符，管理部门敷衍办事，实际未解决。诉求：请管理部门再次处理。最近办结的工单编号：20210419026816，工单内容：上述地址下水道堵塞，人行道积水成河，邮电物业不处理。诉求：请管理部门核实，尽快疏通下水道。】区平台已首联：日期 5/20 10：25 市民诉求不变。

❯ 提取事件发生地点（文中出现多个地点时，只标注一个地点）

用户名称	用户答案		审核结果	备注信息
用户答案			◉ 正确(T) ○ 错误(F)	

请在下方的文本框中输入审核答案

图 5.24　找到所有地点

步骤 3：找到所有与事件相关的时间。如图 5.25 所示，文本中有日期"5/20"，将其填入文本框中。这里注意，文本结尾处标明的日期不是事件发生的日期，而是与投诉者首次联系的时间，但是按题目要求需要主观判断时间，所以我们依旧需要填写该日期。

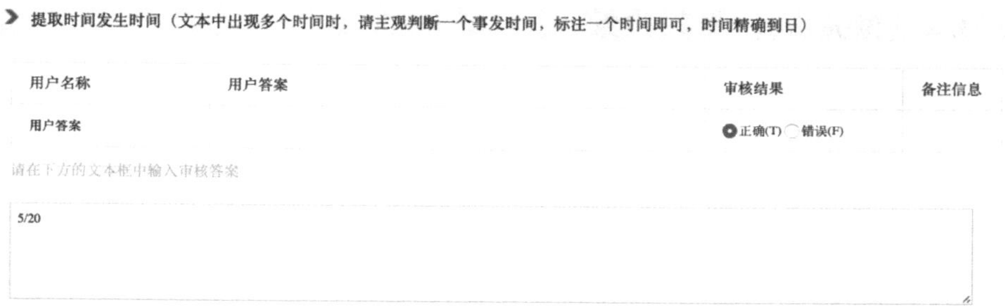

➤ 提取时间发生时间（文本中出现多个时间时，请主观判断一个事发时间，标注一个时间即可，时间精确到日）

用户名称	用户答案		审核结果	备注信息
用户答案			◉正确(T) ○错误(F)	

请在下方的文本框中输入审核答案

5/20

图 5.25 找到相关时间

步骤 4：找到被投诉的主体。如图 5.26 所示，工单内容中提到邮电物业不对下水道堵塞事情进行处理。显然，被投诉主体就是"邮电物业"，将其填入。

➤ 被投诉的主体（出现多个被投诉主体时，只标注一个即可）

用户名称	用户答案		审核结果	备注信息
用户答案	邮电物业		◉正确(T) ○错误(F)	

请在下方的文本框中输入审核答案

邮电物业

图 5.26 找到被投诉主体

步骤 5：找到投诉事件内容。这里需要注意，不要根据自己理解的语义对内容进行缩改，尽量与源文本保持一致。如图 5.27 所示，不允许缩改为"不处理下水道堵塞"，而要填写"下水道堵塞，人行道积水成河，邮电物业不处理"。

➤ 投诉事件内容

用户名称	用户答案		审核结果	备注信息
用户答案	下水道堵塞，人行道积水成河，邮电物业不处理		◉正确(T) ○错误(F)	

请在下方的文本框中输入审核答案

下水道堵塞，人行道积水成河，邮电物业不处理

保存 取消 下一题 【保存并上一题：u】 【保存并下一题：CapsLock 或 x】 | CTRL+S临时保存 暂存答案进行验证检查 ⬍

图 5.27 找到投诉事件内容

5.4.2 相关事件、新闻检索

1. 案例背景

某业务要求基于给定的事件名检索相关的事件和新闻数据,在此基础上梳理事件和新闻数据的脉络,分析发展趋势等。事件和新闻检索通常应用于事件分析任务,其中事件指的是基于知识图谱分析得到的事件数据,新闻指舆情的新闻数据。针对事件分析任务,首先基于给定的事件名检索相关的事件和新闻数据,然后基于事件和新闻数据进行脉络和发展趋势分析。检索的覆盖率和准确率直接影响事件分析的效果。一方面,评估知识图谱数据和舆情数据对于所选事件的覆盖率,以及不同来源事件的覆盖率。另一方面,评估检索数据的准确率,用于后续检索优化升级。类似标准案例如图 5.28 所示。

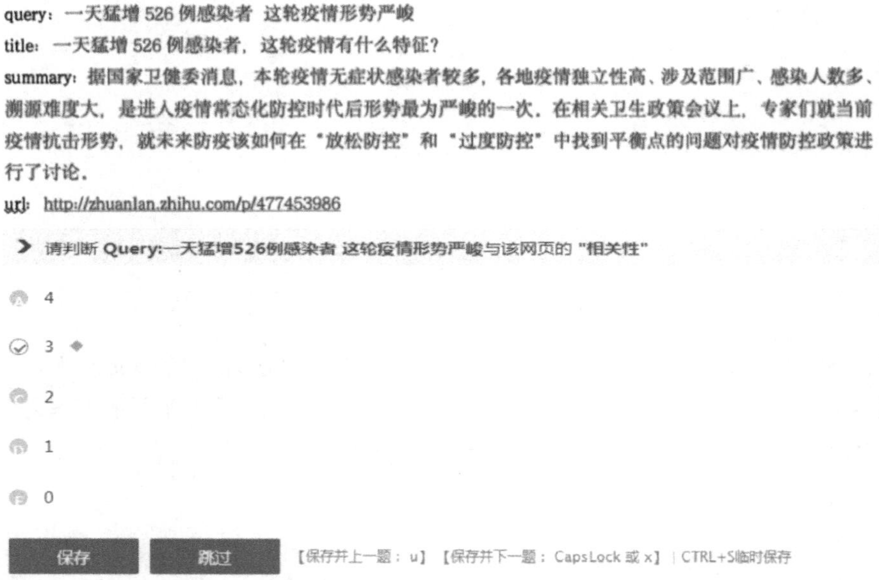

query: 一天猛增 526 例感染者 这轮疫情形势严峻
title: 一天猛增 526 例感染者,这轮疫情有什么特征?
summary: 据国家卫健委消息,本轮疫情无症状感染者较多,各地疫情独立性高、涉及范围广、感染人数多、溯源难度大,是进入疫情常态化防控时代后形势最为严峻的一次。在相关卫生政策会议上,专家们就当前疫情抗击形势,就未来防疫该如何在"放松防控"和"过度防控"中找到平衡点的问题对疫情防控政策进行了讨论。
url: http://zhuanlan.zhihu.com/p/477453986

➤ 请判断 Query: 一天猛增526例感染者 这轮疫情形势严峻与该网页的 "相关性"

⌂ 4

✓ 3 ◆

⌂ 2

⌂ 1

⌂ 0

保存　　跳过　　【保存并上一题: u】【保存并下一题: CapsLock 或 x】| CTRL+S临时保存

图 5.28　事件、新闻检索相关性标注

2. 标注任务

如图 5.28 所示,标注的对象是"问题"文本和由"标题""摘要""网址"字段组成的文本,要求对这两个文本相关的属性进行标注。相关性标注在搜索的优化上有重要意义。我们可以把问题看成想要查询的信息,而〈题目,摘要,网址〉是搜索的结果。如果这些结果是我们想要的,那么就是相关的,反之就是不相关的。本次标注任务针对检索相关性进行线上文本标注,相关性等级分为{0,1,2,3,4},其中 0 表示不相关,4 表示为同一个事件,数值越大代表相关性越高。标注员的工作是根据问题(事件名)和召回的数据的相关程度打上相关性等级标签。

3．标注规则

首先,判断两个文本是否为同一事件,如果不是同一事件,再判断是否相关。如果根据题目和摘要仍然无法确定,则可以打开网址,根据新闻全文描述进行判断。

判断同一事件标准:事件是在某个时间、某个地方发生的,涉及一个或多个参与者的特定故事发生,通常也可以将其描述为状态的变化;对人物、机构、地点、事件内容敏感,即如果问题和事件与新闻中涉事人物、机构、地点或事件内容不同,则判定为不是同一事件。判断为同一事件的例子:

query:马斯克称"Dogecoin""骗局"应声大跌后急"救市"。

title:马斯克在节目上承认"Dogecoin"是一场骗局。

判断不为同一事件的例子:

query:马斯克称"Dogecoin""骗局"应声大跌后急"救市"。

title:随着比特币的再次崩溃,马斯克将搞笑的"Dogecoin"计划称为"好主意"。

判断相关标准:对人物、机构、地点不敏感,但描述的是同一类事情。判断为同一事件的一定是相关的。判断为不同事件但相关的例子:

query:国台办:第五届海峡两岸青年发展论坛将于 5 月 11 日在浙江杭州举行。

title:2021 湾区青年人才发展论坛:打造一座独一无二的"青春之城"。

query:辽宁"零号病人"或出现在 4 月中旬。

title:河北一地最新密接者行程轨迹公布!"零号病人"可能出现在 4 月中旬。

4．标注实操方法

步骤 1:阅读题目。判断任务类型,例如图 5.28 中任务要求我们判断问题和题目的相关性。摘要和网址作为补充材料。

步骤 2:阅读问题和题目的内容。首先问题和题目描述的都是疫情相关的报道,且由"一天猛增 526 例"可以看出描述主题相同,因此我们首先判断二者总体是相关的。

步骤 3:通过阅读摘要和网址中内容,详细了解内容,判断其与问题的相关程度,可以发现,网页内容除了说明疫情形势严峻外,还对疫情特征和防疫政策进行了讨论,因此最终选择相关性"3"。

5.5　本章小结

本章首先介绍了什么是文本数据,对文本数据的特点进行了解释。其次介绍了文本数据标注的基本概念。其中对文本数据标注及其主要面向的领域——自然语言处理和自然语言生成的发展做了简述,也对文本数据标注具体的应用场景进行了介绍,突出了文本数据标注在这些场景下的重要作用。然后介绍了几款主流的、有代表性的文本数据标注工具。接着对文本数据标注进行了分类介绍。每类标注,都介绍了基本概念、通用规则和特定平台的具体操作。最后展示了文本数据标注实践案例,案例有具体的应用场景,说明了标注员在真实工作时要根据场景需要进行数据标注。文本数据标注是为了让计算机"学会"人类的语言。在标注这些文本的时候,可能会遇到犹豫不定、不知道如何标注的情况,这时我们要思考如何才能让计算机"明白"文本,这个思路可以让我们在大多数情况下理清头绪,提高我们的文本标注质量。

5.6　作业与练习

（1）文本数据的特点是什么?

（2）下载典型的文本数据集和工具,并尝试标注几条数据。

（3）举出 3 个文本数据标注的应用场景。

（4）列出文本数据标注的 4 种分类。

（5）说出属性标注中的一种标注,并设计一个标注任务,将这种属性标注应用到该任务中。

第6章　音频数据标注

计算机听觉（Computer Audition，CA）是研究计算机对声音理解的领域，涉及计算机对音频理解的算法和系统等。计算机听觉也是一个面向数字音频和音乐，研究用计算机软件（主要是信号处理及机器学习）分析和理解海量数字音频音乐内容的算法和系统的学科。计算机听觉主要涉及声音检测/音频事件检测（Audio Event Detection）、声目标识别（Acoustic Target Detection）和声源定位（Sound Source Location）3方面的内容。音频数据标注是计算机听觉研究的基础，是数据标注的重要分支。在第2章中，我们已经对音频数据标注进行过初步介绍，下面对音频数据标注的背景知识、相关发展、应用场景和常用工具进行介绍。

6.1　音频数据标注简介

6.1.1　音频数据标注的概念

音频数据标注的目标是根据客户需求对音频数据所具有的特征或音频数据的内容提供解释性的标记。标注后的音频数据为听觉研究提供数据基础，从而实现计算机对音频数据的自动分析与理解。

从技术的角度看，计算机听觉研究可以被粗略地分成以下6个子问题：

（1）音频时域和频域表示。时域可用来分析表示信号的不同角度，其表示形象、直观；频域描述信号在频率方面特性。

（2）特征提取。音频特征是对音频内容的紧致反映，用以刻画音频信号的特定方面，包括时域特征、频域谱特征、T－F特征、统计特征、感知特征、中层特征、高层特征等。

（3）声音相似性。两段音频之间或者一段音频内部各子序列之间的相似性通过计算音频特征之间的各种距离（Distance）度量，距离越小，相似度越高。

（4）声源分离。与通常只有一个声源的语音信号不同，现实声音场景中的环境声音及音乐的一个基本特性就是包含多个同时发声的声源，因此声源分离问题成为一个极其重要的技术难点。

（5）听觉感知。听觉感知是人类欣赏音乐时引起的情感效应以及人类和动物对于声音传递的信息的理解，都需要从心理和生理的角度加以研究，不能只依赖于特定的声音特性和机器学习方法。

（6）多模态分析。人类对世界的感知都是结合各个信息源综合得到的。因此，对数字音频和音乐进行内容分析理解时，也需要结合文本、视频、图像等多种媒体进行多模态的跨媒体研究。

语音数据标注作为一类重要的音频标注任务，重点是对人类语音的切分、转写和属性等进行标注。音频数据标注所支撑的智能语音技术在教育、医疗、安防、智能家居等领域具有广泛的应用，同时智能语音技术的快速发展也衍生出语音识别、声纹识别、语义理解、自然语言处理、语音合成等众多技术分支，使得语音数据标注成为目前占比较高的数据标注需求。除了语音数据标注，一般还需要对音频中的其他声音元素进行标注，这对声音场景识别、音频事件监测等技术至关重要。相关技术可以应用在医疗卫生、安全保护、交通运输、采矿业等领域。总之，音频数据标注作为机器与人和环境交互的基础技术，具有非常广阔的市场前景。

6.1.2 音频数据

音频数据标注的对象包括人类语音、动物鸣叫、乐器演奏、交通工具等发出的各种声音，它能为计算机听觉的研究提供数据支撑，服务于教育、医疗等多个场景。了解音频数据标注，并在数据标注的学习和工作中进行更有效的交流，首先要对进行标注的对象——音频数据的一些相关概念进行简单的了解。

1. 声 音

从物理学的角度看，声音是以声波形式传播的机械振动，声音的特性取决于声波的属性。下面是一些描述声音的概念。

音色（音品）：音色是声音的感觉特性。不同的物体振动有不同的特点，体现在听觉感受上就是音色的不同。音色与声波的振动波形有关，或者说与声音的频谱结构有关。举个例子，如图 6.1 所示，一架钢琴和一部小提琴以同样的音量、同样的时长演奏出中央 C 音（即"哆"音）。虽然两种声音体现为同一个音符，但是我们仍然可以轻松地区分开。我们能做出这样的区分，最主要的依据就是两种乐器的频谱结构不同，这使得它们所发出声音的音色不同。

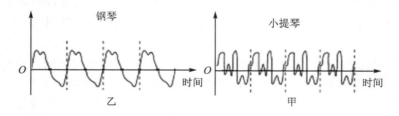

图 6.1 小提琴和钢琴具有不同的音色

频率：指单位时间内完成周期性变化的次数，是描述周期运动频繁程度的量。声音的频率指的就是单位时间内声波振动的次数。频率的国际单位是赫兹（Hz），表示每一秒内周期性事件发生的次数。

音调:指声音所对应声波的频率的高低,声波振动得快,音调就高,声波振动得慢,音调就低。比如,一般情况下,男人讲话比女人音调低,儿童讲话比成人音调高。特别地,男童的语音有时比较容易和成年女性的语音混淆,就是因为他们的音调相似。

分贝:指度量两个相同单位之数量比例的计量单位,常用于度量声音强度,用 dB 表示。描述声音时,分贝数越大,声音越响。正常讲话的声音为 40~60 dB。

音强(响度):指声音的强弱,声波振动幅度大,音强就大;声波振动幅度小,音强就小。人说话发音时用力大、气流强,音强就大,反之音强就小。

音长:即一个声音持续的时间长短,也称时长。

混响:声波在室内传播时,要被墙壁、天花板、地板等障碍物反射,每反射一次都要被障碍物吸收一些。这样,当声源停止发声后,声波在室内要经过多次反射和吸收,最后才消失,我们会感觉到声源停止发声后还有若干个声波混合持续一段时间,这种现象叫做混响。

2. 数字化音频数据

音频的概念有多种解释,这里的音频数据指的是用于存储声音内容的文件,是计算机听觉研究的基础数据。声音产生之后,被机器记录,形成音频,这就是对声音进行采集。如果我们需要记录一段声音,本质上就是记录振动的形式,重放的时候只需要让一个测量振膜还原这个振动即可。但是声音信号是连续的,数字信号是离散的,所以就需要采样。所谓采样,就是固定间隔时间多次测量振膜的位置,并记录。

声音采集主要分为两个步骤:

提取样本(采样):指按照一定的时间间隔从模拟连续信号中提取一定数量的样本。

二进制表示:指将样本值用二进制码 0 和 1 来表示,这些 0 和 1 构成了数字音频文件。

整个过程就是将模拟连续信号转换成数字离散信号。下面对数字音频中的一些概念进行解释。

音频数据格式:在计算机中,用于保存数字音频的文件格式可分成:非压缩音频文件(文件扩展名为.wav,.aiff)、无损压缩音频文件(文件扩展名为.ape,.flac)和有损压缩音频文件(文件扩展名为.mp3,.ogg)3 大类,前两类音频播放得到的声音是相同的,而有损压缩音频文件播放得到的声音质量会变差。

采样频率:指单位时间内从连续信号中提取并组成离散信号的样本的个数,它用赫兹(Hz)来表示。采样频率的倒数是采样周期,也称采样时间,它是两次采样之间的时间间隔。通俗地讲,采样频率是指计算机单位时间内能够采集多少个信号样本。人耳的一般响应频率为 20 Hz~22 kHz,超出该频率范围的部分一般人都听不见,因此可以忽略。当采样频率比信号频率的两倍还高时,信号是可以完全还原的,因此对于大多数音频,其采样频率为 44.1 kHz 和 48 kHz,采样频率越高,音频的质量越高。常用的采样频率还有 11 025 Hz、22 050 Hz 和 24 000 Hz 等。

采样深度(量化位数):指对模拟音频信号的幅度轴进行的数字化,也可以理解成将振膜位置划分成有限份。在采样后,我们会得到一连串随时间变化的数字,这些数字可以无限地精确,而计算机要用有限位数的二进制数保存它们,精度势必要减小。用来保存每一个数值所用的二进制数的位数就称为量化位数。一般量化位数越高,音频的质量越高。常用的量化位数有 8 位和 16 位。量化位数为 8 位,就意味着我们只能将振膜位置划分成 256 份;如果是 16 位,则振膜位置可以划分为 65 536 份。

声道数:指声音录制时声源的数量,或回放时相应的扬声器的数量。

信噪比:指音频中信号与噪声能量的比例,信噪比越低,则噪声越明显,越难得到有效的信息,音频质量越低。

时域维度的波形图:横坐标是时间,纵坐标是幅值,有时由于一秒内幅值会上下变化数百次,在屏幕上难以体现,显示出的波形图会变成一整块,如图 6.2 是一段音频的时域维度的波形图,上下分别是两个声道各自的图像。

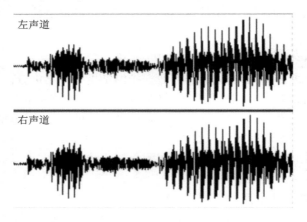

图 6.2 一段双声道语音的波形图

频域语谱图:语谱图的横坐标是时间,纵坐标是频率,坐标点值为语音数据能量。由于是采用二维平面表达三维信息,所以坐标点值的大小是通过颜色表示的,颜色越深,表示该点的语音能量越强,如图 6.3 是图 6.2 对应音频的频域语谱图。

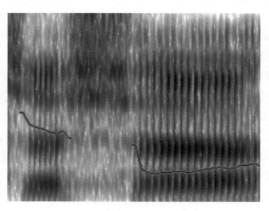

图 6.3 图 6.2 语音对应的语谱图

丢帧:指在语音录制过程中,由于音频设备的问题而表现出的音频的卡顿。例如,音频中某 0.1 s 内突然没有声音,0.1 s 之后又恢复正常。图 6.4 即为一段发生了丢帧的音频的时域维度的波形图。

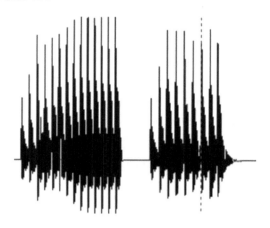

图 6.4 发生了约 0.05 s 丢帧的语音的波形图

切音:在语音录制的过程中,录制开始得过晚或结束得过早,会导致语音从中间被截断。图 6.5 为一个切音的示例,一段客服录音中客服说"先生请您稍等"时说到"稍"字录音结束,语音被截断,发生了切音。如图 6.5 所示,下侧的音频末尾发生了切音。

正常音频

发生切音的音频

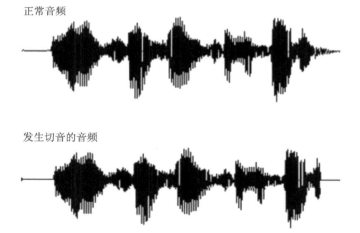

图 6.5 语音"稍"从中间被截断,上方为正常音频波形图,下方为发生切音的音频波形图

吞音:吞音是指两个相邻的词连读,在某种情况下有些音省掉不发,比如在语速较快时,有的人会把"晚上"读成"wǎn àng"。

喷麦:指录音时,口鼻离麦克风太近而导致的录音不清晰的现象,通常体现为音频中不时地出现"噗"声。喷麦现象常常发生在语音中爆破音的位置。

3．语　　音

语音：语音是语言的声音形式，是语言符号系统的载体。它由人的发音器官发出，负载着一定的语言意义（维基百科）。语言依靠语音实现它的社会功能。语言是音义结合的符号系统，语言的声音和语言的意义是紧密联系的，因此，语音虽是一种声音，但又与一般的声音有着本质的区别。

音节：在听觉上最容易分辨出来的自然的语音结构单位，就是音节。例如，不会说汉语的人，即使不懂"金蝉脱壳"这个成语的含义，但一定能听出 4 个能独立出来的语音结构体，这些独立的语音结构体就是音节。

音素：音素是根据语音的自然属性划分出来的最小的语音单位。依据音节里的发音动作分析，一个动作构成一个音素。音素分为元音与辅音两大类。如汉语音节啊（ā）只有一个音素，马（mǎ）有两个音素，满（mǎn）有 3 个音素等。

记音符号：用书面方式对语音进行细致描写的符号系统就是记音符号。汉语拼音字母和英语字母都不能对相应语言的音素进行详尽描写，如汉语方言中的许多音素是普通话中没有的，而汉语拼音是专门为记录普通话语音服务的，汉语方言中的很多发音也就不能用汉语拼音表示。相对全面且最通行的记音符号是"国际音标"。

短语音：一般 1 min 以下（通常为 3 s 左右，时间并不作严格区分）的语音为短语音。例如，我们在微信聊天中发送的语音、对智能语音助手下达的指令等。与之相反，还有长语音，例如，一篇文章的朗读、一次对话等。

重（chóng）音：在一段音频中，同一时刻出现了两个或多个人同时说话，且难以分清主次的现象。

6.1.3　音频数据标注及其发展

在音频数据标注中，语音数据标注是多种智能语音技术的基础，随着人工智能的发展，语音数据标注这一行业迎来新的机遇。相比于对环境噪声等其他音频的标注，语音数据标注相对复杂，且最典型，语音数据标注的发展代表着音频发展的历程。本章内容将主要围绕语音数据标注进行叙述。下面将从技术和行业发展两个方面对语音数据标注进行简单的介绍。

1．语音数据标注概述

语音数据标注任务的主要目的，在于对语音段中的各种属性加以辨认与标识，从而助推人工智能领域中语音研究方向的进步和成果的应用。按标注的内容分类，语音数据标注包括对语音内容、噪声种类、周围环境、说话人信息、说话人情感等的标注。在人工智能领域的语音研究方向中，最典型就是语音识别和语音合成两个方向，前者旨在使计算机理解语音，而后者使计算机生成语音。下面以这两个方向为例介绍语音数据标注的重要作用。

在很多语音识别系统的构建中，声学模型的建立，即声学建模是重要的部分。声学建模的任务，是让计算机能够将语音中各种发音识别出来，为进一步理解语音的含义做好准备。对于声学模型,在训练阶段,系统对若干训练语音进行预处理,提取其中的特征,建立训练语音的参考模式库。在识别阶段,声学模型会将输入语音的特征同训练得到的参考模式库中的模式进行相似性比较,选出相似度最高的模式,这个模式所属的类别作为识别中间候选结果输出,声学模型就完成了它的工作,识别出了输入的是什么声音。可以看出,语音识别的声学模型中,关键元素就是参考模式库,而参考模式库本身,就是在训练阶段从训练语音中提炼出来的。这里的训练语音不仅需要有音频,还需要有额外的信息告诉声学模型识别出来的结果应该是什么,这里额外的信息就需要数据标注员提供,即标注员通过对音频进行标注告诉计算机怎么区分不同的声音。

2. 语音数据行业发展情况

如图 6.6 所示,2015—2020 年这 5 年间,中国 AI 语音行业的市场规模从 15.6 亿元,以每年 49% 的复合增长率,达到 2020 年的 114 亿元,而且增长势头还在持续之中。有关统计预测,到 2024 年,全球智能语音市规模将达到 227 亿美元,其中,医疗健康、移动银行及智能终端智能语音等技术快速增长的需求将成为主要的驱动因素。

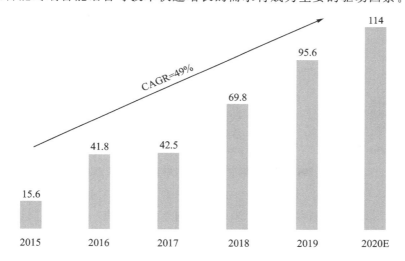

资料来源:沙利文前瞻产业研究院整理　　　　　　　　　@前瞻经济学人APP

图 6.6　2015—2020 年中国 AI 语音行业市场规模(亿元)

AI 语音的行业规模的急剧扩张离不开参与其中的企业。如图 6.7 所示,可以把 AI 语音识别整个分为上中下游,上游是数据服务的提供商(例如,百度、阿里巴巴和腾讯等互联网企业),以及一些数据标注企业和数据中心;中游是语音识别的厂商和它们的产品,比如科大讯飞的录音笔和翻译笔,百度的小度音箱等;下游则是不同应用领域,比如医疗领域、教育领域、客服领域等。

图 6.8 中显示的是 2018—2025 年中国数据标注行业的市场规模,从加速上升的趋势看,数据标注行业整体是持续向上的。

如图 6.9 所示,2018 年图像和语音方面的数据标注项目占据整个数据标注领域的

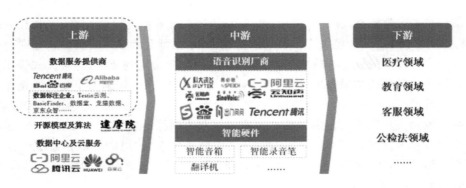

图 6.7　AI 语音识别产业链分析

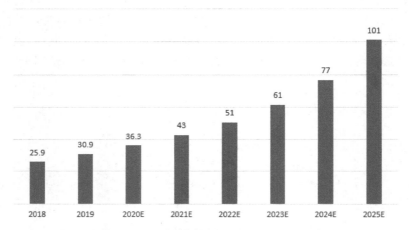

图 6.8　2018—2025 年中国数据标注行业市场规模(亿元)

90%,其中语音更是达 42.15%;到 2019 年,语音的标注项目略有下降,但也占到 39.1%。可以说语音数据标注行业未来的发展前景是宽广的。

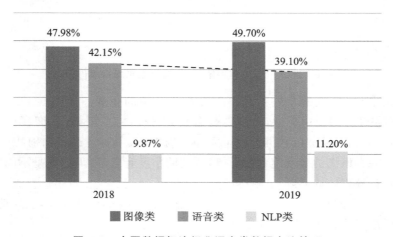

图 6.9　中国数据标注行业语音类数据占比情况

6.1.4 音频数据标注应用场景

目前,人工智能领域热门的语音处理技术包括身份识别、语种识别、语音识别、情感识别、语音分离、语音合成等,其中又以语音合成和语音识别最为常见。语音数据标注对语音识别技术和语音合成技术的发展至关重要,这两项技术在实际生活中有着广泛的应用。下面列举出几个较为典型的应用方向,以供参考。

1. 语音输入

以语音识别技术为基础的语音输入方便快捷,日趋成熟,成为更多人的选择。相比于传统的键盘输入,语音输入更为直接,受空间限制小,因而输入效率更高;无需双手和双眼的动作,因而可以在诸如驾驶、医疗等场景中发挥作用;使用门槛低,可以让小孩子、老人、视觉障碍者更轻松地享受科技的便利。近年来,随着语音识别技术的发展,语音输入的准确率越来越高。国内诸如百度、搜狗、科大讯飞企业,国外诸如微软、谷歌等公司都推出了自己的语音输入产品,且都宣称准确率在 90% 以上,这些语音输入产品得到越来越多人的认可。

2. 智能语音客服

目前,智能语音技术成为在线客服的主要服务方式,智能语音客服涵盖语义理解和机器人服务技术,是在大规模知识的基础上发展起来的一项面向行业应用的技术,它能为企业与海量用户之间的沟通建立快捷有效的技术手段。利用智能语音技术,机器人能够对人的语音进行准确模拟,使其在劳动密集的客服行业代替人工客服,降低企业的经营成本。目前,各手机运营商与电商平台积极采用智能语音技术快速精准地解决客户的问题。例如,在智能对话查询系统中,人们可以直接通过语音命令,从远端的数据库系统中查询与提取有关信息,享受方便、快捷的数据库检索服务。相似的服务还有信息网络查询、医疗服务、银行服务等。这些服务在基本保证业务质量的同时,极大地降低了人力成本。

3. 智能语音翻译

语音识别相关技术还可以应用于自动口语翻译,即通过融合语音识别、机器翻译、语音合成等技术,实现将一种语言语音输入翻译为另一种语言语音输出的功能,实现跨语言交流。此技术相比人工翻译成本更低、即时性更强,可以实现更加自然的跨语言交流。例如,科大讯飞曾经推出的翻译机产品,可以实现语音识别外文,并即时翻译成中文,将文本显示在屏幕上,极大地便利了跨国交流。尤其在同声传译方面,当下语音技术有两种途径应用其中。一种是通过语音识别结合机器翻译技术,能够取代人工进行同声传译。但是,现在该技术还有待成熟,机器译本可读性不强,需要经过深度定制,比如特定公司的内容较为确定的发布会,而在一般情况下不太可能具备这样的条件。另一种是同传人工译语,经过语音识别后在屏幕上呈现出来,进而提高听众舒适度,且可以把同传译员的处理结果记录下来,变成结构化数据,供以后检索,现在这种方式已经有了一定范围的应用。

4. 智能语音教育产品

智能语音技术助力教育产品升级,智能语音在智能教育中的应用已经落地。目前移动端的教育阅读器与教育播放器层出不穷,为儿童营造了良好的学习氛围。例如,众多英语辅导软件可以通过分析学生朗读的音频自动识别其中不标准的、可以改进的地方。同时,越来越多的家长希望通过智能语音技术对传统的教育产品进行升级,使传统的学习机、点读机、故事机能够以更轻松自然的方式使用,满足孩子功课学习、性格培养及陪伴的需求。

6.2　音频数据标注技术和方法

在音频标注项目中,标注员可能会被要求对音频数据进行一系列不同的标注。这里我们同样以语音标注探讨音频标准的技术和方法。几乎所有语音标注项目的标注需求,从具体操作的角度,都可以看作是由语音属性标注、语音转写和语音切割这 3 种操作组合而成的。下面对这 3 种最基本的标注技术和方法进行介绍,并对操作过程进行实践演示。

6.2.1　语音属性标注

语音属性标注是 3 种操作中最为简单的,但是它的灵活性很强,标注任务种类多样,标注的主观性很强。

1. 基本概念

语音属性标注就是对一段音频的一些特定属性(例如说话者年龄、说话者性别、说话者情绪、说话者口音和背景噪声等)进行标注。对语音有效性的判断也可以归类为语音属性标注的一种,而几乎所有的语音标注项目都会要求标注员进行语音有效性判断。

语音的属性标注的形式最为多样,但是操作较为简单,典型的语音转写工具一般会有与音频播放相关的诸如快进、暂停、音量等控件,以及用于选择音频属性的控件。有的项目界面中还会用属性标签代替用于选择音频属性的控件,常见于需要与语音切割、语音转写相结合的语音属性标注。

如图 6.10 所示,图上面是一种可能的语音属性标注——说话人类型标注。图上面题目的标注用的就是用于选择音频属性的控件。可以看到,它需要标注员对一段音频做两次选择,分别是判断语音有效性和判断说话人类型。图下面体现了另一种语音属性标注——噪声类型的标注,图下面题目深色区域中有很多"转写内容为……"的按钮,它们标注的就是属性标签,不同的字母代表不同的噪声类型。除了上述两种属性标注外,实际项目中还可能有标注噪声(有/无)以及说话者情感、角色、口音(普通话/方言)、是否犹豫等要求。

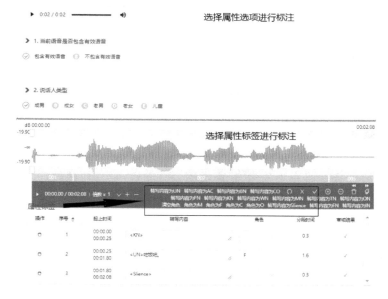

图 6.10　百度众测的两种标注界面

很多语音属性标注的主观性比较强,对于同一段语音,不同的人标注可能得到不同的结果,此时标注员按照规则结合自己的判断选择最合理的选项即可。一般来说,项目会对这一类题目进行拟合,即让多个标注员对同一段音频进行标注,统计结果得出最合理的答案。

在实践中,属性标注的需求多种多样,差异较大,需要标注员认真阅读,并透彻理解项目文档,按照项目的要求进行标注。

2. 常见规则

由于多数语音属性标注操作较为简单,且主观性很强,很难总结出通用性比较强的规则,这里重点介绍语音属性标注中最为常见的语音有效性标注的一些共性规则。

在不同的项目中,判断一段音频究竟是不是有效语音可能有不同的标准,但是某些类型的音频在大多数项目中都会被判定为无效语音,常见的能判定语音为无效语音的情况有:

(1) 整段音频中没有语音。

(2) 音频中的噪声太强,以至于噪声盖过语音。

(3) 说话人声音太小、语速太快、发音不清楚或吞音等导致语音难以理解。

(4) 说话人发音一字一顿或语气夸张,没有在正常地对话或朗读。

(5) 音频中存在切音、吞音、丢帧、喷麦等异常现象。

(6) 音频中存在严重的空旷音、混响、重音等。

出现以上情况的语音,在大多数项目中都会被判定为无效语音。

3. 语音属性标注实操

下面介绍一些更加具体的语音属性标注题目,以及相应的操作规则。

(1) 情感标注

图 6.11 所示为某一语音情感标注界面。阅读规则后,进入标注界面后即开始标注。首先点击播放按钮,聆听语音,其内容为"就是下雨也去!"语调欢快,判断包含的情感为"喜悦",因此在单选控件中选中"喜悦"即可。

(2) 轻声标注

如图 6.12 所示为某项目的轻声标注题目,理解规则后聆听音频,按规则选择对应选项即可。主要任务是将音频分为"轻声类型"和"非轻声类型"两种。

图 6.11　语音情感标注界面　　　　　　图 6.12　轻声标注界面

标注的规则为:始终用气声说话,没用嗓子发声的语音标注为"轻声类型"。只要用嗓子发声,就标注为"非轻声类型"。是否轻声与音量无关。

(3) 人机交互标注

图 6.13 所示为某项目的人机交互标注界面,理解规则后聆听音频,按规则选择对应选项即可。需要判断的内容包括是否为人机交互、是否犹豫和是否截断。音频的主要内容是某智能音箱收到的人声指令。

图 6.13　人机交互标注界面

标注的规则为：

① 是否人机交互：听音频，判断当前语音是否有明确交互意图，即说话人有没有在用音箱交流或命令音箱。如果有则为人机交互，标注为"1 人机交互"；否则为非人机交互，标注为"0 非人机交互"（非人机交互的后续内容无需继续标注）。

② 是否犹豫：听音频，判断当前语音的用户表达中是否有明显犹豫行为。句中或者句尾均可能有犹豫，比如，短暂停顿，思考行为，嗯、呃等语气助词表达。若有犹豫则标注为"1 有犹豫"，否则标注为"0 无犹豫"。

③ 是否截断：判断是否存在尾部音频截断。注意理论上有犹豫的音频大多会发生截断。若有截断则标注为"1 有截断"，否则标注为"0 无截断"。

④ 方言标注。此处的方言标注不需要区分方言的具体种类，只需要判断语音是不是方言、方言是否为本地方言即可，如图 6.14 所示。

图 6.14　方言标注界面

标注的具体规则是：

a. 方言：指说话人倾向于说本地方言，说话内容与普通话在用词、语法或语调上有明显的差异。例如，一个词在句中结合语境可被听懂，但单听发音听不懂，这类可标为方言。

b. 重口音普通话：指说话人倾向于说普通话，但带有本地口音或音调发不准。

c. 普通话：较标准、易识别的话，包括普通话发音的脏话、儿童说的话。

d. 其他：静音，噪音，音乐声，外语，重叠音，两种不同方言或者本地与外地口音交杂。

e. 唱歌的内容：唱什么内容就标什么内容，唱普通话歌曲标普通话，唱方言歌曲标方言。

6.2.2　语音转写

对于语音转写，需要标注员根据听到的语音写出相应的内容，最主要的工作内容就是根据音频输入相应字符，操作比较单一，但是规则相对复杂，需要标注员有较强的耐心。

1. 基本概念

短语音转写就是对一段语音进行有效性判断，并根据规则将语音内容转写为准确的文字表达。

语音转写标注的对象一般只有一个说话者的短语音。因此在进行转写之前有必要进行有效性判断，判断要标注的音频是有效语音还是无效语音，有没有进行转写的必要。

语音转写的基本原则是"所听即所写"，即转写内容必须与说话人发音完全一致。

典型的语音转写工具都会有与音频播放相关的诸如快进、暂停、音量等控件，用于判断音频是否有效。图 6.15 为音频的控件以及用于输入转写文本的控件界面。

标注员仔细聆听音频，然后判断音频是否为有效语音。如果是，就要在转写的文本框内按照项目规则输入转写内容；如果不是，就不必转写。

图 6.15　语音转写工具界面样例

2. 常见规则

（1）文字的转写

通常情况下，语音转写只要求标注员转写文字。在不同的项目中，转写的规则会有不同。下面总结一些在不同项目中共性较强的规则。

① 专业内容必须和听到的语音保持一致，不能多字、少字、错字。

a. "Vivo X play 系列"等词，有时发音人将英文字母 X 读作"叉"，转写为"vivo 叉 play 系列"。

b. 英文缩写和完整写法要根据实际发音标注，注意区分 I'm/I am，I'll/I will，isn't/is not，can't/can not 等。

② 结合项目要求和汉语语法规则，正确使用标点符号。

a. 有些项目会要求在转写语音内容时使用标点符号，此时允许使用的标点符号一般仅限于以下几种：句号"。"，加在陈述句的结尾；问号"?"，加在疑问句的结尾；感叹号"!"，加在感叹句的结尾；逗号","，加在满足语法规范的从句之间；顿号"、"，加在并列词语之间。

b. 有些项目要求完全不使用标点符号，此时应严格遵守项目要求，转写时不写标点符号即可。

③ 标注中只能含有中文字符、英文字符以及项目规定中允许使用的其他符号。

a. 项目没有说明允许使用阿拉伯数字，转写时就不能使用阿拉伯数字，而要用相应语言转写。例如，发音人用汉语说"我在游戏里花了 210 块钱"，转写为"我在游戏里花了二百一十块钱"；发音人用英语说"in 1999"，转写为"in nineteen ninety‐nine"。

b. 项目没有说明允许使用特殊符号，转写时就不能转写成数字符号。例如，发音人读"现在的时间是 12∶10"，转写为"现在的时间是十二点十分"；发音人读"足球比分是 2∶1", 转写为"足球比分是二比一"; 发音人读"今天涨了 1‰", 转写为"今天涨了百分之一"; 发音人读"微信上@我", 转写为"微信上 at 我"。

④ 中英文有口语化或地域口音的要按照原意的正确写法标注。

a. 发音人有中式英语口音, 英文单词词尾的"- p""- t""- k"等读重了, 比如 don't 读音类似"don 特", 仍转写为"don't"。

b. 发音人有方言, "湖南"读成"湖兰", 依然转写为"湖南"。

c. 发音不标准, "机械厂"读成"jī jiè chǎng", 写出来的结果还应该是"机械厂", 而不能写成"机戒厂"。

⑤ 如果说话人明显说错了字, 则按照错误的字进行标注, 不纠正。

发音人读"张 jué(原字为袂 mèi)成荫挥汗成雨"。要转写成"张绝成荫挥汗成雨", 不纠正。

⑥ 同音或读音相近的字、词, 尽可能结合上下文判断其正确含义, 如不能根据语义等区分确定, 标注任意一种均算正确。

a. 语音有歧义, 结合上下文也不能判断究竟是哪一种的, 则可以转写为任意一种含义。例如, 若语音只有"zhī jiāng"两字, 标注为"之江"和"枝江"都可以。

b. 结合上下文可以消除歧义的, 按正确含义转写。例如, 若语音为"湖北省 zhī jiāng 市", 线索对于确定内容足够明确, 则需标为"湖北省枝江"。

⑦ 能够明确分辨的语气词要用相应的语言转写出来, 其他情况按项目要求处理。

a. 发音人说汉语, 清楚地讲出的语气词, 如"呃""啊""嗯""哦""唉""呐"等, 要按照正确发音进行转写(语气词除了"了""不"没有口字旁, 其他基本上都有口字旁)。

b. 若发音人说英语, 英语中的叹词或语气词, 比如"oh""hmm"等, 要写出对应的单词。

⑧ 专有名词或品牌按照在网络上搜索的结果结合项目要求转写。

a. 要求专有名词照常转写的, 则专有名词按照正常文本的规则转写。如"我喜欢 tfboys 的歌", 应转写为"我喜欢 T F boys 的歌"。

b. 要求专有名词按照通用形式转写的, 则在网上确定专有名词通用写法后, 按通用写法转写。如发音人读"我用 oppo r9s 手机", 在网络上查询后得知该手机型号写法是"OPPO R9s", 则应转写为"我用 OPPO R9s 手机"。

⑨ 汉语拼音拼读的语音按项目要求转写。

a. 若项目要求语音中含有汉语拼音拼读的直接判定为无效语音, 则不必转写。

b. 有项目会给出详细的拼音拼读的转写规则, 如图 6.16 所示。

若语音中听到发音人拼读"miao 苗", 按照图 6.16 中对应关系应转写为"摸衣奥苗"。

⑩ 转写时应遵循相应语言的常规书写习惯。

a. 在英语中, 人名、地点、国家、月份、星期等按照英语语法首字母大写。如"I"表示"我"的意义时虽独立成词, 仍按规范写法标注为大写字母, 发音人读"i went home on wednesday", 应转写为"I went home on Wednesday"。

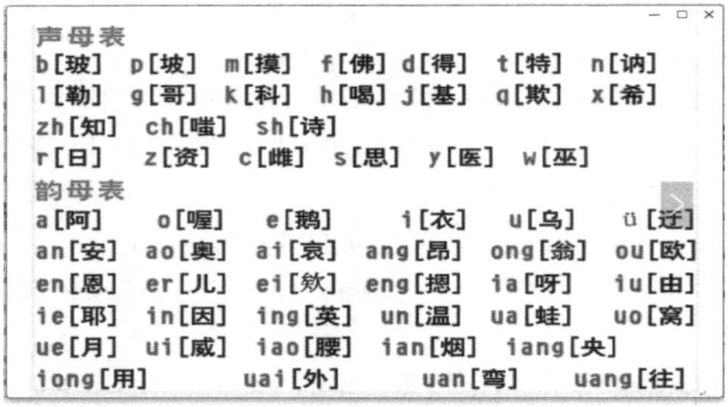

图 6.16　汉语拼音拼读转写规则示例

b. 英语字母拼读时用大写字母标注，用空格隔开，如"A B C D E F G"。

c. 英语中表示"几十几"意义的数字，中间要加连字符"-"。如"51"应标注为"fifty-one"。

d. 单词、拼读字母与汉字之间要用空格隔开。如发音人读"pen 钢笔 Ｐ Ｅ Ｎ"，转写为"pen 钢笔 Ｐ Ｅ Ｎ"。

语音转写任务形式的灵活性较强，除了会有各种语言的转写之外，不同的项目对转写的对象和输出都可能有特殊的要求，拼音和噪声的转写就是较为典型的例子。

（2）拼音转写

拼音转写是语音数据标注的一种。语音拼音标注需要标注员提供准确的、逐字的拼音记录。有时这种项目会提供音频对应的文本内容供标注员参考。拼音标注和正常的语音转写十分类似，只是要求提供的是拼音而不是文字。这里举一种拼音转写的规则进行说明。

① 用英文字母写出相应汉语拼音后，在后方用"[]"框住的数字代表声调，"ü"用"v"代替。

② 正确地按照文本内容进行转写。如语音内容为"你要干干什么啊"，"干"字有重复，就要转写成"ni[3]yao[4]gan[4]gan[4]shen[2]me[1]a[0]"。

③ 由于口音或个人习惯造成的音变，按实际发音和音调进行标注。如"办公室"的"室"，有人说成"shi"，则标为"ban[4]gong[1]shi[3]"；有人说成"shi"，则标为"ban[4]gong[1]shi[4]"。

④ 数字和符号等应完全按照读音转写成对应的拼音及音调。如"19％"的语音应转写为"bai[3]fen[1]zhi[1]shi[2]jiu[3]"；"1"可以读作"一"或"幺"，分别转写成"yi[1]"和"yao[1]"。

⑤ 语音中出现的语气助词，一个或两个简短的，都应该按照文本的内容标出。

（3）噪声的转写

在有的项目中，除了需要转写语音内容，还需要标注语音之外的噪声情况。一般这种项目中都会为不同的项目设置各种标签以方便标注，这里举例说明。

①［N］：表示偶然出现的、非人类语音的声音，如操作鼠标的声音、偶然敲击键盘的声音、闹钟提示音、敲门声等。

②［S］：表示说话人发出的非语音内容的噪声信息，包括咂嘴声、咳嗽声、清嗓子声、啧啧声、笑声、打喷嚏声、脚步声、喝水声、呼吸声等。

③［P］：表示非当前说话人的其他人发出的非语音内容的噪声信息，包括咂嘴声、咳嗽声、清嗓子声、啧啧声、笑声、打喷嚏声、脚步声、喝水声、呼吸声等。

④［T］：表示录音环境中非偶然出现的、稳定的噪声，如音乐声、风声、雨声、空调等机器发出的噪声等。

对于这一类转写，并不是所有噪声都会要求标注，一般只有噪声比较明显且与人声独立时才进行标注。例如：

说话人说完"喂喂"后咳嗽了两声，然后继续说"你过来一下"，那么这个时候带噪声标注的转写为"喂喂［S］你过来一下"。

一个人站在台上不断地演讲，配合着他的演讲还有不太明显的钢琴的音乐声，此时噪声不独立，因此不进行标注，只转写演讲内容即可。

在实践中，还可能有其他转写需求，这就需要标注员认真阅读，并理解项目文档，严格按照项目的要求进行标注。

3. 语音转写实操

以某个实际项目为例。首先要仔细阅读项目要求，需要先判断一段短语音的有效性，然后对有效语音进行转写。这个项目规定，有效语音除了满足之前所描述的通性规则之外，还需要有交互意图，不确定有没有交互意图的一律作为无效语音（这里的交互指的是和智能音箱进行交互）。转写时不需要标点符号。

（1）领取题目，进入标注界面，界面中题目部分的主要内容如图 6.17 所示。

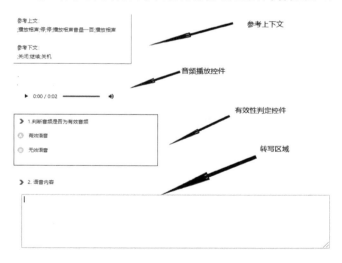

图 6.17　某项目语音转写题目界面

（2）点击播放键,聆听音频内容,内容为"播放郭德纲相声",结合给出的上下文,判断这是一段有效语音。选中"有效语音",在文本框中输入"播放郭德纲相声",最后提交即可,标注结果如图 6.18 所示。

图 6.18　选中"有效语音"并转写内容

（3）领取下一道标注题目,首先聆听音频,内容为"道歉短信"。这段语音并没有明显的交流意图,是一段无效语音,因此第一项选择"无效语音",转写文本框留空,最后提交即可,标注结果如图 6.19 所示。

图 6.19　选"无效语音"直接提交

6.2.3　语音切分

语音切分的对象是一段较长的音频,需要在其中合适的地方标注切分点,将较长的音频分成多段较短的音频,以方便后续的处理。它的操作相对烦琐,且变数较多,需要灵活应对。

1.基本概念

很多时候,我们需要将一段长语音中不同内容区分出来,例如不同的角色、不同的情绪、沉默等,或是剔除一段语音中沉默和噪声的部分,只保留有用的语音,这些任务都需要通过语音切割的操作完成。语音切割的任务主要就是有依据地将一段语音切割成多段语音。切分任务通常还会与其他任务进行复合。例如,在切分完成后,对每一段音频进行转写,这里重点讨论如何进行切分工作。

如图 6.20 所示,典型的语音切割工具一般会给出时域维度的波形图;与音频播放相关的诸如快进、暂停、音量等控件;与切分相关的用于切分段落的控件;与标注任务相关的属性选择控件;以及用于展示切分好的段落的列表等。

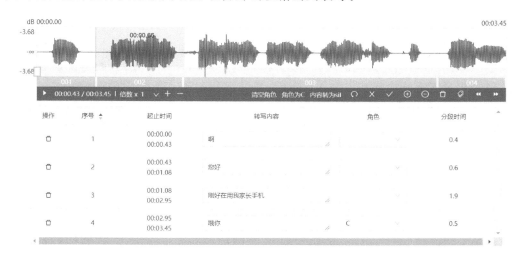

图 6.20　语音切割工具界面样例

语音切割任务的核心是划分段落,在音频中合适的时间点处标出切分点,这样切分点就可以将它所在的这段音频分成左右两个段落。整段音频的起点、终点以及标注员标注的切分点将一段长语音分成数段音频。不同的项目会要求标注员按不同的标准分段,有的只要求将有效音频、无效音频划分开,有的要求把不同角色的语音划分开,有的要求按照词、字、音节甚至音素划分。这一部分主要以最常见的“按角色划分”为例说明。

在任务中,对于划分出的每一个段落,一般会要求标注员对其属性进行简单的标注。在用于标注的属性中,一般都会有一个选项用于表示无效音频。最常见的要标注的属性是角色,这个属性用来区分不同段落的说话者。例如,在客服热线录音的标注中,一般会有用户和客服两个角色。不同任务中的标注属性十分灵活多变,需要根据任务的要求灵活处理。在有些任务中,也会要求标注员对划分出的每一段内容进行转写。

2. 常见规则

虽然根据具体标注任务的不同,语音切割的规则也会有变化,但是有一些规则是大多数标注项目都会遵守的。下面总结一些常见的、较为通用的规则供参考。

① 需要注意切分点要落在音频波形明显平缓的地方,不能切到音。一般来说,音频大部分是说话人在说话,这里面绝大部分的音频都是有效的;在其他部分中,有少数是声音偏大的噪音,体现在波形图上就是相对于有效音频极为微小的波动;还有完全平缓的音轨,就是静音。切音时就需要尽可能避免将切分点放到语音上。

② 优先保证句义的完整性,也就是说,同一句话中如果出现较长的停顿,应该按照项目要求将停顿删去或将停顿包含在句子中,要尽量避免将一个完整的句子切开。

③ 如果一段无效音频的长度超过 0.3 s(在实际项目中要求可能会有变化,0.3 s这一时长较为常见),就需要将它单独切分出来。然后按照项目的规则单独标注。要注意,应尽可能避免违反规则①,也就是说,同一句话中的停顿,只要没有其他人打断之类的特殊情况,就不应该单独划分成一段无效音频。

④ 一段有效音频分段的长度会有非硬性的限制,一般是 15 s,因为说话时很少会出现一句话说很长时间的情况。

⑤ 音频中有不同的人说话时,一般要将角色不同的音频切分,也就是说切分过的一段音频里只能有一个人在说话。

⑥ 在切分有效音频时,有效音频前后可以有 0.3 s 无效音频,也就是说,可以在一定程度上不紧贴有效音频放置转切分点,标注出的有效音频部分前后可以多标注 0.3 s。

⑦ 语音中可能会出现两个人同时说话的情况,这时需要具体分析。

情况 1:如果是两个人对话,一个人正在说一长串话,另一个人发出"嗯""啊""噢"的声音表示自己在听,那么可以忽略"嗯""啊""噢"的声音,按照只有一个人说话处理;

情况 2:如果是小短句重叠,比方说吵架或者抢答的情况,就需要看项目的具体要求来处理,一般会有一个专门用来标注重叠部分的标签处理这种情况;

情况 3:如果是两个长句重叠,比如两个人同时在朗读不同的文章,那么尽量找出其中不重叠的小分句单独标注,如果找不出来或者太过零碎,就按上一条小短句重叠的情况处理。

⑧ 在一些特殊场景下,可能会有明显的回声,一般情况下回声属于无效音频。如果回声过于明显且影响到了原来的声音,那么带回声的部分可以作为无效音频截取。

⑨ 语音中的呼吸音,包括说话前吸气的声音,一般属于无效音频,按照无效音频处理。

在实际项目中,会有许多额外的规则,有的规则可能与本书之前提到的规则有冲突,这时应该尽可能遵守项目的规则而不是本书给出的规则。

3. 语音切割实操

这里以百度平台上的某个实际项目为例介绍语音切分的实际操作。首先仔细阅读项目要求,此项目需要我们对给出的语音进行分割、转写,并标出角色;项目要求在完成分割后将无效音频标注为〈sil〉,有效音频分段进行转写,且转写时带上标点符号;对于每一段有效音频,还需要标注角色属性,其中客服(包括老师)标注为 C,客户留空即可。

该数据标注项目的主要界面如图 6.21 所示。

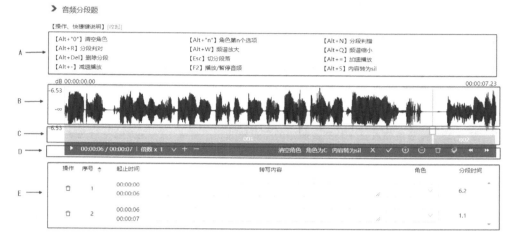

图 6.21　百度众包数据标注平台某语音切割题目界面

图中各部分分别是:

A:操作说明,说明操作中使用的快捷键。

B:波形图,展现音频波形,帮助进行音频切分。

C:进度条,可以展现音频播放进度及音频切分点。

D:音频操作区域,用于播放音频、调整播放速度、调整波形、标注属性、切分音频等操作。在这个项目中,"角色为 C"这一属性要标注在客服的语音上,而"内容为 Sil"这一属性要标注在无效音频上。

E:在这个项目中,分段列表,展示分割出的所有段落,同时也是音频转写区域,音频转写内容在此区域填写,并可选择说话角色。

点击图 6.22 所示播放键,聆听给出的音频,可以听到音频的大致内容为"作业少是吗",短促的噪声,"嗯""哦那这边"。

在音频开头,可以通过在无声部分的波形图上拖动鼠标观察某一部分的时长。从图 6.23 可以看到无声部分的时长为 0.11 s,短于 0.3 s,因此可以不单独将其划分为无效音频。

如图 6.24 所示,在第一句话结束后,有一段较长的没有语音的部分,包括两声较为急促的噪声以及一段说话前的呼吸音。

要将这段噪声单独划分成一段,首先点击鼠标将标线定位到噪声起点处。在定位时,如果发现目标位置过于细小,难以标记,可以使用鼠标滚轮在波形图上进行频谱局部放大,图 6.25 展示了缩放前后的效果。

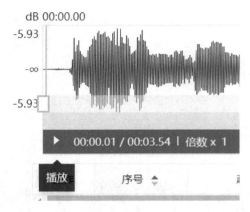

图 6.22　播放按钮以及音频开头较短的无声部分　　图 6.23　无声部分时长短于 0.3 s

图 6.24　噪声以及说话前的吸气声总长大于 0.3 s

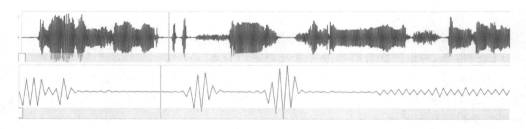

图 6.25　缩放,并定位

　　定位完成后,点击波形图右下角的"切分段落"按钮,即可在标线处创建一个切分点,标注结果如图 6.26 所示。

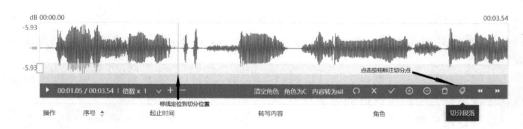

图 6.26　标注切分点

此时音频被分为编号为 001 和 002 的两段,然后再对噪声的终点处进行同样的操作,这样,整个音频就被分成 001、002、003 三段。其中,001 段是客服说"作业少是吗",002 是噪声,也就是无效音频,如图 6.27 所示。

图 6.27　切分出客服语音和噪音

接下来是顾客回答"嗯",根据规则,这里的"嗯"虽然只是表明自己在听这样简单的答应,但是它并不与另一个人的语音重合,因此需要单独切分出来。语音"嗯"的起点距离噪声的终点的时长小于 0.3 s,直接将噪声的终点作为它的起点即可。由于"嗯"的终点到下一句话的起点的时长小于 0.3 s,因此不再额外为无效音频分段。将标线置于"嗯"之后合适处,创建切分点,得到如图 6.28 所示的结果。

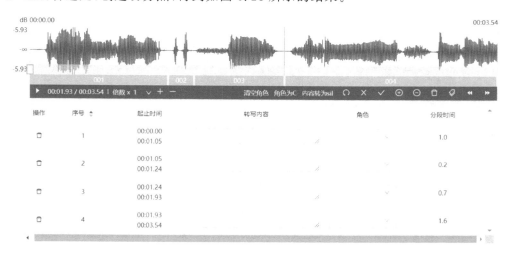

图 6.28　完成切分

之后的音频就只剩下客服说的"哦那这边"自成一段,这里已经不需要再分割,语音切割基本完成。

在切分完成后,如果对某个分段的划分不满意,可以用鼠标拖动波形图下方蓝色条上的切分点进行微调;或者在蓝色条上点击对应分段,选中后,点击音频操作区域的"删除分段"按钮,然后重新标注。图 6.29 所示为删除错误标注的 005 分段,图 6.30 所示则为调整 002 分段长度。

最后,完成其余标注任务,对每一段有效语音进行转写,并标注角色;选中无效音频段,点击"内容转为 sil"将其标注为无效音频。图 6.31 所示为标注结果。

至此,这段语音切分的任务完成,可以提交并开始标注下一段语音。在熟悉操作后,可以查看并掌握标注平台提供的快捷键,以提高效率。平台提供的快捷键如图 6.32 所示。

➤ 音频分段题

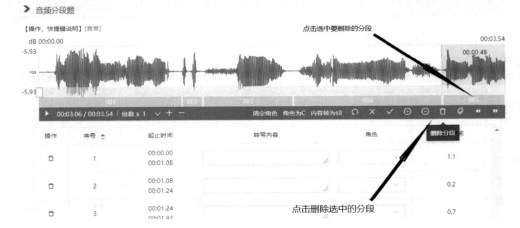

图 6.29　删除分段

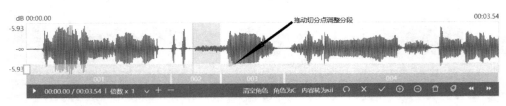

图 6.30　调整分段

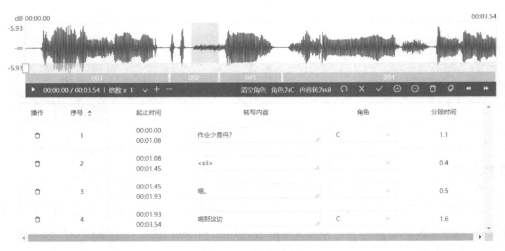

图 6.31　标注结果

【Ctrl+Z】撤销	【Alt+"0"】清空角色	【Alt+"n"】角色第n个选项
【Alt+N】分段判错	【Alt+R】分段判对	【Alt+W】频谱放大
【Alt+Q】频谱缩小	【Shift+Backspace】删除分段	【Esc】切分段落
【Alt+=】加速播放	【Alt+-】减速播放	【F2】播放/暂停音频
【Alt+S】内容转为sil		

图 6.32　快捷键

6.3 音频数据标注工具及典型数据集

6.3.1 音频数据标注工具

在进行音频数据标注时,离不开各种各样的标注工具,这些工具有的来自开源社区,有的由数据标注平台提供。工具的界面不同,功能也各有侧重。本节同样以语音标注为例探讨音频标准的工具,并介绍典型的数据集。下面简单介绍一些常见的语音数据标注工具。

1. Praat 开源语音学软件

Praat 是典型的开源多功能语音学软件,由荷兰阿姆斯特丹大学语音科学研究所的 Paul Boersma 教授和 David Weenink 博士共同开发,并在著名开源托管平台 GitHub 上进行维护。Praat 的主要功能包括语音分析、语音合成、语音处理、语音标注、语法模型分析和统计分析等。Praat 可以在 Windows、Mac、Linux 等多个平台使用,已经成为世界上实验语音学、语言学、语言调查、语言处理等相关领域研究人员普遍使用的软件。虽然 Praat 本身是一种语音学研究所用的软件,但是它的 TextGrid 功能基本能够满足语音数据标注的需求,所以有时候被当做语音数据标注工具使用,其功能比较适合多层的精细标注。图 6.33 所示是 Praat 语音数据标注界面。

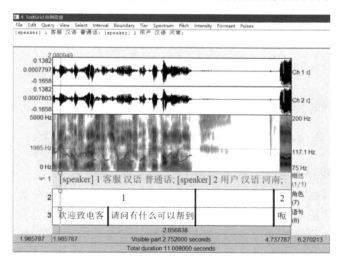

图 6.33 Praat 语音数据标注界面

Praat 功能强大,能适应各种语音数据标注项目,但其用作语音标注工具时,操作并不简便。虽然它可以实现语音数据标注的基本功能,但是效率较低,且对汉语语音标注的支持有待完善。现在其更多地应用于一些专门的数据标注工具或平台上。

目前,Praat 的最新版本是 6.1.51,官方网站是 http://www.praat.org,在 GitHub 上开源项目的网址为 https://github.com/praat/praat。

2. Label Studio 开源数据标注工具

Label Studio 是由 Heartex 公司推出的数据标注工具,它的官方网站是 https://labelstud.io,提供了开源版和企业版两个版本。Label Studio 开源版有一系列数据标注工具,可以通过简单、直接的用户界面标注诸如音频、文本、图像、视频、时间轴等数据,并支持将标注好的数据用多种文件格式导出。该工具可以标注新的数据集或在原有数据集上改进,用于帮助训练更准确的机器学习模型。

Label Studio 的数据标注工具提供专门针对数据标注工作设计的界面,用户还可以根据项目需求对各种标注任务进行定制和组合。如图 6.34 所示,定制的任务需要标注员对一段音频进行语音切割,标注每一段的讲话人属性并转写。

图 6.34　用 Label Studio 开源数据标注工具进行语音标注

3. 智能化的语音数据标注工具

当前,人工智能技术在数据标注工作中的应用逐渐扩大。部分数据标注公司选择利用人工智能技术提高数据标注的效率。例如,智能化标注工具可预先对需要标注的数据进行预处理和检验等操作,帮助提升数据标注质量和效率。在进行语音转写时,智能化的数据标注工具可以利用原有的语音识别系统对要标注的语音进行初步识别并标注,再由人工修正其中的错误,大大减少了数据标注员的工作量。

图 6.35 为曼孚科技数据标注平台(https://www.mindflow.com.cn/)提供的语音数据标注工具,在进行人工标注前,标注工具已经提供了算法识别出的转写内容。

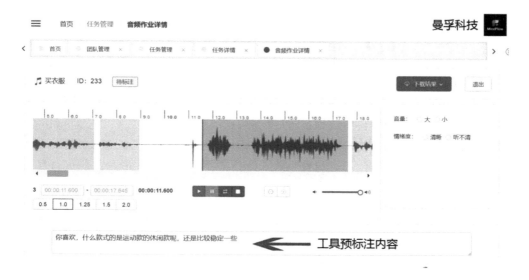

图 6.35　曼孚科技半自动语音数据标注工具

6.3.2　典型音频数据集

在计算机听觉技术的发展过程中,音频数据集就是人们所说的语料库。我们知道,在语音合成技术中,语音语料库是目前主流的语音拼接合成技术的基础,其规模和质量对整个语音合成系统发音的效果有很大的影响。语音语料库的建立主要包括设计发音文本、录音及整理、语音标注、建立数据库系统和数据库管理系统等 4 个过程。语音资料库的建立过程本身就包括对语音数据标注的过程。高质量的语料库可以为系统提供良好的语音源文件支撑,从而实现高自然度的发音。

目前,随着语音相关技术的发展,很多已经做好数据标注的语料库可以供语音相关的人工智能的训练直接使用。例如,在中文语料库方面的代表性工作包括由清华大学语音与语言技术中心发布的开放式中文语音数据库 THCHS30,其包含 1 万余条语音文件,大约 40 h 的中文语音数据,内容以文章诗句为主,全部为女声;由北京希尔公司发布的 AISHELL,包含来自中国 400 个不同地区的约 178 h 的开源版数据,具有不同口音的人的声音;还有由数据堂提供的 1505 h 中文语音数据集,数据有效时长达1505 h,录音内容超过 3 万条口语化句子,由 6408 名来自中国不同地区的录音人参与录制,转写标注准确率达到 98%。英语等很多其他语言也都有相应的语料库,例如,美式英语的 TIMIT 语料库、法语的 TCOF 语料库等。许多的语料库都可以从 OpenSLR(http://www.openslr.org)网站下载,OpenSLR 是一个致力于托管语音和语言资源的站点,可以从中方便地获取很多语音技术方面开源的软件和数据。

6.4 语音数据标注实践案例

在实际标注项目中，由于要面向客户需求提供服务，不同的项目对标注内容和规则的灵活性会很大。例如，有项目要求对 700 h 的上海方言进行转写标注，要求进行细致的转写，转写内容涉及标点符号、方言语气词等；有项目要求对每月 200 h 的包括数学、英语、物理等多门学科的真实课堂语料内容进行切分转写操作，内容包含各科专业术语及日常沟通；还有项目要求对 50 h 的外籍人员英文等语言的教学语音片段进行转写标注，涉及英语专业八级水平、印度母语、菲律宾语、巴基斯坦语等相关语言能力。

不同的项目可能会用到不同的生活常识、专业知识，标注需要进行的操作、遵守的规则有不同的调整，下面列举一些较具体的项目进行说明。

6.4.1 智能客服语音数据标注

1. 案例背景

某大型国企计划构建全国的智能客户服务系统，提升客户服务效率，减少客服人力成本投入的同时，进一步扩大可服务的用户量。为此，需要标注超过 30 000 h 的语音（主要包含从普通话客服系统、粤语客服系统和英语客服系统所采集到的音频数据），以帮助提升智能客户服务系统的语音识别准确率、应答准确性和效率。

2. 标注任务

标注员需要对 30000 h 以上的客服热线语音进行切分处理，并判断每个语音分段的说话人角色，转写每个语音分段的文字内容，并进行语言属性的标记。

3. 标注规则

该标注项目最显著的特点是，对标注员的普通话和粤语水平都有一定要求。下面展示本项目语音切割、属性标注和转写操作的规则。

(1) 语音切割规则

① 单分段不超过 15 s。建议一般 6～10 s 之间，增加分段数量，减少单分段文字数量，降低错误率。

② 如果是两个不同的人一前一后顺序说话，无重叠，则切分开。

③ 语音分段的声音开头和结尾需预留不超过 0.3 s，为此，要判断两个有效分段中间的纯静音/纯噪音分段是否超过 0.6 s。若不超过 0.6 s，不切分；如超过 0.6 s，则将此段语音单独切分为一个分段。如图 6.36 所示，两个深色箭头可作为切分点，保证黑圈范围内音频时长不超过 0.3 s，即前语音分段结尾与左侧深色箭头，后语音分段开头与右侧深色箭头之间，均不超过 0.3 s。

(2) 无效音频属性标注规则

① 多人重叠说话，但若其他人说话声音较小、不干扰对主要说话人声音的识别，则

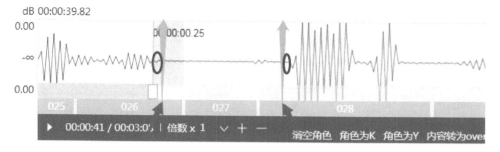

图 6.36　智能语音客服标注项目中无效音频切分说明

为有效音频,后续标注时只关注主要说话人即可。

② 听不懂、听不清,或与对话内容无关、读拼音的(摸依凹苗(miáo))分段,整个分段标注为〈sil〉(在转写内容层中写上"〈sil〉"即可)。

③ 如果一个人唱歌,整个分段标注为〈sil〉无效音频。

④ 系统提示音分段,比如"幺零零零八号坐席为您服务",整个分段使用〈SYS〉转写标注。如果有用户或者客服的声音与系统提示音重叠,则直接忽略,只标注一个〈SYS〉(同〈sil〉,在转写内容层)。

⑤ 对于纯静音/纯噪音分段、噪声盖过语音的分段,整个分段使用〈overlap〉标注。

⑥ 若整句都是英语(含回复中单分段只有 ok,yes 的情况),或者英语中掺杂极少量粤语或者普通话,整个分段使用〈英文〉标注。

(3) 角色属性标注规则

角色层需要标注的符号有:A 客服〈KA〉,B 客服〈KB〉,A 用户〈YA〉,B 用户〈YB〉。在角色层写上相应的符号即可。如果客服、用户声音重叠(同时说出相同内容),则标注两个角色〈KA;YA〉。尽量根据内容判断角色层,实在无法判断用户角色的,只转写文本内容,角色层留空。

系统提示音(比如幺"零零零八号坐席为您服务")在角色层标注符号〈SYS〉。系统音提示内容不需要标注出相应文本,只需要在转写内容层上写上〈SYS〉即可。如果有用户或者客服的声音与系统提示音重叠,直接忽略,只标注一个〈SYS〉。

(4) 语音转写规则

① 转写语音内容必须和听到的语音完全一致,不能多字、少字、错字,转写内容写在相应转写内容层内。

② 转写出的文字,只能含有粤语、普通话及标注规范允许的英文。所有粤语字和普通话字的标注写法必须为简体中文,不可出现繁体字。粤语方言字的转写参考项目提供的正字表。零星使用英文字母或者单词的,按照英文书面书写规范转写。数字按对应语言的文字形式转写,不使用阿拉伯数字。

③ 音频有声音,发音为粤语的,正常转写,转写层标成粤语对应的文字,不能自行

翻译成普通话写法;音频有声音,发音为普通话的,正常转写,转写层标注为听到的普通话文字;音频有声音,发音为英文,整句为英文的,在转写内容层标"〈英文〉"即可,不需要转写。

④ 名词听不清或不确定的情况下,要用百度搜索,确认最终的语音内容。如"鲁克八八酒店",说话人有口音,不好确定说的是什么。在百度搜索中搜索一下,再确认语音内容是不是说的这句话,多数通过这种方法可以准确确认语音中的内容。要尽量保证文本正确。

⑤ 只允许存在中文半角形式的逗号(,)、问号(?)和句号(。),每个有效语音分段,必须以标点符号结尾;语音分段中间,标点符号可加可不加。

⑥ 一字或多字听不清,均只用一个 ＊ 号代替即可。＊和文字之间,不需要空格隔开。如:"您好 ＊ 尔滨银行 ＊ 分行"。如果有超过 70％ 的文字听不清,听不懂,则整个分段直接标注为〈sil〉。

⑦ 说话人有口误,且说错的词清晰可辨,按错字标注,不更正。

⑧ 说话人有口误倾向,口误内容发音还不全就改成正确的了,不写(有效内容占 50％ 以下),或者使用 ＊ 代替(有效内容占 50％～70％),或者写出文字(有效内容占 70％～90％)。

⑨ 如遇中国地方方言、其他外语等情况,不知道如何处理的,必须及时反馈小组长(题包名称/题目 id),小组长将根据批次内数据情况整体反馈,与客户确认具体处理方法。

(5) 转写细则——粤语/普通话

① 音频中说话人清楚地讲出的语气词,要按照正确发音转写。粤语中语气词参考粤语正字表标注。

② 同音不同字情况,可以选择含义正确的同音字代替。

③ 专有名词、某个专业领域词汇不接受同音字,需网络搜索确认,并使用唯一标准写法转写。

④ 带地域口音普通话和口语化表达普通话的,要按照正确发音的文字标注。

⑤ 不写儿化音。如发音为"在哪儿"要转写成"在哪"。

(6) 转写细则——英文

① 如果句子当中掺杂了个别英文单词,按照英文书面书写规范转写。如"我爱你"的英文是"I love you"("I"表示"我"时要大写,单词间要有空格)。

② 英文和中文之间需空格间隔,如"我想下载 APP。"。

③ 专有名词拼读,直接大写不需要加空格,如"中国农业银行的缩写是 ABC"。

④ 非专有名词拼读,大写加空格处理,如"订单编号 Ｄ Ｙ 一二三四五六七。"。

(7) 语言属性标注

① 对于使用标签做文字转写的分段,由于〈SYS〉、〈英语〉等语言属性已经在转写层标注过,这里不需要再标注。

② 分段中只有粤语,不掺杂任何普通话或粤语夹杂零星英语时,正常转写,语言标

签为〈纯粤语〉。

③ 分段中只有普通话,或者普通话中夹杂粤语或者英文,粤语中夹杂普通话的分段,正常转写,语言标签为〈普通话〉。

4. 标注实操

如图 6.37 所示,本项目的标注界面与之前介绍语音切割操作时的界面十分类似,不过在音频操作区域和分段列表上有一些区别。

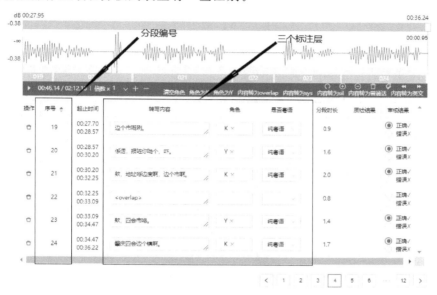

图 6.37　智能语音客服数据标注项目界面

在音频操作区域,有在项目规则中提到的〈K〉〈Y〉〈overlap〉〈SYS〉〈英文〉等属性标签对应的按钮,分别为"角色为 K""角色为 Y"内容转为"overlap"。"内容转为 sys""内容转为英文",在对有效性、角色、语言等属性进行标注时,只要选中分段,再点击相应按钮即可。

在音频分段列表中,可以看到一段音频需要进行 3 层标注,分别是转写内容层、角色层和语言层。转写的文字以及表示无效音的〈sil〉标签、〈sys〉标签、〈overlap〉标签、〈英语〉标签都会被标注在转写内容层中;与角色相关的〈K〉〈Y〉标签都标注在角色层中;〈纯粤语〉〈普通话〉等语言相关的标签都标注在语言层中。

如图 6.38 所示,按照语音切割规则,参考之前所述的语音切割实操方法,完成分割,形成多个分段。下面讲解对前 6 个分段进行标注的具体步骤。

分段 1 为静音的无效音频,所以按照无效音频标注规则⑤,它的转写内容层被标注为〈overlap〉,其他层不标注。

分段 2 是客服讲的普通话,在转写内容层按照普通话转写要求转写,注意语音转写规则第⑤条规定分段必须加标点符号,在角色层标注〈K〉,在语言层标注〈普通话〉即可。

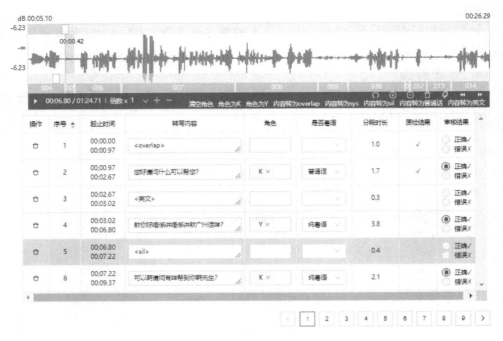

图 6.38   智能语音客服数据标注项目例题

分段 3 是客户的一句英语问候,根据语音转写规则第③条,对于全英文的语音分段,只需要将转写内容标为⟨英文⟩即可,不需要进行其他操作。

分段 4 是客户用粤语发问,在转写内容层按照粤语转写要求转写,然后在角色层标注⟨Y⟩,在语言层标注⟨纯粤语⟩。

分段 5 有很小声的无法辨认的语音,根据无效音频标注规则第②条,此转写内容层标注为⟨sil⟩。

分段 6 中客服用粤语回答,在转写内容层按照粤语转写要求转写后,在角色层标注⟨K⟩,在语言层标注⟨纯粤语⟩。

完成了分段 1~6 的标注后,就可以拖动进度条,继续标注后面的音频。

5. 标注验收

按字准统计,有效确定段落准确率,要求达 95% 以上。标注文本格式建议:数据标注格式建议为 textgrid 格式(包含 3 层:角色层、文本转写层和语言层)

打点标注音频累计时长与原始长音频须相等,不可丢失片段。原则上⟨sil⟩句子所占比例不可高于 1%,应标尽标。

6.4.2   智能冰箱语音数据标注

1. 案例背景

智能冰箱,就是能对冰箱进行智能化控制、对食品进行智能化管理的冰箱类型,可以作为智能家居系统的一部分。某国企要研发智能冰箱,将会有语音控制功能,因此需要将日常居家场景下的录音数据用于冰箱的语音识别系统。

2. 标注任务

需要对 1 000 h 以上居家环境的录音进行切分,转写每个分段中的文字内容,并判断每个分段中说话人的性别。

3. 标注规则

这个项目最大的特点是,它专门引入了一系列的属性标签,用于标注日常家居环境下的各种噪音,也就是对无效音频的属性标注有很细致的规则。下面介绍一下这个项目在无效音频属性标注、有效语音的转写以及性别属性标注的规则。

(1)无效音频的判定与标注。表 6.1 所示的 12 个类别,大都需切分成单独的语音分段。其中,干扰和噪声类,只限标记时长大于 0.3 s 的噪声和干扰,小于 0.3 s 的不作任何标注。除〈FN〉〈CO〉标签需要与文字一起使用外,其他所有标签使用切分出的某单个语音分段。整条音频为背景噪声的(注意:不是其中某一个分段为背景噪声),单独标记为〈UN〉。

在音频中,如有表 6.1 中 12 类内容的,为无效内容,均需要单独切分出来,并使用对应标签转写,转写时共涉及 13 个标签。关于 12 类内容对应标签的详细说明见表 6.1。

(2)音频的切分。音频中,除以上无效内容,均为主要说话人说的有效内容,需要单独切分,具体的切分规则和前面介绍的通性规则类似,这里不展开叙述。

(3)语音的转写。将音频中有意义的语音直接转换成对应的汉字,即将发的音标记为对应的汉字。对于结巴、磕巴,听到的都要转写出来。

能听清晰的语气助词需要标注出来。发音很轻的语气词不做具体要求。

儿化音需要标注。比如,"今儿吃啥",其中的"儿"需要标出。

无法理解的语音(听不清、听不懂)标记成〈UN〉。标记"〈UN〉"可代表连续的多个字。对于切分后的某个语音分段,语音内容为"我要开空调,把*****",其中以逗号划分的前半句可以听懂,后半句听不清,标注为"我要开空调,把〈UN〉"。但是要遵守"应标尽标"原则,尽量少使用〈UN〉。

数学符号、特殊符号、被读出的标点或符号需根据说话人实际的读法进行标注。阿拉伯数字用汉语说出的,要写成汉字形式。但是,属于专有名词部分的数字,比如"PM2.5"转写时应保留阿拉伯数字格式,即转写为"PM2.5"。

专有名词,歌曲名、动画片名、影片名、歌手名等特定词汇,需要使用正确,不接受同音字。如"周杰伦"不能写成"周节轮"。不清楚的需要在网上搜索,再结合搜索结果和语境进行标注。

对于口误内容,若说错的词清晰可辨,按照错误的转写;若说错的词发音不全、不清晰,写成〈UN〉。

方言或有口音的文字内容正常转写,同时在句子开头加上标签〈AC〉。

表 6.1　项目中 12 种标签的说明

数据类型	与说话人是否发生重叠	内容类型	转写标签	内容类型含义＋转写标签使用说明
静默	无效	无效	〈Silence〉	代表没有任何声音。音频首尾音量较小的部分标记为〈Silence〉,不是〈ON〉,不要与录音设备常有的"滋滋"的脉冲电流声混淆
噪声	不重叠	人声噪声	〈PN〉	表示由人发出的各种各样的声音或者噪声,包括咂嘴、咳嗽、清嗓子、喷嚏、深呼吸、笑声等声音;有声停顿,如"uh""um""er"和"mm"等
		动作噪声	〈KN〉	表示偶尔发出的较大噪声,比如鼠标点击、键盘打字、物体移动或碰撞产生的声音,敲门声,开门声等
		白噪声	〈WN〉	表示如空调、风扇、油烟机、洗衣机等家电具有固定频率的振动声
		音乐噪声	〈MN〉	表示音响、手机、电视等电器播放音乐的声音
		电视噪声	〈TN〉	表示电视机发出的音乐之外的噪声,含人说话的声音。特别注意:电视机人声属于噪声,不要转写,直接标成 TN
		坏音	〈BN〉	表示噪声段分贝明显高于本段语音中主要说话人分贝,且不属于〈IN〉、〈PN〉、〈KN〉、〈WN〉范畴;音频中存在切音、吞音、丢帧、喷麦、重音等异常的情况
		其他噪声	〈ON〉	表示如汽车的轰鸣声,动物噪声,比如猫叫,鸟叫等。分贝极低,分不清楚发声体;录音设备常有的"滋滋"的脉冲电流声等。特别注意:仅在其他标签实在没法标的情况下标〈ON〉,一般都优先标〈KN〉、〈IN〉、〈PN〉、〈WN〉等,不要经常使用〈ON〉
		人工合成音	〈BN〉	表示人工合成音。智能设备被唤醒的时候,会说"在的啊","我在,你说"等应答语,这种都属于人工合成音,需要标成〈BN〉
		非主要说话人干扰	〈IN〉	表示与主要说话人不发生声音重叠的情况下,非主要说话人发出的、有实际含义的语音内容
	重叠	非主要说话人干扰	〈FN〉	① 表示与主要说话人有声音重叠情况下,非主要说话人发出的、有实际含义的语音内容 ② 不论非主要说话人声音与主要说话人声音在什么位置发生重叠,在主要说话人说话内容能听清的情况下,按照主要说话人说话内容进行切分和转写,并在转写文字内容的末尾增加〈FN〉,代表中间曾有其他说话人声音的干扰
端点截断	无效	无效	〈CO〉	在单分段开头和结尾,如果发生音频截断现象,按照主要说话人说话内容进行切分和转写,同时在发生截断的开头或者结尾增加〈CO〉标签,代表此处有端点截断现象。特别注意:〈CO〉标签前后禁止使用标点

正常单词全部小写,单词之间使用空格间隔。拼读字母大写,且直接相连,中间不需要空格间隔。

转写出的文本不需要带标点符号。

如果是邮箱或网址,按照日常书写方式转写,比如 xxx@163.com,直接转写为"xxx@163.com";www.google.com,直接转写为"www.google.com"。

（4）说话人性别属性标注。语音分段、有效内容按照上述要求转写完成之后,需要对每个分段的说话人的性别进行标注。

3 种人声类型:男人,标注为〈M〉;女人,标注为〈F〉;童声,标注为〈C〉。性别标注只针对主要说话人,静默、噪声、干扰等无效类型,不需要标注性别。

4. 标注实操

该项目的标注界面如图 6.39 所示,音频操作区域相比上一个项目有很明显的变化。此个项目中有 13 种内容属性标签,3 种性别属性标签,它们在音频操作区域都有相应的按钮。进行属性标注时,同样只需要选中分段,再点击相应按钮即可。分段列表的标注部分被分成两层,分别是转写内容层和角色层。内容属性标签和转写的文本标注在转写内容层中,性别属性标注在角色层中。

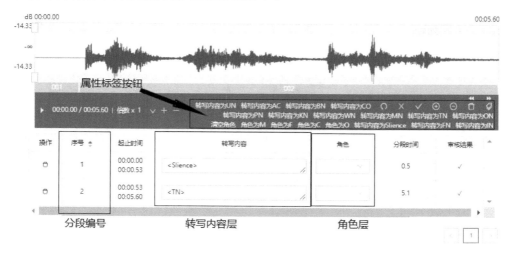

图 6.39 智能冰箱语音数据标注项目标注界面

如图 6.40 所示,音频按照分割规则分成 3 个分段。分段 1 里没有语音,但是能明显听到电风扇的嗡嗡声,参考表 6.1,此段属于白噪声,因此标注为〈WN〉;分段 2 是销售员在向客户介绍产品,语音为女性语音,因此在角色层将性别标注为〈F〉,并在转写内容层填入转写文本;分段 3 依然是销售员在介绍产品,但是在销售员话说完之前音频就结束了,发生了截断,因此,截断之前的语音尽可能正常转写,在转写内容的末尾标上表示端点截断的〈CO〉标签。

再比如图 6.41 所示的另一段音频,分割操作分成 3 段。分段 1 是麦克风的电流声,属于其他噪声,因此在转写内容层标注为〈ON〉即可;分段 2 是男性语音,按规则转

图 6.40　智能冰箱语音数据标注项目中有被截断的语音的界面

写后在角色层标注性别为〈M〉；分段 3 是歌声，属于音乐噪声，不需要转写，在转写内容层标注〈MN〉即可。

图 6.41　智能冰箱语音数据标注项目中有特殊噪声的界面

5．标注验收

按准确率统计，有效确定段落准确率，要求达 95％以上。分段标注音频累计时长与原始长音频须相等，不可丢失片段。原则上〈UN〉句子所占比例不可高于 1‰，应标尽标。

6.4.3　面向多轮对话场景的语音数据标注

1．案例背景

对话场景：某互联网公司提升 AI 产品的人机交互能力，使机器与用户进行多轮对话时，不须多次说唤醒词启动设备。

2．标注任务

音频来源于 AI 产品的设备录音，时长达到 2 000 h 以上。录音已经提前完成分割。听取每条音频中已经切分好的每一个音频分段和对应内容，判断其中是否有唤醒词。如果有唤醒词，要判断这段语音的唤醒词和后面的命令是否都完整；如果没有唤醒词，要判断这条语音是否本身就是一条有交互意图的指令。对每个音频分段都要进行以上判断。如果语音不含唤醒词而且有交互意图，就要进行转写。

3．标注规则

这个项目的语音数据来自人与智能语音助手的交互，这和人与人之间的交互有一定的区别，因此需要引入"唤醒词"之类的概念才能讲清规则。下面展示特殊场景下属性标注和语音转写的规则。

（1）唤醒词和交互意图的判断与标注

"唤醒词"指的是用于唤醒设备以便进行人机对话的语句。唤醒词只有一种，即"小度小度"（允许存在口音差异）。小度小、度小度、小小度等任何其他称谓，都不算"完整唤醒词"。

"语音指令"是类似"给我放首歌听听""播放歌曲""关机"等语音。

"有交互意图"指的是人主动与设备对话，如人跟设备聊天、发布指令等（也就是所有人对机器说的话，不管设备是否回复）。

项目中的一段音频要经过两次判断，最后会有 4 种判断结果：含有唤醒词，且唤醒词和命令都完整；含有唤醒词，但唤醒词或命令不完整；没有唤醒词，且无交流意图；没有唤醒词，但有交流意图。

第一种情况，"含有唤醒词，且唤醒词和命令都完整"，要求两部分都能听得懂，具体要求有：

唤醒词或者命令都可以多次出现，且不限制出现的先后顺序。例如"小度小度我喜欢你小度小度"，"我想听歌小度小度"，"小度小度我想听歌，先放一首歌"，"小度小度唱个歌小度"（注意：最后多出的两个字当做命令处理），"小小度小度你在吗"（注意：开头因磕巴有重字，但后面已说全）都可以归为这种情况。

语音指令可以没说完，但说出来的部分必须可以听清听懂。如"想听一首（歌）"，其中，"歌"没有说出来，但前 4 个字均清晰，可听懂，可以归为这种情况。

如果判断属于"含有唤醒词且唤醒词和命令都完整"的情况，需要通过系统快捷键向音频添加"〈sys〉"标签，不需要转写任何文字。

第二种情况，"含有唤醒词，但唤醒词或命令不完整"的主要情境有：

① 有"唤醒词＋命令"，但唤醒词不完整，如使用了"小度小""度小度"等。

② 有"唤醒词＋命令"，但其中某些部分听不清或者听不懂。比如因噪声等一些问题，导致唤醒词的某部分或命令的某部分听不清或听不懂。

③ 只有唤醒词，命令部分没有出现。

如果判断属于"含有唤醒词，但唤醒词或命令不完整"的情况，需要通过系统快捷键向音频添加"⟨overlap⟩"标签，不需要转写任何文字。

第三种情况，"没有唤醒词，且无交流意图"的主要情境包括：

① 通过前后文判断，内容是非人机对话、其他噪音，或电视机与设备所产生声音的音频分段。

② 以歌曲旋律唱出来的音频分段。

③ 只有语气词的音频分段。

如果判断属于这种情况，需要通过系统快捷键向音频添加⟨sil⟩标签，不需要转写任何文字。

第四种情况，"没有唤醒词，但有交流意图"时，如果有交互意图，但部分（2个字以上）或全部内容听不清或听不懂，就用快捷键将其标注为⟨sil⟩，不进行转写。只有在内容基本可以听清、听懂时，不需要标注标签，而要进行下一步的转写。

（2）转写规则

① 转写内容与音频完全一致。

② 如分段中有非人机交互意图，但可听清、听懂的部分，对应文字忽略不转写，仅转写有交互意图的文字部分。

③ 如分段开头或者结尾有音频截断现象，被截取的大部分文字能听清、听懂的，优先写出文字；否则忽略该部分文字不转写，只写出其他部分即可。

④ 对于英语/汉语方言，可听清、听懂的写出来；听不懂的，整个分段标注为⟨sil⟩。对于其他语言，整个分段标注为⟨sil⟩。

⑤ 不允许存在标点符号，只转写文字即可。

⑥ 语气词只转写音频中说话人清楚地讲出的语气词，因停顿或者犹豫而发出的语气词，常见的如"呃、啊、嗯、哦、唉、呐、哎、嘛、吗"等，要按照正确发音进行转写。网络用语"额、昂"需要使用"呃""嗯"代替。语气词除了"了、不、诶（二声）"没有口字旁，其他基本上都有口字旁。

⑦ 阿拉伯数字要写成汉字形式，如"一二三"，而不是"123"。注意区分"一"和"幺"，"二"和"两""俩"，"三"和"仨"。

⑧ 同音不同字情况，可以选择含义正确的同音字代替，如："权力"/"权利"，"李鸣"/"李明"。如遇专有名词，须网络搜索确认，并使用唯一标准写法转写。如"权力的游戏"不能写成"权利的游戏"。

⑨ 儿化音不需要标注。如"一会儿"应标注成"一会"。

⑩ 口吃磕巴、口误都尽可能按照原语音转写，不纠正。有口音要结合原语音，按照正确读音转写。

⑪ 英文单词全部小写,拼读的字母全部大写,英文单词与单词/字母之间、单词/字母与汉字之间用空格隔开。

⑫ 单个字的指令和歌曲,看百度搜索首页是否能搜到:若能搜到则按照有交互意图正常转写;如不能搜到,则通过前后文判断是否有交互意图后,再做对应标注。

⑬ 两个人同时说话(音频重叠),只写有交互意图的人说的话。但当两个人都有交互意图时,标注出声音大或主要发声者发出的音频;如果无法判断谁的声音大或重叠部分听不清,则整段标注为"〈sil〉"。

4. 标注实操

图 6.42 为此项目的标注界面,音频操作区有规则中提到的〈sil〉〈sys〉和〈overlap〉对应的按钮,分段列表中每个分段只有一个标注层,即转写内容层。

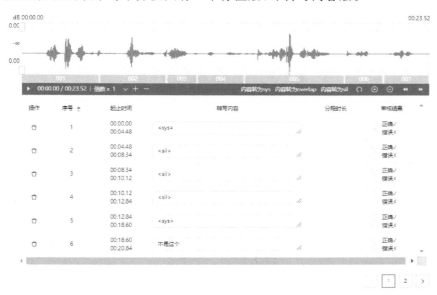

图 6.42 多次交互标注项目标注界面

选中音频,点击相应按钮即可标注对应的属性。

具体操作以图 6.43 所示音频为例,此项目中的音频已经被预先切分好,不需要也不能再进行调整。当前音频被分成多个分段,这里展示其中的 6 个。

分段 1 内容为"小度小度这本书翻到下一页",按照规则这属于"含有唤醒词,且唤醒词和命令都完整"的情况,标注为〈sys〉。注意,这里为了防止不小心输错,造成不必要的麻烦,建议使用快捷键或"内容转为 sys"按钮,其他属性标签同理处理。

分段 2 内容为"小度",只有唤醒词,没有命令,按照规则应标注为〈overlap〉。

分段 3 和 4 都是没有唤醒词的命令,有明显的交互意图,要按照规则进行转写,注意不用标点符号。

分段 5 内容为"小度小度回到首页",按照规则属于"含有唤醒词,且唤醒词和命令都完整"的情况,与分段 1 同理,标为〈sys〉。

图 6.43　多次交互标注项目示例

分段 6 是语音,但是语音短促,声音小,难以辨认,根据转写规则第④条,标注为
〈sil〉。

5.　标注验收

要求召回率 92.5% 及以上。

6.5　本章小结

本章详细介绍了音频数据标注的基础知识,从最基础的物理概念开始,逐步深入介
绍了音频数据标注项目中的一些具体概念,以便于标注员对本章涉及内容的理解。其
次,从语音数据标注的角度,讲述了语音数据标注本身的作用以及语音数据行业的现
状,从技术发展和产业发展两方面说明数据标注工作的重要性和前景。然后,详细解释
了语音数据标注的应用方向,即为语音合成、语音识别等技术提供高质量的数据支撑,
以提升语音技术的能力,明确了语音数据标注这项工作对社会的意义。接着,介绍了语
音标注的 3 种最基本的操作,即语音属性标注、语音转写和语音切割,以及相应的规则
和注意事项,并结合例题详细介绍了具体的操作方法。最后,列举了一些综合性的项目
案例,为数据操作的工作实践作提供参考。

6.6　作业与练习

(1) 计算机是怎样采集声音、形成音频数据的?

（2）汉语拼音是一种好的记音符号吗？为什么？

（3）音频数据标注操作可分为哪 3 类？各自举例说明。

（4）对图 6.44 中音频进行切割，要求标出切分点（已给出音频的大致内容以及波形图，参考 6.2.3 小节给出的规则进行标注）。

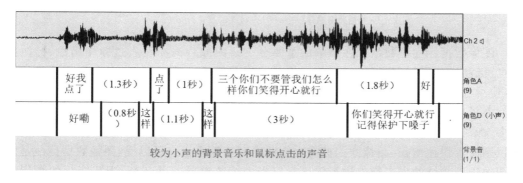

						Ch 2 ◁
好我点了	（1.3秒）	点了	（1秒）	三个你们不要管我们怎么样你们笑得开心就行	（1.8秒）	好	角色A (9)
好嘞	（0.8秒）	这样	（1.1秒）	这样	（3秒）	你们笑得开心就行记得保护下嗓子		角色D（小声）(9)
	较为小声的背景音乐和鼠标点击的声音						背景音 (1/1)

图 6.44　音频附图

（5）按照 6.2.2 小节给出的规则，下列转写错误在哪里？怎样更正？

① 今天晚上 9∶00 咱们到楼下见面。

② 这孩子又不争气，哎……

③ 你听过周杰伦的那首（双节棍）吗？

④ 苹果的英文是 apple，拼写出来是 apple。

第 7 章　图像数据标注

　　图像数据标注是数据标注领域的重要分支。图像数据标注通过标注属性、标注关键点、标注矩形框、标注折线区域等方式对图像数据进行处理,标记出图像所具有的特征,使得标注后的图像数据可用于图像识别领域的人工智能算法模型。作为数据标注中发展历史最长、目前应用领域最广的标注类型,图像数据标注所面临的任务场景种类繁多,标注项目通常差异性较大。在自动驾驶和人脸人体识别等热点应用的推动下,图像识别需求快速增长,图像数据标注也因此得到高度重视。可以说,图像数据标注是面向图像识别领域的人工智能进行深度学习和训练的重要前置环节,为智能化的图像处理技术提供了重要支撑。

7.1　图像数据标注简介

　　要学习图像数据标注,首先需要对图像数据本身有一定的了解。由于在绝大多数情况下,图像数据标注的处理对象都是数字图像,因此,了解数字图像的处理、存储、压缩以及数据文件格式等内容,不仅可以帮助图像数据标注员掌握工作中的常见术语,而且能加强他们对图像数据处理原理的理解。

　　如今,人工智能行业在面临前所未有的发展机遇,每一位数据标注员都应该认识到图像数据标注广阔的应用场景和巨大的市场潜力。计算机视觉领域发展,不仅需要依靠算法的更新迭代,也需要高质量的标注数据。在本书第 2 章中,我们已经对图像数据标注进行过初步介绍,在本章,我们会进行更为详细的讲解。

7.1.1　图像数据

　　图像数据是指图像数字化后形成的数据,也称为数字图像。在由美国田纳西大学 Rafael C. Gonzalez 教授编写的《数字图像处理》中,将图像定义为一个二维函数 $f(x, y)$,其中 x 和 y 是空间坐标,而在任何空间坐标点 (x, y) 处的函数值 f 称为图像在该点的强度或灰度。当 x、y 和 f 是有限的离散数值时,我们将该图像称为数字图像,它通常是通过对物理世界中连续图像的取样和量化得到的。

　　数字图像可分为两大类:位图和矢量图形。

1. 位　　图

　　位图(Bitmap),也叫点阵图或栅格图,是指使用像素阵列(Pixel - Array/Dot - Matrix)表示的图像。像素为影像显示的基本单位,译自英文 pixel,pix 加上英语单词 element(元素),就得到 pixel,故"像素"表示"画像元素"之意,有时亦称为 pel(Picture Element)。这样的像元素不是一个点或者一个方块,而是一个抽象的取样。影像中的像素可以从任何视度看都不像分离的点或者方块。每个像素可有各自的颜色值,可采用三原色显示,分成红、绿、蓝三种子像素(RGB 色域),或者用青、品红、黄和黑(CMYK 色域显示,印刷行业以及打印机中常见)。照片是取样点的集合,在影像没有经过不正确的/有损的压缩或相机镜头合适的前提下,单位面积内的像素越多代表分辨率越高,所显示的影像就越接近真实物体。

(1)位图数字化方法

在王玲、宋斌编写的《计算机科学导论》中将位图的数字化方法定义如下:通过数码照相机、数码摄像机、扫描仪等设备获取数字图像,都需要经过模拟信号的数字化过程。位图的数字化分为扫描、分色、采样、量化 4 个过程。

① 扫描:将画面划分为 $M * N$ 个网格,每个网格称为一个采样点,每个采样点对应于生成后图像的像素。

② 分色:将彩色图像采样点的颜色分解为 R、G、B 3 个基色。若是灰度或黑白图像,则不必进行分色。

③ 采样:测量每个采样点上每个颜色分量的亮度值。

④ 量化:对采样点每个颜色分量的亮度值进行 A/D 转换,即把模拟量转换为数字量。一般的扫描仪和数码照相机生成的都是真彩色图像。

将上述步骤转换的数据以一定的格式存储为计算机文件,即完成了整个位图数字化的过程。

(2)位图主要参数

位图的主要参数包括分辨率、色彩空间和色彩深度。通过了解这 3 个参数,标注人员可以对如何处理图像数据有更深层次的理解,便于理解一些标注规则背后的逻辑。下面根据维基百科中的定义对这 3 个参数进行简要介绍。

① 分辨率:分辨率泛指量测或显示系统对细节的分辨能力,此概念可以应用于时间、空间等领域的量测中。日常用语中分辨率多见于描述影像的清晰度,分辨率越高代表影像质量越好,越能表现出更多的影像细节;但信息越多,文件也就会越大。

② 色彩空间:色彩空间是指色彩的组织方式。借助色彩空间和针对物理设备的测试,可以得到色彩的固定模拟和数字表示方法。色彩空间可以通过挑选一些颜色定义,比如彩通系统就只是把一组特定的颜色作为样本,然后再给每个颜色定义名字和代码;也可以是基于严谨的数学定义。

③ 色彩深度:色彩深度简称色深,在计算机图形学领域,其表示在位图或者视频帧缓冲区中储存每一像素的颜色所用的位数,常用单位为位/像素(bpp)。色彩深度越高,可用的颜色就越多。色彩深度是用"n 位颜色"(n-Bit Colour)说明的。若色彩深度是 n 位,即有 2^n 种颜色选择,而储存每像素所用的位数目就是 n。

(3)常见的位图格式

常见的位图格式包括 BMP、GIF、PNG 和 JPEG 格式等。

2．矢量图形

矢量图形(Vector Graphics)是计算机图形学中用点、直线或者多边形等基于数学方程的几何图元表示的图像，矢量图形与使用像素表示图像的位图是不同的。

计算机可通过专门的软件读取并解释矢量图形的指令，将它们转化为显示器可以显示的形状和颜色，在显示器上显示出来。由于矢量图形本质是一系列指令，因此它需要的存储空间通常较小，但在显示时需要的计算时间较多。矢量图形最大的特点是可以随意将其缩放而不出现"锯齿"。

常用的矢量图形的格式有 AI、CDR、DWG、WMF、EMF、SVG、EPS 等。

AI 是 Adobe 公司 Illustrator 中的一种图形文件格式，用 Illustrator、CorelDraw、Photoshop 软件均能打开、编辑等。

CDR 是 Corel 公司 CorelDraw 中的专用图形文件格式，在所有的 CorelDraw 软件应用中均能使用，但是其不支持其他图像编辑软件。

DWG、DXF 是 Autodesk 公司 AutoCAD 中使用的的图像文件格式。DWG 是 Auto-CAD 图形文件的标准格式，DXF 是基于矢量的 ASCII 文本格式，可用以和其他软件之间进行数据交换。

WMF 是 Microsoft Windows 图元文件格式，具有文件短小、图案造型化的特点，该类格式图形不太清晰，且只能在 Microsoft Office 中调用和编辑。

EMF 是 Microsoft 公司开发的 Windows 32 位扩展图元文件格式，其可以弥补 WMF 文件格式的不足，使得图元文件更易于使用。

SVG 是基于 XML 的可缩放的矢量图形格式，由 W3C 联盟开发，此格式文件可任意放大图形显示，边缘异常清晰，且生成的文件小，易下载。

EPS 是用 PostScript 语言描述的 ASCII 图形文件格式，可在 PostScript 图形打印机上打印出高品质的图形文件，能表示 32 位图形文件。

7.1.2 图像数据标注及其发展

1．计算机视觉和图像数据标注

计算机视觉的发展从根本上影响着图像数据标注的工作内容，因此在介绍图像数据标注前，需要先了解一下计算机视觉。

计算机视觉是一门研究如何使机器"看"的科学技术，更进一步说，就是利用计算机及相关设备对生物视觉进行模拟，用机器视觉系统代替人眼对目标进行识别、跟踪和测量等，并进一步处理所采集的图片，从而从图像中提取我们所需的信息。总之，计算机视觉的主要任务就是通过对采集的图片或视频进行处理，获得相应场景的信息。

《2019—2020 人工智能发展报告》一书中指出："计算机视觉作为学术界和产业界公认的前瞻性技术研究领域，研究成果层出不穷，深度学习、识别和分割精细度技术、三维视觉技术是计算机视觉领域的热门研究方向。"目前，计算机视觉越来越多地应用于图像检测、缺陷检测等领域，同时，由于基于深度学习的计算机视觉处理复杂任务受限，当前研究过度依赖数据集,也就是说,数据集存在的局限性很容易反映到人工智能在不同领域进行识别时所体现的能力差异上,因此,就需要数据量更大、领域更全面的图像标注数据集。举一个典型的例子:在人脸识别领域,由于早期的数据集大部分来源于白人成年男性的人脸图像,在这样的数据集基础上深度学习用于早期人脸识别系统对白人成年男性的识别准确率极高,但在面对白人群体的妇女和孩童时,准确率并不理想,就更不用说在面对其他人种时的识别情况了。这就推动建立了能涵盖不同年龄、不同性别、不同人种人脸图像的更加全面的数据库。随着计算机视觉领域的不断发展,图像识别系统应用的领域不断增多,面对的识别任务越来越多元,这是各种各样的图像数据标注需求不断增多的主要原因。

图像数据标注是数据标注领域的一个重要分支,是指通过属性标注、矩形框标注等方式对图像进行处理,标记图像所具有的特征,作为人工智能学习(训练模型)的基础材料。图像数据标注把图像数据打上某个具体标签,让计算机识别图像特征,以及特征和标签之间的关联关系,最终实现自主识别。图像数据标注为计算机视觉的研究提供了丰富的带有标签的图像数据,实现了对于抽象信息的提取、转化,确保人工智能模型得到有效训练。

2. 计算机视觉的发展

图像数据标注的内容总是围绕计算机视觉在发展过程中的需求革新而不断变化,可以说,图像数据标注的发展离不开计算机视觉的发展。下面我们先看一下计算机视觉行业的发展情况。

在 20 世纪 50 年代,计算机视觉概念首次出现,在其发展的历程中主要有两次大的飞跃,第 1 次是 20 世纪 70 年代图像传感器的出现,使光学影像能够转化为计算机能处理的数字信号。这是计算机视觉发展历程中的重要转折点,为计算机视觉的真正发展拉开了序幕。第 2 次是 20 世纪 80 年代,CPU、DSP 等图像处理技术的飞速进步,进一步推进了计算机视觉技术的发展,使得计算机视觉领域在 90 年代后期进入行业高速发展期。

随着计算机视觉技术的不断成熟,相关研究成果快速增长,国内外研究水平的差距随之不断缩小,但我国顶尖成果与国外还存在一定的差距,美国在计算机视觉领域仍然具有较大影响力。清华大学曾发布的 AI 2000 人工智能全球最具影响力学者榜单是对以往 10 年 23103 名学者在该领域顶级国际会议(CVPR、ICCV、ECCV)发表的 12 517 篇论文的累计引用情况的分析。此调研发现,计算机视觉全球最具影响力的学者绝大多数来自美国,共 65 人,中国学者为 15 人,与美国差距较大。顶级会议的审稿人中美国占多数,这从侧面反映了美国在该领域的影响力。我国在底层算法和中层显著性检测的研究水平处于领先,如在边缘提取领域,我国学者在底层算法研究提出的方法对该领域具有较好的指导意义,在中层显著性检测方面,我国研究实力也属国际一流,但在基础理论研究方面仍少有建树;在高级视觉研究方向的场景几何重建、场景光流与运动估计方面,我国的研究工作较为欠缺,在以自动驾驶数据集为评测基准的算法研究中,我国的研究成果相对较少。

目前,基于深度学习的分类、目标检测、语义分割、三维视觉技术是计算机视觉领域的热门研究方向。与此同时,随着 3D 应用技术的不断发展,越来越多的 3D 重构技术,如结构光、立体视觉等被引入计算机视觉。3D 图像处理与分析的算法应用越来越广泛,或将成为计算机视觉的一个主流发展方向。另外,计算机视觉与互联互通标准等技术的融合越来越紧密。互联互通标准是指计算机视觉系统内部与智能制造设备之间,以及与企业的管理系统之间,进行互联互通,使设备和制造管理朝着更智能方向发展。计算机视觉行业与其他行业合作,不断拓展互联互通的外延,旨在促成视觉系统与其他行业的互联互通。

近年来,在市场层面,计算机视觉市场规模快速增长,国际科技巨头注重稳固基础层,我国初创企业则持续领跑应用层。在应用层面,计算机视觉在自动驾驶、安防、金融和互联网等领域应用广泛。《2019—2020 人工智能发展报告》这样提到:计算机视觉是人工智能应用场景最丰富、商业化价值最大的赛道。

3. 图像数据标注的发展

作为目前数据标注产业市场规模最大的分支,图像数据标注产业根据企业和用户的实际需求对图像数据进行不同方式的标注,提供大量可靠的训练数据以便机器学习使用。在计算机视觉与人工智能技术的发展过程中,图像数据标注在行业需求和算法革新的推动下也在逐步发展。

自 21 世纪以来,图像数据标注领域比较成功的发展案例当属斯坦福大学的李飞飞教授为了给机器学习算法提供丰富可靠的图像数据集在 2007 年开启的 ImageNet 项目。ImageNet 项目的成功改变了人们的固有认知,人们逐步认识到数据才是人工智能的核心。数据不是人工智能系统中可有可无的存在,在一些应用场景下其比算法还重要,正所谓"胡乱输入,胡乱输出",没有高质量的输入数据,再好的算法得到的也只是无用输出。

4. 图像数据标注的现状

需求是行业的"发动机",随着计算机视觉行业的迅猛发展,图像标注数据的需求也快速增长。数据服务供应商为人工智能公司提供大量的带有标签的结构化数据集,供计算机进行训练和学习,进而保证算法模型的有效性,因此,数据标注在人工智能发展中占据着非常重要的地位,在未来一段时间内依然会保持这一地位。目前,随着整个数据标注行业的快速发展,应用领域广泛、需求层次丰富的图像数据标注依然是占比最高的数据需求,如一些特定场景下的算法对于标注数据的需求量非常大。总之,图像数据标注具有很好的发展前景,2019 年中国 AI 基础服务行业市场规模中各类型数据占比情况,如图 7.1 所示。

当前,图像数据标注行业在发展过程中主要面临的问题是标注质量问题。由于目前图像数据标注多为标注员手动标注,总体上基于个人经验,标注员对于标注标准的理解存在偏差,这和数据标注行业有关。尽管数据标注从 20 世纪 70 年代就开始发展,到如今已有 50 年,但是国内数据标注行业整体发展成一个比较完备的体系,并开始展现不俗的商业价值只近 10 年。很多标注任务类型并没有形成业界统一的操作规则,操作规则也因公司、具体项目的要求不同而有所差异。更多的标注做法还没有形成书面的规章。规则不一,标注后的图像质量自然就参差不齐,当不同公司平台之间进行合作、对接时,标注图像的质量不一就成了问题。

此外,限于现有技术,图像数据标注行业的发展还面临着标注速度问题。在图像数据标注任务多为人工标注的大背景下,当需要标注的数据量相对较大时,标注工作就会耗费大量时间。当标注任务数据量庞大时,仅靠人力根本无法在短时间内满足项目要求,目前正在发展但尚未成熟的半自动化标注也无法有效改善这一局面。

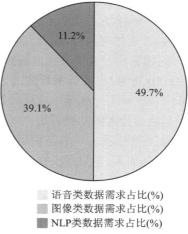

语音类数据需求占比(%)
图像类数据需求占比(%)
NLP类数据需求占比(%)

图 7.1   2019 年中国 AI 基础数据服务行业
市场规模中各类型数据占比

7.1.3　图像数据标注应用场景

作为整个数据标注行业中占比最高的标注类型,图像数据标注是自动驾驶、智慧医疗、智能安防等多个领域智能化的基础条件,其应用场景非常广泛。下面简单介绍一些图像标注典型的应用场景。

1. 自动驾驶

目前,全球计算机视觉应用场景主要在消费电子、机器人和自动驾驶领域,计算机视觉在自动驾驶领域应用持续增多。特斯拉总裁马斯克认为计算机视觉是自动驾驶技术的"桥梁技术"。在自动驾驶领域,进行基于深度学习的计算机视觉模型训练时,所需要的图像标注数据量是巨大的,自动驾驶本身面临的情景多样,需要的标注任务也有很多类型。

（1）车道线标注

车道线标注是指对道路地面标线进行的综合标注。车道线标注情景中,主要有分类标注和区域标注。

① 分类标注。这里是指对车道线的不同类型的标注,如黄色还是白色,实线还是虚线等。道路上的车道线类型多样,车道线的标注会为无人驾驶的决策提供依据。

② 区域标注。这里是指对车道线的区域位置的标注。车道线和车道线之间形成的区域往往有其对应的含义,比如在十字路口前,直行区域、左转区域、右转区域、待转区域,以及网状线边缘围成的禁止停车区域等,这些区域标注都会在模型训练中帮助无人驾驶系统做出行进判断。

（2）指示牌/信号灯标注

指示牌/信号灯标注是对道路悬挂指示牌/信号灯进行的综合标注,包括矩形框标注、区域标注,常应用于训练自动驾驶系统根据交通规则进行行驶的操作中。

① 矩形框标注。这里是指以矩形框的形式标注不同类型的红绿灯。红绿灯的类型比较多,常见的有红灯、绿灯、黄灯,还有倒计时灯,标注时需要区分。

② 区域标注。这里是指以折线区域的形式标注红绿灯及灯框的区域位置。

(3) 2D 车辆/行人标框标注

2D 车辆/行人标框标注在自动驾驶中是最基础也是应用最广的标注方式,主要应用于对车辆与行人的基础识别。

① 矩形框标注。这里是指用矩形框的形式标注不同类型的障碍物。通常,障碍物的类型较多,如人、车、绿化、交通设施等,无人车需要进行障碍物类型模型训练。项目矩形框标注会有不同的分类标准,往往要求繁多,如对各种车辆类型的区分标注,对行人状态的区分标注等,需要细心谨慎,牢记规则。

② 区域标注。这里是指按照折线区域的形式标注障碍物的区域位置。

(4) 3 sensor 标注

3 sensor 是指三个传感器:Image Sensor(图片传感器)、Lidar Sensor(激光雷达传感器)、Radar Sensor(毫米波雷达传感器)。3 sensor 标注也称为 3D 雷达标注,是根据镜头反求原理,将视频场景模拟成 3D 图像,通过 3D 图像标注出物的位置及大小。3 sensor 标注主要应用在自动驾驶虚拟现实(VR)训练场景的搭建方面。

① 矩形框标注。这里是指以矩形框、立体框的形式分别在图像、点云等数据中标注出不同类型的物体,即在三类传感器采集的数据中,将不同的物体标注为相应类型。

② 区域标注。这里是指以区域的形式标注出障碍物的区域位置。

2. 智能安防

智能安防是人工智能与信息结合的关键技术,对于城市与民生发展都有重要的意义,其通过生物识别和行为检测等技术手段,广泛地应用于城市道路监控、车辆人流检测、公共安全防范等领域。对复杂条件下的人脸、道路、车辆、动作进行数据采集与标注,可以应用于多种智能安防方面。例如,利用城市监控的图像画面可以记录犯罪分子的面容样貌,给出预设,为案件侦破争取宝贵时间。

(1) 行为标注

行为标注是对特定行为进行区域标注和分类标注,主要应用于对危险行为的监控,例如,打架、晕倒、车祸等。

① 标注方法:区域标注、分类标注,主要用于监控具体行为。

② 应用方式:通过对来访者的行为进行监控,判断其是否具有危险行为的可能性,当视频监控系统识别出危险行为后,即可报警。

③ 未来发展:未来发展方向主要是动态识别、人机交互技术。随着算力和数据质量的提升,高速动态的识别将成为主流趋势。

(2) 人脸标注

人脸标注是对图片、视频中的人脸进行数据标注,为人工智能算法模型提供训练数据,是目前最常见的数据标注类型。

① 标注方法：人脸定位标框标注、人脸描点标注。随着人工智能算力的提升，算法对数据精度的要求也在提高，如今人脸描点标注技术已从简单的 8 点发展到超过 108 点。

② 应用方式：主要应用在智能安防系统中的人脸识别，与其他识别方式组合，构成可靠的身份识别系统。

③ 未来发展：未来发展的方向主要是动态识别。同行为标注类似，随着算力和数据质量的提升，高速动态识别也将成为主流趋势。

（3）表情标注

表情标注是一种分类标注，指针对不同表情状态（愤怒、高兴等）进行表情分析，通过标注关键点位或者画框，将蕴含在图像中的表情信息数字化，并按照某种规则进行表情的诠释分类。机器学习，需要通过人脸标注辅助达到比较好的人脸表情分析效果。

① 标注方法：主要是结合点位分布，按照项目规则分类进行标注。要注意，表情分析在标注时会存在主观因素。

② 应用方式：表情分析是智能安防系统从被动防御向主动预警发展的关键技术。通过观察人的表情，可以在一定程度上分析出其接下来的行为。如一个人的表情被判断为愤怒，那么智能安防可以通过识别这个人是否携带一些危险品，如木棒、刀子等，决定是否由被动防御转为主动预警。

③ 未来发展：和人脸识别类似，随着算力和数据质量的提升，高速动态识别将成为主流趋势。

3. 智慧医疗

智慧医疗主要依托互联网平台，将海量数据分析处理、机器学习、深度学习等技术与循证医学、影响分析、基因组学等传统医疗学科相结合，不断丰富各种应用，赋能辅助诊断、健康管理、药品研发、基因检测等多个领域，从而提升医疗行业的诊断效率、准确率和服务质量，通过人工智能技术驱动传统医疗生产力和生产方式的转变。

（1）医疗影像标注

医疗影像标注是对医疗影像进行区域标注及分类标注，多应用于辅助临床诊断。基于深度学习的影像分析极大地提升了辅助诊断的效率及准确率。医学影像是疾病征象的最大信息来源，占全部临床医疗数据量的 80% 以上。理解医学图像、提取其中具有诊断和决策价值的关键信息是辅助诊疗最为关键的环节。借助于人工智能超强算力，并结合深度学习能力，能够实现病灶区域图像分割、特征提取与模型建立，对海量影像数据进行更深层次的挖掘、预测和智能分析，将经验转为可复制、可普及的技术工具。

但是，目前医疗影像技术发展还不够成熟，做影像标注的多为专业医生，行业门槛比较高。虽然影像标注与车辆的 2D 框标注所采用的方法类似，但是处理时会涉及较为严谨的专业医学知识，再加上对标注准确性的要求极高，如果标注出现错误，则会产生非常严重的医疗事故。以上因素使得医疗影像标注需要医学领域的专业人才，比如在职医生和医学研究生完成。

① 标注方法：区域标注、分类标注。区域标注是针对人体的不同区域组织进行标

注,分类标注是对组织类型进行标注。

② 应用方式:人工智能通过学习大量的医疗影像标注数据集,辅助医生进行临床诊断以及提出治疗方案。

③ 未来发展:未来高质量的医疗影像标注,会改变目前人工智能技术医疗诊断还处于辅助阶段的现状,其可靠性将会随着医疗影像数据库的质量提升而提高。

（2）人体标框标注

人体标框标注是根据人体不同部位进行标框标注,多应用于远程医疗外伤诊断。通过这样的标注,我们可以"告诉"机器人体有何种外伤,通过大量数据的训练,机器后续可以自主诊断人体的外伤情况,这对后续开展外科手术帮助极大。

人体标框标注中比较典型的应用是达·芬奇手术机器人,现在达·芬奇机器人手术系统主要应用于成人和儿童的普通外科、胸外科、泌尿外科、妇产科、头颈外科以及心脏手术。这些功能的实现都离不开背后大量标注数据的支撑。

（3）病历文本标注

我们看病的时候,需要携带病历。把病历给医生的时候,医生会通过病历了解患者更多信息,比如就医时间,身体状态、检查项,患病状态、患病组织,已有的治疗建议等。在智能医疗中,我们可以更高的效率实现这一过程。病人把病历交给人工智能系统,通过计算机视觉、自然语言处理等技术,人工智能就可以在一个丰富的数据库支撑下做出一些比较常见的病情诊断和治疗建议。要想实现电子病历系统对病历上关键信息的提取,就需要将标注的病历文本图像数据集训练为相应的算法。病历文本标注的工作内容具体表现为:对病历信息进行文本标框标注,对病历上关键信息进行图像—文本转录。从标注具体方法看,病历文本标注可以看作是 OCR 光学字符识别的具体应用。

① 标注方法:主要是文本标框标注,即针对病历文本内容进行画框标注,实现文本转录。

② 应用方式:主要应用于电子病历的建设中,实现病历记录的信息化。

③ 未来发展:未来的发展方向是结合现有的人工智能实现病历平台,通过互联电子病历平台,实现服务信息化。

（4）骨骼点标注

骨骼点标注不仅应用于智能医疗领域,它在非医用人体姿态判断领域也有重要作用。在医疗领域中,骨骼点标注主要通过对人体骨骼关键点的点位标记,确定人体的骨骼健康程度,以便后续诊断,建立健康档案等。

① 标注方法:关键点标注,即根据标注要求,对身体的主要骨骼点进行准确描点。

② 应用方式:人工智能通过对骨骼点标注的学习,可以快速锁定患者病灶,尤其是诸如腰椎间盘突出这类改变体态的疾病。

③ 未来发展:建立数字化健康档案。

4．机械制图

数据标注在机械制图中也有所应用。图样绘制是一个专业而严谨的过程,机械图样是设计、加工制造、装配使用、检验检测以及维修等活动的重要技术参考,是工程技术人员交流的工具,其应用的主要标注类型:尺寸标注和表面粗糙度。

（1）尺寸标注

机械制图过程中,三维物体形状转化成二维视图后,需要表达物体形状的大小,对机械尺寸进行标注,包括尺寸界线、尺寸线等。

（2）表面粗糙度标注

机械表面粗糙度对于机械制造的精确度及机械识别具有很大影响。对于粗糙度的标注,可用于人工智能模型对于机械的检测、识别等。

7.2　图像数据标注技术和方法

图像数据标注的基本操作是关键点标注、标注框标注、图像区域标注和属性标注。标注员要根据案例实操说明,认真理解标注的逻辑,不仅要熟练掌握标注方法,还要对执行操作原因形成正确的理解,只有这样,才能对各种项目场景应付自如。

关键点标注、标注框标注、图像区域标注和属性标注的分类不仅要依据标注过程中绘制的图形——点、线、框等,还要根据标注操作本身的特点进行划分。每种分类下的标注操作方式都有相似的操作规律,如点的核心操作是点击;标注框标注无论 2D 还是 3D,核心操作都是拉取和调整;图像区域标注的本质是通过多次点击绘制折线,根据项目需要判断是否闭合标注;属性标注则是选择标签或者转写等。下面我们通过一些案例具体介绍图像标注的基本操作。

7.2.1　关键点标注

1．基础知识

关键点标注是指将需要标注的元素按照需求位置进行点位标注,从而实现对关键点的识别。目前,在各种应用场景中,有很多需要对大量的图像进行关键点标注的工作,得到标注后的数据,然后应用所得到的标注数据完成相应任务。

关键点标注得到的数据一般用于人脸识别、人体骨骼监测、手势确认等模型的训练,如姿态或脸部识别模型借助于关键点标注判断各个点在运动中的移动轨迹,通过不同方位的点标注,可以判断图片上人物的特点,从而实现更加复杂的判断。

2．通用标注规则

关键点标注要注意位置和属性。位置要根据具体项目的规则而定,有时还要根据项目要求,对不可见的点的位置进行判断及识别再标注。属性主要分为可见和不可见,要根据图像上标注对象的实际情况和标注规则进行选择。

3．关键点标注实操

我们以百度众测平台的手指点读的 7 点手势标注为例,初步学习一下关键点标注的实际操作。

7点标注位置:第1点,食指指尖点;第2点,食指中间关节;第3点,食指指根;第4点,中指中间关节;第5点,中指指根;第6点,指尖右下侧;第7点,指尖左上测。

其中1、6、7号3个点位尽量形成等腰三角形,对指尖上的3个点位一定要非常仔细地标注。1、6、7号位应标注到手指外边缘,1号位左上为7号位,1号位右下为6号位。2、3、4、5号位应尽量标注在手指柱体的中间位置。

打开标注平台的相关任务界面,选中食指指尖点,也就是1号点(食指指尖点)位,这时点击"编辑模式"/"选择模式"的切换按钮或者按R键切换到编辑模式,开始标注。

如图7.2所示,在合适位置标注1号点(食指指尖点),若对位置不满意则可以取消操作。在1号点标注完成后,选择图像中食指中间关节的合适位置进行2号点(食指中间关节)的标注。

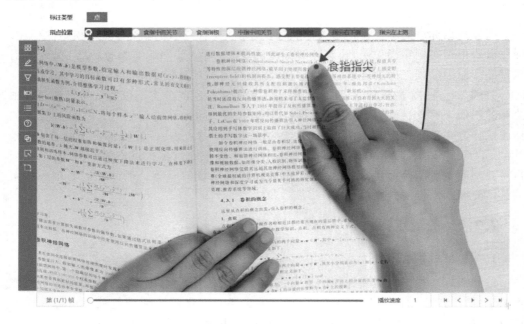

图7.2　7点手指手势标注中的1号点标注

如果想对之前标注的点的位置进行修改,可以点击"编辑模式"/"选择模式"的切换按钮或者按R键切换为选择模式,选择需要改变位置的点,点的旁边会出现一个深色圆圈记号,如图7.3中那样,此圈的出现表示已经选中这个点。

这时按下Delete键,即可删除这个点;然后再次点击"编辑模式"/"选择模式"的切换按钮或者按R键切换回编辑模式,重新标记点位,如图7.4所示。

按照要求依次标注剩下的点位,直到7点全部标注完成,如图7.5所示。

注意事项:

如果图像中有两只手,至少有一只有明确的指尖指向的动作时,标注对应的那一只具有点读手势的手即可;如果图像中的两只手均不明确哪一只是点读手势,两只手均需要标注。

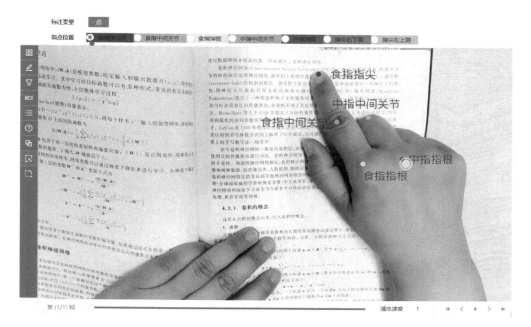

图 7.3　7 点手指手势标注中的标注点的修改

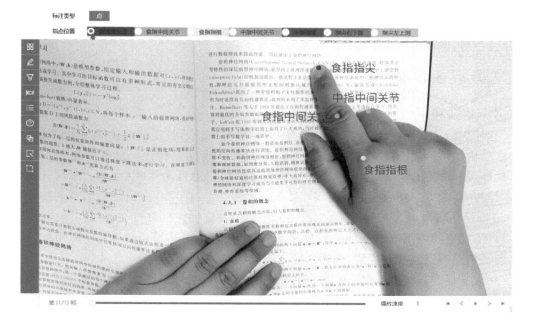

图 7.4　7 点手指手势标注中的标注点的删除

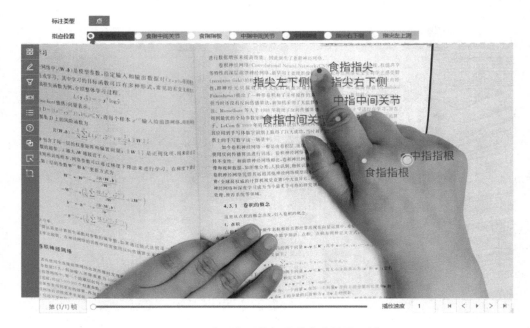

图 7.5　7 点手指手势标注的完成界面示例

在图像中,无明确点读手势时,可在图中最大化匹配指尖点读手势。如果完全无指尖点读的手势(如握拳等),那么对其他关键点应尽可能标注,对指尖点不进行标注。

对于人手遮挡情况,不是完全看不到的,即使是较小的边缘图,也要尽可能找出一个点读手势,标注出点读手势的 7 个所有关键点。

7.2.2　标注框标注

1. 基础知识

标注框标注是用一个简单的线框对图像目标对象进行拉框标注。框标注包括矩形标注、自由矩形标注、3D 框标注、四边形框标注和不规则框标注。框标注也可以分为 2D 框标注和 3D 框标注两类。2D 标注框标注常用于对自动驾驶中的人、车和其他物体的标注,目前 3D 框标注主要应用于 3D 点云标注,其在尺寸方面需要调节的参数相比 2D 框标注增加了 Z 轴属性,而在位置的调节上,3D 标注框可以在三维空间内平动,也可以围绕空间内某一点或轴进行旋转。3D 标注框本身还可以处理 2D 常规数字图像,即从中获得空间视觉模型,以测量物体间的相对距离。

在人脸识别系统中,需要通过框标注将人脸的位置确定下来(即人脸捕获),才能够进行下一步人脸识别;在很多应用中,均需要通过框的形式将各文档中需要识别转化的内容标注出来。

总之,框标注应用广泛,标注框本身能直观反映标注对象的位置信息,通过在标注时选择不同的属性标签,可以反映更多的信息。

2．通用标注规则

对于图像中完整的标注对象,要在合适的位置用对应的标注框进行标注。在拉框标注前,要注意标注框的属性选择,比如标注对象的种类、朝向等。在标注框完全包围物体的前提下,需要注意框的边缘和物体的距离,在不同的项目中,距离上限的要求各有不同(通常情况下,上限是 5 个像素)。在 3D 点云的 3D 标注框标注中,就更加需要注意,因为此时要保证紧密贴合的面有 6 个。实际操作时,要结合三视图,在把所有障碍物的点都框在内部的前提下贴近物体点云。如果障碍物的点云较为分散,那么可以先在 3D 图上拖动调整,再调整贴合。

对于被遮挡、被截断的标注对象,应根据具体项目的标注规则,先判断是否要进行标注,在确认需要标注的前提下进行标注。通常情况下,2/3 比例处是进行推测性标注和不进行标注的分水岭,即标注对象被遮挡、被截断部分的比例低于整个物体的 2/3,就需要对被遮挡、被截断部分进行合理的推测性标注,高于整个物体的 2/3,就不进行标注。当然,这个比例并不是一成不变的,要根据项目实际情况判断。

3．标注框标注实操

这里以百度数据众包平台的 2021 年出租车票标注项目为例介绍。

(1)图像分类

此项目中,在标注前需要根据规则对图像进行分类,主要分为以下 4 类:单张出租车票【需要标注】、单张出租车票与其他票据混贴【需要标注】、多张出租车票混贴【不需要标注】和非出租车票【不需要标注】。

进入界面后,根据图片标注界面中的待处理图像判断,并点击图片分类界面的按钮,进行单项选择,如图 7.6 所示。

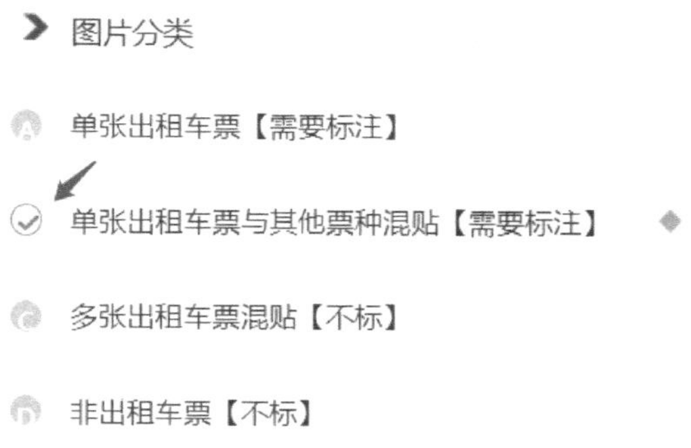

图 7.6　图片分类选择示意

(2)属性和类型选择

① 用框类型(矩形框)标注属性:印章。

② 用区域类型(四角框)标注属性:发票代码、发票号码、车号、省份前缀、日期、上车时间、下车时间、里程、单价等除了印章以外的其他属性(包括金额、总金额、燃油附加费、预约叫服费)。

③ 进入图片标注界面,这时页面默认为选择模式,点击图 7.7 中所示的"编辑"/"选择"模式,切换按钮或者按下 R 键,切换到"编辑"模式后,开始标注。点击"区域",从区域属性开始标注。

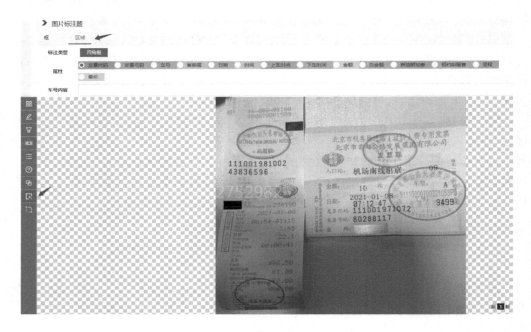

图 7.7　百度框选图像标注界面

此时,可以按照标注平台操作界面栏的属性逐个标注,也可以按照图像上的内容从上往下依次标注。选定标注的对象,在标注平台的操作界面栏找到对应的属性。这里以发票代码为例,点击对应属性,出现深色点代表,选中,就可以开始标注了。

首先选取合适的位置,在标注对象边缘后,按照顺时针顺序点击 4 下(图 7.8～图 7.11),可以看到,点击后,一个四角框被拉起;然后,在确认标注效果理想后,点击右键确定,由图 7.12 可以看到,框的颜色由深变浅,整个区域填充了浅颜色,这代表完成了对一个标注对象的属性四角框标注。

由于四角框的标注方式符合区域标注的定点绘制折线过程,百度众测平台这里将其划分到"区域"标注,但是鉴于案例本身的实际情况,百度众测平台对于这一类的标注设置了限制:标注顺序必须按照顺时针规则,否则右键确定时会失败,并显示"标注顺序不满足要求";必须是 4 个点定位后,再点击右键,若超过或不足 4 个点,点击右键会显示"元素构成点数不满足要求"。这种操作也可以看作是一种自由矩形标注。

当然,顺时针的约定是标注中默认的规则,点的个数的限制可以根据项目要求而变化,标注项目的管理者可以在后台调整标注界面的相关配置。这里标注点个数的限制是为了便于标注员进行标注。

按照相同的方法,点击属性栏中的其他属性,对图像上的标注对象进行标注。如果

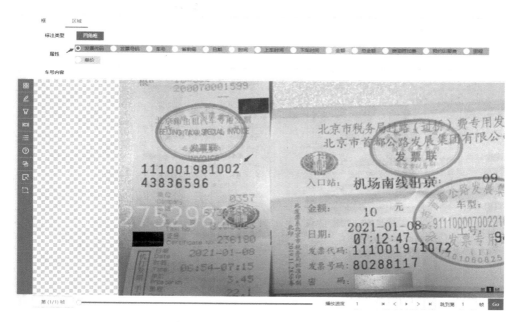

图 7.8　百度框选图像标注——出租车票发票代码标注(1)

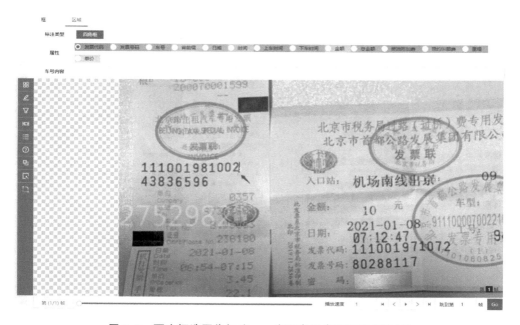

图 7.9　百度框选图像标注——出租车票发票代码标注(2)

对于标注框不满意,可以点击"编辑"/"选择"模式,切换按钮或者按下 R 键,切换到"选择"模式后,点击标注框,在选中后按下 delete 键删除。

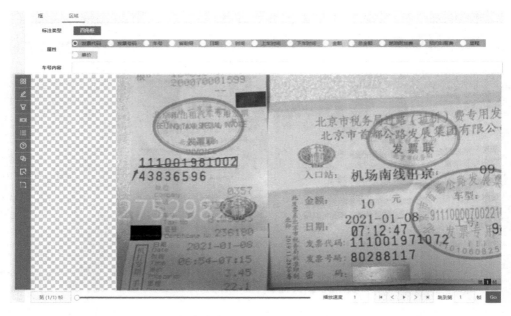

图 7.10　百度框选图像标注——出租车票发票代码标注(3)

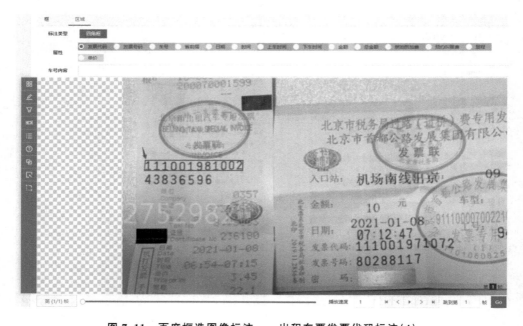

图 7.11　百度框选图像标注——出租车票发票代码标注(4)

在除了印章以外的属性都标注完成后,点击平台界面栏中的"框",切换到"拉框标注",选择合适的位置拉框,将图像中的印章框在其中,如图 7.13 所示。

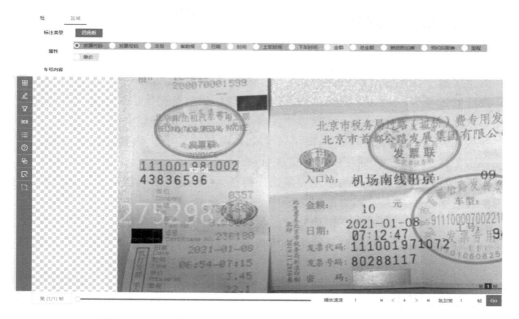

图 7.12 百度框选图像标注——出租车票发票代码标注(5)

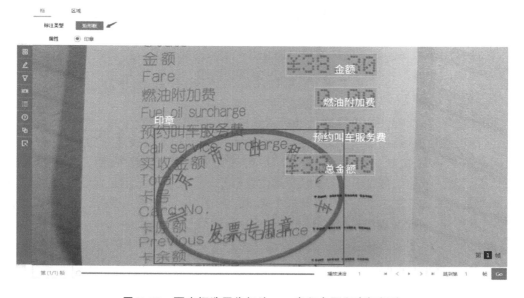

图 7.13 百度框选图像标注——出租车票印章框标注

注意事项:在图像标注中,框标注的规则基本上都会限制框和标注对象的距离。在此案例中,要求框和四点框不能压到图像中的字体,同时框和标注对象之间应留有合适距离。四点框尽量类似于矩形,即四点框不要太不规则。项目验收标准按照框验收,准确率要求为95%。

7.2.3 图像区域标注

1. 基础知识

图像区域标注是通过定位若干点连成折线分割出目标物的轮廓,进而将图像分成各具特征的区域,提取出感兴趣目标的过程。根据区域的开闭可以将图像区域标注分为开区域标注和闭区域标注。区域标注需要满足均匀性和连通性。

开区域标注常见的是线标注,即用若干个点定位连成的折线标注线状对象。现在其一般用于自动驾驶 2D 标注中的车道线标注。

闭区域标注常见的是曲线标注和多边形标注,主要用于场景理解和语义分割,标注时需要通过多边形拟合不同物体的边界。

区域标注是由图像处理到图像分析的关键步骤,是一种基本的计算机视觉技术,只有在区域标注的基础上才能对目标进行特征提取和参数测量,使得更高层次的图像分析和理解成为可能。因此,图像区域标注方法的研究具有十分重要的意义。

除了纯人工的标注方式,交互式智能图像分割也是图像区域标注的重要方式。针对自动分割对多目标或背景复杂的图像难以奏效,以及手工标注耗时,且标注结果不准确和不可重复这些问题,图像数据标注人员提出了交互式智能图像分割标注方法。交互式智能图像分割标注针对图像分割标注的预识别算法,实现机器对图像的智能分割,再进行人工修边和筛选,从而大幅提高生产效率,减少人工差错,因此,交互式智能图像分割具有极大的实用价值和意义。

区域标注在需要区分图像区域信息时应用广泛,比如地理信息系统、医疗影像、机器人等领域。此外,文字识别也是区域标注的热门需求。

2. 通用标注规则

相比框标注,线标注能更精确地反映图像中线性标注对象的位置。线标注通常用于道路车道线标注,通用要求一般是:无论图像中的车道线是虚线还是实线,是否被遮挡,同一条车道线,应延长到视野尽头及图片底部所有部分应连起来标注;车道线被遮挡时,需要预估被遮挡的部分,合理推断其位置和形状;车道线标注是标注车道线的边界,通常是指靠近采集车的一侧,如果是在采集车的下方,则靠近采集车左侧的车道线标注其右边界,靠近采集车右侧的车道线标注其左边界。

相比框标注,多边形标注能够更精确地反映标注对象的外轮廓特点,也能满足更加复杂的标注需求。通常的规则是:对于连在一起的同种标注对象,应放在同一区域内;如果个体间有较为明显的间隔,那么在绘制时应该做到能让人明显看出两个区域是分开的。定点绘制折线通常要求符合阅读规范,一般来说,如果是四角框,那么应从左上角开始顺时针标注。此外,对于遮挡、截断的情形,需要放大标注图像后仔细标注,既不能把标注折线划到图片外部,也不能把处于图片边缘的标注对象划分在折线框之外。

3. 图像区域标注实操

下面以百度数据众包平台的道路栏杆分割标注项目为例说明。

（1）进入平台界面,页面默认为选择模式,点击图中所示的"编辑"/"选择"模式,切换按钮或者按下 R 键,切换到"编辑"模式后,开始标注。请注意此时区域折线框的序号为1。一般情况下,对于区域的号是从左到右编,此项目对编号顺序并没有要求,区域编号可以不按照图像区域从左到右的顺序,如图 7.14 所示。

图 7.14　百度平台中的图像区域标注示例

（2）标注时,要注意整体定点围框应该是顺时针方向。将鼠标光标放置在需要放大的位置,滚动滚轮,调节图片大小。如果标注区域和图像边缘的交界处(即发生了截断现象),需要把对应位置放大,直至出现图像和背景网格的边界,在交界处仔细定位,点击左键,定点标注,不要超出图像的实际区域,也不要把图像上应该标注的区域遗漏在外面,如图 7.15 所示。

图 7.15　百度平台中的图像区域标注示例——道路栏杆标注(1)

（3）对于区域标注，最重要的就是要用折线细致地反映所要标注的区域的形状特征，这是区域标注优于框标注的地方。通过放大要标注的图像，在目标区域的轮廓变化处点击左键，定位关键点。如果栏杆总体上还是以折线居多，可以通过观察斜率是否变化确定是否需要定点引入一条新的折线更好地描述轮廓，如图7.16所示。

图 7.16　百度平台中的图像区域标注示例——道路栏杆标注(2)

（4）对于栏杆标注的情景，一条栏杆贯穿整个图像的情况很常见，遇到另一侧也是这样的情况时，要将标注的地方放大，直至出现图像和背景网格的边界。在交界处仔细定位，点击左键定点标注，如图7.17所示。

图 7.17　百度平台中的图像区域标注示例——道路栏杆标注(3)

当标注框标注完成时,点击右键确定,此时可以看到框的颜色发生了变化,并且整个区域填充了另一种颜色,这代表完成了对一个标注对象的区域标注,如图 7.18 所示。

图 7.18　百度平台中的图像区域标注示例——道路栏杆标注(4)

同时,我们可以注意到,区域的 ID 已经由 1 自动变为 2。拉远图片,整体观察,标注区域已经自动生成一行属性字符串:"1—白色栏杆"。

接着,按照上述方法继续标注图像中所有可以标注的栏杆,如图 7.19 所示。

图 7.19　百度平台中的图像区域标注示例——道路栏杆标注(5)

注意事项：

在标注时要注意区域的截断部分,对于这一区域内折线框是否包围了图像上的标注对象,审核是比较严格的。其他部分折线框要和标注对象保持适中的距离,并能够较好地反映出标注对象的轮廓特征。

7.2.4　属性标注

1．基础知识

属性标注是指用一个或者多个标签标注目标物的属性,其中标签通常表现为格式化的文字说明,属性标注是从某个属性既定的标签类别(由客户实际需要而决定)中选择其真实类别的过程。在其他类型标注不能准确表达其对象属性信息时,均会用到属性标注,如车道线、红绿灯、障碍物等。在前面的关键点标注、标注框标注和区域标注的案例中,实际上都用到了属性标注。

2．通用标注规则

在大部分标注项目中,属性标注依存于其他类型的标注,作为标注信息提取的补充,其主要操作方法也是在绘制框和折线前选好对应的属性标签,再进行绘制,如下面基于百度数据众包平台的检查工人仪表是否得当(表现为是否佩戴安全帽和手套、是否身着工服、是否穿着绝缘鞋等)以及行为是否符合规范准则(表现为是否吸烟、是否打电话等)的属性框标注,示例如图 7.20 所示。

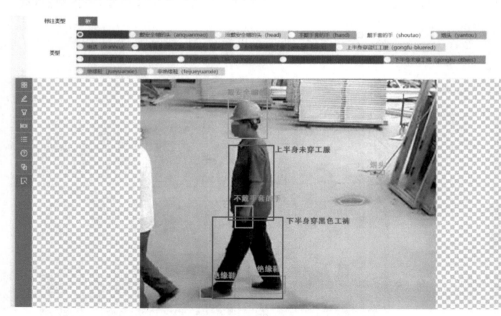

图 7.20　百度平台中的图像属性标注示例

除了在项目中以标签选择的形式呈现,属性标注的另一种重要的标注方式就是在光学字符转写中,通过平台文本框以字符串形式批注在标注对象旁边,核心规则便是"所见即所得",不要自己凭想象进行标注。

7.3　图像数据标注工具及典型数据集

7.3.1　图像数据标注工具

"工欲善其事,必先利其器",要想高质量地完成图像数据标注任务,除了过硬的标注基本功,便捷的标注工具必不可少。除了各大公司提供的数据标注操作平台,轻量级开源标注工具不但适宜初学者练习图像数据标注的基本操作,也适合熟练度较高的标注人员完成小型项目标注。这里提醒选择标注工具时,要特别注意工具所支持的导出文件格式,以免造成不必要的麻烦。下面简单介绍一些轻量级的开源标注工具。

1. VGG Image Annotator (VIA)图像标注工具

VGG Image Annotator(VIA)是一款开源的图像标注工具,由 Visual Geometry Group 团队开发,可以通过浏览器在线和离线使用。

如图 7.21 所示,在图像标注中,VIA 支持标注矩形、圆、椭圆、多边形、点和折线,可以在相应的工具栏进行选择。VIA 图像标注工具的标签构建和选择的自由度极高,在其操作界面的 Attributes 一栏中可以自定义不同的标签名称和对应的标签属性,甚

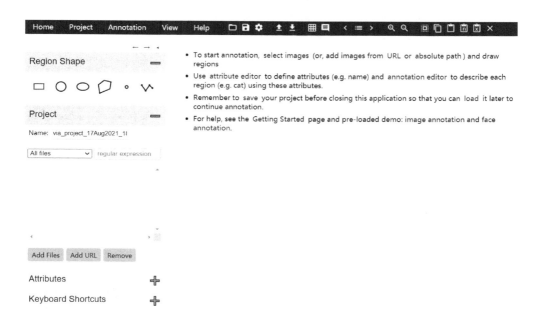

图 7.21　VIA 图像标注工具界面

至可以自定义设置文本、下拉栏、单选框、多选框等。VIA 完全可以应对不同种类的标注需要,不管是红绿灯标注、2D 道路障碍物标注、车道线标注,还是人脸标注和人体标注,通过合理设置标签属性和标签选择方式,总能较好地符合标注任务的需要。使用此工具,可以点击"导出"按钮将标注后的图像导出为 CSV 和 JSON 文件格式。

VIA 的优势是工具的轻量化和基础功能的强大,不需要安装软件,只要在官网上下载压缩包,然后本地解压后就可以在本地网页上使用,操作简单,易于上手,很适合新手标注员。

2. labelImg 图像标注工具

labelImg 是一款应用很广的图像标注工具,它是最早的开源的图像数据标注工具。由于出现较早,labelImg 图像标注工具只支持带有标签的标注框标注。

labelImg 的主要特点是标注操作简单、方便。在图像标注任务较多的背景下,labelImg 早期在行业中应用较多,现在,仍然有很多从业标注人员在使用 labelImg。labelImg 图像标注工具十分简洁,工具操作界面使用 Qt(PyQt)进行搭建,如图 7.22 所示。在 labelImg 操作界面打开图像后,只需用鼠标框出图像中的目标,并选择该目标的类别,便可以在标注完成后,自动生成 VOC 格式的 XML 文件。

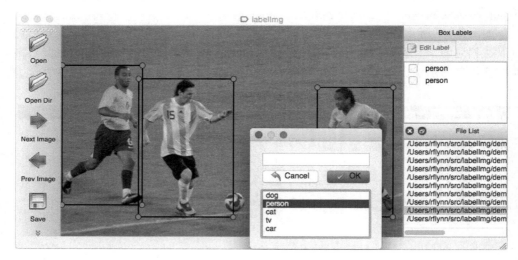

图 7.22 labelImg 图像标注工具界面

labelImg 是使用 Python 软件进行开发的,可以在 Windows、Linux、Ubuntu、iOS 等多种系统上运行。使用前需要先配置 Python 环境下载源代码并运行,这对新手来说并不友好,需要对 Python 有一定的了解,因此对于不熟悉命令行的新手标注员,labelImg 并不是一较好的选择。

3. labelme 图像标注工具

labelme 是需使用 Python 开发的开源工具,它与前面提到的 labelImg 有很多相似之处。labelme 功能多样,支持对图像进行多边形、矩形、圆、折线、点、语义分割等形式的标注,可用于目标检测、语义分割、图像分类等任务。与 labelImg 类似,labelme 界面布局简洁,图形操作也使用的是 Qt(PyQt)进行搭建,示例如图 7.23 所示。在标注完成后,labelme 可以生成 VOC 格式的和 COCO 格式的数据集,且以 JSON 文件格式存储标注信息。labelme 也是较早的开源标注工具,相比起 labelImg,它拥有更多的标注功能。

与 labelImg 相同,在使用 labelme 前需要先安装并配置好 Python 环境,然后在网上下载源代码。labelme 和 labelImg 的配置和使用过程大同小异,因此对于没有事先安装 Python 环境,以及不熟悉命令行的新手标注员,同样不推荐使用 labelme。

图 7.23 labelme 图像标注工具界面

7.3.2 典型图像数据集

近年来,随着人工智能在图像领域的发展,出现了一些有代表性的图像数据集,其中,ImageNet 是最早的图像数据标注类数据集,它有专业的维护团队和详细的说明文档,ImageNet 数据集很自然地成了当前检验深度学习在图像领域算法性能的"标准"数据集。Microsoft COCO 数据集则是在微软公司的资助下诞生的,该数据集除了图像的位置和类别信息,还包括对图像的语义文本描述,成为评价图像语义理解任务的"标准"数据集。下面对一些常用的数据集进行简单介绍。

1. ImageNet

ImageNet 项目是根据 WordNet 等级结构(目前只有名词)组织的、用于视觉对象识别软件研究的大型可视化数据库。该项目在推进计算机视觉和深度学习研究方面发挥了重要作用,ImageNet 数据集可免费提供给研究人员进行非商业使用。自 2010 年以来,ImageNet 项目每年举办一次软件比赛,即 ImageNet 大规模视觉识别挑战赛,参赛的软件程序在"正确分类与检测物体和场景"方面进行性能竞赛。2012 年,参赛的研究人员在解决 ImageNet 挑战方面取得了巨大的突破,被广泛认为是深度学习革命的开始。

ImageNet 项目的官方网站的网址分为主页、下载、ImageNet 挑战赛等。ImageNet 数据集最常用的子集正是来自 2012—2017 年 ImageNet 大规模视觉识别挑战赛的图像分类和本地化数据集。此子数据集涵盖 1 000 个对象类,包含 1 281 167 张培训图像、50 000 张验证图像和 100 000 张测试图像,并且可以在 Kaggle 上找到该子数据集,并进行非商业化使用。如果开发人员需要访问完整的 ImageNet 数据集或者其他常用的子数据集,则需要在 ImageNet 平台注册,在同意相关条例后才能登录,使用。具体的资源下载方式在其网站的 Download 模块有较为详细的介绍。

完整的 ImageNet 数据集极其庞大,超过 1 400 万张图像 URL 通过 ImageNet 项目得以人工标注,ImageNet 项目为数据集中至少 100 万张图像提供了边界框。千万级别的数据量让 ImageNet 数据集成为常用的开源数据集中当之无愧的巨无霸。不仅如此,它还包含 2 万多个图像类别,其中,一个典型的类别(如"气球"或者"草莓")就包含数百张图像。ImageNet 数据集的结构基本上是金字塔形:目录→子目录→图片集,就像一个网络一样,每一个目录都拥有多个节点,每一个节点相当于一个项目或者子类别。其官网宣称,一个节点含有至少 500 张对应物体的可供训练的图像,它实际上就是一个巨大的可供图像/视觉训练的图片库。值得注意的是,第三方图像 URL 的注释数据库可以直接从 ImageNet 免费获得,但是这些图像实际上并不属于 ImageNet。

ImageNet 项目是如何完成千万级别的图像数据标注呢?原来,ImageNet 数据集对其注释过程进行了众包。承包项目的团队可以进行图像级注释和对象级注释。图像级注释表示图像中存在或不存在对象类,例如"此图像中有老虎"或"此图像中没有老虎"。这里的对象级注释是指提供指定对象(的可见部分)周围的边界框。

2009 年,ImageNet 数据库首次通过海报论文的形式在美国佛罗里达州举行的计算机视觉与模式识别会议上发布。2012 年,ImageNet 成为 Mechanical Turk 的全球最大学术用户。

2. MNIST

MNIST 手写数字数据库是针对手写数字识别的轻量级数据库,其容量大小只有 12 MB 左右,是一个更大的开源数据库 NIST 的子集。MNIST 数据库的手写数字图像数据已经做过标准化处理,并且在固定大小的图像中居中。对于那些想在预处理和格式化上花费最少的精力,尝试在现实世界的数据基础上学习技术和模式识别方法的人,MNIST 手写数字数据库是一个很好的选择。

在 MNIST 手写数字数据库的官方网站可以看到对 MNIST 数据库内容的详细介绍以及如何使用训练数据集和测试数据集检测识别算法指南。作为开源数据库,MNIST 数据库的官网上提供了数据库的下载资源,以供有相关需要的开发人员测试相应的识别系统。其下载资源分为 4 个压缩文件：训练集图像、训练集标签、测试集图像和测试集标签。训练数据集包含 60 000 个示例；测试数据集包含 10 000 个示例，其中，测试数据集的前 5 000 个示例取自原始 NIST 培训集，最后，5 000 个来自原始 NIST 测试集，前 5 000 个示例比后 5 000 个示例更清晰、更易于辨别。另外，其网站上面提供了下载和使用的简要说明。

值得注意的是，MNIST 手写数字数据库中的文件格式并不是标准的图像格式，而是一种非常简单的文件格式——IDX 格式。IDX 文件格式是各种数值类型的向量和多维矩阵的简单格式，专门用于存储向量和多维矩阵，使用者必须通过自己编写相应的（非常简单的）读取程序读取图像数据。MNIST 手写数字数据库的官方网站在网页底部有对 IDX 格式的详细介绍，一般来说，开发人员使用数据文件时并不需要阅读这些信息。

此数据库的文件中的所有整数都以大部分非英特尔处理器使用的 MSB first（高端）格式存储，英特尔处理器和其他低端计算机的用户必须翻转标头的字节，其大尾端（High-Endian）和小尾端（Low-Endian）指的是字节存储顺序的优先级。

3. PASCAL VOC

PASCAL VOC 数据库是通用图像分割和图像分类数据库，它对于构建真实世界的图像注释并不是非常有用，但常被用作对照组。PASCAL VOC 项目意在为对象分类识别提供标准化的图像数据集，并提供一组用于访问数据集和注释的通用工具，支持不同方法的评估和比较以及运行评估对象类识别性能的 VOC 挑战赛（2005—2012 年每年举办一届，现在已经结束）。PASCAL VOC 项目官方网站的主要内容是对于项目的重要事件记录（类似于更新日志）、VOC 挑战赛和对于数据集的一些应用说明。

一般情况下，PASCAL VOC 数据集指的就是来自 VOC 挑战赛的数据集，可以通过官方网站的"Pascal VOC Challenges 2005—2012"一栏中的挑战赛链接获得。现在，大部分开发人员使用的都是 2012 年 VOC 挑战赛的数据集。点击 The VOC2012 Challenge 进入 2012 年 VOC 挑战赛的网页，在记录重要事件的 News 一栏中找到 Development Kit，点击链接跳转到网页对应栏，即可根据需要下载资源。一般情况下，开发人员主要下载第一个大小为 2 GB 的训练/验证数据集。当然，如果对于 PASCAL VOC 项目本身不感兴趣，不想阅读 PASCAL VOC 官网的内容，也可以直接输入网址 http://host.robots.ox.ac.uk/pascal/VOC/voc2012/VOCtrainval_11 - May - 2012. tar，下载 PASCAL VOC2012 数据集。

开发人员如果需要评估自己的图像识别方法在 PASCAL VOC 数据集上的测试/验证准确率，可以通过官方网站上的 PASCAL VOC 评估服务器（PASCAL VOC Evaluation Server）实现。即使现在 PASCAL VOC 挑战赛已经停办，评估服务器仍然保持活动状态。

此外，虽然官方网站的下载速度是正常水平，但是如果需要快速下载，可以参考 polo 官网提供的数据集下载镜像网站。

下面以 PASCAL VOC2012 数据集为例介绍 PASCAL VOC 数据集的主要内容框

架。下载数据集后,解压,可以得到一个名为 VOCdevkit 的文件夹,该文件夹结构如图 7.24 所示。

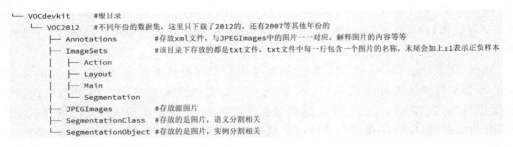

图 7.24　PASCAL VOC 数据集内容框架

Annotation 文件夹存放的是 xml 文件,这些文件是对图片的解释,每一个 xml 文件都对应于 JPEGImages 文件夹中一张同名的图片。xml 文件主要介绍对应图片的基本信息,如来自哪个文件夹、图像文件名、图像来源、图像尺寸以及图像中包含哪些目标以及目标的信息等。

ImageSets 文件夹存放的是 txt 文件,是每一种类型的 Challenge 对应的图像数据。这些 txt 文件将数据集的图片分成各种集合。ImageSets 中有 4 个文件夹:Action、Layout、Main 和 Segmentation。Action 下存放的是人的动作(例如,Running、Jumping等,这也是 VOC Challenge 的一部分);Layout 下存放的是具有人体部位的数据(人的Head、Hand、Feet 等,也是 VOC Challenge 的一部分);Main 下存放的是图像物体识别的数据,总共分为 20 类;Segmentation 下存放的是可用于分割的数据。

JPEGImages 文件夹中包含 PASCAL VOC 所提供的所有图片信息,包括训练图片和测试图片。JPEGImages 中存放原始图像,这些图像都是以"年份_编号.jpg"格式命名。图片的像素尺寸大小不一,一般为(横向图)500×375 或(纵向图)375×500。在之后的训练中,第一步就是将这些图片的尺寸都重新调整为 300×300 或是 500×500,所有原始图片不能偏离这个标准太多。这些图像就是用以进行训练和测试验证的图像数据。

SegmentationClass 以及 SegmentationObject 文件夹存放的都是图像分割结果图,SegmentationClass 放语义分割图,SegmentationObject 放实例分割图。

分类识别项目一般只关注 ImageSets 文件夹下的 Main 文件夹,它内部存储了 20个类别标签,−1 表示负样本,＋1 为正样本。 * _train.txt 是训练样本集, * _val.txt是评估样本集, * _trainval.txt 是训练与评估样本汇总。注意,要保证 train 和 val 文件夹两者没有交集,即训练数据和验证数据不能重复,在选取训练数据的时候,应该随机产生。

除了上面介绍的 3 个图像数据集,还有很多开源的数据集可供研究者使用,如微软公司支持的 Microsoft COCO,基于雅虎下设的图像平台 Flickr 收集制作的Flickr30k 等。

7.4 图像数据标注实践案例

7.4.1 图像数据标注热门实例——3D 点云标注

本节将对当前在自动驾驶行业迅猛发展的 3D 点云标注进行初步介绍。3D 点云图不仅能提供 2D 图像所不能提供的高精确度三维空间内的位置信息,对于道路障碍物尺寸、位置、偏转角度等具体信息也有较好的记录。3D 点云图像数据标注的处理对象是 3D 点云文件,3D 点云文件和 2D 的图像数据文件有很大不同,因此,3D 点云标注工具的操作界面和传统意义上的图像数据标注工具也有较大差异。3D 点云图像数据标注主要使用之前提到的 3D 标注框进行标注,具体的 3D 点云图像数据标注的实际操作会在第 9 章进行详细介绍。

1. 3D 点云和 3D 点云标注

(1) 3D 点云的定义

通常我们用 (x,y,z) 表示空间中一个点的位置,当用很多点表示物体的表面轮廓时就形成 3D 点云,这里的"云"即由一系列三维空间中的"点"构成的"云"。3D 点云图一般由激光雷达生成,也可以由毫米波雷达生成,它是利用激光雷达和雷达传感器生成的三维点的集合。图 7.25 是 3D 点云的示例图。

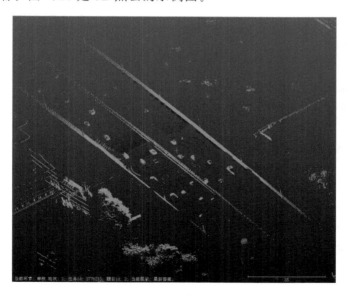

图 7.25 3D 点云示例

(2) 3D 点云的获取方法

目前,3D 点云的获取方法主要分为双目视觉感受器、激光雷达和深度体感设备

KINECT/Xtion 3 种方式。

双目立体视觉感受是机器视觉的一种重要形式,它是一种基于视差原理,并由多幅图像获取物体三维几何信息的方法。双目立体视觉系统一般由双摄像机从不同的角度同时获得被测物的两幅数字图像,或由单摄像机在不同时刻从不同角度获得被测物的两幅数字图像,并基于视差原理恢复出物体的三维几何信息,重建物体的三维轮廓及位置,直接模拟人类双眼处理景物。

激光雷达是以发射激光束探测目标的位置、速度等特征量的雷达系统。其工作原理是向目标发射探测信号(激光束),然后将接收到的从目标反射回来的信号(目标回波)与发射信号进行比较,做适当处理,获得目标的有关信息,如目标距离、方位、高度、速度、姿态甚至形状等参数,从而对飞机、导弹等目标进行探测、跟踪和识别。它由激光发射机、光学发射机、转台和信息处理系统等组成,工作时,激光发射机将电脉冲变成光脉冲发射出去,光学接收机再把从目标反射回来的光脉冲还原成电脉冲,进行处理后送到显示器。

激光雷达的工作原理和雷达非常接近,以激光作为信号源,激光发射出的脉冲激光,到达地面的树木、道路、桥梁和建筑物上,引起散射,一部分光会反射到激光雷达的接收机上,根据激光测距原理计算,得到从激光雷达到目标点的距离。脉冲激光不断地扫描目标物,就可以得到目标物上全部目标点的数据,用此数据进行成像处理后,就可得到精确的三维立体图像。

深度体感设备 KINECT 是一款类似三维摄像机的仪器,具有实时动作追踪、图像识别、声音录入及辨别等功能。KINECT 体感装置内置一个底座马达,结合追焦技术可以上下左右调整 30°左右视角,中间镜头采用 RGB 彩色摄像机,通过人脸形状、表情和身体特征识别身份。左右两个镜头分别是红外线发射器和 CMOS 红外线摄影机,识别的是一个深度场,其中,每个像素颜色深浅代表该点距离摄像头的远近,距离摄像头较近的颜色较亮且深,距离摄像头较远的颜色较暗而浅,其采用非接触式数据采集,利用光编码技术进行 3D 侦测,获取深度信息。

(3) 3D 点云图像标注简介

3D 点云图像数据标注通常是指在激光雷达采集的 3D 图像中,通过 3D 标注框将目标物体标注出来,目标物体包括车辆、行人、广告标志和树木等。3D 点云图像标注处理的是点云文件,文件格式和传统意义上的图像数据文件格式有很大不同,在进行标注时往往需要独立的标注工具。现在绝大多数发展趋于成熟的标注平台的图像标注模块都涵盖 3D 点云标注功能。

2. 3D 点云图像标注技术的应用

随着自动驾驶、智能安防、人脸支付、增强现实(AR)和城市规划等领域的发展,3D点云图像标注技术不断尝试和探索在各类行业中的应用。

(1) 多视图三维重建

多视图三维重建是利用多张同一个场景的不同视角图像恢复出场景三维模型的方法,自然场景的多视图三维重建一直是计算机视觉领域的基本工作,有着广泛的应用。

（2）三维同步定位与地图重建

三维同步定位与地图构建最早由 MIT 教授 John J. Leonard 和原悉尼大学教授 Hugh Durrant-Whyte 提出，三维同步定位与地图构建主要用于解决移动机器人在未知环境中运行时定位导航与地图构建的问题。

（3）三维目标检测

近年来，随着深度学习的发展，新型的图像处理技术层出不穷，基于图像的目标检测取得了显著进步。与二维图像相比，3D 点云数据的优势在于能够很好地表征物体的表面信息和一些深度信息。另外，由于 3D 点云数据的获取来源较多，因此，对于 3D 点云数据的研究迅速增多，进一步促进了使用深度信息实现 3D 点云目标检测技术的发展。

（4）三维语义分割

三维语义分割在医学、自动驾驶、机器人和增强现实（AR）等许多领域有着广泛应用。在 AR 中，三维语义分割类似于二维图像中区域标注所具有的功能——将收集到的图像进行区域分析和区域信息提取，提供比二维图像区域标注更加详细的位置信息，对系统构建虚拟环境发挥了重要作用。

3. 3D 点云的存储方式和数据类型

3D 点云多以 PCD、PLY、STL 等格式文件存储，编码文件为 ASCII 码或者二进制码。存储格式因设备而异，但都可以通过后期处理（如切帧、时间对齐、格式转换），转换成标准的 PCL 文件格式。目前可以识别 ASCII、二进制、二进制压缩 3 种 PCD 格式。下面我们介绍一些点云相关的文件格式。

（1）PCD：指用于描述点云整体信息的格式（PCL 官方指定格式）。

（2）PLY：全名为多边形档案或者斯坦福三角形档案，表示多边形的文件格式。

（3）STL：立体光刻，CAD 文件格式，用 3ds Max 或 CAD 软件处理。

（4）OBJ：静态多边形模型，主要支持多边形模型，是受欢迎的几何格式文件。

（5）0X3D：一种专门为万维网设计的三维图像标记语言，全称为可扩展三维（语言），是基于 ISO 标准和 XML 格式的计算机 3D 图形文件格式。

PCD 文件有多个版本，如 PCD_V5、PCD_V6 等，分别表示 PCD 格式的 0.5 版本、0.6 版本，PCL 使用 PCD_V7 版本。

PCD 文件格式头说明文件中存储的点云数据的格式，每个格式声明及点云数据之间用"\n"字符隔开。PCD_V7 版本的格式头包含如下信息（文件格式头中的顺序不能改变）：VERSION、FIELDS、SIZE、TYPE、COUNT、WIDTH、HEIGHT、VIEW-POINT、POINTS、DATA。

4. 3D 点云的典型数据集

下面简单介绍一些常用的 3D 点云数据集，在后续章节自动驾驶的相关内容中还会陆续提到和 3D 点云相关的数据集。

（1）Kitti 数据集：包含市区、乡村和高速公路等场景的真实图像数据，其由 389 对立体图像和光流图,以及超过 200 000 张 3D 标注物体图像组成,总共约 3 TB 大小。Kitti 数据集是早期出现的较为全面的数据集,也曾一度成为自动驾驶数据集领域的基准,许多研究都是在此数据集基础上进行的。

（2）Waymo 数据集:包含 3 000 段驾驶记录,时长共 16.7 h,平均每段长度约为 20 s。整个数据集一共包含 60 万帧图像,共有大约 2 500 万个 3D 边界框、2 200 万个 2D 边界框。与 Kitti 等数据集的对比,在传感器配置、数据集大小方面都有很大的提升。该数据集在多样性方面也有很大的提升,其包含不同的天气条件,如白天、夜晚不同的时间段,市中心、郊区不同地点,行人、自行车等不同道路对象等。

（3）Apollo 数据集:为了刻画高细粒度的静态 3D 世界,ApolloScape 使用移动激光雷达扫描仪器从 Reigl 收集的点云数据。这种方法产生的三维点云要比 Velodyne 产生的点云更精确、更稠密。其工作时,在采集车车顶上安装标定好的高分辨率相机以每 1 帧/米的速率同步记录采集车周围的场景。其整个系统配有高精度 GPS 和 IMU,相机的实时位姿都可以被同步记录。据介绍,ApolloScape 是目前行业内环境最复杂、标注最精准、数据量最大的三维自动驾驶公开数据集。目前,ApolloScape 已经开放了 14.7 万帧的像素级语义标注图像,包括感知分类和路网数据等数十万帧逐像素语义分割标注的高分辨率图像数据,以及与其对应的逐像素语义标注,覆盖了来自 3 个城市的 3 个站点周围 10 km 的地域。该数据是由百度推出中国国内诞生的交通场景解析数据集,为国内自动驾驶技术的研究作用重大。

（4）澳大利亚悉尼城市目标数据集:包含用 Velodyne HDL－64E LiDAR 扫描的各种常见城市道路对象,收集于中央商务区（CBD）,含有 631 个单独的扫描物体,包括车辆、行人、广告标志和树木等。

（5）Semantic3D:为大规模点云分类数据集,其提供了一个大的自然场景标记的 3D 点云数据集,总计超过 40 亿点,涵盖各种各样的城市场景,包括教堂、街道、铁路轨道、广场、村庄、足球场、城堡等。

7.4.2　图像数据标注综合案例——OCR 光学字符识别

如果把关键点标注、标注框标注、图像区域标注和属性标注看作图像标注的基本操作,那么图像标注综合案例可以看作是一些应用了两种或者两种以上基本操作的项目案例。"综合"内涵不会局限于此,综合案例更多的是指项目本身所处的领域应用广泛,需求综合,即使是单一项目,也需要建立一个成体系的项目方案才能比较好地完成,下面以百度公司标注平台的 2D 图像标注项目体系为例说明,完整的项目流程如图 7.26 所示。

可以看到,一个完整的项目流程一般需要经过 4 个阶段:方案阶段、正式标注阶段、数据质检阶段和交付阶段。真正的图像数据标注项目乃至整个数据标注项目,需要合理而清晰的调度安排和各个阶段专业人员的通力配合,下面我们以 OCR 光学字符识别为例介绍图像数据标注综合项目案例。

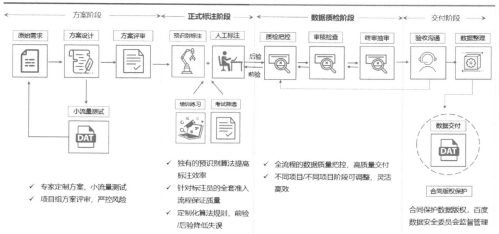

2D图像标注 – 项目标准流程

方案阶段　　　　　　正式标注阶段　　　　　　数据质检阶段　　　　　　交付阶段

原始需求　方案设计　方案评审　预识别标注　人工标注　质检把控　审核检查　终审抽审　验收沟通　数据整理

后验
前验

小流量测试　DAT

培训练习　考试筛选

数据交付　DAT

合同版权保护

✓ 专家定制方案，小流量测试
✓ 项目组方案评审，严控风险

✓ 独有的预识别算法提高标注效率
✓ 针对标注员的全套准入流程保证质量
✓ 定制化算法规则，前验/后验降低失误

✓ 全流程的数据质量把控，高质量交付
✓ 不同项目/不同项目阶段可调整，灵活高效

合同保护数据版权，百度数据安全委员会监督管理

图 7.26　百度公司 2D 图像标注项目流程

1. OCR 基础知识

(1) OCR 的定义

OCR(Optical Character Recognition)文字识别是指电子设备(例如,扫描仪或数码相机)对文本资料进行扫描,然后对图像文件进行分析处理,用字符识别方法将形状翻译成计算机文字,进而获取文字及版面信息的过程。

(2) OCR 基础应用场景

OCR 文字识别目前应广泛应用于各种领域,如证件、金融、广告、教育、票据、交通以及翻译等方面。本书前面提到的票据标注及病历文本标注,即是 OCR 的一种具体应用,下面我们简单介绍一些常见的 OCR 技术应用场景。

① 远程身份识别:结合 OCR 和人脸识别技术,实现用户证件信息的自动录入,并完成用户身份验证,应用于金融保险、社保、O2O 等行业,可有效控制业务的风险。

② 内容审核与监管:自动识别图片、视频中的文字内容,及时发现涉黄、涉暴、政治敏感、恶意广告等不合规的内容,可规避业务风险,大幅节约人工审核成本。

③ 纸质文档票据数字化:通过 OCR 实现纸质文档资料、票据、表格的自动识别和录入,可减少人工录入成本,提高输入效率。

(3) OCR 算法原理和 OCR 软件系统结构

传统的 OCR 识别一般包含两步:第一步是检测,即找到包含文字的区域(proposal);第二步,分类识别,识别区域中的文字。这两步分别对应检测系统和识别系统。

从上面的思路不难看出,OCR 的数据标注主要为用区域标注(多为四角框)标注包含文字的区域,读取出图像中文本的位置信息,再通过属性标注转写被框住的图像上的文字信息。

下面简单介绍一般的 OCR 软件系统的结构,扫描仪的普及与广泛应用,OCR 软件只要有与扫描仪的接口,利用扫描仪驱动软件即可完成相关操作,OCR软件主要是由下面几个部分组成。

① 图像输入和预处理。图像输入是指对于不同的图像格式,有不同的存储格式,不同的压缩方式。预处理则主要包括二值化、噪声去除和倾斜矫正等。

图像处理二值化可以简单理解为"前景为黑,背景为白"。摄像头拍摄的图片大多数是彩色图像,彩色图像通常所含的信息量巨大,为了让计算机更快更好地识别文字,我们需要先对彩色图像进行处理。出于方便,可以简单定义前景信息为黑色,背景信息为白色,这样处理过的图像就是二值化图了。

噪声去除指根据不同噪声的特征进行图像处理,对于不同的文档,噪声的定义可能会存在差异,此时需要根据相应的标注对文档进行去噪。

倾斜矫正主要是基于一般用户在拍照文档时都比较随意,拍出来的图片不可避免地产生倾斜这样的问题,用文字识别软件进行倾斜矫正。

② 版面处理和字符切割识别。在图像输入和预处理后,就需要做版面处理和字符切割识别。

版面分析是将文档图片分段落、分行的过程,这一过程从宏观上提取了文字的布局信息。由于实际文档的多样性和复杂性,因此目前还没有一个固定的、较优的切割模型。

由于拍照条件的限制,经常造成字符粘连、断笔,因此极大限制了识别系统的性能,文字识别软件有字符切割功能,可以处理此问题。

在字符切割基本完成后,整个识别系统就步入了OCR关键的步骤——字符识别。字符识别研究技术已经成熟,最早的处理思路主要是根据预设的模板进行匹配,后来转变为以图像字符特征提取为主。文字的位移、笔画的粗细、断笔、粘连和旋转等诸多因素,均会影响特征提取的准确性。

③ 版面恢复和后处理。版面恢复的需求源于一部分字符识别系统对于源文件版面的破坏。通常,人们希望识别后的文字,仍然保持原文档的排列样式,在段落、位置以及对应的顺序均保持不变的前提下,输出到word文档、pdf文档等,保证实现这一目标的过程就叫做版面恢复,根据特定的语言上下文的关系,对识别结果进行校正,就是后处理。

总的来说,开发一个OCR文字识别软件系统,其目的很简单,即把影像做一下转换,并保存图像中的图形。将图像内的文字变成计算机文本,一方面减少了存储空间,另一方面识别出的文字可供进一步使用及分析。另外,构建OCR文字识别软件系统也可以节省依靠键盘输入所需要的人力与时间。

如何除错或者利用辅助信息提高识别正确率是OCR重要的技术问题。衡量一个OCR系统性能好坏的主要指标有误识率、识别速度、用户界面的友好性以及产品的稳定性、易用性和可行性等。

(4) OCR标注方案

常见的OCR标注方案主要分为整图标注和拆分标注。

① 整图标注的适用场景为:一单张图片内所需要的标注框体数目较少(一般小于

20 个),文字标注有区分度。整图标注常见的标注案例为火车票、发票、银行卡等,整图标注项目的交付节奏较快,但是审核难度相对较高。

② 拆分标注的适用场景为:单张图片内所需要的标注框体数目较多(一般超过20 个),要输入的文字过长或者项目客户方需求较多,需要对转写文字进行细致的处理。拆分标注的常见标注应用如手写作文行级标注以及手写文字标注。另外,一般的拍照翻译软件,如上海倩言网络科技有限公司开发的法语助手,其强大的整页拍照,并逐句逐词识别翻译法语词句的功能,其识别系统都需要利用拆分标注数据集进行训练。拆分标注分拆多个项目,周期跨度较长,因此适用于一次性交付,其优点是单个框内能保证正确率,便于审核。

2. OCR 项目案例以及数据标注实际操作

下面以百度公司数据标注团队开展的一个真实项目为完整的案例,介绍 OCR 小语种标注的实际操作,并通过这个案例初步认识数据标注相关部门是如何处理真实项目标注的。

(1)项目背景

2019 年 10 月,一家手机行业的客户为了提高小语种光学识别算法的准确率,需要标注 4 种语言的图片数据:完成芬兰语、土耳其语、泰语和印地语 4 国语言图片采集,处理有一定要求比例及场景的图各 11 000 张,共计 44 000 帧,项目周期为 1.5 个月,小语种数据涉及全球范围内采集和标注工作,拼音文字的转写面临文字音标难识别、排版字体不统一和海外标注资源紧缺等项目风险。

(2)项目解决方案

经过分析,百度的相关项目人员制订了如下项目解决方案。

第一步,理清需求任务。进入商务合同流程后,百度团队指派专业 OCR 项目经理对接需求,针对规则细节和需求进行澄清。首先,采集需求对接,仔细对接客户需求,并分析不同需求实现的优先级;其次,标注规则,结合客户需求,在以往同一领域的项目规则的基础上针对具体项目情境做规则调整;最后,制订采标一体项目方案。

第二步,数据采集。这一阶段主要制订相应的采集方案和质检方案,小语种项目需要有强大的国内外外语资源做支撑,数据采集需要有合理高效的方案。质检过程能否和数据标注过程良好配合,将直接决定项目的完成质量和项目完成效率,需要有相关项目经验丰富的人员做好方案规划。

第三步,数据标注。这一阶段需要设计几个方案:数据标注方案、数据流转方案、质控和进度方案以及风险把控和解决方案,其中数据标注方案需要细化到数据前后处理,算法预识别和框+转写方案等方面。

第四步,验收交付。这一步需要对照检查清单开展验收,并进行数据整理。

3. OCR 数据标注规则

OCR 小语种数据标注需要标注检测框,并转写框中的内容。

(1)直线框(4 点框)标注标准。即使按行划分。即使是同一句话,只要分处两行,就要放在两个不同的四角框里;框标注起始点为文字阅读顺序,4个点按照顺时针标注;框与文本信息应尽量贴合;不同语种做颜色区分。

(2)折线框(多点框)标注标准:按行划分。即使是同一句话,只要分处两行,就要放在两个不同的折线框里;框标注起始点为文字阅读顺序,多个点按照顺时针标注;框与文本信息应尽量贴合;框点数分布均匀,且上下基本对齐;不同语种做颜色区分。折线框标注如图7.27所示。

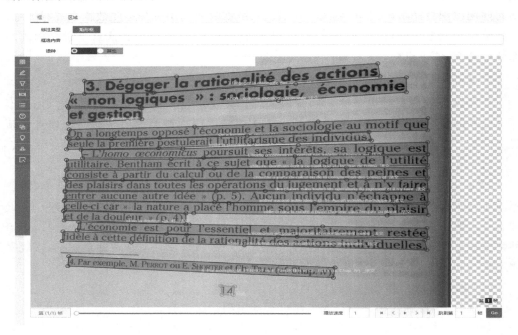

图7.27　OCR折线框标注示意

(3)对于含有用于填空的长下划线的文本,即使是在同一行,也需要分开绘制点框,如图7.28所示。

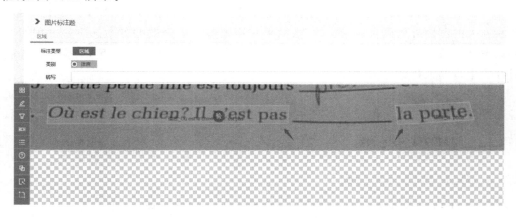

图7.28　对于含有长下划线的情形示意

（4）应注意区分语种不同的字母，如法语中的 e、é 和 è。

（5）在转写时，要遵循"所见即所得"原则，不要自行补充文字内容；同时，要注意区分文字大小写。原则上，应该使用转写对应语种的输入法，确保转写语种中的特殊符号和字母转写正确。

（6）在 OCR 项目中，注意截断、遮挡和模糊时的转写情况。一般来说，当图片截断、遮挡比例超过了图片上文字的 50% 时，在标注时不需要用四角框框住对应的文字。除此之外，在文字模糊等情况下，图片中的文本都需要用四角框框住。当不能判断文字内容时，在用四角框框住后，用 * 代替整行文字内容；当截断、遮挡比例没有超过文字的 50%，但难以判断具体内容时（比如，会因为一些字母相同的部分而产生歧义），需要在四角框框住后，用 * 代替整行文字内容。总而言之，当图片中的文字保留的比例低于 50% 时，不绘制四角框；当图片中的文字保留的比例高于 50%，因为截断、遮挡、模糊等原因无法确定文字内容时，用 * 代表整行文本的转写内容。

（7）图像上翻转的文字，不进行标注。图 7.29 和图 7.30 分别展示了图片中的文字保留的比例低于 50% 时，不绘制四角框和因为截断、遮挡无法确定文字内容，用 * 代表整行文本的转写内容的情形。

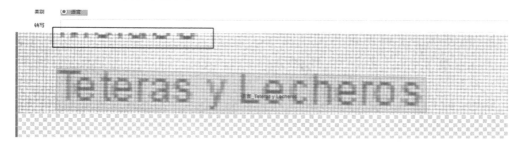

图 7.29　图片中文字保留比例低于 50%处理示意

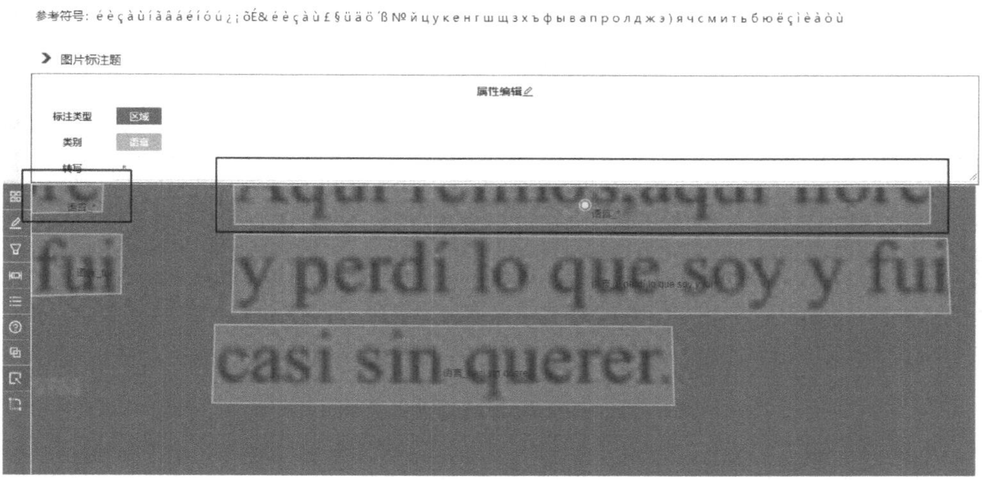

图 7.30　无法确定文字内容时 * 代表整行文本的转写内容

（8）对于文本中的空格，在转写时也要多加注意。首先，无论多少个空格，在转写时只保留一个（图 7.31 所示），其次，由于外文习惯和中文不同，每个单词之间应留有空格，但是在标点处前后，空格存在与否就需要格外注意（图 7.31 所示）。

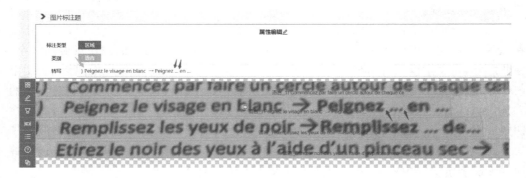

图 7.31　空格转写注意事项

（9）面对一些特殊的符号，如箭头"→"等，可以通过在百度上搜索查询，使用对应的输入法等解决，另外注意区分 word 中的符号和转写时打出来的符号，在 word 中的特殊符号是不可以粘贴到标注操作界面的文本框中的，如符号"à"。

4. 数据标注实操练习

百度根据具体项目需要和项目推进过程中遇到的困难，对 OCR 的标注操作界面进行了调整。

开始，沿用了属性框标注的方法，为了应对一张图片上可能存在多种小语种的情况，采用了语种属性选择、属性四角框标注和对应语种转写的方式，操作界面如图 7.32 所示。

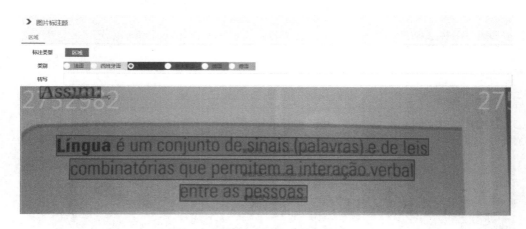

图 7.32　百度 OCR 标注操作界面(1)

但是，在实际项目推进过程中，发现精通小语种 A 的标注员对小语种 B 几乎难以下手，语种的属性选择没有依据，转写就更加困难了。在项目中，搜集到的大部分图像都是单一语种,这样一来,在 OCR 小语种中,属性的选择的实用性大打折扣。基于这样的考虑,百度数据众包平台推出了第二种 OCR 的标注操作,界面如图 7.33 所示,这种界面属性栏只有"语言"默认选项,取消了在标注过程中对于小语种的选择,把这一过程作为前置工作,在宏观分类后,以不同批次的形式将图像发给标注员,每一批图像标注任务中,总的小语种基本上是单一语种,并且在语种填写文本框中默认填充了对应的语种名称,以方便标注员进行对应语种的转写,也就是说,在这一版 OCR 的标注操作界面中,对于整个图片上文字语种的判断文本框,标注员是不需要处理的。这种情况下仍然会遇到一张图片上有多个小语种的情况,此时需要标注员一一对应转写。

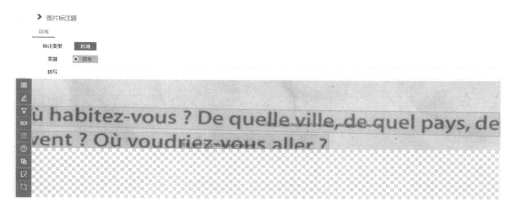

图 7.33 百度 OCR 标注操作界面(2)

下面以百度数据众包平台第二种 OCR 的标注操作界面介绍案例具体实操。

(1)打开平台操作界面,点击"编辑"/"选择"模式,切换按钮或者按下 R 键切换到编辑模式后,开始标注。这里四角框的标注方法总体遵循区域标注的要领:对处于图像边缘的甚至被截断的文字,应在合适的位置放大图像,以确保标注框不会盖住文字或者冒出图像,以及总体标注方向是顺时针方向等,如图 7.34 所示。

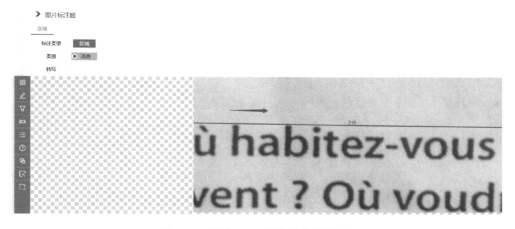

图 7.34 百度 OCR 标注操作界面(3)

（2）当 4 个点都标注完成后，点击右键确定四角框的形状，框颜色发生改变，代表四角框标注完成，此时一定要缩小图像，总体上观察看一下是否存在框线盖住图像文字，或者框线距离文字过远等问题，如图 7.35 所示。如果不满意，可以 Ctrl＋Z 撤销这个四角框。

图 7.35　百度 OCR 标注操作界面(4)

（3）随后开始进行图像字符转写，点击"编辑"/"选择"模式，切换按钮或者按下 R 键切换到选择模式后，点击刚才绘制的四角框，出现圆圈代表已经选中，此时再次切换到编辑模式，在文本框中进行转写。注意：选择模式下是无法调整框的属性的，所以要在选中四角框后用编辑模式转写。再次强调，看到什么就转写什么。如图中的 ù 显然不是一个完整的单词，很明显可推断出应该是 Où，即 Oùhabitez－vous?（您住在哪里）。但是转写时只能写上 ù，而不能画蛇添足。另外，图中的 v 字母截断不超过 50％，所以要保留在转写中，包括第二行的 aller 和问号也是如此处理，如图 7.36 所示。

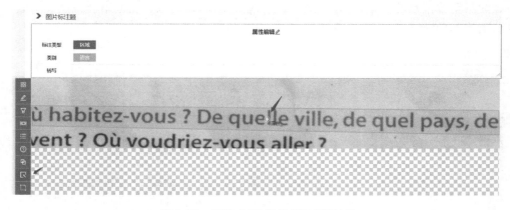

图 7.36　百度 OCR 标注操作界面(5)

（4）按照上述方法，将图像上所有符合标注要求的文本进行标注转写，如图 7.37 所示。

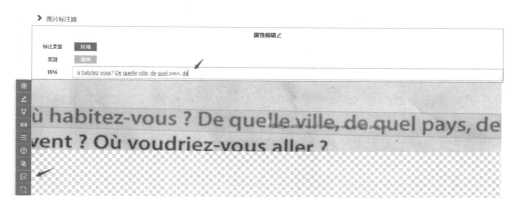

图 7.37 百度 OCR 标注操作界面(6)

5. 质量控制

在早期图像数据标注项目中,质量控制往往和正式数据标注阶段是分隔开的,但是在实际的项目实践过程中,将质量控制和数据标注彻底分割往往会导致效率低下。标注完成到审核存在时间差,一些标注存在的细小问题不容易及时解决,对于不同熟练度的标注员,分配到的任务也需要动态调整。在百度公司的 2D 图像标注项目标准流程中,对于图像数据标注的质量控制在标注环节和审核环节中均有体现。

在标注环节中主要体现为:平台内置动态发题机制,首次发题量根据标注员历史表现进行系统评估,平台会按评估结果自动下发数据。在标注员完成当前题目后,平台会进行自动化规则判断,阻断不符合标注要求的标注结果流入下一环节,同时根据标注员当日产能与答题正确率,决定次日题目是否发放、发放量大小以及一个标注单元日内标注员可认领的标注任务上限。

在审核环节中主要体现为:用户完成数据标注后,数据流转到审核环节,审核团队按照项目方案中的质控参数设置进行审核,审核结果按正确率要求自动进行数据流转。通常情况下,一个完整的审核阶段要经过三轮验收。第一轮:质检团队对标注结果进行100%质检;第二轮:审核团队对质检结果进行 80%审核;第三轮:项目团队对数据进行5%~10%的终审。

6. 数据交付

在经过方案阶段、正式标注阶段和数据质检阶段后,整个项目就进入了收尾工作——数据交付阶段,这一阶段主要工作包括整理、交付、补标、付款和版权等。

(1)整理:数据审核通过后,项目经理会通过工具自动将数据批量分类,并做命名整理。

(2)交付:客户可通过小工具将命名完整清晰的数据下载到本地,对于量大的数据可直接移动硬盘,交付。

(3)补标:项目经理会多采、多标少量数据,应对数据流转传输过程中的数据损耗。

(4)付款:客户对数据核验通过后,做邮件交付确认,并按合同约定时间进行付款。

（5）版权：对客户独享版权数据，双方通过合同约束、百度法务及数据资产委员会对客户版权保护进行严格监督。这一阶段是整个项目不可有损失的时期，作为一个大型公司，百度必须在此阶段切实维护客户的版权和自身的信誉。

7. 项目小结

在这里简要说明一些 OCR 小语种标注项目中的常见问题和处理方案，以供新手标注员参考。

项目方案在制订中要解决的困难是：OCR 标注分为框标注和文字转写标注两部分，常见的 OCR 项目可以支持框标注和文字转写同时进行的方案，但是小语种项目本身存在框标注准确率差、标注效率低的问题，这给审核带来了不便。

本项目中，百度的项目方案专家制定了针对小语种的数据流转流程，拆分了项目难度，框标注选用了专门标注框的优质资源进行，语言转写选择使用外语人力完成拼音文字和拉丁文文字的转写标注工作，审核环节采用成熟人力审核＋外语人力答疑修改的方式完成。

在项目资源的筹备中存在一些难点：小语种项目需要有强大的国内外语言资源做支撑，对于这一问题，百度团队凭借自身专业能力，及技能丰富的标注资源池，以"按能力标签进行筛选，培训，考核，支持各类标注业务"的方案解决了这一困难。

此外，对于同一领域下的不同项目，在这一领域的宏观预设规则框架下，为了便于标注员标注，可以利用一些简单的算法支撑提高标注员的工作效率。百度对于本次 OCR 项目的算法支撑如下：按照 OCR 项目的规则细节，为项目配置了 3 个前验规则，分别限制了框的起点顺序（即顺时针方向）、区域点位分布和空框，还配置了中英文预识别的算法功能，以提高标注效率。

7.5　本章小结

本章开始简要介绍了图像数据和图像数据标注的相关知识点，并且对于图像数据标注的发展、应用场景以及进行图像数据标注时常用的工具做了初步介绍。数据标注员应认识到图像数据标注未来广阔的应用场景和巨大的市场潜力，无论是发展热门的自动驾驶，还是方兴未艾的智慧医疗，抑或是应用于未来智能家居庞大体系下的智能安防，都离不开图像数据标注支持下的图像识别系统。要想训练出性能优异的深度学习图像识别系统，不能只依赖算法的更新迭代，实际上特征稳定、质量精良的标注数据也是应该重视的。

图像数据标注的基本操作有关键点标注、标注框标注、图像区域标注和属性标注 4 种。在各自的操作案例中，标注员要根据案例实操说明，认真体会标注的逻辑操作，不仅要熟练掌握标注方法，还要对要执行的操作加以自己的理解，只有这样，在面对新的项目场景，没有现成的操作规范时才能应用自如。标注的基础方法虽然有规范，但是标注本来就是为了能很好地凸显出图像上的特征信息而存在的，最终目的是能达到目标，而不是过度拘泥于有限的规则,只要合理,就可以进行标注方法的更新。

本章对于当前在自动驾驶行业迅猛发展的 3D 点云标注做了初步的介绍,如 3D 点云图能提供 2D 图像所不能提供的高精确度空间位置信息,对于道路障碍物尺寸、位置、偏转角度等具体信息均有更好的记录。3D 点云数据标注虽然处理对象同样是图像数据,但是因为数据文件格式和 2D 图像数据标注不同,它的操作方法和经典意义上的图像数据标注的操作方法有较大的不同。在本章中,介绍了 3D 标注框,3D 点云标注工具往往功能比较特别化,操作界面和 2D 图像标注有较大不同。

本章最后介绍了图像标注的综合案例——OCR 光学字符识别。OCR 字符识别在我们的日常生活中出现的次数越来越多,翻译软件支持的拍照翻译功能,能识别发票类型和读取发票数据信息的智能报销系统等,其原理都是应用了 OCR。OCR 标注属于区域标注和属性标注的结合技术,通过绘制区域框明确需要读取处理的位置和范围,再通过转写将图像文字信息提取出来,本章综合案例本身取材于百度公司接手的一个真实项目案例,其中对于百度公司如何处理客户需求和项目推进中遇到的困难而制定的项目方案的介绍,让标注员初步认识到了数据标注相关部门是如何处理真实项目的。

7.6　作业与练习

(1) 图像数据标注的基本操作可以分为哪几类?

(2) 下载一个典型图像数据集与标注工具,尝试标注几条数据。

(3) 谈谈对 3D 点云标注的认识。

(4) 请列出图像数据标注的 3 个典型应用场景。

(5) OCR 的定义是什么?

第8章　视频数据标注

在如今这个流媒体飞速发展的时代,视频数据成为文本数据、音频数据和图像数据之外的重要数据类型之一。同时,随着大数据和人工智能技术的崛起及应用的大规模落地,对于各类数据的需求开始爆发式增长,视频数据标注高速发展。视频数据标注是数据标注领域中的一个重要分支,视频数据标注主要是对视频进行分割、画框注释等操作。作为目前在数据标注行业有广泛需求的数据标注任务,智慧文娱、智能安防、教育等多个领域均对视频数据标注有需求和要求。

8.1　视频数据标注简介

为了更好地学习视频数据标注,标注员首先要对视频数据有一定的了解,这其中包括对视频概念的初步掌握,以及明确视频数据相对于文本、音频、图像的特征。除此之外,视频数据标注员还需要熟知部分视频相关术语,方便其后续使用视频标注工具或者平台,视频数据标注员便需要对视频数据标注有一个清楚的定位,并了解视频数据标注的现状与发展前景、应用场景、视频标注工具等。在第二章中,我们已经对视频数据标注进行过初步介绍,为方便大家阅读,我们会在前面提到的基础上,进行更详细的介绍。

8.1.1　视频及视频数据标注概念

1. 视频相关概念及特点

视频(video)是泛指将动态影像以电信号方式加以捕捉、纪录、处理、存储、传输与重现的各种技术。我们现在常说的视频通常是指一组连续动态变化的数字图像,这组图像中的一张被称为一帧,每秒钟播放的静态图像数量被称为帧率,单位是 fps(Frames Per Second),意为每秒播放的帧数。早期的视频帧率约为6~8 fps,如今有的视频帧率高达 120 fps,电影通常是以 24 fps 拍摄,视频想要达成最基本的视觉暂留效果需要大约 16 fps 的速度。

(1) 视频数据的特征

视频数据含有相比于其他类型数据更为丰富的信息。由多幅连续图像构成的视频,相比于静态图像,能够记录动态的信息,以视频形式记录和传递信息,能够更加生动、直观、真实、高效地表现、记录事物的变化。

(2) 视频数据文件大小

更为丰富的信息也意味着视频数据文件体积会比图像、文本类数据更大,视频数据对存储空间和传输信道要求很高,一小段视频就要占用比一小段文本大得多的存储空间,更大的体积意味着数据传输更为困难,通常,在处理视频数据时都要进行压缩编码,但即使是压缩后的视频,数据量依旧很大。

（3）视频数据结构关系

图像能够记录一个时刻的空间信息,连续的图像则记录下了时间信息,视频数据同时具备时间属性和空间属性。

2. 视频数据标注

视频标注是指对视频中的音频、文字、图像进行多维检测,并对视频在类型及内容上进行分类、质量评估、切割、内容提取等标注,或对视频与其他标注对象的相关关系进行标注,或以帧为单位在一系列图像中定位和跟踪物体。视频数据标注也可理解为用机器自动生成或手工生成自然语言文字表述视频内容的过程,这意味着视频数据标注是视觉和文字之间的一个重要的沟通桥梁。

（1）视频标注相关术语

为了更好地完成视频标注任务,视频数据标注员在运用标注工具或者平台进行视频数据标注前,除了需要了解何为视频、视频标注,还要掌握视频的相关基础知识,其中包括视频标注过程中涉及的视频专业术语和视频被标注后所保存的视频格式的种类等,视频数据标注涉及的部分术语见表 8.1。

表 8.1   视频相关术语

序　号	术语名称	术语解释
1	帧	视频中最小单位的信息单元
2	时间基	时间基,即时间刻度
3	透明度	图像或视频的透明程度。视频素材叠加时不会产生附加效果
4	滤镜	提升视频图像质量的效果
5	帧率	画面更新率也称帧率,是指视频格式每秒钟播放的静态画面数量,典型的画面更新率由早期的每秒 6 或 8 张至现在每秒 120 张不等
6	分辨率	显示器所能显示的像素的多少称为分辨率,数位视频以像素为度量单位,而类比视频以水平扫描线数量为度量单位
7	长宽比例	长宽比是用来描述视频画面与画面暗元素的比例的,传统的电视屏幕长宽比为 4:3(1.33:1)。HDTV 的长宽比为 16:9(1.78:1)。而 35 mm 胶卷底片的长宽比约为 1.37:1
8	品质	视频品质(或译为"画质","影像质素")可以利用客观的峰值信噪比量化,或借由专家的观察进行主观视频品质的评量

（2）视频标注文件

数字视频的文件很大,并且视频的捕捉和回放都要求很高的数据传输率,在采用视频工具编辑文件时会自动使用某种压缩算法压缩文件大小,在回放视频时,会通过解压尽可能再现原来的视频,视频压缩的目的是在保证视觉效果的前提下尽可能减少视频数据量,国际标准化组织和各大企业都积极参与视频压缩标准的制定,并且推出了大量的视频压缩格式。常见的视频格式包括 MP4、AVI、WMV、RMVB、SWF 和 FLV 等。

① MPEG(Motion Picture Experts Group)的储存方式多样,可以适应不同的应用环境,这类格式包括 MPEG - 1,MPEG - 2 和 MPEG - 4 等多种视频格式。MPEG - 1 被广泛地应用于 VCD 的制作和一些视频片段下载的网络应用方面,如大部分的 VCD 都是用 MPEG - 1 格式压缩的。MPEG - 2 则主要应用 DVD 的制作,以及一些 HDTV(高清晰电视广播)和一些高清要求视频的编辑、处理方面。

② AVI(Audio Video Interleaved)是由 Microsoft 公司推出的视频、音频交错格式(视频和音频交织在一起进行同步播放),是一种桌面系统上的低成本的视频格式。它的一个重要的特点是具有可伸缩性,性能依赖于硬件设备,可以跨多个平台使用、图像质量好,缺点是占用空间大。

③ WMV(Windows Media Video)是一种独立于编码方式,能在 Internet 上实时传播的视频格式,Microsoft 公司希望用其取代 QuickTime 等技术标准以及 WAV、AVI 之类的文件扩展名格式。WMV 的主要优点如可扩充的媒体类型、可在本地或网络回放、可伸缩的媒体类型、有流的优先级、有多语言支持、有扩展性等。

④ RMVB 是一种由 RM 格式延伸出的新视频格式,它打破了 RM 格式平均压缩采样的方式,在保证平均压缩比的基础上合理利用比特率资源,对于静止和动作场面少的画面均采用较低的编码速率,留出更多的带宽空间,这些带宽空间会在出现快速运动的画面场景时被利用,这样在保证了静止画面质量的前提下,大幅地提高了运动图像的画面质量,从而在图像质量和文件大小之间达到了平衡。

⑤ SWF 是一种基于矢量的 Flash 动画文件,一般用 Flash 软件创作,生成 SWF 格式的文件,通过相应的软件可以将 PDF 等类型的文件转换成 SWF 格式。SWF 格式的文件广泛应用于视频、声音、图像和动画的创建,如网页设计、动画制作等领域。

⑥ FLV(Flash Video)格式是随着 Flash MX 的推出发展而来的一种新兴的视频格式,FLV 格式的文件体积小巧,1 min 的清晰的 FLV 格式的视频大小为 1 MB 左右。其形成的文件极小、加载速度极快,它的出现有效地解决了视频文件导入 Flash 软件后,所生成的 SWF 格式的文件体积庞大,不能在网络上很好使用等问题,FLV 格式被众多新一代视频分享网站所采用,是目前增长较快、使用较为广泛的视频传播格式。

8.1.2 视频数据标注的现状与发展前景

近年来,人工智能行业不断优化算法,增加深度神经网络层级,利用大量的数据集训练提高算法精准性,保持算法优越性,市场中产生了大量的标注数据需求,这也催生了 AI 基础数据服务行业的诞生。伴随着人工智能的兴起,数据标注逐渐成为新兴的热门行业,作为数据标注行业的重要分支之一,视频数据标注有着一定市场需求和广阔的发展前景。

1. 视频数据标注的现状

近年来，随着智能手机的普及以及多媒体应用、社交网络的风靡，视频数据爆炸式增长，国外的视频网站 YouTube 以及国内的新浪微博、抖音、快手等平台都具有大量的视频数据。截至 2017 年 2 月，每分钟上传到 YouTube 的内容超过 400 h，每天在 You-Tube 上观看的内容达 10 亿 h。据 Alexa Internet 报道，截至 2018 年 8 月，YouTube 网站被评为全球第二大热门网站。《2016 微博短视频行业报告》表明短视频在微博平台上的播放量峰值达 23 亿次，人均播放时长为 15.2 min，短视频的每天发布量达 32 万条。2021 年 1 月 15 日抖音发布的《2020 抖音数据报告》显示抖音日活跃用户突破 6亿，日均视频搜索次数突破 4 亿。同为国内短视频平台的快手企业，其日均新增 1500万条短视频。在这个视频数据每日剧增的时代，对视频信息进行全人工标注势必工作量巨大，在这样的背景下，如何高效检索视频内容，并对其进行人工或自动标注已成为大数据、计算机视觉及多媒体应用领域的研究热点。

2. 视频数据标注的发展及前景

视频数据标注的发展其实大致与整个数据标注行业发展历史同步，在 2010—2016年，由于数据标注的需求量不大，数据标注的工作由专门研究人工智能算法的工程师独立完成，而很多算法工程师在经历了数据标注的实践之后对自己设计的算法有了更加深刻的体会，在人工智能第三次浪潮之下，小规模的数据标注已经无法满足人工智能的发展需求，开始出现了专门从事数据标注工作的团队，进而慢慢形成了数据标注行业。从 2017 年开始，人工智能的应用呈爆发式增长，随之而来的便是对数据标注的大量需求，正是如此，数据标注行业爆发。

目前，人类认知远远领先于机器智慧，AI 还无法胜任数据标注员的工作，数据标注员的工作就是教会 AI 认识数据，当 AI 有了足够多、足够精确的数据之后，它才能像人一样去感知、思考和决策，更好地为人服务。

目前，人工智能行业仍以有监督学习的训练方式为主，对于标注数据还有着很强的依赖性需求，随着 AI 商业化进程的演进，更具有前瞻性的数据集产品和高定制化的数据标注服务将成为 AI 基础数据服务行业的主要服务形式。

8.1.3　视频数据标注应用场景

由于整个数据标注行业是为人工智能服务的，因此视频数据标注同其他类型的数据标注一样，主要依赖于人工智能领域对其加以应用，视频数据标注的应用场景很丰富，包括智慧文娱、智能安防以及新零售领域等，下面将列举出几个典型的应用场景供参考。

1. 智慧文娱

智慧文娱是指利用现代信息技术对文娱整条产业链上包括内容形态、生产制作流程、传播交互模式以及最终用户消费体验进行创新升级，推动其智能化发展，其中，视频数据标注对其作用是巨大的。在此，简要介绍视频数据标注在智慧文娱场景下，对个性化推荐、视频制作、视频内容审核等方面的作用。

随着移动互联网技术逐步成熟,智能化的新技术不断融入到视频行业,对于视频和短视频企业,用户群体产生的庞大数据流量背后蕴含着巨大的商用价值。个性化推荐算法通过视频内容分析技术,自动抽取视频内容标签,可有效解决新视频冷启动问题,实现个性化推荐,增加视频曝光。视频内容检索通过视频内容分析,快速为视频生成热门标签,解决视频因缺乏关键词而无法被推荐的问题,提升用户检索体验。另外,大多数短视频平台只是基于用户点击的内容进行推荐,而个性化推荐的"搜索引擎"不仅"知道"用户看了什么,还"知道"用户是如何观看的。智能搜索的价值就在于拓展了人工智能对于用户情绪的感知能力,从而实现对用户的兴趣迁移更好地把握。

视频标注提高了人工智能对视频的理解和分析能力,人工智能能够精确完成对视频的理解分析、快速提取以及智能剪辑,实现对视频综合热度曲线的解析,同时还可以自动生成视频中的精彩内容的动态封面。此外,对于媒体行业,视频标注可帮助人工智能大幅提升视频资讯的制作效率,如基于多模态内容理解技术对新闻等媒体素材进行自动化理解与加工,快速生成相关新闻视频。

短视频平台每天有大量用户上传的视频内容,如果使用人工审核则工作量巨大。通过使用人工智能进行视频内容审核,实现快速检测和过滤违规内容,可大幅减少人工审核的工作量。同样,直播平台易出现违规画面,人工审核成本高,风险大,应用视频内容审核服务,可以针对直播场景,实时地对语音、文字、画面等进行内容检测和审核,实现对主播内容的有效监管,最终控制业务风险。

2. 新零售领域

在新零售领域,可以利用视频标注对顾客的购物轨迹、行为、情绪进行分析,帮助人工智能建立顾客行为模型。除此之外,对商品进行轨迹追踪、检测以及分析能够助力实现智能收银结账等环节,大幅减少零售领域的劳动成本。视频数据在新零售领域日益增加的需求促使视频标注不断向场景化、精细化的数据标注大方向发展,高质量的视频数据集将有效提升图像识别准确率,为新零售产业商业化落地增添新的活力。

8.2 视频数据标注技术和方法

视频数据标注主要分为 3 个标注类型,包括视频属性标注、视频切割标注、视频连续帧标注,其中视频属性标注可细分为视频分类标注、视频质量标注、视频相关性标注,本节将详细介绍视频标注类型及相关操作实例。

8.2.1 视频属性标注

相比视频分割和视频连续帧标注,视频属性标注比较简单,但由于视频属性更具灵活性和多样性,因此,视频属性标注实际上还可细分为视频分类标注、视频质量标注、视频相关性标注,下面将依次介绍视频分类标注、视频质量标注、视频相关性标注。

1. 视频分类标注

（1）基础概念

视频分类标注是指按照需求方的规则对视频数据进行打标签的操作,视频分类标注的类别包括对视频的主题、拍摄手法、敏感内容类型或其他细分类型进行的分类。在视频分类标注中,一般会提供视频文件、与之对应的标题或相关描述以及用于标注的标注集,常见的视频类型标签为一级标签或是在某类一级标签细分得更加精准的二级标签。

（2）视频分类标注规则

在进行视频分类标注前,视频标注员首先需要了解客户需求,掌握标注规则,了解客户的分类要求等相关信息。标注时,若视频有标题,需先了解视频标题,然后观看视频内容,再根据视频实际内容,结合分类规则判断出视频的一级标签、二级标签。需要注意的是,视频分类标注中的一级、二级标签或者其他更细分的标签会根据需求方的要求不同而改变。

注意事项:当视频与标题内容不符时,视频分类以视频内容为准,应忽略视频本身的标题内容,另外,对于仅通过视频标题无法判断视频内容的情况,视频标注员应该以视频内容为准进行视频分类。

（3）视频分类标注实操

此处以某视频数据标注平台为例,介绍视频分类标注的实际操作过程,方便读者对视频分类标注的理解。

视频分类标注的界面分为视频资源获取区、分类标签区、标注区,具体的标注界面如图 8.1 所示。

① 视频资源获取区:该区域一般包括视频标题、视频链接、视频链接跳转键,有的平台支持直接显示视频内容。

② 分类标签区:该区域为标注员提供可选择的一级标签、二级标签。

③ 标注区:该区域为标注员填写一级标签、二级标签的位置,有的平台也采用联动题型,一级标签及二级标签可下拉选择,并可进行联动选择,无需填空。

若提供标题,标注员需首先浏览标题,然后观看视频。标注员可以直接观看视频,也可以选择复制视频链接,进入网页观看或点击视频链接跳转键,到网页观看,如图 8.2 所示,此视频主要是通过对字母进行创意,以达到加深小朋友对字母记忆的目的,视频中的字母创意化成果如图 8.3 所示。

本视频的目的是加深小朋友对字母的印象,在此次标注任务所给出的 35 个一级标签中可以确定为教育培训,教育培训所属二级标签有字词、K12、学历教育、语言培训、留学、职业培训、兴趣培训、其他教育、早教,列出这 9 个二级标签的具体分类规则,下面对上述其中项目做一下说明。

其中,K12 指的是小学、初中、高中各学科(除外语)知识和题目查询,学历教育相关的其他问题,如中文字词读音/解释,诗词、古文、成语、歇后语、谚语、教科书、院校专业、考试、培训、猜谜类、K12 主题的网站或者 APP 等,汉语句子修饰/表达方式,校园里标题：你悟出了什么道理？

复制视频链接：http://h5.weishi.qq.com/weishi/feed/7d8ECg9zJ1IQRzt3A

点击视频链接

一级标签	二级标签		
影视动漫	电视剧、电影	综艺	动漫
	影视动漫泛需求	影视寻址&app	
网络视频	vlog	情景剧	搞笑
	网络视频泛需求	才艺	
生活服务	综合平台	市内出行	交通设施
	公交查询	地铁查询	团购
	位置查询	餐饮	摄影婚庆
	休闲娱乐	心理援助	彩票
	快递运输	便民服务	其它生活服务
招聘	寻址&app	全职	兼职
	实习	校招	招聘会
	公司		
房产装修	二手房	租房	精准楼盘
	房价	房产知识	房产寻址&app
	装修建材	家具家居	装潢设计
	装修其它		
软件	民用软件	商用软件	软件平台
网络服务	域名空间	云服务	系统集成
	网站建设	网络营销	
通信	电信运营商	通信及网络设备	
工具服务及在线查询	实用查询	搜索服务	主题桌面优化
	浏览器	网址导航	
教育培训	字词	K12	学历教育
	语言培训	留学	职业培训
	兴趣培训	教育其它	早教
舞蹈	广场舞	舞蹈教学	舞蹈展示
	少儿舞蹈	舞蹈泛需求	
科学技术	实验	发明	科学知识
人物	娱乐人物	领域内知名人物	普通人名
	虚拟人物	人物泛需求	
游戏	网游	单机游戏	手机游戏
	页游	游戏平台	小游戏
	棋牌游戏	游戏其它	
书籍文档	文档资料	小说	漫画
	图书		
民生	天气	命理	万年历
商品	3C	食品饮料	化妆品
	家居生活	眼镜服装配饰	珠宝饰品
	鞋靴箱包	玩具文化用品	运动户外
	虚拟商品	网络购物其它	网购寻址&app
	酒类	生鲜水果	
美食	菜谱	探店	吃播
	美食猎奇	食材生鲜	美食泛需求

一级标签	二级标签		
新闻	新闻		
体育	赛事	球队	体育人物
	对阵	电竞体育	寻址词
	体育其它		
美食	菜谱	探店	吃播
	美食猎奇	食材生鲜	美食泛需求
医疗	疾病知识	医疗器械	药品保健品
	养生知识	整形美容	医疗服务
	母婴医疗	医疗其它	
生活和情感	生活常识	时尚	情感问答
	两性知识	动物	植物
	爱宠	异国生活	婚礼与记录
	民俗文化		
金融	融资贷款	银行业	证券业
	保险业	信托业	租赁业
	平台中介	金融征信	外汇类
	金融其它		
信息技术与社交网络	即时通讯	社区或问答平台	SNS
	信息技术	门户寻址	
音乐和演出	歌曲	音乐泛需求	广播电台
	音乐app	音频	活动演出
	乐器		
汽车	新车	二手车	用车服务
	出行用车	车主	代步车
生产制造	机械设备	电子电工	化工及能源
	农林牧渔	其它生产制造	
政务	公益性组织	政务寻址	市政建设
	政策法规		
历史军事	历史军事		
母婴	母婴用品	萌宝	母婴育儿
商务服务	咨询调查	检修认证	法律服务
	拍卖	代理代办	出国移民
	广告包装印刷	安全安保	商务服务其它
招商加盟	招商餐饮酒店	招商教育培训	招商服务类
	招商家居建材	招商服装鞋帽	招商礼品饰品
	招商美容化妆	招商休闲娱乐	招商生活用品
	招商其它		
成人色情	成人色情		
旅游出行	国家	省份	城市
	景点	旅行社	在线旅游
	旅游其它	乘坐火车	乘坐飞机
	乘坐汽车	跨城出行	酒店
需求不明	需求不明		

› 一级标签

› 二级标签

验证　试试"←"或"大写锁定"键

图 8.1　视频分类标注界面

标题：字母创意画，能够加深宝宝对于字母的印象！

复制视频链接：http://v.youku.com/v_show/id_XNTEwNjg5NTQ4MA==

点击视频链接

注：可根据图 8.2 给出的视频链接观看视频

图 8.2　视频资料获取区

发生的事情和成语故事。

不属于其他类别的字词查询需求归入 K12。

其他教育包括企业培训服务机构、特殊人群教育，培训资料下载等机构，如语言障碍矫正培训等。

早教指幼儿园时期（0～6 岁）的教育需求，包括早教需求（幼儿美术、舞蹈、体育、素质习惯、幼儿英语等）、幼儿院校、早教机构、早教相关网站 APP 寻址需求、早教泛需求、童话故事。由于本视频针对的是 0～6 岁的儿童的教育需求，因此二级标签选择为早教。确定一级

图 8.3　视频成果

标签为教育培训，二级标签为早教后，标注员需要将答案填入标注区中对应的空格内或在下拉菜单中选择标签，如图 8.4 所示。

图 8.4　已填写的标注区

2．视频质量标注

（1）基础概念

视频质量标注指对视频及其对应封面的质量进行打分，质量低的视频意味着用户观看体验越差，质量高的视频能够优化视频整体内容的呈现。视频质量标注能够在视频搜索与推荐的过程中将更加优质的视频优先呈现在用户面前，提升用户对视频软件的使用体验。在视频质量标注中，一般会提供视频文件、视频封面及与视频对应的标题或相关描述，视频标注员需要根据需求方的要求及相应的规则对视频质量进行判断，判断的结果以及规则会根据需求方的不同要求而改变，如一般会要求标注员对视频的质量进行打分。

（2）视频质量标注规则

与视频分类标注相似，在视频质量标注前，视频数据标注员首先需要了解客户的需求，先掌握相关规则。在开始标注时，需通过视频的标题和描述了解视频内容，并观看视频，对于一些不常见视频资源，标注员可以通过其他视频软件或搜索引擎等搜索，了

解相关信息,之后标注员依据需求方的规则对视频质量做出判断。

(3) 视频质量标注实操

此处以某视频数据标注平台为例,介绍视频质量标注的实际操作过程。

视频质量标注的界面分为两大区域:视频区、质量标注区,具体的标注界面如图8.5所示。

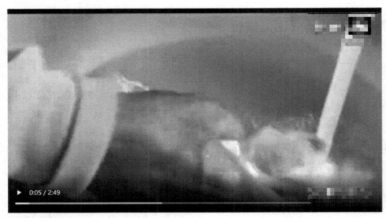

视频无法播放点此跳转查看

视频标题: **农村人炳猪蹄,加了这种东西下去,香到让人流口水**

❯ 这个视频跟质量属于哪个分类

Ⓐ 3分 (优质)

Ⓑ 2分 (良好)

Ⓒ 1分 (低质)

Ⓓ 0分 (恶劣)

Ⓔ 死链

图8.5 视频质量标注界面

① 视频区:该区域一般包括视频放映处、视频跳转键、视频标题。

② 质量标注区:该区域为标注员对视频质量进行打分的地方。

标注员需首先浏览标题,然后观看视频。标注员观看视频也具有两种选择,其一,在视频区的视频放映处点击开始键,播放视频,其二,当放映处视频无法播放时,标注员可点击跳转键,跳转到网页,播放视频。

标注员观看完视频后,需要依据具体规则进行质量判断,本案例视频的质量高低判断用分值体现。视频质量越高,越符合客户要求,其对应分值越高,视频质量越低,越背离客户要求,其对应分值越低。此案例的具体判断规则如表8.2所列。

除分值选项之外,此视频质量判断还有一个选项,即死链,其是指视频无法播放,并且也无法跳转播放的情况。

表 8.2　视频质量判断规则

分　值	0	1	2	3
质量考察点	（1）视频封面图黑/白/灰或存在错别字面，系统默认配图或视频封面图内容清晰度极低 （2）严重模糊（画质差或运动造成的模糊），无法识别画面主体、重影、滤镜过度、严重拉伸变形、镜像、持续明显的抖动/卡顿、无声音、杂音、音画不同步、字幕不清	（1）视频或封面清晰度低(能准确识别画面主体，有轻微模糊、小面积局部模糊或马赛克模糊) （2）视频不完整	（1）视频存在黑边、毛边，水印马赛克、轻微广告（面积小于50%），不影响用户观看	（1）视频和封面质量优，清晰度高，无明显问题 （2）稀缺资源可结合全网资源酌情考虑

上述视频中的某帧画面如图 8.6 所示。

图 8.6　视频中某帧画面

从图 8.6 中可看出该视频存在明显的黑边，但并不影响观看，根据上述规则判断，该视频的质量得分为 2 分。

确定视频质量得分为 2 分后，标注员需要在质量标注区中选择 2 分选项。

3．视频相关性标注

（1）基础概念

视频相关性标注是指判断视频内容与其他标注对象的相关程度，一般情况下，视频相关性标注是对视频内容及搜索词之间的相关性的标注。视频内容及搜索词之间的相关性标注属于文本—视频相关性标注一类。在文本—视频相关性标注中，一般会提供文本内容、视频文件，对于视频相应的标题或相关描述，视频数据标注员则需要根据需求方的要求及相应的规则对视频相关性进行判断，判断的结果以及规则会根据需求方的不同要求而改变，会要求标注员对视频与文本的相关程度进行打分。

（2）视频相关性标注规则

与之前介绍的两种视频标注类似,在开始文本—视频相关性标注前,视频标注员首先需要了解客户的需求,掌握标注规则。视频标注员在开始标注时,首先需要了解搜索词,然后通过视频的标题和描述了解视频内容,并观看视频。标注员可使用主流的视频软件或搜索引擎搜索了解与搜索词相关的信息,避免自己主观理解搜索词的词义导致判断错误,之后,标注员需要依据需求方的规则对视频与文本的相关性做出判断。

（3）视频相关性标注实操

此处同样以某视频数据标注平台为例介绍视频与文本相关性标注的实际操作过程。

视频相关性标注的界面分为两大区域:视频区、文本区和相关性标注区,具体的标注界面如图 8.7 所示。

图 8.7　视频相关性标注界面

① 视频区:该区域一般包括视频放映处、视频跳转键、视频标题。

② 文本区:该区域一般包括两部分,即文本(搜索词)描述、搜索引擎跳转键。

③ 相关性标注区:该区域为标注员对视频相关性进行打分的地方。

视频相关性标注界面与视频分类标注、视频质量标注界面不同之处在于有无搜索词,在搜索引擎(比如百度、爱奇艺)中搜索结果的跳转键(其他类型的标注也可以使用搜索引擎进行辅助搜索,但一般不提供搜索词)。标注员准确理解搜索词的含义是视频相关性标注至关重要的一环,标注员要在查看其在百度、爱奇艺或者其他平台上的参考意义之后,再结合视频内容进行判断。标注员在观看视频前或观看视频后,只需点击文本区的跳转键,便可跳转到搜索引擎查看搜索词的搜索结果。

若需求方提供了视频标题,标注员需首先浏览标题,然后再观看视频。标注员观看视频也具有两种选择:其一,在视频区的视频放映处点击开始键,播放视频;其二,当放映处视频无法播放时,标注员可选择点击跳转键,跳转到网页,播放视频。

本次讲解的实例中,视频是一个二手手机魅族 X8 的开箱视频,拍摄者主要介绍的是魅族 X8 的一些性能以及手机的受损程度等,视频大致内容如图 8.8 所示。

图 8.8　视频内容展示

随后,标注员点击百度搜索参考,跳转到搜索词智慧屏 X8,搜索结果如图 8.9 所示。

图 8.9　智慧屏 X8 搜索结果

标注员观看完视频,准确把握搜索词后,需要依据具体规则进行相关性判断,视频与搜索词的相关性高低判断将由分值体现,视频内容与搜索词相关性越高,越符合客户需求,其对应分值越高,视频内容与搜索词相关性越低,越不符合客户需求,其对应分值越低,此案例具体判断规则见表 8.3。

通过查看几条搜索结果,不难发现,搜索词智慧屏 X8 指代的是小度智慧屏 X8,而不是手机魅族 X8,应该能够判断此视频与搜索词智慧屏 X8 完全不相关,对用户无价值,根据上述规则判断该视频与文本相关性得分为 0 分。

表 8.3　视频相关性判断规则

分值	0	1	2	3
相关性考察点	完全不相关,对用户无价值	(1) 稍微沾边,对少量用户略有价值 (2) 满足用户的小众需求或冷门需求	(1) 对部分用户需求满足有一定价值,满足用户的次要需求 (2) 满足用户泛需求,某些问题下需求较泛,几乎没有占绝对主导地位的表意或同义表意,以及需求维度上绝对的强弱之分,均有一定比例的用户需求	(1) 满足大多数用户的视频需求,对大多数用户都非常有用的好结果 (2) 满足用户主需求

确定视频质量得分为 0 分后,标注员需要在相关性标注区中选择 0 分选项。

注意事项:

如果视频涉及违法、反动或者涉政一律 0 分,违法、反动或者涉政是指违反国家法律法规,传播国家禁言事件,民族仇恨、宣扬国家领导人或其亲属相关的负面信息等。

如果视频涉及淫秽色情一律 0 分,淫秽色情是指传播淫秽及色情,以"性"为噱头,违背社会公德,且没有艺术或科学价值的内容。

如果视频涉及邪典内容一律 0 分,邪典内容是指直白表现暴力和性,色调一般比较阴暗,充斥着反映社会黑暗、人性邪恶的视频内容,包括儿童和成人邪典片等内容。

如果视频涉及封建迷信/邪教一律 0 分,封建迷信/非法是指宣扬封建迷信、怪力乱神、妖魔鬼怪或国家已认定的非法组织、人物等内容。

如果视频恶搞经典文化或人物一律 0 分,恶搞经典文化或人物是指随意编排、猜测经典人物及故事,哗众取宠,伤害民族感情等内容。

如果视频侮辱调侃英烈一律 0 分。

8.2.2　视频切割

1. 基础概念

视频切割也叫视频截取,指对视频中需要进行截取的视频或者时间片段进行标注。需要进行切割的片段规则要求由客户给出,例如视频精彩内容片段、有音乐或有人说话的片段,以及出现的低俗、违规画面的片段等。

2. 视频切割规则

在开始视频切割前,视频标注员首先需要了解客户的需求,掌握标注规则。一般的需求是对含有某种特殊内容的片段进行标注,视频标注员在进行视频切割时,首先需要大致观看完视频内容,初步评估是否有符合客户需求的视频片段,如果有符合客户需求的片段,再进行后续操作。后续操作主要包括精准找到需标注事件的起始时间与终止时间,切割成片段,以及对切割出的视频片段进行注释等。

3. 视频切割的实操

这里同样以某视频数据标注平台为例,介绍视频切割的实际操作过程。

视频分割的界面分为快捷键介绍区、视频区、分割标注区,具体的标注界面如图 8.10 所示。

注:可根据上图给出的视频链接观看视频

图 8.10　视频分割界面

(1) 快捷键介绍区:该区域主要介绍切割时可使用的快捷键,以方便标注员切割操作。

(2) 视频区:该区域一般包括两部分,即视频放映处以及视频链接。

(3) 分割标注区:该区域是标注员对切割片段进行注释的位置。

标注员观看视频有两种选择:其一,在视频区的视频放映处点击"开始"键,播放视频;其二,当放映处视频无法播放时,标注员可选择复制视频链接到网页,播放视频。

首先,标注员应大致浏览该视频的内容,可以使用快捷键进行二倍速播放,当大致浏览完该视频后,标注员即可判断该视频为时长大约 42 min 的足球比赛视频。

根据视频分割的规则,介绍此处需要关注客户的需求,如在此案例中,标注员需要标注出视频中开球、球门球、射门(不进球)、任意球(不进球)、点球(不进球)、角球(不进球)、界外球、黄牌、红牌、换人、越位挥旗、铲球-近景、铲球-远景、进球-角球、进球-点球、进球-任意球、进球-其他、进球有欢呼-角球、进球有欢呼-点球、进球有欢呼-其他、回放-进球、回放-铲球、回放-空中对抗、回放-越位特效、回放-其他的片段。显然,本案例中该足球视频有满足客户需求的片段,标注员即可重新观看视频,开始进行视频分割操作。

如图 8.11 所示,此视频首先需要标注的时间为 00:00:40.72～00:00:50.18 的换人片段,操作员需要点击视频下方的进度条,标注出换人事件的起始时间和结束时间。

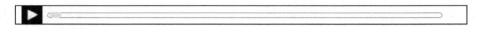

图 8.11　视频进度条

如图 8.12 所示,标注员选择完换人事件的起始时间和结束时间后,切割标注区会出现该事件的时间段,并自动为其赋予事件编号 1。

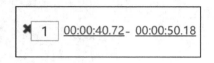

图 8.12　切割标注全区换人事件时间段

随后,标注员需要在切割标注区中的时间段之后的待填区中选择该段视频对应的事件,可选择的事件会在点击"待填区"后出现的下拉框中显示出来。对于第一个片段,标注员只需在下拉框中选择事件 9"换人"即可,如图 8.13 所示。

图 8.13　切割标注区事件下拉框

至此,此视频的第一个换人事件已切割标注完成,之后的其他事件的切割标注流程与此事件的切割标注流程相同,这里不再赘述。

该视频数据标注平台的视频切割操作界面中存在两个特殊按钮,此两个按钮便于标注员更好完成标注过程,在这里将简单介绍这两个按钮。

其一是在分割标注区中每个事件编号前的一个形如"×"的一个按钮,当标注员误标、多标某个视频片段时,可以点击这个按钮,在分割标注区的列表中删除这项标注,系统会自动更改原先在其后面的视频片段的编号,让编号保持为连续且有序的一组数字。其二是显示在切割标注区的时间点,在切割标注区中显示的时间点是可以点击的,点击时间点后,视频区中放映的视频会自动跳转到该时间,这个功能便于标注员在标注完成之后检查自己时间节点选择的正确性。

8.2.3　视频连续帧标注

1. 基础概念

视频连续帧标注是指对视频进行抽帧(在一段视频中截取一定数量的画面)后,视频标注员对不同目标从 0 到无限不重复地进行数字编号,连续画面中即会出现同一目标标注相同的编号,从而记录目标轨迹的变化。实际的标注项目中可能因某些原因会出现画面中目标消失的情况,此时需根据需求方的要求或目标实际消失的原因进行标注,具体情况在后面标注规则及实际案例中均有提及。

2. 视频连续帧标注规则

标注员在进行视频连续帧标注前,首先应要明确标注对象,明确标注对象后,标注员需要精准掌握客户提出的需求及相关标注规则,例如遮挡比例、截断程度、分辨率对于标注的影响等。

由于一般视频连续帧标注时会对于一大段视频的每一帧进行标注,所以标注任务可能较为繁重,因此,在了解标注对象标注规则后,较为合理的标注顺序是:

(1)首先对视频进行预览,大概明确视频的拍摄方位、拍摄角度以及拍摄地点。在明确这些基本信息之后,标注员对标注对象有了基础了解,判断其可能出现在画面哪一部分,其在画面中消失后是否有可能再次出现等,例如,如果明确视频拍摄的是高速公路以及外侧的人行道,而标注对象为行人时,标注员可以把精力以及注意力更多地放在画面两侧的人行道方面而不是车辆川流不息的高速公路方面。通过这种预览的方法可以为标注员节约很多时间,提升标注的效率。

(2)一般,在做好上述前期准备之后,标注员需要使用框在每帧画面上标注出要求的标注对象,并对被框选的对象赋予一个 ID,此处采用的框标注与图像标注中介绍的框标注具体操作相同。

需要注意的是,在采集的视频中,可能因为摄像头清晰度低、拍摄光线昏暗、拍摄角度较偏以及大范围遮挡物等原因出现视频标注对象数据无法有效利用的问题。在一些项目中,可能不要求对因这些原因造成无法有效利用的标注对象进行标注,但是,有些项目可能仍然要求标注。例如,利用视频连续帧标注可以对人员进行跟踪以及轨迹预测,这时标注员可以通过提取不同目标从 0 到无限不重复地进行数字编号,如与连续画面中出现的同一目标标注相同的编号对象可为人员的衣帽、发型、配饰、携带物品,身型等特征值,或基于画面中目标人物的半/全身特征,进而对目标人物进行精准识别和标注。

3. 视频连续帧标注实操

此处,同样以某视频数据标注平台为例,介绍视频连续帧的实际操作过程,如图 8.14 所示。

视频连续帧标注的界面分为两大区域:基本内容区、连续帧标注区,基本内容区指介绍标注对象,以及标注方法,比如指明使用框标注的区域。连续帧标注区指该区域是标注员对视频中每帧进行标注的地方,在帧图像左侧还有视频连续帧标注的工具栏。

视频连续帧标注的案例与本书前面所涉及的视频标注案例都有所不同,前面所讲解的视频标注案例中的标注员都需要观看视频再进行标注,但在视频连续帧标注中,视频已经分解为连续的帧,即为一组连续的图像。视频连续帧标注的实际操作类似于图像标注。

图 8.14 视频连续帧标注界面

视频连续帧标注开始前,标注员首先要留意基本内容区,在本案例中,要求标注员先利用框标注出摩托车、电动车、自行车、三角锥、三角牌。

再分析视频的拍摄视角,需要保证标注的对象极大概率出现在画面的左右两侧,而不是画面的中部。当标注员获取这些基本信息之后,便可以进行标注。

本案例中要求使用框标注,标注的具体操作与本书第 7 章图像标注中介绍的框标注类似,具体拉框标注操作这里不再赘述。

虽然该案例中拉框操作与图像标注中基本相同,但图 8.14 界面中还有部分功能与图像标注中不同,为明确各个控件的功能,下面对标注界面进行介绍。

在连续帧标注区最下侧有一块区域类似于视频的进度条,如图 8.15 所示,可以显示目前的画面属于这段视频的第几帧。标注员在标注过程中,可以观察此处的帧数显示,从而防止漏标某一帧图像。

图 8.15 当前帧数显示

当标注员确认某一帧图像标注已经完成,需要跳转到下一帧进行标注时有三个选择。

第一,标注员可以拖动上文介绍的进度条上的小圆点,如图 8.16 所示。

第二,标注员可以在进度条右侧点击形

图 8.16 通过拖动小圆点切换帧

似">"的按键,切换到下一帧,该按键所在区域的 5 个按键分别代表的功能是切换到第一帧、切换到上一帧、连续帧播放、切换到下一帧以及切换到最后一帧。与连续帧播放这个按键相关的功能是图 8.17 所示的"播放速度"选择区,标注员可以在此调整连续帧播放的速度,初始默认速度为 1。

第三,如图 8.18 所示,标注员可以在整个操作界面的右下角,输入其想跳转到的帧数,输入完成后,再点击右侧的"Go"按键,即可跳转到相应的帧数。

图 8.17　播放速度调节处　　　　图 8.18　通过输入数字切换帧

8.3　视频数据标注工具及典型数据集

8.3.1　视频数据标注工具

随着数字技术的飞速发展,视频标注软件不断涌现。这些视频标注软件都支持视频标注的基本功能,如标注面板、视频控制、自定义标注标记、按标注时间排序、按不同方式检索、对标注进行评分或投票、采用结构化标注方法等,有的软件还提供了社会化网络书签、协作标注等功能。

1. Vatic

Vatic 源自于 MIT 的一个研究项目——Video Annotation Tool from Irvine,California,这是一个带有目标跟踪的半自动化视频标注工具,可应用于目标检测任务。输入一段视频后,Vatic 支持自动抽取成力度合适的标注任务,并在流程上支持接入亚马逊的众包平台 Mechanical Turk,同时其也支持标注员在本地标注。

Vatic 有一个突出优点:内含基于 OpenCV 的追踪,此优点意味着视频数据标注员只需对一段视频进行抽样标注,这一优点大大减少了视频数据标注员的工作量。

Vatic 标注界面在浏览器打开 URL,如图 8.19 所示。

图 8.19　Vatic 标注界面

2. ELAN

ELAN(EUDICO Linguistic Annotator)是一款对视频和音频数据的标识进行创建、编辑、可视化和搜索的标注工具,用户可以向音频和视频记录添加不限数量的文本注释,注释可以是句子、单词、注释、评论、翻译或对媒体中观察到的任何特征的描述。使用该标注工具可以建立标注间的关联,自定义标注的层次,且层次的数量不受限制,这样用户可以根据相关领域的知识对标注内容进行细分,并提供基于注释的搜索功能,它是由荷兰奈梅亨的马克斯·普朗克心理语言学研究所开发的,目的是为注释和利用多媒体录音提供良好的技术基础。ELAN 是专门为语言、手语和手势分析而设计的,但它可以被所有使用媒体语料库(即视频和/或音频数据)的人用于注释、分析和文档编制,注释的内容由 Unicode 文本组成,注释文档以 XML 格式(EAF)存储。

ELAN 的主要特点有以下几个方面:① 提供多种查看注释的方法,每个视图都与媒体时间线连接,并同步;② 支持创建多个层次和层次结构;③ 支持受控词汇表;④ 允许链接多达 4 个视频文件与注释文档;⑤ 支持媒体;⑥ 构建在现有的本地媒体框架上,如 Windows media Player、QuickTime 或 VLC;⑦ 对音频和视频格式的支持取决于操作系统,通常可以实现高性能的媒体播放;⑧ 适用于 Windows、macOS 和 Linux 的发行版。

ELAN 中来自 ACLEW 项目样本的图片如图 8.20 所示。

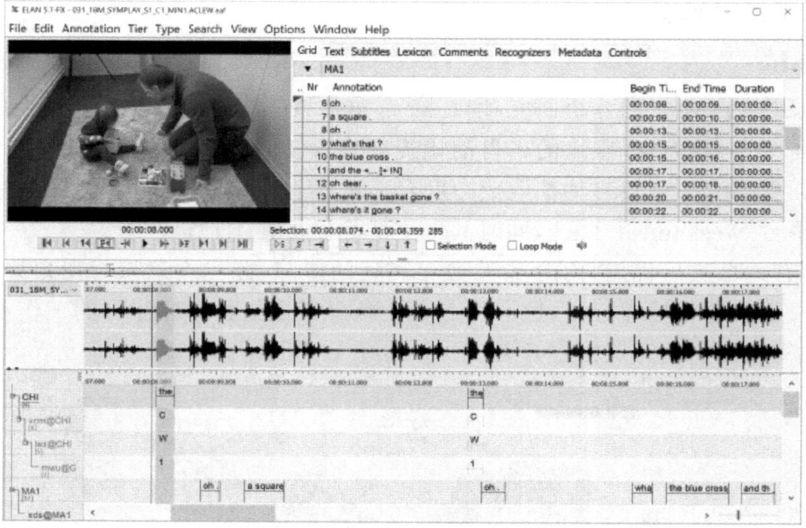

图 8.20 来自 ACLEW 项目的样本

3. Label Studio

Label Studio 是一款开源的数据标注工具,其标注涵盖面广,可以对文本、语音、图像和视频以及超文本标记语言进行标注,其在视频标注方面的主要功能有视频时间轴分割以及视频分类,选择视频分类功能后,操作者可在标注区左侧的代码框中修改原始代码分类选项,以及播放的视频内容。总而言之,Label Studio 这款工具在视频数据标注方面的优点是操作简单,可在线使用,无需下载软件,缺点是视频标注功能较少。Label Studio 开源版本中 playground 的样板选择区域如图 8.21 所示。

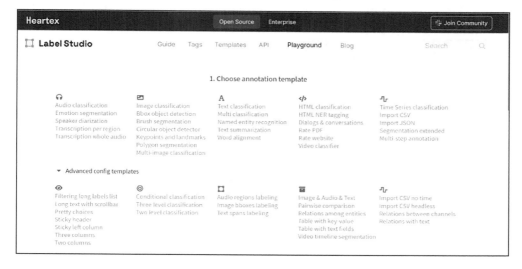

图 8.21　Label Studio 功能区界面

4. VAST

国外一些大学开发了许多应用于教师教学反思的视频标注工具,比如,由美国西北大学开发的 VAST,由佐治亚大学开发的 VAT。这里简要介绍 VAST 视频标注工具在教育教学反思领域的应用。

目前,VAST 已经被用于数学和科学教师教育项目,教师运用这个工具将上传的视频进行片段抓取和转录,再通过"引导注意"书写框和序列化标签(证据、解释、提出问题),最终使得教师从不同的教育视角进行教学过程分析、思考,该视频标注工具的主要使用流程大致如下:

(1)教师被提问"注意到什么?";

(2)教师提供证据;

(3)教师解释证据;

(4)鼓励教师对其注意的事提出问题或提出他们在教学过程中如何做出反应。

在分析视频时,该工具允许呈现其他相关的资源,比如学生作业、课程计划等,这些均可以在进行教学反思之前上传至工具,VAST 的操作界面如图 8.22 所示。

上述介绍的 VAST 视频标注工具的缺点是其主要操作人员一般仅限于教师,并且标注结果只能应用于教学反思中,这与一般意义上的视频标注工不同,一般的视频标注工具是面向数据标注员的,并且通过标注处理过的数据可以应用于多方面的领域。

5. 视频剪辑软件

随着抖音、快手等各类短视频社交软件的流行,以及各种自媒体的兴起,越来越多

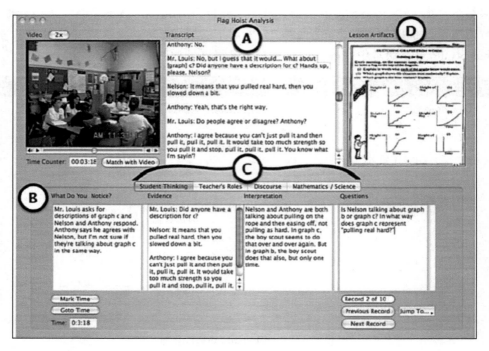

图 8.22　VAST 操作界面

人选择通过视频的方式在这些软件平台上分享自己的生活、获取资讯,视频剪辑领域范围也在扩大。个体对自己拍摄的或者从其他渠道获取的视频进行剪辑,实际上也是一种对视频的标注。视频剪辑的实质其实类似于下文将介绍的视频标注中的一种常见操作任务类型——视频分割,在这里我们介绍一些视频标注国内外常见的视频编辑软件。

先介绍国内的视频剪辑软件,如爱剪辑、快剪辑。

爱剪辑是国内首款免费的视频剪辑软件,该软件简单易学,不需要掌握专业的视频剪辑知识也可以学会。爱剪辑支持大多数的视频格式,自带字幕特效、素材特效、转场特效及画面风格,除此之外,爱剪辑一大优点是其运行时占用资源少,对计算机的配置要求不高,目前,市面上的计算机一般都可以很好地运行它。爱剪辑缺点是使用该工具剪辑导出视频时,需要添加爱剪辑的片头和片尾。

快剪辑是 360 公司推出的免费视频剪辑软件,其与爱剪辑类似,同样简单易用,并且带有一定的特效,该款软件功能不如爱剪辑特效多,也不如爱剪辑齐全,但快剪辑最大的优点是在使用 360 浏览器播放视频时,可以边播放视频边录制视频,这样操作者在制作视频时如果需要用到某个视频片段时,可以使用该软件直接录制下来,不需要把整个视频下载下来。快剪辑的缺点在于其只适用于制作简单的视频拼接剪辑,并且在导出视频时,无法修改视频的宽高尺寸。

接下来,我们介绍一些国外的视频剪辑软件,包括绘声绘影、Adobe Premiere、Adobe After Effects。

绘声绘影是加拿大 Corel 公司制作的收费视频剪辑软件,该软件功能齐全,有多个摄像头视频编辑器、视频运动轨迹等功能,并且支持制作 360°全景视频,可以导出多种视频格式,其同样自带视频模板和视频特效。对于新手来说,使用绘声绘影这款软件可能会有一点难度,需要有一定的视频剪辑知识才比较容易掌握,绘声绘影不足之处是其对计算机有一定的配置要求。

Adobe Premiere 是美国 Adobe 公司推出的一款功能强大的视频编辑软件,用户可以自定义界面按钮的摆放,只要计算机配置足够强大就可以无限添加视频轨道,Adobe Premiere 的"关键帧"功能很强大,使用"关键帧"功能,操作者可以很容易制作出动感十足的视频,包括移动片段、片段的旋转、放大、延迟和变形,以及一些其他特效和运动效果结合起来的技术,其缺点与绘声绘影类似,需要使用较高配置的计算机。

Adobe After Effects 也是由美国 Adobe 公司推出的一款功能强大的视频特效制作软件,主要用于视频的后期特效制作,其有两个明显的缺点:其一,它对计算机配置要求较高,有的计算机满足 Adobe Premiere 的配置要求,未必满足 Adobe After Effects 的配置要求,其二,它在渲染视频时占用计算机内存较多。

相比于机器处理,在进行人工视频数据标注的过程中,直接的语义标注保证了视频内容提取的准确度,但标注员使用标注工具进行人工视频标注有两个通性的缺点:其一,由于注释过程中一直采用手工输入,导致其实际操作效率低。其二,其操作主观性强,且没有统一标准规范,标准信息来源不一,标注效果因人而异。

8.3.2　典型视频数据集

对于视频数据,目前常见视频数据集有 YouTube - 8M 和 Kinetics - 600 等。

YouTube - 8M 是一个大型标记视频数据集,该数据集包含 800 万个 YouTube 视频链接,其中视频超过 5 000 h,其视频集中的视频进行了视频层级的标注,标注为 4 800 种知识图谱实体。为了保证数据集的质量,YouTube - 8M 中的视频有以下的限制:每个视频都是公开的,至少有 1 000 帧,长度在 120～150 s 之间,并且至少与一个知识图谱实体相联系,其中的成人视频由自动分类器移除,这使得在单个 GPU 上,在不到一天的时间内,在该数据集上训练强基线模型成为可能,同时,依靠数据集的规模和多样性可以深入探索复杂的视听模型。

Kinetics - 600 是一个大规模,且高质量的 YouTube 视频网址数据集,其中包含各种以人为核心的动作,它是 2017 年发布的初始动力学数据集(现称 Kinetics - 400)的近似超集,该数据集由大约 500 000 个视频剪辑组成,每个剪辑持续大约 10 s,可对其标一个类,该数据集一共涵盖 600 个人类动作类,而每个动作类又至少有 600 个视频剪辑,类别主要分为 3 大类:人与物互动,比如演奏乐器;人与人互动,比如握手;人自身的运动等,每个类都包含了一种动作,但一个特定的剪辑可以包含几种动作。例如,开车时接电话,视频只会标记一个标签,不会同时给该视频两个标签。在此数据集中,其关注的一些人类行为是比较细微的,需要时序推理进行区别,例如,不同类型的泳姿,较为主流的处理行为识别的模型分别是 LSTM、Two Stream、3dcnn,其中,Two Stream 相对准确率更高。

8.4 视频数据标注实践案例

在掌握上述介绍的关于视频数据标注的理论知识以及简单操作之后,数据标注员还需要通过一些视频数据标注的相关案例与理论知识综合起来理解,本节通过介绍两个案例:人体跟踪视频数据标注以及视频内容提取,介绍如何能将应用场景、实际操作、具体规则等内容联系起来,使标注员深入理解视频数据标注在具体场景下的应用。

8.4.1 人体跟踪视频数据标注

对人进行视频连续帧标注多应用于人体追踪识别领域,特别是当人体追踪与其他技术相结合时,对人进行视频连续帧标注能发挥更大的价值,有更广阔的应用场景,例如,当人体跟踪与人脸识别技术结合可应用于警方判断嫌疑人员的行为轨迹,便于警方对嫌疑人员实施抓捕。将人体跟踪与属性标注结合可应用于行人在道路上违法行为的判断或者学生在考场作弊行为的判断等。下面介绍的视频标注案例即是需要与人脸识别技术结合应用于真实场景中。

1. 案例背景

疫情期间,全国各地高校为防止疫情在校园中传播,选择封闭式管理学校,该项举措不仅要求学校全体学生坚持非必要不出校,有特殊情况确需出校的学生需要严格履行申请审批制度,同时,要求校外无关人员不得进入校园内,但某些高校在实行封闭式管理期间,依然存在着校外无关人员进入学校,与校内学生和教职工接触,这样的行为严重危害了高校内学生以及教职工的安危。为了杜绝此类现象的发生,该项目利用视频数据标注对相关人员进行轨迹跟踪。

2. 标注任务

使用矩形框标注视频每一帧中的人,并对目标物给出唯一的对象编码以及其对应的属性,例如人的体型、性别、年龄等,注意只标记实际的人体,不标注影子。

在本项目中,除了标注行人或者其他姿态的人,对于处在以下情况中的人也需要标注。

(1)当人与二轮车、三轮车接触时,无论是什么车,都需要对人进行标注。

(2)当有多人同时接触同一辆二轮车或三轮车时,无论是什么车,都需要对人体进行标注。

(3)站在其他车厢上的人或者坐在车内的人需要标注。

(4)骑滑板车的人需要标注。

(5)平衡车、独轮车上的人需要标注。

(6)当一群人出现,需要对人进行标注,前排能看清轮廓的单独标注,后排拆分不开的作为一个整体进行标注。

（7）人由于被遮挡或者截断，只能看见胸部以上或者头部的行人也需要标注。

3．标注方法

（1）使用矩形框对人体进行标注，标注框可以比实际人体略大一点，对于被遮挡住的标注对象，需要通过推测预估遮挡比例对整体进行标注。

（2）标注视频中的每个标注对象在整个标注过程中都应有其唯一的编码，如果某目标被短暂遮挡，比如其画面中某一帧或几帧中大面积被树干遮挡，或者其走出画面后有返回，比如，标注对象跑出画面后又跑回画面，这些情况都应继续标注，并保留其最初的编码。

4．标注属性

（1）遮挡程度无遮挡、0％～50％遮挡、50％～80％遮挡。标注对象完全没有被遮挡标注为无遮挡。根据标注员的主观判断，如果标注对象有小于50％部分的比例被遮挡，则标注为0％～50％遮挡；如果标注对象有50％～80％部分的比例被遮挡，则标注为50％～80％遮挡。

需要注意，上述提到的50％、80％遮挡比例的计算是看标注对象被遮挡部分相对其整体的大小，是立体的比例，而不是相对于所拉矩形框的大小，因为在框选物体时会有其他无效背景在框内，这些是不能被计算在比例之内的。

（2）截断情况无截断、纵向截断、横向截断。标注对象未被画面截断，则标注为无截断属性。如图 8.23 所示，标注对象身体被画面截断成左右侧或前后侧，则标注为纵向截断。如图 8.24 所示，标注对象身体被画面截断成上下部分，则标注为横向截断。

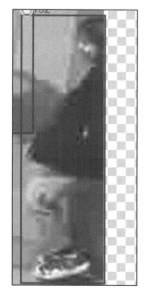

图 8.23　纵向截断示意图

图 8.24　横向截断示意图

(3) 行人朝向指行人在图片中身体朝向(以身体为准),与画面中正方向的夹角。0°代表行人背对图片底部,朝向正前方,180°代表行人身体朝向画面底部,背对着正前方,90°代表行人身体朝向画面的最右边沿,270°代表行人身体朝向画面最左边沿。

(4) 移动状态开始移动、移动、停止。通常移动状态会分为 4 类,包括移动、开始移动、从未移动、停止。由于从未移动是指对象一直没有动,始终保持静止的状态,但本项目标注的是人不包括静物,因此在此项目中不包含从未移动,只存在 3 种移动状态。移动一般为缺省状态。停止是指标注对象停止运动,较为典型的对象是行人坐下或者保持不动。

(5) 人的姿态:站、坐、躺。

(6) 性别:男、女。

(7) 年龄:儿童、青少年、成年人、老年人;其中的一些属性是可以兼容的,比如一名老年人同时也可标注为一位成年人。

(8) 人的高度:矮、中等、高;由于每个人对于身高的高矮具有自己主观的标准,且同一个人对于男女的高矮判断标准会不同,因此必要时会给出具体的数字判断标准。

(9) 人的体型:瘦、中等、超重、肌肉型;人的体型与人的高度类似,如果不指定较具体的判断标准,不同的标注员可能会依据自己的主观标准进行判断,使得标注得到的数据主观性成分多。

(10) 头发—长度:短发、长发、秃头;寸头属于短发而不是秃头,"地中海"发型属于秃头。

(11) 面部—毛发:胡子、小胡子、鬓角处的胡须。

(12) 衣服全身类型:连衣裙、套装、无。

(13) 上衣类型:夹克、风衣、棉袄、运动外套、西装外套、毛衣、短袖 T 恤、衬衫、无袖上衣、无;这里提及的上衣类型只是初步分类,可能无法涵盖所有标注对象穿着的类型,若无法判别类型或者上述不涵盖该类型,则选择相近的类型即可。

(14) 下衣类型:短裙、长裙、短裤、牛仔裤、运动裤、其他长裤、无;下衣类型情况处理与上衣类型处理相同。

(15) 鞋类类型:凉鞋、拖鞋、靴子、鞋、无。

(16) 头饰类型:头巾、鸭舌帽、渔夫帽、面具、其他类型帽子、无。

(17) 眼镜类型:普通眼镜、太阳镜(墨镜)。

(18) 配件:双肩包、单肩包、围巾、购物袋、钱包、行李箱、手提箱、伞、无。

(19) 其他:人、人略、未知。

在上述提及的属性中,其中的头发、上衣、下衣和鞋是可以选择颜色属性的,但对于一件衣服大面积出现不同种颜色,且无法判断哪一种颜色占比更大时,不进行标注,鞋子的颜色标注也与此相同。

除了对上述的人本身具有的属性进行标注,还需要对人脸图像质量进行标注,大致可分为 3 个等级:劣质、中等和优质。若标注对象在画面中姿态扭曲或者对应的图像画质差,则被标注为劣质;若标注对象双眼可见,但是其面部在图像中的画质并未达到极好的水平,则标注为中等质量;若标注对象其面部在画面中呈现正面、无遮挡,并且对应的图像画质高,则标注为优质。

5．标注难点

(1)有可能数据采集时间较长,采集的数据量较大,其间同一标注对象可能会以不同形态出现,例如,同一个标注对象在某几帧中打了雨伞,将书包背在背上,但在另几帧中将雨伞收起,并未撑开,将书包拎在手上,由于该项目要求同一标注对象需要有相同的编码,因此标注员需要格外注意诸如此类的情况,避免漏标或者错标编码。

(2)该项目的标注同时受光线的影响,在光线昏暗的傍晚或者深夜,标注员可能会因为光线不充足,无法判断标注对象的属性,比如上衣类型、鞋子类型等属性,同时当标注对象处在逆光和背光状态下,标注员也无法清楚判断标注对象的一些特征,比如面部毛发。

6．其他问题

(1)进行拉框时,不同标注框的框选区域可以重叠。

(2)人群出现时,前排看清轮廓的单独标注为"人",后排拆分不开的整体标注为"人略"。

(3)由于被遮挡或者截断只能看见头部或者胸部以上的人,例如保安亭中的人,标注时需要进行主观判断。

(4)只能看见脚,全身可见部分不足 20% 的人无须标注。

(5)个体略需要进行推测,群体略只需要标注可见部分。

(6)对于无法判断是人型立牌还是人的区域以及带有玩偶头套无法判断面部和身体特征的人,可标注为"未知"。

(7)上述介绍的属性标注中的一些选项为非必要标注项,在某些情况下可以选择不进行特定项的属性标注。

(8)当遮挡比例超过 4/5 时,不进行标注。

(9)合格率要求:标注框准确率 95% 以上。计算方式:准确率＝正确标注框数/全部标注框数×100%。

(10)数据标注流程:数据采集→清洗筛选→数据标注→质检→审核→项目验收。

8.4.2 视频内容提取

对视频进行语义提取有多种方式,相应地会应用于不同的应用场景之中,比如标注员首先对视频某帧画面中的特定商品进行标注,可用于广告行业的模型训练,最终训练出的模型能够达到如下效果:若视频画面中展示有帽子、电视,则推送关于帽子、电视的广告。除此之外,还可以对视频进行抽帧,随后对每一帧画面里的字幕进行转写,对视频主题进行归纳提取,助力建立视频资料库等,这些常用来支撑视频行业的图像识别模型训练,可应用于智慧文娱等场景。此外,还可以运用于为视频打标签,如人工标注员首先为视频打上标签,用于视频行业的模型训练,最终使得人工智能能够自动抽取视频内容标签,有效解决新视频冷启动推荐问题,实现个性化推荐,增加视频曝光。

1. 案例背景

本项目是某视频公司训练算法模型所要求制作的数据集标注任务,将视频内容(字幕以及音频)进行文本信息提取之后,与自然语言处理相结合,最终得到视频标签集,其可应用于短视频自动生成标签和个性化推荐领域。

2. 标注任务

本项目的标注对象不同于人体追踪视频数据标注中对视频每帧画面中被拍摄的物体的标注,本项目的标注对象可认定为视频中的字幕以及音频。对于同时拥有字幕和音频的片段,首选的标注对象为字幕,即对视频画面中的字幕进行转写。对于仅有音频无字幕且为有效音频的视频片段,标注对象为音频,即对视频片段中的音频进行转写。

3. 标注方法

因为本项目主要任务是对视频中字幕、音频内容进行转写而提取出文本信息,后续再与自然语言处理问题结合处理,所以本项目的标注方法较为简单。对字幕和对音频进行转写的方法不同,所以此处将分两部分介绍标注方法。此处需要说明的是,虽然该项目标注对象为字幕或者音频,但鉴于项目的实际情况,绝大多数具有有效音频的视频片段均配备字幕,我们着重介绍一下字幕的转写。

(1)对字幕进行转写

① 观看视频,初步判断字幕的正确性;

② 对视频进行抽帧处理,得到一段连续的帧图像;

③ 对每帧中的字幕进行转写,提取出文本信息。

(2)对有效音频进行转写

① 观看视频,初步完成对视频中有效音频片段的时间定位。

② 准确切分出包含有效音频片段对应的视频片段。

③ 对有效音频片段中的语音进行转写,提取出文本信息。

4. 标注规则

由于本项目实际操作中有对音频进行无效还是有效判断的需求,因此在此处将简要地对有效音频和无效音频判断标准进行介绍。不同项目中可能对其二者的判断标准略有不同,更为具体、适用范围更广泛的有效与无效音频的判断标准可参照本书第6章语音标注中的介绍内容。

(1)若同一音频片段有多人说话,并且其中有多于一人的说话内容均可清晰听清,则标注为有效音频;

(2)若音频中的一段话大部分内容可以听清,但有个别字无法判断,标注为有效音频;

(3)若同一音频片段有多人说话,但全体说话内容均无法听清,则标注为无效音频;

(4)若音频中出现鼓掌声、咳嗽声、哭声等无具体文本信息的纯噪声,则标注为无效音频；

（5）若视频片段对应音频处无声音，则标注为无效音频。

除了有效无效音频的判断规则之外，本项目在音频转写部分还需要对出现过有效音频的视频进行切割操作。由于本项目是依据音频内容进行切分操作的，因此这里实际的规则也可参考第 6 章语音标注中介绍的语音切分规则，在此简要介绍部分重要的切分规则：

（1）对单分段无具体限制，以音频中说话声的内容分段为基准进行切分。

（2）如果是两个不同的人一前一后顺序说话，无重叠，则标注切分开。

本项目在字幕转写中的操作主要就是将带有正确字幕的每一帧画面上的字幕毫无区别地填入转写区，因此没有烦琐的规则，字幕转写时需要遵守的规则如下：

（1）对正确字幕进行转写时，转写内容要与字幕完全一致，不能多字、少字、错字；

（2）抽帧之后，需要对有字幕的每帧画面进行字幕转写，不能进行跳帧标注。

5．其他问题

（1）若视频中出现字幕，但字幕明显与对应视频片段中的音频内容不相符、不匹配，则标注员应以音频内容为标注对象，对其进行转写。

（2）对有效音频转写时，转写内容要与听到的音频内容完全一致，不能多字、少字、错字。

（3）所有的标注写法必须是简体中文，除了为必须以繁体形式呈现的情况，不能出现繁体字，比如在某个繁体字介绍的节目中，主持人向观众介绍道："'龍'所对应的简体中文是'龙'"。

（4）每个有效的转写片段必须以标点符号结尾，有效转写片段的中间的标点符号应依据具体语义确定。

（5）转写时，只能使用"，""。""？"3 种中文半角形式的符号，禁止使用"·""""\""！""＋""－"等其他符号或单引号。

（6）合格率要求：转写准确率 95％以上，准确率的计算方式：转写准确率＝正确转写字幕条数/全部标注字幕条数×100％。

（7）视频内容语义提取标注流程：数据采集→筛选→视频数据标注→质检→审核→项目验收。

8.5　本章总结

本章主要分两大部分为读者介绍了视频数据标注相关内容，第一部分主要介绍了视频的基础概念、视频数据标注的基础概念、与视频数据标注相关的视频专业术语、视频数据标注的现状和发展、视频标注工具、视频标注应用场景，第二部分，首先通过典型案例介绍了视频分类标注、视频质量标注、视频相关性标注、视频切割、视频连续帧标注的概念以及依托某视频标注平台的实操流程，随后，介绍了综合的视频数据标注的项目——人体跟踪视频数据标注、视频内容提取。

8.6　作业与练习

（1）视频数据有哪四大特征？

（2）下载经典的视频数据集和标注工具，尝试标注几条视频数据。

（3）视频常见的压缩格式有哪些？

（4）视频属性标注可细分为哪几类标注？

（5）视频数据标注可以应用于哪些场景？请至少举出 3 个典型应用场景。

第9章 面向自动驾驶场景的数据标注实践

近年来,由于汽车用户的不断增加、道路拥堵、安全事故等问题愈发严重。随着人工智能技术与车联网技术的不断发展、智能化水平的逐步提高,自动驾驶作为现代智能汽车研发的重点技术,能够有效解决大多数驾驶安全隐患问题,并能一定程度上降低能源消耗,对促进汽车工业的健康持续发展具有重要的作用。作为一个复杂的软、硬件结合体系,自动驾驶技术具有典型的学科交叉性,集许多新兴的科学技术应用之大成,其中具有代表性的深度学习领域中,通过海量的数据处理,模型训练,实现了人工智能技术在汽车行业的应用,数据标注作为人工智能的支柱行业,在自动驾驶的研究中发挥着重要的作用。

9.1 自动驾驶技术

不同的研究目的决定了数据的类型、数量、种类的差别,在学习自动驾驶领域的数据标注前,应先对自动驾驶技术进行简单了解,本节内容将会对自动驾驶技术的发展、整体架构和相关数据集进行介绍,为后续学习自动驾驶数据标注实例做准备。

9.1.1 自动驾驶的发展

自 20 世纪 70 年代,一些发达国家开始研究无人驾驶汽车至今,随着硬件设备与深度学习算法的不断进步,无人驾驶技术无论在安全性还是智能化方面都取得了突破性的进展,特别在近年来,自谷歌,特斯拉,奔驰,宝马等公司投入了对无人驾驶汽车的研究后,此技术已逐步成为全球汽车领域研究的重点问题。

1992 年,由中国国防科技大学研发的第一辆国内红旗系列无人驾驶汽车问世,自此拉开了国内自动驾驶技术快速发展的序幕,并于 2011 年首次实现了约 286 km 复杂环境下的高速公路自动驾驶实验,这次成功标志着中国的无人驾驶在复杂环境识别,智能行为决策和控制已达到世界领先水平。

近年来,国内许多互联网企业与各大车企均投入到无人驾驶技术的研究中,2013年,百度深度学习研究院宣布开始主导研发无人驾驶汽车项目,如图 9.1 所示,其并于次年成立了车联网事业部,而后陆续推出了 CarLife、CoDriver 等新型的车联网系统产品。之后 3 年,随着百度与宝马、福特、NVIDIA 等企业合作的推进,百度美国也成为全球第 15 家获得美国加州机动车辆管理局(Department Of MotorVehicle)发放自动驾驶汽车上路测试牌照的企业。

图 9.1　百度无人驾驶汽车

除此以外,还有许多国内企业也加入了无人驾驶汽车的研究之中,2016 年,京东对外公布了其自主研发的无人配送车辆,乐视、滴滴等也宣布在多处进行无人驾驶汽车的研究,上汽集团、奇瑞、北京现代、宇通、等车企业通过与各大学院、研究所合作开展关于此技术的研发。虽然我国的无人驾驶起步较晚,但目前随着各大企业的加入与国家政府的支持,目前已接近国际先进水平。

自动驾驶作为当前的热门领域,虽然发展速度迅猛,但仍然存在着许多技术难题。

根据美国汽车工程师协会对自动驾驶技术的等级划分,分别是:L1(辅助自动驾驶)级别,即系统控制某一项操作,辅助人类驾驶员驾驶;L2(部分自动驾驶)级别,系统控制多项操作,但人类驾驶员仍需时刻注意驾驶环境;L3(条件自动驾驶)级别,适合整车自主驾驶,人类驾驶员辅助处理机器无法应对的情况;L4(高度自动驾驶)级别,限定道路和驾驶环境下,完全由机器自主驾驶;L5(完全自动驾驶)级别,所有场景自主驾驶。

就目前而言,量产汽车多数仍处于 L3 级别,L4 级别仅在限定区域有量产,若想实现 L5 级别汽车的量产还需要进一步的研究。

9.1.2　自动驾驶关键技术

自动驾驶汽车技术架构较为复杂,涉及多领域的交叉互容,例如汽车、交通、通信等,基于自动驾驶相关的软硬件、辅助开发工具、行业标准等各方面关键问题,自动驾驶汽车关键技术可大体划分为以下几个部分:环境感知技术、智能决策技术、控制执行技术、V2X 通信技术、云平台与大数据技术、信息安全技术、高精度地图与高精度定位技术等。在实际应用中,与数据标注关联密切的 3 部分主要是环境感知系统、定位导航系统和路径规划系统,下面将对此 3 大系统作出简要介绍。

1．环境感知系统

自动驾驶的首要环节,就是基于环境感知系统实现对车辆附近和车内环境信息的采集、处理和分析。环境感知系统是实现车辆与外部交互的重要模块,其可以通过处理硬件传感器的数据,对车辆的行驶情况、周边环境及驾驶员的状态进行监测。常见的传感器有摄像头、激光雷达、毫米波雷达、超声波雷达、红外夜视、惯性测量单元、全球导航卫星系统等。感知对象可以分为道路、静态物体和动态物体,涉及车道线检测、障碍物检测、车辆检测、行人检测等技术。环境感知系统会采集信息,并以图像、视频、点云等形式储存在系统中,进行下一步的处理与挖掘,从中提取对行车驾驶有用的信息,并对下一步的行驶作出指导。随着近年来大数据和算力资源的发展及优化,以机器学习和计算机视觉技术为基础的检测与识别作为环境感知的两大基本任务得到了前所未有的发展,特别是被称为第三代神经网络的深度学习算法,在自动驾驶的环境感知中发挥了巨大的作用。

2．定位导航系统

信息定位技术解决的是如何让车辆获取自身确切位置的问题,其通过各种定位手段与多种传感器数据融合实现精准定位,是自动驾驶的关键技术,而高精度地图、汽车定位技术和无线通信辅助汽车定位技术分别从环境定位、汽车自定位和辅助定位这 3个方面对车辆进行定位。

高精度地图是用于自动驾驶的专用地图,在整个自动驾驶领域扮演着核心角色。高精度地图由含有语义信息的车道模型、道路部件、道路属性 3 类矢量信息以及用于多传感器定位的特征图层构成。动态高精度地图则建立于静态高精度地图的基础之上,如包括实时动态信息。高精度地图是保障自动驾驶安全性与稳定性的关键,在自动驾驶的感知、定位、规划、决策、控制等过程中都发挥着重要作用。

正是考虑此类原因,高精度地图生产制作过程中,需要对采集到的交通环境图像、激光点云、GPS 定位等多种传感器原始数据进行处理,处理技术包括车道线识别、交通标识标牌的图像处理技术、激光点云配准技术、同步定位与建图技术以及 OTA 数据更新与回传等云端服务技术。

汽车定位技术主要包括卫星定位技术、差分定位系统、惯性导航定位技术、多传感器融合定位技术,其中

卫星定位技术主要指利用全球导航卫星系统进行定位,卫星导航定位系统是星基无线电导航系统,以人造地球卫星为导航台,为全球提供全天候、高精度的位置、速度与时间信息。

差分定位系统主要指利用已知位置的基准站估算公共误差,通过补偿算法消除误差,完成精确定位的系统,其基本原理是将一台已知精密坐标的接收机作为基准站,基准站接收 GNSS 信号,并与已知的位置、距离进行比较,计算出误差,从而计算出差分校正量,以用于估计精确位置。

惯性导航定位是在牛顿定律的基础上,不与外界发生光电联系,仅靠系统本身对车

辆进行三维定位、定向的定位技术,惯性导航系统弥补了卫星更新频率低的问题,是增强定位精度的重要手段。

多传感器融合定位技术是指将不同传感器对某一目标或环境特征描述的信息综合处理,以进行定位的技术,常见的传感器包括 GNSS - RTK、惯性导航系统和特征匹配自定位系统等。

由于卫星、激光雷达等定位方式容易受遮挡、恶劣环境、光照强度的影响,随着智能网联汽车技术的发展,V2X(Vehicle - To - Everything)车联网在高精度地图更新、辅助定位方面发挥了重要的作用。

3. 路径规划系统

广义上,路径规划控制可以分为路由寻径、行为决策、动作规划以及反馈控制几个部分,其中,路由寻径、行为决策、动作规划可以统称为路径规划,路径规划部分承接上层感知预测结果,路由寻径可以简单理解为实现自动驾驶汽车软件系统内部的导航功能,即在宏观层面上指导自动驾驶汽车软件系统的规划控制模块按照什么样的道路行驶,从而实现从起始点到目的地的导航。行为决策模块接收路由寻径的结果,同时也接收感知预测和地图信息。行为决策模块决定车辆在道路上的正常跟车、避让车辆和行人等行为。动作规划主要指局部路径规划,以车辆所在局部坐标系为准,将全局期望路径根据车辆定位信息转化到车辆坐标中加以表示,以此作为局部参考路径,为局部路径规划提供导向信息,局部路径规划规划了车辆未来一段时间内期望的行驶路线。

9.1.3 自动驾驶相关数据集

由于汽车行驶时外部环境不可控,外部变量种类繁多,还易受天气等因素的影响,自动驾驶的算法必然需要大量可靠的数据,以此训练和加强其环境感知系统,为满足此技术的后续发展需求,一些自动驾驶相关的数据集应运而生,较为典型的数据集有 Apollo、KITTI、BDDLOOK、nuScenes、CityScapes、HDD 等。

1. Apollo 数据集

Apollo 是由百度推出的交通场景解析数据集,是在中国国内诞生的数据集,为国内自动驾驶技术的研究做出了巨大贡献。其采集工作主要由使用了移动测绘系统的中尺寸多功能越野车完成,此数据集包含了上万帧高分辨率的 RGB 视频和与其对应的逐像素进行的语义标注,提供了总共 17 062 张图像,包含 26 个语义类和相对应的语义标注与深度信息,可用于相关深度学习算法设计及模型训练。

2. KITTI 数据集

KITTI 数据集是在早期出现的较为全面,且合理的数据集,也曾一度成为自动驾驶数据集领域的基准数据集,许多研究都是在此数据集基础上进行的。该数据集包含了市区、乡村和高速公路等场景的真实图像数据,整个数据集由 389 对立体图像和光流图,以及超过 200k 的 3D 标注物体的图像组成,总共约 3TB。

3. BDDL00K 数据集

BDDL00K 于 2018 年 5 月由伯克利大学 AI 实验室（BAIR）发布，是目前规模最大，内容复杂性和多样性兼备的公开驾驶数据集，覆盖了 6 种天气下的白天、夜晚、黄昏 3 种时阶段的真实图像，并有对目标遮挡及截断情况的标注，包含了 10 万段高清视频，每段视频约 40s 时长，并对关键帧进行采样，得到 10 万张有标注的图片。

4. 其他典型数据集

nuScenes 给出的 3D 数据集是第一个包含雷达数据的自动驾驶数据集；CityScapes 数据集主要专注于城市实景的复杂性和变化性，数据较为精简；HDD 数据集则致力于记录生活中真实驾驶员的行为。

9.2　自动驾驶的 2D 数据标注实例

在自动驾驶的研究中，要做到对各种交通相关对象的识别，就需要提供各种常见对象的标注数据。按照此需求，目前通常的分类方式将自动驾驶 2D 的场景分为红绿灯标注、障碍物标注、车道线标注、2D-parsing 标注等场景，本书中也会按照此分类介绍这几类任务的标注要求。

9.2.1　2D 障碍物标注

1. 障碍物检测

自动驾驶过程中的障碍物检测是无人驾驶汽车环境感知模块的重要组成部分，精准识别障碍物是驾驶安全的重要保障。目前的障碍物检测技术主要可以分为基于图像的障碍物检测、基于激光雷达的障碍物检测、基于视觉和激光雷达融合的障碍物检测，2D 障碍物检测即主要采取基于图像的检测方式，此类检测算法大致可以分为一阶段检测算法和二阶段检测算法，其中一阶段检测主要包括 YOLO（You Only Look Once）和 SSD（Single Shot Multibox Detector）等，目前的二阶段检测算法大多是在 RCNN 基础上的改进，在准确度上略胜于一阶段算法。

在日常的驾驶过程中，驾驶员需要保持高度集中，以避免产生任何形式的碰撞，而对于自动驾驶的无人车而言，面临避免与道路中的障碍物发生碰撞的考验。研究者将可能会影响无人车正常驾驶的物体称为障碍物，障碍物标注就是对采集到的图片中的障碍物进行类别和属性等标注，通过训练检测算法，实现对障碍物检测，为后续无人车的决策与控制提供依据，如图 9.2 所示。

2. 障碍物标注的类型

在行驶过程中障碍物可以按照类型分为以下几类：机动车、非机动车、行人、交通锥筒、警示牌等，下面将对常见的类型选择进行介绍：

（1）机动车。小汽车常见分类为微型车、两厢车、三厢车、跑车、小型 SUV、中大型

SUV、皮卡车,如图9.3所示。

图 9.2　障碍物检测

图 9.3　小汽车

卡车常见分类为:工程用的罐车、铲车、挖掘机、吊车、洒水车,如图9.4所示。

图 9.4　卡　车

货车常见分类为小型货车、大型货车、拖车,如图9.5所示。

图 9.5　货　车

面包车常见分类为微面、商务车、轻型客车、客车等，如图 9.6 所示。

图 9.6　面包车

大客车常见分类为小型巴士、单层大巴车、双层大巴车、多节大巴。

（2）非机动车。非机动车常见的种类有自行车、摩托车、三轮车、手推车，如图 9.7 所示。

图 9.7　非机动车

（3）行人。走在路上的和站/坐在路边的任何姿势的人都算作行人。实际上，常常会出现行人与其他障碍物结合的情况，比如带着行李的人或正在使用交通工具的人，此时需要标注人员根据项目的具体要求进行标注。一般情况下，人和物非密切接触时，仅标注人体；对于在驾驶非机动车的人，要和车一起标注。

（4）交通锥桶或指示牌。交通锥桶一般用于进行工程、发生事故时保证道路使用者的人身安全，或用于交通改道、人流和车群的分隔及汇合时使用，锥桶大多是红、黄等警示色，锥形或柱形，但又不局限于以上几种，下面介绍几种常见类型。

① 普通锥桶：能轻易移动，下粗上细，没有固定在路面上，多数为塑料材质，如图 9.8 所示。

② 交通桩：（金属柱、水泥柱）（上下同等粗细，固定在路面上，不能轻易移动，只用于规划车辆，不妨碍人流），如图 9.9 所示。

图 9.8　锥　桶　　　　　　　　图 9.9　交通锥

③ 水马：多为塑料材质，里面填充砂石或者水、长条形、单个或多个并排规划车流、人流，如图 9.10 所示。

④ 防撞桶：如粗矮、桶型，放在分岔路，丁字路，路边等，防止车辆误撞，如图 9.11 所示。

图 9.10　水　马　　　　　　　　　　　图 9.11　防撞桶

⑤ 指示牌：停车指示牌、临时交通指示牌、三角警示牌等，常见交通锥桶或指示牌标注类型如图 9.12 所示。

总体类型	标注类型	细分类型
机动车	小汽车	2座微型车、两厢车、三厢车、跑车、小型SUV、中大型SUV、皮卡
	卡车/货车	小货车、大货车
	面包车	微面、商务车、轻型客车
	大客车	小型巴士、单层大巴、双层大巴、多节大巴
行人	行人	成人-站姿、成人-坐姿、成人-蹲姿/弯腰、躺下、儿童-站姿、儿童-坐姿、儿童-蹲姿/弯腰
非机动车	自行车	
	三轮车	大型机动三轮车、厢式三轮车、普通人力/助力车
	摩托车	无
	手推车	无
交通锥桶	交通锥桶	普通锥桶、交通桩、水马、防撞桶、水泥隔离墩、石墩、停车指示牌、临时交通指示牌、三角警示牌
未知	未知-不可移动	无
	未知-可移动	无
略	人略	无
	车略	无
	其他略	无
混合	混合	无

图 9.12　常见标注类型

3. 障碍物标注的属性

在判断，并选择好障碍物类型后，需要对障碍进行属性标注，在对自动驾驶的研究中，比较常用于分析的属性有遮挡、截断、位置、车门状态、行人朝向、特种车辆、群体障碍物、特殊障碍物、是否在道路中等，下面对以上属性进行介绍。

（1）遮　挡

指障碍物体在图片内，但是被其他物体遮挡，往往需要根据遮挡程度不同选择不同的遮挡比例，如 0％～50％遮挡、50％～80％遮挡等，并需要推测遮挡部分，一般，在物体由于纯遮挡导致可见比例小于 20％时，该障碍物不标注。

（2）截　断

当物体有一部分不在图片内（被图片边缘切断的），要标注这个物体为截断，截断可以分为横向截断和纵向截断，如图 9.13 所示。

图 9.13　截　断

（3）位　置

位置属性是指障碍物相对采集车所处的位置，一般可以分为以下几类：

① 前向主障碍物：位于采集车正前方，与采集车位于相同车道（被两条相同的车道线夹在中间）最近的障碍物，前方主障碍物一般只能标注一个，采集车前方没有障碍物，则假想前主障碍物在前方无限远处。

② 右侧主障碍物：障碍物的车头纵向方位在采集车车头之前（图片内），障碍物的车尾纵向方位在前方主障碍物车尾之后或平齐，位于采集车右侧第一个车道或从右侧第一个车道向采集车所在车道并线的可自主移动的障碍物。

③ 左侧主障碍物：障碍物的车头纵向方位在采集车车头之前（图片内），障碍物的车尾纵向方位在前方主障碍物车尾之后或平齐，位于采集车左侧第一个车道或从左侧第一个车道向采集车所在车道并线的可自主移动的障碍物。

④ 无位置属性：障碍物相对采集车的位置不属于以上三类的，统一标注为无。

例如，在图 9.14 所示图中，灰色为前方主障碍物，浅灰色为左侧主障碍物，黑色为右侧主障碍物，白色无位置属性。

（4）车身分割

障碍物标注中的车身分割是将车辆的整体矩形框，按照车头、车身、车尾分隔开，此属性仅用于机动车与非机动车标注时，车头和车身的区分方法是：以车头灯最外侧为边界区分，所有车辆的倒车镜不需要框在车身里，如图 9.15 所示。（下图左侧框内为车身，右侧框为车头）。

车尾和车身的区分方法：以车尾灯最外侧为边界区分，如图 9.16 所示（下图右侧框为车尾，左侧框为车身）

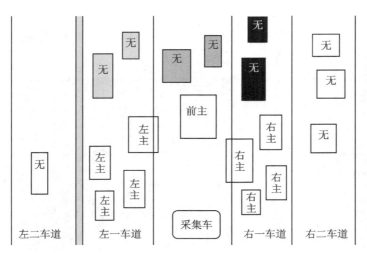

图 9.14　位　置

图 9.15　车身分割

图 9.16　车身车尾分割

二轮车的车头和车尾标注方式：二轮车在采集车正前方时标车头/车尾全部框，二轮车在采集车侧面时车头车尾标注贴边分割线。

（5）车门状态

当障碍物为四轮以上机动车、三轮车时，通常需要标记车门状态，但对车辆进行框选时车门不需要框进去，一般车辆的后备厢盖、引擎盖也按车门进行标注，标注的障碍物类别如图 9.17 所示。

障碍物类别	是否标注	类型选择
四轮及以上的机动车（小汽车、面包车、货车、大客车）	标注	根据实际情况选择打开/关闭
三轮车	标注	有车门的类别根据实际情况选择打开/关闭，无车门的选择关闭

图 9.17　车门状态

（6）行人朝向

行人朝向属性是指行人在图片中身体朝向（以身体为准）与图片采集方向的夹角，如图 9.18 所示，以某一项目中的判断规则为例，其中 0°代表行人背对图片底部，朝向正前方，180°代表行人身体朝向图片底部，背对正前方，行人身体朝向图片最右边沿时角度为 90°，行人身体朝向图片最左边沿时角度为 270°。

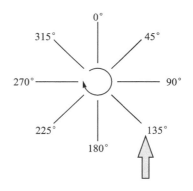

图 9.18　行人朝向

（7）特种车辆

若障碍物为特种车辆，则可能增加特种车辆属性，若障碍物为普通车辆，则选择普通车辆标签，常见的特种车辆有警车、警用摩托车、消防车、救护车、施工工程车、校车、公交车等。

（8）群体障碍物

当障碍物成群出现，且不易区分时，为方便标注，可使用框进行共同标注，若一个框中包含多个障碍物，则标注为群体障碍物。

（9）特殊障碍物

在数据标注项目中，往往需要对一些特殊的障碍物进行标注，常见的特殊障碍物类别有猫、狗、在洒水的洒水车、倒了的锥桶等。

4．障碍物标注的规则

在进行障碍物标注时，一般过程包括判断标注对象、属性选择、画标注框、划分割框等几个步骤，以下介绍这几个步骤中所涉及的障碍物标注规则。

（1）判断障碍物是否需要标注

先要判断障碍物是否满足像素要求，一般情况下，像素点小于 15×15，或者图片本身有质量问题的障碍物不标注。判断障碍物是否为需要标注的障碍物类型时,要根据具体需求判断。

(2)画框时的要求

对障碍物进行框选时,需用最小外接矩形框框出图中所给类目的障碍物,通常一个框只能标一个障碍物,除了大框套小框的情况,同一个障碍物不能同时用两个框标注,漏标、类型错、框大及框小都属于严重错误。

(3)判断障碍物的属性

要根据标注的障碍物要求选择其属性,各常见需要标注的障碍物属性如图 9.19 所示。

总体类型	标注类型	遮挡	截断	位置	车门状态	行人朝向	特种车辆	群体障碍物	特殊障碍物	是否在路上
机动车	小汽车	√	√	√	√		√			√
	卡车/货车	√	√	√	√		√		√	√
	面包车	√	√	√	√		√			√
	大客车	√	√	√			√			√
行人	行人	√	√	√		√				√
非机动车	自行车	√	√	√						√
	三轮车	√	√	√						√
	摩托车	√	√	√						√
	手推车	√	√	√						√
交通锥桶	交通锥桶	√	√	√					√	√
未知	未知-不可移动	√	√	√						√
	未知-可移动	√	√	√						√
略	人略			√				√		√
	车略			√			√	√		√
	其他略			√			√	√		√
混合	混合			√						√

图 9.19 障碍物属性

(4)车身分割及画分割框

当障碍物为机动车或非机动车时,需要画车身分割框,将车头、车身、车尾进行分割。另外,选择正确的分割方向和类型后,用鼠标拖动至需要进行车身分割的障碍物处,调整鼠标位置,使分割线处于正确位置,点击鼠标右键,即可完成车身分割操作。注意分割框仅能在横向位置调整,将鼠标放在分割框分割边界上,光标变成双向箭头后,拉动分割框,即可修改分割框的位置如图 9.20 所示。

5. 障碍物标注的特殊情况

(1)未知类型、略类型、混合类型的使用

在标注项目中,未知类型障碍物指不属于已有类型,但影响驾驶行为的障碍物,一般会分为可移动和不可移动两大类,如在道路中堆着的沙子、建筑垃圾、灭火器、充电桩、无色细长隔离柱,在道路中的动物等,图 9.21 框出的物体标即为未知(不可移动)。如果遇到一堆符合未知类型要求的障碍物在道路上,无须拆分标注,标在一起选择"未知类型"即可,不用选择"群体障碍物"。

略类型的初衷是为了避免远处模糊不清或者大量人、车混在一起时给标注造成困难而设立的选项,通常包含以下 3 种情况:

① 物体被遮挡或截断:当一个物体被大面积遮挡或截断,导致无法区分障碍物类

图 9.20　车身分割画框

图 9.21　未知类型、略类型与混合类型示例

形时,标记为略。

② 远处的模糊物体:远处的模糊物体、无法判断出类型的障碍物,标记为略。

③ 同类别难以拆分的物体:同一类别的物体拆分不开,整体标注为略(只要看到一个框中有多个上述类型的物体,就标为"略")。

混合类型要求至少有一部分属于某个已知类型,一部分是未知类型或略类型,或是无法确定标注框应该框住多大的范围,给出哪一类别时,应使用能够框住整个物体的最小矩形框进行标注。需要注意的是,通常人牵动物时不应标注为混合类型,而是单独标注。

6. 透视、反射、广告

在某些标注项目中,会对图片中可能出现的透视(玻璃等)、反射(镜子等)、广告牌里出现的障碍物提出标注要求,常见的标注规则是将其标为对应类型的略,例如,透过车窗看到的人标为"人略",镜子里的人标为人略,广告牌上的人像标为"人略",透过车窗看到的车标为"车略",采集车身上反射的障碍物映像一般无须标注。通常,透视、反射、广告里的图像障碍物都执行可见不足 1/5 不标注的规定,当障碍物出现部分是透视、部分真实可见的情况时,如果障碍物可见面积超出透明物体的,则需要标注,而透视部分算作遮挡。

7. 障碍物标注的基本操作

此处的操作过程是以第 7 章图像标注为基础,在百度众测平台的标注任务中,标注流程大体分为获取题目、调整视角、切换选择模式和编辑模式、选择属性、画框、画分割框、修改(位置修改、属性修改)、提交题目等步骤。具体的操作如下:

(1) 推动鼠标滚轮,以光标所在位置为中心放大或缩小视图,按住 Alt+鼠标左键可拖动图片。

(2) 选择正确的障碍物框类型,选择此类型对应的属性(遮挡、截断、位置、车门状态等),并进行画框操作。

(3) 在编辑模式下,移动鼠标,根据要求对障碍物进行画框,点击鼠标左键,进行障碍物画框操作。注意框的大小以及不同属性的判断要准确。

(4) 再次点击鼠标左键,结束画框,画框过程中点击右键,可取消画框,双击"此框删除",使用快捷键"B"删除选中的框,快捷键"E"清除所有标注元素。

(5) 双击画好的框,拖动 4 个角可修改框的位置。Ctrl+鼠标左键可选择需要修改的框,重新修改属性后,再次按 Ctrl+鼠标左键,完成修改。

(6) 若需要分割车身,应在选择正确的分割方向和类型后,用鼠标拖动至需要进行车身分割的障碍物处,调整鼠标位置,使分割线处于正确位置,点击鼠标右键,即可完成车身分割操作。

9.2.2 2D 红绿灯标注

1. 红绿灯检测

红绿灯检测是自动驾驶研究中的一个重要问题,以前大多是利用颜色形状等低级特征做检测,准确率较低,随着深度学习技术应用到计算机视觉中,出现了一些基于 Faster RCNN YOLO 和 SSD 的检测方法,但是它们在小目标检测上的效果都不理想。目前,针对小目标检测算法,主要从提取特征网络入手改进,会让提取的特征更加适合小目标检测,进攻方法如图像金字塔、逐层预测、特征金字塔、空洞卷积、RNN 思想等。

自动驾驶车辆能够实现在道路上行驶,保证安全性是其首要任务,为完成此任务,车辆需要配备相应的硬件设备,包括各种摄像头、雷达、定位系统以及计算系统,其中,摄像头和各种雷达都是传感器,目的是感知外部环境信息,摄像头可以拍摄车辆周围不同道路环境的图片,雷达可以精确获取车辆到周边障碍物的不同距离等信息。除此之外,安全行驶还必须具备准确识别交通规则信息等条件。

对于自动驾驶,红绿灯的识别是难点问题,因为无论是现在还是科技高度发达的未来,红绿灯都是不可取代的,那为什么红绿灯识别问题难以攻克呢?这是因为 3 种颜色的正常识别固然容易,但由于其展现形式变化多样,计算机并不能百分百做到及时而准确地识别其变化,正确进行判断。对于数据标注员,要做的就是对这些信号灯的不同展现形式进行标注,帮助自动驾驶车辆识别道路中的红绿灯。如图 9.22 所示红绿灯标注是一种对信号灯进行的综合标注,包括区域的标注、类型的标注和语义的标注,其目的是训练自动驾驶车辆根据红绿灯规则做出正确的决策与控制,其中区域标注就是对图片中出现的符合标注条件的红绿灯的灯框和灯头进行区域框选,类型标注就是选择正确的红绿灯类型,语义标注就是选择正确的属性。

图 9.22　红绿灯标注示例

2. 红绿灯标注的类型

在实际的道路场景中,红绿灯可按照其灯框的排列方式、灯头数量、计时方式等分为不同种类。在做标注工作时,我们要按照实际情况将其进行细分,主要分为以下几类:

(1)灯框类型。横三连、横四连、竖三连、竖四连、竖两连、计时横三连、计时横四连、计时竖两连、计时竖三连、反横三连(绿黄红)、小型竖三连、竖向三连灯同步变化、单独的数字倒计时灯、方形、三角形、灯晕、竖方形进度条、横方形进度条,如图 9.23 所示。

图 9.23　灯框属性

（2）灯头类型。圆饼状、左箭头、右箭头、上箭头、下箭头、X、坐下箭头、右下箭头、掉头箭头、时间、左上双箭头、右上双箭头、横线、未知、方饼、自行车、人形，如图 9.24 所示。

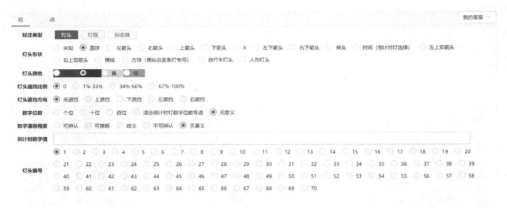

图 9.24　灯头属性

（3）功能类型。倒计时灯，指示灯。

3. 红绿灯标注的属性

在实际标注中，数据标注员需要在图中标出每个灯框、灯头，并说明其特定的属性，其中属性主要分为以下几部分：

（1）颜色。灯框一般为黑色等，灯头颜色分为未知、红色、黄色、绿色。

（2）编号。灯标注分为灯框编号和灯头编号，相同种类不可以出现重复编号。

（3）位置。灯框位置包括悬挂式红绿灯、路边桩红绿灯、路中间可移动红绿灯等。

（4）遮挡情况。分为无遮挡、上遮挡、下遮挡、左遮挡、右遮挡、遮挡比例分为1％～33％、34％～66％、67％～100％等。在选择遮挡属性的方向和比例时，如果同时被多个方向遮挡，选择遮挡面积最大的一个方向即可，截断等同于遮挡。

（5）清晰程度。灯头数字清晰程度分为可辨认、可推断、有歧义、不可辨认等，具体要求如表 9.1 所列。

（6）灯头数字。分为个位、十位、百位、无意义、数字值。

表 9.1　红绿灯灯头数字清晰程度标注示例

类　别	例　图	定义及说明
可辨认		数字显示完整，可清晰辨认具体数字
可推断		数字显示有轻微的不清晰或者不完整，但是可以准确推断出具体数字（即数字 60％以上是清晰的），填写准确判断出的数值

续表 9.1

类　别	例　图	定义及说明
有歧义		数字模糊、频闪、截断或者遮挡导致歧义，看到的部分可能存在多个数值（即数字 30% 以上是清晰的）此时将最可能的数值放在第一位，其他所有可能的数值紧随其后从小到大排列，中间用"-"符号隔开，如"1-3-7-9"
不可辨认		数字特别模糊，频闪，截断，遮挡导致的不可辨认或者歧义过多。（即数字 30% 以下是清晰的）此时数值留空

4. 红绿灯标注的规则

了解红绿灯的基本类型和标注中常见的属性后，在进行具体的标注操作前，标注员还需要掌握其中的标注规则，如何时需要进行标注，有哪些操作要求？下面介绍对红绿灯标注的规则。

（1）判断标注对象

在实际操作中，对于任一红绿灯，需要判断的对象有两个，分别是灯框和灯头，在正常情况下，二者都需要标注，但由于角度，光线，距离的不同，会产生一些在图片中无法明确看出的情况，这时我们应按照具体的要求细则进行标注，下面以较为常见的标注要求为例进行介绍。

① 标灯框不标灯头。能看清灯框，不确定灯头是否亮着，或只有一点亮光，似亮非亮时，标出灯框，不标灯头，如图 9.25 所示。

图 9.25　标灯框，不标灯头

② 不标灯头，也不标灯框。情况一：侧面灯不标注，侧面灯是指倾斜角度不小于 45°的灯，即此灯并非对采集车具有指示意义，比如当车道两侧出现双头红绿灯时，朝向斑马线、人行横道的红绿灯不标注。图 9.26 的场景中，绿框内的灯按照规则正常标注；红框内，朝向人行横道的灯不能标注。

情况二：如图 9.27 所示，既看不清灯框也看不清灯头，且灯头光若隐若现，无法判断是否亮时，应沿着阴影边缘标，框类型标为"忽略"，颜色为"未知"，不标注灯头。

图 9.26　不标灯头,也不标灯框情况(1)

③ 需要标灯头和灯框如图 9.28～图 9.29 所示。
情况一:红绿灯灯框或灯头都能看清,但被遮挡或截断
时,无论遮挡和截断比例是多大,都需推测出灯框或灯
头的轮廓。如果灯框露出部分小于 1/2 灯头,需要推测
灯框,框轮廓类型标注为"忽略",遮挡比例 0%,标"无
遮挡"。如果灯框露出部分大于 1/2 灯头,需要推测灯
框,标注框轮廓为横三联或者竖三联,遮挡比例以三联
灯的实际遮挡情况来判定。(此处的 1/2 灯头仅用于量
化尺寸,而非显示的、需要标注的灯头)。

情况二:对于灯头光虽然模糊,但是明显可见是亮
着的灯头,灯头形状标注"未知",灯头属性下其他属性
正常标注。若此时灯框模糊,则沿着阴影边缘标注,框
类型标为"忽略"。

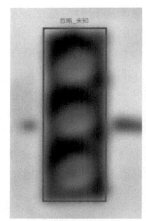

图 9.27　不标灯头,也不
标灯框情况(2)

图 9.28　遮挡时标注

图 9.29　截断时标注

（2）标注要求

① 编号标注：对于一张图中出现多个红绿灯的情况，需要用不同的编号表示不同的红绿灯。同一张图片中，不同的红绿灯编号不能相同。同一个红绿灯，其灯框编号和灯头编号必须相同。

② 标注精度：除满足图像标注的要求外，红绿灯灯框和灯头的宽高限制一般不小于 2px×3px。框选误差一般应控制在 2 个像素内，但针对单独的倒计时灯、方灯、灯晕3 种类型的标注，如严格贴合标注，会导致灯框及灯头重叠，故标注时允许灯框外围比灯头外围大 1 个像素。

5．红绿灯标注的特殊情况

在红绿灯实际标注中，由于场景变化较多，常常会出现一些不确定的情况，需要根据项目的具体要求进行标注，典型的如灯晕、数字位数等标注，下面以项目中常见的要求为例进行介绍。

（1）灯晕的标注方式。

灯晕标注如图 9.30 所示，具体标注方式如下所述。

① 不能看到灯框（灯轮廓与背景融为一体，辨认不出具体的轮廓类型），只能看到灯晕，是标注灯晕的唯一情况，凡是能看清灯框及轮廓类型时，则不可标注成灯晕。

② 灯晕：以灯头为中心，灯晕亮度在扩散时会在某个距离出现明显衰减，框出明显衰减的部分作为边界（见图 9.30）。

③ 灯晕为灯框的轮廓属性，标出灯框（轮廓为灯晕）后，需要再将其灯头也标注出来，是圆饼就标"圆饼"，是箭头就标"箭头"。

④ 不同的灯晕应独立标注。

（2）数字位数标注。在对数字灯头所属位数进行标注时，在"单独的倒计时"红绿灯中，如果数字整体模糊，无法明确拆分多个数字时，则整体标注，属性标为"个位""不可辨认"。如图 9.31，混合倒计时灯位数字标注为一个整体，并选择"无位数"。若为非倒计时灯头，默认选择"无意义"。

图 9.30　灯晕的标注

图 9.31　混合倒计时灯位数标注

6. 红绿灯标注的基本操作

此处的操作过程是以第 7 章图像标注为基础,在百度众测平台的标注任务中,标注流程大体分为获取题目、调整视角、切换选择模式和编辑模式、选择属性、画框、修改(位置修改、属性修改)、提交题目等步骤,具体的操作如下:

(1) 推动鼠标滚轮,以光标所在位置为中心放大或缩小视图,按住 Alt＋鼠标左键可拖动图片。

(2) 选择正确的灯框/灯头对应的属性(颜色、编号、位置、遮挡情况、清晰程度、灯头数字等),并进行画框操作。点击鼠标左键开始对灯框/灯头进行框选,无须按照顺序进行标注,但要为不同的红绿灯设置对应的编号。

(3) 在编辑模式下,移动鼠标,根据要求对灯框/灯头进行画框,点击鼠标左键开始对灯框/灯头画框。

(4) 再次点击鼠标左键,结束画框。画框过程中点击右键,取消画框,双击"此框删除",使用快捷键"B"删除选中的框,快捷键"E"清除所有标注元素。

(5) 双击画好的框,拖动 4 个角可修改框的位置。使用 Ctrl＋鼠标左键可选择需要修改的框,重新修改属性后,再次按 Ctrl＋鼠标左键,完成修改。

红绿灯标注示例如图 9.32 所示。

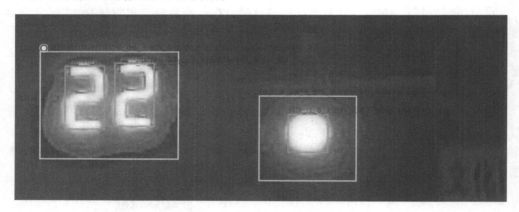

图 9.32　红绿灯标注示例

9.2.3　2D 车道线标注

1. 车道线检测

车道线识别是在行驶过程中所有司机的共同任务,为确保车辆在驾驶始过程中保持在车道限制之内,从而减少因越过车道而与其他车辆发生碰撞的机会。对自动驾驶汽车来说,车道线识别同样是一项关键任务。

车道线检测是自动驾驶系统中不可或缺的环节,目前常用的车道线检测方案有基于传统计算机视觉的车道线检测和近年来新兴的基于深度学习的车道线检测,其中传统计算机视觉的车道线检测主要分为基于道路特征和道路模型等。基于道路特征的检测方法主要利用车道线与道路之间的物理结构差异对图像进行后续的分割和处理,突出道路特征,实现车道线检测。基于道路模型的检测方法主要利用不同的道路图像模型(直线、抛物线、复合型),对模型中的参数进行估计与确定,最终与车道线进行拟合。

传统检测方法的缺点:由于道路情况复杂,导致工作量十分庞大,且健壮性差,深度学习把车道线检测任务当作分割问题或分类问题进行处理,出现了基于深度学习的车道线检测技术,利用神经网络可提高传统算法的效率。除此之外,随着越来越多研究者对激光雷达的研究,基于激光雷达等高精设备的车道线检测技术也逐渐成熟。

实现对车道线的检测后,自动驾驶系统就可以实现车辆横向运动的主动安全功能和控制功能,这在智能汽车系统中是必不可少的。车道线标注作为算法训练的数据支撑,能够帮助自动驾驶车辆精确识别车道线,从而提升自动驾驶车道线识别的能力,实现以下功能:

(1)车道偏离预警,通过对车道线的识别确定行驶车辆和车道线之间的位置关系;当车辆偏离车道时,系统就可以检测到,并且可以通过声音、触觉等方式提醒驾驶员,从而避免在车辆越线后发生事故,以及触发潜在的横向碰撞或其他风险。

(2)车道保持辅助,当车辆偏离车道时,系统会主动控制方向盘,纠正车辆的横向位置,使车辆重新驶回本身的车道内,从而避免事故发生。

(3)车道居中辅助,车道居中辅助可以辅助驾驶员控制方向盘,把车辆的位置控制在车道的中心,持续保持在车道中央行驶。

(4)自动变道辅助,车道线识别时,不仅会识别所在车道的车道线,而且会识别相邻车道的车道线,从而使车辆自动从行驶车道换入相邻车道。

2. 车道线标注的类型

在日常生活中,车道线是由标画在地面上的线条、箭头、文字等组成,用于规范和引导交通。根据道路交通标志和标线国家标准规定,我国的道路交通线可分为指示标线、禁止标线和警告标线,在实际的数据标注工作中,应重点关注以下几类车道线:

(1)单实线:两条车道之间只有一条实线,是生活中最常见的车道线。

(2)单虚线:两条车道之间只有一条虚线,在标注时虚线要推测成实线进行标注。这里面有两个注意事项,一是导流区以及车道分叉还有车道交汇时,虚线也是双虚线;二是待转区两侧的虚线是单虚线。

(3)双实线:两条车道之间只有两条实线,在标注时只标注靠近采集车一侧的车道线的内侧,一般用来区分不同向车道。

(4)双虚线:两条车道之间只有两条虚线,在标注时只标注靠近采集车一侧的车道线的内侧,一般用来区分不同向车道。

(5)左虚右实:两条车道中间同时出现实线及虚线并列为一组的情况,且虚线位于左侧,实线位于右侧,在标注时只标注靠近采集车一侧的车道线的内侧。

(6)左实右虚:两条车道中间同时出现实线及虚线并列为一组的情况,且实线位于左侧,虚线位于右侧,在标注时只标注靠近采集车一侧的车道线的内侧。

(7)路沿:指采集车所在车道的两边护栏与地面的接线处,如图 9.33 和图 9.34

所示。

图9.33 路沿(1)

图9.34 路沿(2)

（8）车位线：用于在城市场景中需要标注的停车位左侧的线。

（9）减速线：用于标注单实线/单虚线带有减速线的线，边界同车道线一致的，标注靠近采集车一侧，如图9.35所示。

图9.35 减速线

（10）双白双黄实线：两条车道中间同时出现4条实线并列为一组的情况，且白实线位于外侧，黄实线位于内侧，只标注靠近采集车一侧的车道线，如图9.36所示。

图9.36 双白双黄实线

（11）双白双黄虚线：两条车道中间同时出现 4 条虚线并列为一组的情况，且白虚线位于外侧，黄虚线位于内侧，只标注靠近采集车一侧的车道线，如图 9.37 所示。

图 9.37　双白双黄虚线

（12）普通停止线：指路口处的横向线，边界标注在行车的内侧；不管是实线还是虚线都不加虚线元素点。需要注意的是，被遮挡的停止线一定要推测标注，如图 9.38 所示。

图 9.38　普通停止线

（13）待转区停止线：待转区处的横向线，边界标注在行车的内侧，不加左右交点，不加路口点，如图 9.39 所示。

图 9.39　待转区停止线

3. 车道线标注的属性

在判断并选择好车道线类型后，需要对车道线进行属性标注，在对自动驾驶的研究中，常用于分析的属性有编号、副编号、特殊情况、特殊车道线、颜色、清晰程度、被遮挡程度、点属性等，下面对以上属性进行介绍。

（1）编　号

以采集车为准，左侧车道从右至左依次编号为 −1、−2、−3、−4；以采集车为准，右侧车道从左至右依次编号为 1、2、3、4；以采集车为准，单侧超过 4 条以上的车道线标为"其他"，采集车压住车道线时使用"0"。

（2）副编号

一般包含"−(1)、−(−1)、+(0)、+(1)、+(2)、+(3)、+(4)、+(−1)、+(−2)、+(−3)、+(−4)、无"几种选项，通常，副编号选择"无"即可，当出现车道线合并或分叉的情况时，需选择其他对应副编号。

（3）车道线情况

① 正常情况：车道线无特殊情况；

② 车道线分叉：因车道线变化增加车道或产生的道路分叉即导流区，如图9.40所示。

图9.40　车道线分叉

③ 车道线交汇：指因车道线变化减少车道或产生的道路汇入，即导流区；

④ 道路分界线：指和路沿紧挨着的车道线（多为单实线）；

⑤ 特殊车道线：指不属于以上几类车道线的，考虑可能为特殊车道线，比如车道线没有分叉/交汇迹象，车道线持平行状态，贴得很近或者重叠的车道线，且颜色不同等特殊情况。其中元素点标记及颜色一般以重叠中靠上的车道线为准，如图9.41～图4.42所示。

图9.41　特殊车道线(1)

图9.42　特殊车道线(2)

（4）清晰程度

主要分为3种情况：

① 清晰,就是有清晰可见的车道线或者说不能准确判断是否磨损的情况,对于远处车道线模糊看不清,或者是由于像素原因、天气原因等导致图片不清晰,这种一般选择清晰,如图 9.43(左)所示。

② 轻度磨损,是车道线整体颜色变淡,内部比较不清晰,但是整体还算完整,如图 9.43(中)所示。

③ 严重磨损,主要是针对那种轮廓受损严重或者有大片残缺的情况,几乎已经看不清楚了,如图 9.43(右)所示。

图 9.43　清晰程度(从左至右分别为清晰、轻度磨损与严重磨损)

(5) 被遮挡程度

① 无遮挡:整条线从图片底部至道路尽头无任何遮挡;

② 0%~50%遮挡:根据车道线整体程度判断,遮挡少于一半的选择该选项,极远处的车辆遮挡也算作遮挡;

③ 50%~100%遮挡:车辆严重拥堵导致车只能看见采集车前的一段较短的车道线,不足车道线整体一半的选择该选项。

关于被遮挡程度需要注意以下问题:

车道线遮挡比例判断是根据整条车道线判断;

护栏遮挡不算遮挡,护栏遮挡部分不用推测延长(不可以覆盖护栏画线);

锥桶遮挡不算遮挡,可以压过去画线;

根据车辆、人、雨刷器判断遮挡程度。

(6) 交叉点属性

交叉点指车道线相交时产生的交汇点,一般存在于有导流区、港湾停靠站等的路段。交叉点属性包含是否有导流区、推测起点、推测终点、虚线起点、虚线终点、近路口点、远路口点、停止线左交点、停止线右交点。

4. 车道线标注的规则

在进行车道线标注时,一般可分为判断车道线类别、属性选择、划线、打点等几个步骤,以下介绍这几个步骤中所涉及的车道线标注规则。

(1) 车道线类别判断

在进行车道线标注时,首先需要对图片中需要划线的车道线类型进行判断,并了解该类型的车道线对应的画线方法。对于需要标注的车道线,在标注时,需沿车道线靠近采集车一侧的边缘进行画线,当标注类型为虚线车道线时,需将虚线推测为实线连起来标注,当标注类型为多条线组成的车道线时,只标注靠近采集车一侧线的内侧。此外,标注时还须注意,不同类型需要分开标注,肉眼不可见的不能标注以及确认有车道线的前提下,分辨不清是实线或虚线时优先实线。标注时,应注意不要把车道线拉出图片以外,车道线应与图片边缘齐平。

(2) 车道线属性选择

车道线属性选择如图 9.44 所示,属性标注时首先需要注意的是编号问题,当采集车明显压住车道线,被采集车压着的车道线编号为"0";被采集车同时压着,且之间为可行驶车道的两条车道线,则靠近采集车的车道线编号为"0";不明确采集车是否压线,车道线正常编号即可;当实际车道线过短时,应预留该车道线编号;若车辆严重拥堵导致看不见车道线,可根据车道内每排拥堵的车辆判断是否预留编号;当实际存在车道线,但是由于过短,无法看完整,这时就需要把车道线预留出来,最里面的车道线就标为−2了,这是第一种情况;第二种情况:由于车辆发生严重拥堵导致看不见车道线,我们可以根据车辆情况判断预留的车道线。

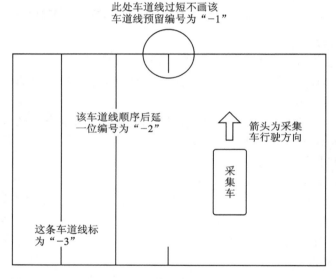

图 9.44　车道线属性选择

如图 9.45 所示,当有导流区时,副编号可选−(−1)或−(1),主线副编号选无,导流区左侧的支线副编号选−(−1),导流区右侧的支线副编号选−(1)。

当无导流区时,副编号可选择+(0)、+(1)、+(2)、+(3)、+(4)、+(−1)、+(−2)、+(−3)、+(−4),支线按实际选择主编号,副编号选择"无",主线(合并线)的主编号以靠近采集车的支线主编号为其主编号,其副编号括号中数字为相对较远的支线的主编号。

(3) 划线、推测车道线的规则

① 在实际标注画线时要注意以下规则:

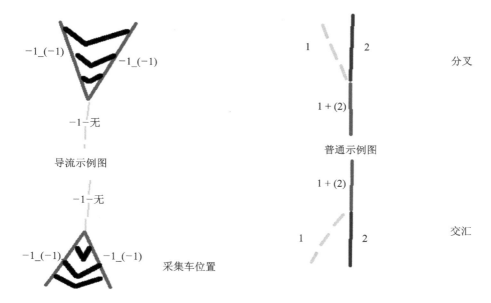

图 9.45　车道线属性标注示例

a. 主干道中的车道线保持相互平行,长度一致;

b. 紧贴车道线边缘,由底部或起点位置,打点画线;(画线要合理、紧贴)

c. 按照车道线规则进行标注;(不可违背规则操作)

d. 一条线只能标对应的一条车道线;(不可错标)

e. 不可重叠标注多条同类型车道线(不可多标);

f. 根据车道线(点、特殊点)规则合理标注;(不可漏标、多标)

g. 线与线之间不能有交叉点(车道线不可相交)。

在标注需要推测的部分时,需要注意以下规则:

a. 合理,即参考道路特征及其他线的情况,坚决不能压护栏,不能急拐弯,延伸也要合理延伸,不要歪;

b. 贴地面,即推测的部分不能翘起来,要紧贴地面;

c. 控制推测距离,即推测至视野尽头即可;

d. 车道线之间的推测部分,不能交汇(通俗说就是车道线不可相交);

e. 确实没有的车道线(不是因为遮挡和磨损),不推测;

f. 靠近采集车一端的车道线一定要延长至图片底部(不包含采集车部分);

g. 对于远端车辆拥堵,难以判断车道线走向的图片,不需要远端推测;

h. 如果一条车道线只有个别车辆遮挡,可以明确判断车道线走向的图片,需要推测;

i. 近端车道线都需要推测标注到近端;

j. 人眼都看不清的车道线不需要标注;

k. 在可以确定范围内的车道线尽量推测;

l. 主干道中的车道线保持相互平行,长度一致;

m. 车道线推测时须参考护栏,其他车道线车流走向。

(4) 点标注的规则

① 交叉点应标注在车道线相交处。交叉点应标记在靠近采集车的车道线边缘处(画在线上),如果交叉点位置被遮挡,需要合理推测标注。红圈虚线处没有与实线形成的车道线相交,但车道明显减少,此时车道线不延长,但需标记交叉点。存在特殊复杂情况的港湾式停靠站,交叉点应标在虚线处及实线交点处。

② 特殊点—推测车道线。除待转区停止线不需要加推测点外,其他车道线被遮挡部分都需要标注推测起点和终点。标注时,按采集车行驶方向从近至远标注:近处为起点,远处为终点,普通停止线从左至右标注:左边为起点,右边为终点。注意推测点必须以"组"为单位呈现,即既有起点又有终点,若车道线末端完全被遮挡,则在当前标注线的最后一个元素点上标注终点。

③ 特殊点—虚线车道线。只有单虚线、双虚线、双白双黄虚线这 3 个类型时,需要标记虚线起点和终点,标注时,按采集车行驶方向从近至远标注:近处为起点,远处为终点,如果虚线的起点或终点被遮挡,则该起点或终点不用标注(因此起点和终点无须成对出现),远处过小的虚线段或过于模糊的可以不标注。

④ 殊点-路口点。近路口点指类型线的最后一个元素点,远路口点指类型线的第一个元素点,车道线及路沿类型在对应情况下都需要加路口点,远处过小或过于模糊的不确定是否是路口的不加路口点,看不见导流区分岔路,无法确定是路口的,不加路口点。

⑤ 特殊点-停止线交叉点。停止线交叉点标注在普通停止线的元素点上,左右交点无须成对出现,多条组合的停止线(双实线、双虚线、左虚右实、左实右虚、双白双黄实线、双白双黄虚线)的左右交点只标注组合最左侧一条线的左右交点即可,普通停止线与车道线不相交,则无需标注左右交点。

5. 车道线标注的特殊情况

在标注时还会遇到一些特殊的情况,比如路沿、车位线、减速线、停止线、导流区、高速公路等的标注,下面是车道线标注中的特殊情况。

(1) 路沿标注

近处被遮挡的路沿需要推测,远处看不到的不用推测。若出现车辆拥挤等情况导致两侧路沿均无法看见,不用标注,但路沿需要进行编号,道路左侧的路沿统一为-1,右侧的路沿统一为1,其他属性默认初始值即可。在路过匝道时,出现 2 条以上路沿,就需分段标注,同侧路沿编号一致。采集车在主路上时,匝道右侧路沿画法参考箭头,主路两侧路沿尽量延伸,箭头需要画到采集车前方路沿的衔接处。采集车在匝道上时,主路左侧路沿画法参考箭头,主路左侧路沿未画区域非当前行驶道路,故不画。在严重拥堵时,一侧能看见较远较长的路沿,则两侧都需画出。两侧能看见采集车前面一小截路沿,则两侧需要画出可见部分,并延长至图片底部。一侧能看见采集车前面一小截路沿(需要标注可见部分),另一侧完全遮挡不用标注。

（2）车位线标注

车位线在标注时,标注停车位靠近道路的线,若只是车辆占用非机动车道,则不算车位线,按正常车道线类型标注即可;若不确定是车位线,则优先按正常车道线类型标注,车位线的编号根据在图片中的左右位置(以采集车为准)选择 1 和 −1,其他属性默认初始状态即可。

（3）减速线标注

减速线同车道线标注边缘画法一致,标注靠近采集车一侧,导流区存在减速线,则只标注靠近采集车一侧的减速线。减速线编号和它旁边的车道线保持一致,不标注虚线起点和虚线终点,但是需要推测时,需标注虚线的起点和终点,减速线特殊情况默认正常,其他属性都需要按减速线情况选择。

（4）停止线标注

在对普通停止线和待转区停止线进行标注时,应标注在行车的内侧;普通停止线无论是否为虚线都不加特殊点—虚线车道线;待转区停止线不加特殊点—路口点和特殊点—停止线交叉点;待转区停止线只标注采集车所在一侧,对面的待转区无需标注。

（5）导流区标注

在路口、分岔口等的导流区域,内部阴影线不用标注,但一般导流区域的边线是用来做车道分割用的,算作车道线,要标注。导流区的内部线条不用标注,但其边线都要标注,当导流区在采集车左边时,车道线边缘画在靠近采集车右侧;导流区在采集车右边时,导流区的车道线画在外边缘。

（6）高速场景标注

在高速上,被完全隔开的道路对向车道线,无需标注;联通的匝道(主干线的进口、出口附属接驳路段)图片,只标注采集车走的道路即可,如图 9.46 所示,采集车在主路上行驶,出现联通匝道路段,匝道路段不用标。

图 9.46　匝道路段标注情况

6. 车道线标注的基本操作

如图 9.47 所示,此处的操作过程是以图像标注为基础,在百度众测平台的标注任务中,标注流程大体分为获取题目、调整视角、切换选择模式和编辑模式、选择属性、画线、修改(位置修改、属性修改)、提交题目等步骤。具体的操作如下:

(1) 推动鼠标滚轮,以光标所在位置为中心放大或缩小视图,按住 Alt＋鼠标左键可拖动图片。

(2) 找到标注的车道线,选择对应的类型。

(3) 画线,将鼠标指针放在车道线开始的地方按 F 键,同时移动鼠标,画的过程中在弯曲的地方再按 F 键,直到完成整条车道线标注。

(4) 画闭合线,在画线的时候,画到车道线结束位置时,点击鼠标右键就可以闭合形成线。结束位置是指我们图片远端车道线的位置。

(5) 标注交叉点,把鼠标移动到标注的位置,直接按 F 键就可以标记交叉点。

(6) 对特殊点的标记,按住 A 键,展示所有的车道线元素点,之后再用左键点击元素点,按 M 键就可以赋予当前选中元素点的属性。按住 Ctrl 后,再移动鼠标就可以对元素点进行批量操作了。

图 9.47　车道线标注界面

9.2.4　图像语义分割标注

1. 自动驾驶—图像语义分割标注

图像语义分割是计算机视觉领域的一个重要分支,与前边提到的车道线检测、车辆检测、红绿灯检测不同,语义分割并不是一个独立的模块,通俗来讲就是将一幅图像根据其含义不同划分成很多区域,每个区域代表不同的类别。

在自动驾驶领域,可行驶区域检测可以被认为是自动驾驶汽车能否上路的关键技术,目前,主要有基于传统计算机视觉的可行驶区域检测和基于深度学习的可行驶区域检测两种方法,其中传统的计算机视觉检测方法包含基于直接特征的区域检测和基于间接特征的区域检测,基于深度学习的可行驶区域检测方法中包含语义分割的 patch-wise 算法,此算法是将每个像素点作为中心点,通过预测该中心点的类别,预测一块区域的类别,这种方法由于受选取区域大小的影响,会造成分割精度不高、计算量很大等问题。

语义分割是一种像素级的分类任务,这种分类极大程度上保留了原始图像的边缘信息和语义信息,有助于无人驾驶对场景的理解。语义分割在自动驾驶领域中具有广泛的应用价值和发展前景,相应的 2D-parsing 数据标注应用广泛。

2. 2D 语义分割标注的类型

在自动驾驶的 2D 语义分割标注中,大部分标注对象的类型跟前面介绍过的障碍物、车道线等对象类型相同,区别在于在做语义分割时标注的方式并非点线框,而是区域,主要分为障碍物和背景两大类,如图片中出现的障碍物,无论是否在道路上,都需要标注,背景类也都需要标注,如图 9.48 所示。

图 9.48 2D 语义分割标注示例

(1) 障碍物类别

机动车:小汽车、卡车/货车、面包车、大客车;

非机动车:摩托车/电动车、自行车、三轮车、手推车;

行人:包括拖着行李、推着车的人;

略:严重遮挡/过于模糊导致无法明确判断类型的物体,或者无法拆分的群体;

混合:除略外的其他类别混合;

未知:不属于已有类型,但在道路中影响采集车驾驶行为的障碍物。

(2) 背景类别

指路面、人行边道、车道线、植物、隔离花坛、围栏、交通标志、交通灯、交通警示物(交通锥筒等)。

3．2D 语义分割标注的规则

在做 2D 语义分割标注时，标注员采用逐点描边的方式，根据不同物体外形进行描点内切标注，标注图片中的所有物体，并选择对应的类别，与前面介绍过的标注规则类似，在此处不展开说明，下面介绍一些 2D 语义分割标注时特殊的注意事项。

（1）根据不同物体外形进行描点内切标注，标注图片中的所有物体，并选择对应的类别；

（2）图像中所有像素都需要标注，放大后依然不能区分类别，即过于模糊，按"略"类别处理；

（3）对机动车、非机动车、人的类别，需要对每个清晰可区分的目标独立勾勒轮廓进行个体标注，当同类个体紧密成片难以独立标注时，允许进行成片的群体标注，但类型要选择相应的群体类型；

（4）其他类别同类区域相邻，间隙中其他类别难以标注时，允许将相邻区域合并标注，间隙部分也标注为该类别；

（5）前景类别是指更靠近我们视野的障碍物，前景类别的标注区域尽量不要有洞，如多类重叠区域、交叠区比较细碎时，取为最前景类别；

（6）由于曝光，图片过暗等原因导致物体看不全，只标注看见的部分；

（7）区域之间要密切贴合，不能有缝隙；

（8）图片边缘处不能有漏标。

4．2D 语义分割标注基本操作

此处的操作过程是以第 7 章图像标注为基础，在百度众测平台的标注任务中，标注流程大体分为获取题目、调整视角、切换选择模式和编辑模式、选择编号、选择类别、绘制闭合区域、修改、自动贴合、提交题目等步骤，具体的操作如下：

（1）推动鼠标滚轮，以光标所在位置为中心放大或缩小视图，按住 Alt＋鼠标左键可拖动图片。

（2）找到起始点，按鼠标左键进行打点，然后移动鼠标至下一合适位置，点击 F＋鼠标左键，生成线条，持续移动鼠标左键，打点，直到终点。

（3）单击鼠标右键，自动连接起点、终点，形成闭合多边形区域。区域闭合前，单击 Z 键，后退一步。区域闭合后，若想要删除该区域，单击该区域，黄点出现后按 Delete 键。

（4）如需要对这个区域的点进行操作，用鼠标左键双击该区域，当空心圈出现时，可对点进行操作：选中一个点后点击 Delete 可删除一个点，选中一个点后按 Ctrl＋v 可复制一个点。

（5）全图标注完成后，如果对中间的某个区域做修改，选中与目标修改区域紧挨着的元素，点击快捷键 H 进行隐藏，隐藏之后再对目标元素进行修改。如果不先隐藏，直接修改，共边位置会随着修改（删除点/增加点/挪动点位置）自动移位。

9.3　自动驾驶的 3D 点云数据标注实例

在自动驾驶的研究领域中,除 2D 数据标注外,随着雷达等硬件设备的发展,三维检测任务也逐渐成为研究的热点问题。与二维图像上的检测分割不同,三维检测任务既包含目标的空间位置信息,也包含目标的朝向、旋转状态等信息,三维分割任务主要是将点云数据划分为不同种类的物体,标注为各种在语义上有意义的部分或个体。

在第 7 章节已经对 3D 点云数据做了概念介绍,本章节主要针对自动驾驶中的 3D 点云数据标注实操中涉及的 3D 纯点云标注、3D 融合标注、点云语义分割标注进行介绍。

9.3.1　3D 纯点云标注

1. 3D 纯点云标注介绍

收集 3D 点云的雷达常见品牌有何赛和 velodyne,型号分 16 线、32 线、64 线、128 线。这些线数是激光雷达扫出光束的数量,点云是由激光的反射形成的,例如 16 线就是由 16 道光束;光束的数量决定这个 3D 图能够扫描出的范围、物体的完整度、点的多少。雷达扫描得越远,光束越弱,远处的点和物体的完整度和清晰度越低。

3D 纯点云标注任务主要是对点云中最外侧红圈以内所有的汽车、非机动车、锥桶、三轮车、两轮车、行人等种类别在 3D 图中进行紧致框标注,使得框的种类符合实际物体的类型,框的方向代表物体的实际走向,框的大小贴合扫描出的点。标注的范围是 3D 图最外侧红圈以内所有规则要求的障碍物。触碰红圈边界的障碍物框,在标注完提交时,有提示的情况下不用标注,没有提示的情况下正常标注,通常,不允许只标注物体的一半。

图 9.49 即为一个典型的 3D 点云图像。

图 9.49　3D 点云图像示例

2. 3D 纯点云标注的规则

一个合格的框要满足几个基本方面的要求：平行度、尺寸、类型、方向，并结合其三视图综合考虑。在画框时为了提高效率，尽量按照以下要求一次到位，避免反复调节。

（1）平行度。车体的一侧边缘，需要和 3D 框的一边保持平行。从图 9.50 和图 9.51 可以看出，标注出的矩形框跟点云扫描到的障碍物边缘是不平行的（红色箭头处有夹角），此为歪框，需要进行调节。

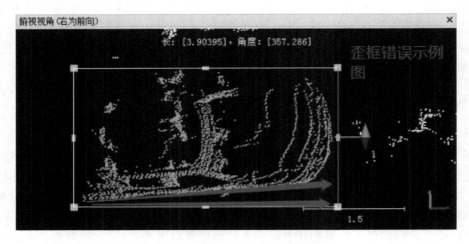

图 9.50　3D 点云标注错误示例(1)

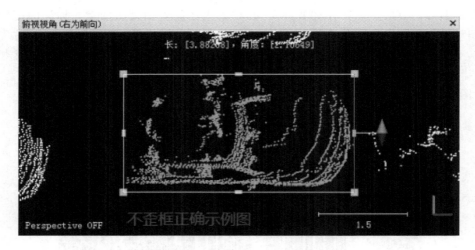

图 9.51　3D 点云标注错误示例(2)

（2）尺寸。标注是否根据项目要求进行点云贴合，是否有漏点情况，可在中间点云图左键旋转该点云框，观察障碍物尺寸，贴合、漏点等情况，同时在右侧单物体 3D 视图中也可查看，图 9.52 为从三视图看出点云严重不贴合情况。

（3）标注类型。画完框后，框中间会显示该框的类型，如果该默认类型与障碍物不

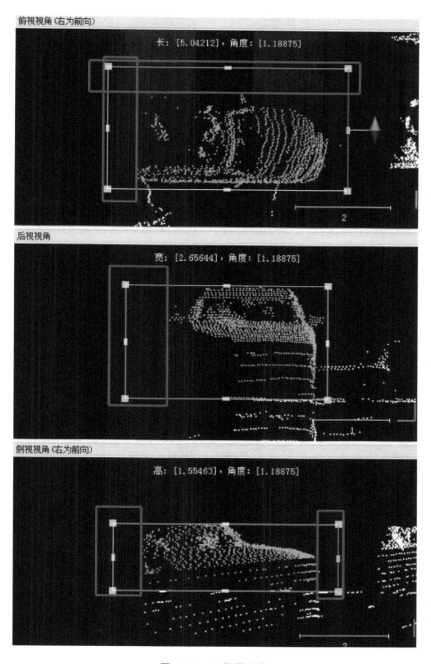

图 9.52 三视图示例

符,需要修改类型;并且一种障碍物的顶面是一种颜色,也可通过颜色区分类型。

(4) 方向。3D 图中,车辆、行人等能区分正反面的物体,正面/车头朝向为物体方向,3D 点云图中车头所在面和车顶会根据类型呈现不同颜色,且三视图中侧视视角右侧永远是车头方向,如图9.53和图9.54所示。

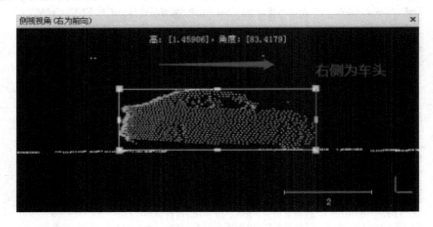

图 9.53　侧视视角正确示例

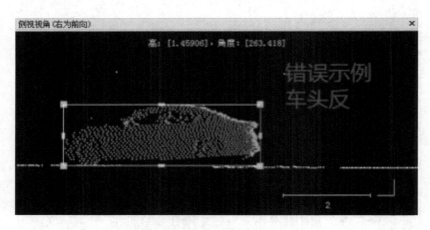

图 9.54　侧视视角错误示例

　　(5) 三视图的作用。俯视视角可以看车的长度、框歪没歪;后视视角用以看车的两侧是否框大及漏点;侧视视角注意看车头、车尾、车顶、车底是否贴合车身,看车头是否朝右,看车的高度,后视视角、侧视视角可对车体6个面的调整,两个视角要结合着看。

3. 3D 纯点云标注基本操作

　　此处的操作过程是以第7章图像标注中的 3D 点云标注为基础,在百度众测平台的标注任务中,标注流程大体分为获取题目、调整视角、切换选择模式和编辑模式、画框、修改、自动贴合、提交题目等步骤,下面基于 CloudLabel 软件介绍 3D 点云标注的具体流程。

　　(1) 使用谷歌浏览器登录众测平台 test. baidu. com,获取相应任务。

　　(2) 进入答题页面点击"手动领题"拷贝 token,如图 9.55 所示。

　　(3) 打开标注软件,点击"任务相关",再点击"获取任务",如图 9.56 所示,在弹出

> 3D标注题（请拷贝token至客户端答题）

点击手动领题

图9.55　手动领题界面

的对话框中选择"是"，等待加载，即可获取题目。如果想放弃当前题目，只需要重新获取一个 token，重复上述操作即可，不用点击提交、跳过、归还等按键，如图9.57所示。

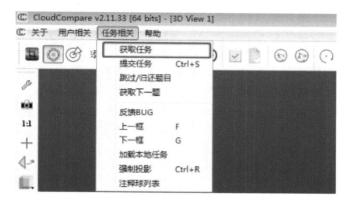

图9.56　任务获取

图9.57　获取成功界面

（4）获取任务后，把障碍物视角调整至水平横置，按 Alt＋1 进入画框模式，从车尾向车头拉，把所有点拉在红框内，拉错就点击左键，其他地方可取消当前画框操作，拉好鼠标右键生成点云框。

（5）将物体的可见部分框选出来后（如图9.58所示，只标注能够看到的地方，不进

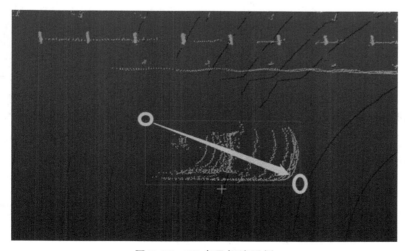

图9.58　3D点云标注示例

行想象),如果发现框歪,按住鼠标左键调整方向。在框选前必须将待标注物体的车头方向调整为当前视角的水平方向,水平是指标注物体的车头方向应该是当前视角的左右方向。

(6)框选好后,点击 R 键,选择框的类型及属性,完成当前框修改操作后,按 S 键进行保存。

(7)检查并确定全图没有问题后,点击"提交任务"。

9.3.2 2D-3D 融合标注

1. 2D-3D 融合标注介绍

2D-3D 融合标注就是对点云中给定范围以内,并符合障碍物定义的所有汽车、非机动车、锥筒、全封闭三轮车、行人等类别进行标注。与 3D 纯点云标注不同的是,融合标注时会根据物体的 2D 图像,做出更精确的判断,是目前使用较多的一种标注方式。在标注时,首先调整 3D 框,调整框的位置及大小,使得 2D 视角 4 边贴合 2D 图片中的障碍物,3D 点云框的种类符合实际物体的类型,框的方向能代表物体的实际走向,并且框的大小需按实际障碍物大小进行合理推测。

2. 2D-3D 融合标注的规则

与 3D 纯点云的规则相似,融合标注由于 2D 视角的加入,其操作界面显示标注范围、标注要求方面会有不同,下面将介绍 2D-3D 融合标注的规则。

(1)标注界面显示(图 9.59)

左侧:左边展示是图像 2D 的视角,2D 视角的数量是不固定的,根据项目不同,会有不同的视角,在 2D 视角的下方可以对不同的视角进行选择和查看。

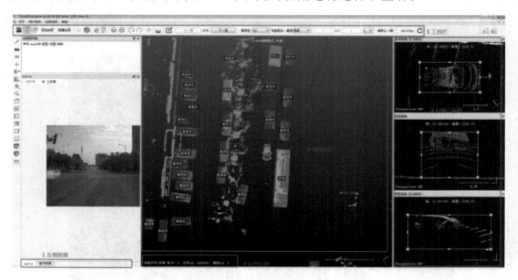

图 9.59 2D-3D 融合标注示例

中间：中间展示的是 3D 点云的数据。在中间 3D 视图中用鼠标左键单击一个障碍物的矩形框，左侧 2D 视角下会自动选中该障碍物，右侧的视角也同样自动选中该障碍物。

右侧：右侧展示的是选中的单个障碍物 3D 视图的不同视角。

（2）标注范围。

① 一般项目要求 2D 实景图范围内，且 3D 点云图中如大于或等于 5 个点，则需要标注，小于 5 个点不标注。

② 2D 图片中可见的所有障碍物，包括车、人等，均需要标注，没有范围限制，点云图中大于 4 个点的就需要标注出来。

（3）标注要求。与 3D 纯点云标注相似，此处不再赘述。

① 不论在 2D 实景图还是 3D 点云图，均需要对框进行合理推测。

② 一般情况下，按照 2D 图上的黄线进行贴合，对于图片边缘被截断的障碍物，根据实际的各色线框贴合图片中的障碍物。

③ 框的朝向：框的朝向应该与障碍物前进方向一致。正常类型朝向，默认确定，其他类型默认不确定，请根据实际情况进行修改。

④ 可充分利用 2D 图像进行辅助操作，比如利用 2D 图像判断车的方向。

3．2D－3D 融合标注基本操作

此处的操作过程是以第 7 章图像标注中图像数据标注为基础，在百度众测平台的标注任务中，标注流程大体分为获取题目、观察 2D 图像、画框、调整视角、修改、自动贴合、提交题目等步骤，具体操作流程如下。

（1）获取任务后，先确认是否有对应的点云障碍物。若有，先在 3D 图中选中障碍物，在 2D 图中按 Ctrl＋1，鼠标变成十字，左键画相应的 2D 框；若没有，直接在 2D 图中按 Ctrl＋1 画框。

（2）将物体的可见部分框选出后，根据物体类型，进行合理推测，如果发现框歪，按住左键调整方向。在框选前必须将待标注物体的车头方向调整为当前视角的水平方向，水平是指标注物体的车头方向应该是当前视角两侧方向。

（3）框选好后，点击 E 键可以编辑/修改 2D 框的属性的大小，进行合理推测，并同时观察 2D 图片，保证可见部分贴合黄色线框，不可见部分进行合理推测。

（4）在 2D 视角中（左侧），可以选择"矩形框"或"立体框"对 2D 图像进行标注和属性选择。单击鼠标左键一次拖动可以画出矩形框，再次单击闭合，标注完成的框可在类型栏中选择相对应的属性。

（5）完成当前框修改操作后，按【S】键进行保存。

（6）在闭合前可按 ESC 键取消标注。光标放在画出的框中，变成 4 角箭头时，双击鼠标右键，可删除该框（2D 图像编辑功能只有融合项目）。

（7）确定全图没有问题后，点击按钮，选择"提交任务"，完成。

9.3.3 点云语义分割标注

1. 点云语义分割标注标注介绍

3D 语义分割，其标注任务主要是对图像中的路面、路沿、绿植、栅栏、障碍物、围墙、略、噪声等进行语义分割，划分为不同的点簇。在标注时，可以按照分类要求对图像中的内容进行语义分割，比如除以上的属性分类外，常见的分类方式还有按照路面、静态点、动态点、噪点类别，即在实际标注中，人行道、车道可标注为路面。除路面点外，静止不动的物体上的点，如锥桶，路标，公交亭，垃圾桶，电杆，变电箱，绿植以及静止不动的人，车，自行车等可标注为静态点。动态点主要是指除路面点外，运动物体上的点，比如运动的车、人、自行车等，可参照绝对静止的障碍物（如树，建筑物）判断，从而确定在连续帧内真正在运动的物体。噪声是指在没有任何物体的地方，凭空出现的激光点云，会造成噪声出现的情况主要有以下 3 种：① 悬在空中的各种噪声点；② 洒水车水雾，烟尘等气体形成的点云；③ 在有水面的地方，水面上方有可能因为镜面反射而形成的虚拟障碍物。

图 9.60 为点云语义分割标注标注示例。

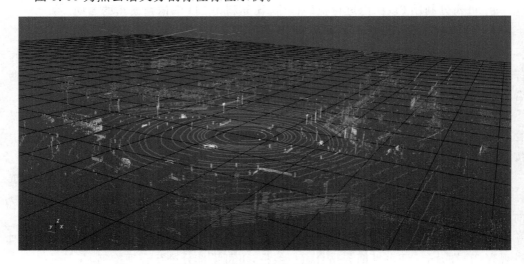

图 9.60　点云语义分割标注示例

2. 点云语义分割标注的规则

（1）判断点云数据的类别

可以结合前边两节介绍的 3D 纯点云数据标注和 2D - 3D 融合标注中介绍的规则，对点云数据做出判断，比如点云中光滑的波纹线为平坦地区，可以根据 2D 图和 3D 图判断此处为路面或草坪，如图 9.61 所示。

（2）由远及近调整

先框远处的点，再框近处的点，近处点的推荐处理顺序为：

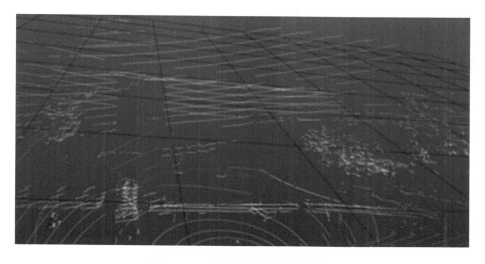

图 9.61　对点云中路面数据的判断

① 障碍物和忽略；

② 栅栏和围墙；

③ 路沿；

④ 绿植；

⑤ 路面；

⑥ 寻找噪点。

（3）合理调整视图角度

框障碍物时可以从俯视视角框选，以减少操作步骤，框栅栏、路沿时从中间分两部分，选择水平视角。

（4）标注原则

① 全图点云均需标注，最终标注完成的数据中，不能有 undefined 分类；

② 2D 图上能够看到的所有属性均不允许出错，2D 图上看不到的位置或被遮挡的位置需推测正常属性；

③ 标注完成的地面点簇，不允许其上下有漂浮的点，小土坡/土坑，则允许存在；

④ 标注完成的栅栏点簇，需将底座一起标注，且区分出下方路面点；

⑤ 标注完成的路沿点簇，只标注侧面的一条直线，任何小的拐弯的或忽高忽低的点均不标注为路沿属性。

3. 点云语义分割标注基本操作

此处的操作过程是以第 7 章图像标注中的图像数据标注为基础，在百度众测平台的标注任务中，标注流程大体分为获取题目、调整视角、切换选择模式和编辑模式、切割点云、选择属性、修改、提交题目等步骤，下面根据 labeltool 点云标注软件介绍点云语义分割标注的基本操作，图 9.62 所示为该软件的操作界面。

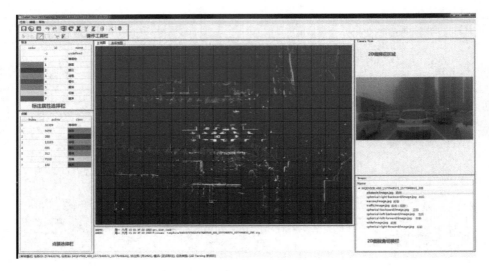

图 9.62 点云语义分割操作界面

（1）获取任务后，先观察点云数据，调整角度；

（2）在点簇选择栏中单击"默认点簇"，切换到选择视图（主视图能查看所有属性，选择视图只能看当前点簇）；

（3）打开 E 键，切割出需要的点云；

（4）按下 S 键，并在属性选择区域选择对应属性；

（5）重复以上步骤，按照规则进行全图标注；

（6）检查完成后点击 Ctrl＋s 提交任务。

9.4 本章小结

本章开篇首先详细介绍了自动驾驶数据标注的背景知识，从自动驾驶的发展现状出发介绍了自动驾驶中的一些常见数据集，并对自动驾驶汽车包括环境感知系统，定位导航系统和路径规划系统在内的整体架构做出讲解，此为数据标注员学习数据标注实例做好铺垫，也便于标注员对本章的理解。接着，以数据标注实例，对 2D 场景下的自动驾驶实例标注进行讲解，包含常见案例：障碍物标注、红绿灯标注、车道线标注、2D 语义分割标注中所涉及的检测技术、标注类型、标注属性、标注规则、特殊情况和实际操作界面等内容。随后在 2D 场景的基础上，对新兴的 3D 点云数据标注做了简单介绍，从当前的 3D 点云数据标注任务的 3 大类型任务展开，分别从其技术概述，标注规则，基本操作等方面进行讲解。这部分内容较为复杂，不同项目中涉及的规则也不尽相同，数据标注员需要更多的时间对此类任务规则进行解读和练习。

总体而言，本章内容与第 7 章联系紧密，在自动驾驶场景下对图像标注的热门应用进行了详细介绍。数据标注员要根据本章节的介绍,认真理解标注的逻辑,体会其数据标注项目的流程,在熟练掌握标注方法的同时,思考操作的前因后果,做到举一反三。

9.5　作业与练习

(1) 谈谈对自动驾驶中的环境感知系统的认识。

(2) 自动驾驶汽车关键技术大体可划分为几个部分?

(3) 自动驾驶场景下的数据标注主要有哪几类任务?

(4) 什么是语义分割?

(5) 下载与一个自动驾驶相关的数据集,并尝试标注几条数据。

第 10 章　人脸与人体数据标注实践

人脸/人体标注是基于人工智能实现自动人脸识别、表情分析、三维人脸重建、三维动画等与人脸/人体相关检测与分析应用的基础。其中,人脸标注主要分为人脸位置标框和人脸特征点描点标注(即人脸关键点标注),而人体标注主要为检测头部、四肢的关键点提供人体的信息描述,人体标注通常就是指人体骨骼关键点标注。

10.1　人脸识别与人脸数据标注

十年前,人脸识别技术出现在科幻电影中,其便捷和可靠的特点引起了观众对未来美好生活的遐想,而如今,人脸识别技术已经在我们的日常生活中随处可见,在各行各业中广泛应用。在新冠疫情中,基于人脸识别技术的各类健康宝在大数据行程监控网络中的"身份确认"这一环节中发挥了重要作用。在自动售卖机上,支付宝的刷脸支付功能也越来越普及。作为人工智能市场上的热门应用,人脸识别系统已经为我们的生活带来了诸多便利。

当然,能应用于实际生活中的人工智能需要经过大量数据的训练,如果没有足够的标注数据,难以开发出好的人脸识别算法。标注人员通过人脸标注对图像上的人脸相关的重要信息进行特征提取,将处理后的数据汇集成库,用于人工智能模型的训练。在人脸标注方面,从基本的 5 点标注法到更为详细的 72 关键点标注法、106 关键点标注法,标注员应根据项目中的不同需求(如应用场景、算法学习需要等)进行灵活调整,以最大程度满足需求。

10.1.1　人脸识别及应用场景

随着科技的不断发展,人工智能的相关技术已经被广泛地应用于我们的日常生活中,并为我们的生活带来了便利,人脸识别就是其中的一种。无论是火车站的验票进站,还是支付宝、微信的刷脸支付,或者是各种美图工具,都离不开人脸识别技术,下面将对人脸识别及其应用场景进行详细介绍。

1. 人脸识别

根据维基百科中的定义,脸部辨识系统,又称人脸识别,特指利用分析和比较人脸视觉特征信息进行身份鉴别的计算机技术。广义的人脸识别包括构建人脸识别系统的一系列相关技术,包括人脸图像采集、人脸定位、人脸识别预处理、身份确认以及身份查找等,狭义的人脸识别特指通过人脸进行身份确认或者身份查找的技术或系统。

一般来说,人脸识别系统包括人脸图像采集及检测、人脸图像预处理、人脸图像特征提取以及人脸图像匹配与识别四个部分。系统输入一般是一张或者一系列含有未确定身份的人脸图像,以及人脸数据库中的若干已知身份的人脸图像或者相应的编码,而其输出则是一系列相似度得分,表明待识别的人脸的身份。

(1) 人脸图像采集及检测

人脸图像采集及检测包括采集和检测两个环节。人脸采集是指通过摄像头对人脸图像进行采集,而人脸检测则是在采集后对人脸图像进行预处理,即在采集到的图像中将人脸的位置和大小根据人脸特征如直方图特征、颜色特征、模板特征、结构特征等标定出来。

(2) 人脸图像预处理

人脸图像的预处理基于人脸检测的结果,对图像进行处理,以便于最终进行特征提取的过程,主要操作包括对图像进行灰度校正、噪声过滤、人脸图像的光线补偿、灰度变换、直方图均衡化、归一化、几何校正、滤波以及锐化等。

(3) 人脸图像特征提取

人脸识别系统可使用的特征通常包括视觉特征、像素统计特征、人脸图像变换系数特征、人脸图像代数特征等。人脸特征提取就是针对人脸的某些特征进行的,人脸特征提取,也称人脸表征,是对人脸进行特征建模的过程,其方法主要有两大类:基于知识的表征方法和基于代数特征或统计学习的表征方法。

(4) 人脸图像匹配与识别

人脸图像匹配与识别是指将提取的人脸图像的特征数据与数据库中存储的特征模板进行搜索匹配,设定一个阈值,当相似度超过这一阈值的时候,就输出匹配得到的结果。人脸识别就是将待识别的人脸特征与已得到的人脸特征模板进行比较,根据相似程度对人脸的身份信息进行判断。人脸图像匹配可用于安检时的身份核验、人流密集场所的人脸识别布控系统等。

现在,人脸识别系统在很多领域都有应用,相关项目如同雨后春笋般出现,一些 GitHub 上的热门项目已经比较成熟。如 face_recognition 库基于业内领先的 C＋＋开源库 dlib 实现,已经成了稳定的 Python 模块,广泛用于深度学习训练数据,模型准确率高达 99.38％。通过安装 face_recognition 库实现检测图片上是否存在人脸的模块功能,可以编写 Python 爬虫爬取需要的人脸图片,自行制作非商业用的人脸图像数据库,还有同样基于 Python 程序编写的 FaceSwap,在训练人脸识别系统方面的表现也十分突出。

2. 人脸识别的应用场景

随着人工智能技术的进步,人脸识别系统开始出现在更多的领域,比如说在新冠疫情期间,人脸识别技术广泛用于行踪追查和健康打卡,相比人力追查和打卡登记,人脸识别技术参与的相应智能程序的可靠性和效率都让民众切身感受到了大数据网络辅助处理应急事件的力量,下面简单介绍一些常见的人脸识别应用场景。

（1）数码相机的人像模式

在使用数码相机拍照时，使用者会发现有很多模式可供选择，其中的人像模式就与经过训练的人脸识别技术有关，主要体现为人脸自动对焦和笑脸快门技术。

人脸自动对焦：即在照相机、摄像机的操作界面，当出现目标人物时，会出现一个矩形框框住人的脸部辅助对焦，这是应用了面部捕捉和自动对焦技术。首先，面部捕捉会根据人的头部的部位进行判定，先确定头部，然后判断眼睛和嘴巴等头部特征，通过特征库的比对，进行面部捕捉，判断是否为人的面部，并以人脸为焦点进行自动对焦，可以大大提升拍出照片的清晰度。

笑脸快门技术：即在拍照时，不需要手动按下快门，只要被拍照的人调整好姿势后开怀一笑，照相机就可以自动启动快门。笑脸快门技术在人脸识别的基础上，首先完成面部捕捉，然后根据嘴的上弯程度和眼的下弯程度，判断此人物是不是笑了，进而确定快门启动的时机。

（2）身份识别

当下，人脸识别作为未来智能家居的重要组成部分，其参与的门禁系统正在蓬勃发展，人脸识别门禁是基于先进的人脸识别技术，结合成熟的 ID 卡和指纹识别技术而推出的安全实用的门禁产品。通过人脸识别可以对试图进入室内者的身份进行辨别。人脸门禁可以应用于企业、住宅的安全管理，如人脸识别门禁考勤系统，人脸识别防盗门等，此外，这类现代化的门禁系统还和人体识别密切相关。

在旅游出行方面，基于人脸识别的身份识别系统应用十分广泛，如现在的电子护照及身份证。国际民航组织已确定，从 2010 年 4 月 1 日起，其成员国家和地区，必须使用机读护照，人脸识别技术是首推识别模式，该规定已经成为国际标准。美国已经要求和它有出入免签证协议的国家在 2006 年 10 月 26 日之前必须使用结合了人脸指纹等生物特征的电子护照系统，美国运输安全署（Transportation Security Administration）计划在全美推广一项基于生物特征的国内通用旅行证件。欧洲很多国家也在计划或者正在实施类似的计划，用包含生物特征的证件对旅客进行识别和管理，中国公安部一所也正在加紧规划和实施我国的电子护照计划。

疫情期间，各式各样的健康宝也使用了人脸识别进行身份辩识，以确保被检测者的行程中不含中等及以上风险地区。

建立起含有人脸图像等含有生物信息的公共信息系统，能够有效减少或者提前制止犯罪事件的发生，例如，在机场安装包含人脸识别模块的监视系统，可防止已知的恐怖分子登机。此外，通过查询目标人像数据，在数据库中寻找重点人口基本信息，可以有效追查在逃案犯和寻找失踪人员。

（3）网络应用（支付、娱乐等）

在电子商务中，用户之间的交易一般全部在网上完成，电子政务流程也通过网络审批。当前，交易或者审批的授权都是靠密码实现，如果密码被盗，就无法保证安全。使用生物特征，就可以做到当事人在网上的数字身份和真实身份统一，从而大大增加电子商务和电子政务系统的可靠性，比如利用人脸识别辅助信用卡网络支付，可防止非信用卡的拥有者使用信用卡。使用支持支付宝人脸支付的自动售卖机,既方便了购物流程,又增加了可靠性,断绝了尾随者偷窥支付密码的可能。在银行的自动提款机上安装人脸识别系统,会很大程度上避免用户在卡片和密码被盗时被他人从自动提款机上冒取现金。

随着移动互联网的崛起,一些人脸识别技术的开发者将该项技术应用到娱乐领域中,如应用"开心明星脸"等,根据人脸的轮廓、肤色、纹理、质地、色彩和光照等特征计算照片中主人公与明星的相似度。

10.1.2 人脸数据标注技术

1. 人脸数据标注基本知识

人脸数据标注为人脸识别、三维人脸重建等相关应用提供了丰富、高质量的数据支撑,主要分为人脸位置标框和人脸特征点描点标注(即人脸关键点标注)。

人脸位置标框是指在一幅现有的图像上用矩形框寻找,并拉框标记出人脸的位置,常常应用于人脸捕获中的人脸定位。在照相机拍照时,界面总会自动出现一个矩形框追踪图像上人脸的位置,这就是人脸定位的典型应用。

人脸关键点标注的主要任务是在指定的人脸图像上定位出人脸的关键区域位置,这些位置包括眉毛、眼睛、鼻子、嘴巴、脸部轮廓等。虽然人脸的结构和器官组成是确定的,但由于人的姿态和表情变化,不同的人脸部外观也存在差异,再加上受光照和一些物品遮挡的影响,准确地检测在各种条件下采集的人脸图像是富有挑战性的任务。人脸关键点标注的目的,就是在人脸检测的基础上,进一步确认脸部特征点(眼睛、鼻子、嘴等)的位置。

2. 人脸数据标注的发展

从总体上看,人脸标注的发展因素主要分为内在技术发展和外在需求拉动。

早期算法水平不高,人脸图像的预处理和特征提取能力所限,且更多的标注会使数据量和运行成本增多,绝大多数人脸数据标注方法都是最基本的 5 点标注法;随着人脸识别算法的更新迭代,能够支持的人脸关键点也越来越精细,慢慢发展出了较为常用的 88 点标注法、在业内被广泛采用的由商汤科技提出的 106 点标注法、更加细致的 150 点标注法以及在 106 关键点的基础上衍生出的 186 点标注法。此外,新冠疫情还催生了诸如口罩人脸标注法等。不过,由于 5 点标注法成本相对较低,标注的效果仍能满足相当一部分客户需求,因此仍然是人脸标注项目中性价比较高的选择。

标注点数的增加不仅要以技术层面的进步作为基础,还要以日趋多元化、梯度化的行业需求作为强有力的发展引擎,如人脸标注所确定的人脸特征点位置信息除了在 2D 人脸识别领域发挥重要作用,在相当一部分 3D 人脸重建项目中也是训练算法的重要基础。时至今日,人脸识别的准确率在同一人种内部已经达到 99% 以上,然而,在一些项目中,人脸标注所需要的点数仍然在不断增加,其中一个重要的原因就是:从单一 2D 图片中准确还原相应的 3D 人脸模型依旧是困难的任务。在有了形变模型和较多的人脸特征点坐标之后,人脸重建问题就转化为在不同的人脸模型中的求解系数问题。如果我们有单张人脸图像以及 68 个 2D 人脸特征点坐标,利用在 BFM(Basel Face Model)模型中对应的 68 个 3D 特征点,便可求出对应的人脸模型线性表达公式中的系数,将平均脸模型与图像中的实际人脸进行拟合。

为了减轻受光照、姿态、表情、遮挡等因素造成的人脸识别误差,现阶段项目方案中也经常采用二维与三维相结合的人脸识别方法。首先,在 2D 图像重建三维人脸模型;然后,根据彩色图像和三维人脸模型分别计算相似度得分;最后,对 2 种得分进行加权,得到识别结果。与只使用彩色图像进行人脸识别的方法相比,彩色图像结合三维人脸模型的方法能显著提升人脸识别精度。

随着人工智能的发展,人脸识别领域也出现了众多开源数据集以供相应的开发人员搭建、测试和训练自己的人脸识别系统,下面介绍一些常用的、稳定性好的人脸图像数据集。

(1) LFW 人脸数据集

LFW(Labeled Faces in the Wild)人脸数据集是由美国马萨诸塞州立大学阿默斯特分校计算机视觉实验室整理完成的人脸照片数据库,它旨在为研究无约束环境下的人脸识别问题提供支撑,并且广泛应用于评价 Face Verification 算法的性能。该数据集包含了从网络上收集的 13 233 张人脸图像,每张人脸图像都标注了照片上人物的名字,共有 5 749 人。其中,有 1 680 张照片中的人在数据集中有两张或更多不同的照片,数据集中图片绝大部分为彩色图像,但也存在少数黑白人脸图片,对这些人脸图像的唯一限制是,它们是由 Viola – Jones 人脸检测器(Viola – Jones Face Detector)检测到的。

LFW 数据集是目前人脸识别的常用测试集,由于数据集提供的人脸图片均来源于生活中的自然场景,因此识别难度相对较大,尤其是多姿态、光照、表情、年龄、遮挡等因素影响,导致即使是同一人的照片,差别也很大,并且有些照片中可能不止一个人脸出现,对于这些内含多张人脸的图像,还需要将选择中心坐标的人脸作为目标,其他区域的视为背景干扰。

如果需要下载 LFW 数据集,可以到其官网相应下载栏进行下载。LFW 官网提供了丰富的下载资源,可以以 gzipped tar 格式下载所有的图片,以“深漏斗状对齐化的图像”下载所有的图片,也可以以“用商业化面部校准软件对齐的图像”下载所有的图片。在每一种资源的下方,都会有相应的论文引用说明,以供研究人员在论文中进行数据集相关的文献引用。

LFW 官网还在 train/test 一栏中介绍了一些用 LFW 人脸数据集进行训练、验证和测试的方法。如果研究人员是出于开发目的,则建议使用 view1 中的训练/测试分割,该分割是随机生成的,独立于分割进行 10 倍的交叉验证,以避免在开发过程中不公平地过度拟合上述集合。

此外,LFW 官网也提供了结果页面(Result Page),以供开发人员查看各种方法的准确度和 ROC 曲线,另外官网还列出了一些在过去应用过程中发现的数据集错误。

(2) 大规模名人人脸属性数据集 CelebA

Large – Scale CelebFaces Attributes Dataset(CelebA)是由香港中文大学汤晓鸥教

授实验室公布的一个大规模的人脸属性数据集,其拥有超过 20 万张名人图像。该数据集中的图像包含大量人体姿势变化和背景干扰,CelebA 数据集有丰富的多样性、庞大的图像数据量和充实的注释,包括 10177 条身份信息,202599 张人脸图像,以及 5 个地标位置(landmark location),每个图像拥有 40 个二进制的属性注释。

　　CelebA 数据集仅用于非商业研究目的,与 ImageNet 等数据集一样,它的所有图像都是从互联网上获得的,不属于香港中文大学的资产,香港中文大学不对这些图像的内容和含义负责。CelebA 数据集的官网提供了数据集的下载资源,官网提供了两种人脸数据集的下载方式,一是原始图片数据集(In - The - Wild Images),二是经过对齐、裁剪的图片数据集(Align and Cropped Images),另外,官网还为每种数据集提供了注释说明的.txt 文件—标记注释(Landmarks Annotations)、属性注释(Attributes Annotations)和身份注释(Identities Annotations),开发人员可以根据各自需要自行下载。除了经典的 CelebA 数据集外,官网还提供了一些其他新发布的数据集的下载资源:CelebAMask - HQ 和 CelebA - Spoof。

　　同时,CelebA 数据集的官网提供了基于 CelebA 数据集所评估的不同人脸识别方法的结果,可以下载训练/评估/测试分区的.txt 文件。

　　CelebA 数据集主要用于作为人脸属性识别、人脸检测、地标(或人脸部分)定位以及人脸编辑与合成等计算机视觉任务的训练集和测试集。

10.1.3　人脸数据标注操作分类

1. 人脸关键点检测

　　人脸关键点检测是指给定人脸图像,定位出人脸面部的关键区域位置,这些位置包括眉毛、眼睛、鼻子、嘴巴、脸部轮廓等。

　　人脸关键点检测是人脸识别任务中重要的基础环节,它是诸如自动人脸识别、表情分析、三维人脸重建及三维动画等其他人脸相关问题的前提和突破口,人脸关键点的精确检测对许多现实应用和科研有重要作用。如何获取高精度人脸关键点,一直都是计算机视觉、图像处理等领域的热门研究问题,受人脸姿态和遮挡等因素的影响,人脸关键点检测的研究也同样富有挑战。

　　人脸关键点标注需要对人脸范围内的关键点进行标注和微调,每个点有准确的位置,用于识别精细的表情变化和人脸关键点,随着人工智能技术的发展,人脸关键点也越来越精细化,对标注员的基本功和标注团队审核能力的要求也越来越高。标注质量的好坏对人工智能人脸模型的算法精确度影响很大,如果人脸关键点标注不好,就会影响人脸数据集的质量,进而影响相关模型算法的准确率,对人脸识别的相关应用造成影响。

2. 人脸标框

　　人脸数据的标框主要用来训练机器学习识别人脸位置,在审查时主要是检查标框是否与人脸边缘贴合,摄像机、手机拍照时,自动出现的人脸矩形框就是基于人脸标框数据集所训练的人脸捕捉算法来实现的。

人脸标框的具体界限要根据具体项目中的客户需求进行操作,因此要框住的内容往往并不固定,比如说,上边框要包括头发在内还是以上发际线为界限,左右边框是否需要把耳朵框在框内,以及图像上无论多小的脸都要框住,还是大小达到一定像素的才进行框标注等情况。大多数情况下,人脸标框都是要把人的整个脸部框在内部的。

3. 活体数据筛选

在人脸图像标注项目中,有一个很重要的图像分类任务——活体数据筛选,筛选是指将图片分为活体、攻击和不确定3类,下面将对这3个名词的含义进行说明。

(1)活　体

这种情形的核心判断依据是:摄像头拍的是真人。比如,当一个人进行刷脸支付时,他的手机摄像头面对的是一个真实的人;照相机进行拍照时,记录的是真实的人的影像。总之,若采集图像的摄像头面对的采集对象是真实的人,这种情况下采集到的图像就叫做人脸标注中的活体。对应到具体的人脸标注项目里,就需要判断图像是不是直接依据真实的人采集的,如果是,就需要打上"活体"的标签。通常情况下,面色鲜活、目光有神、脸颊充满质感和活力的人脸图像,就可以判断为活体。一般自拍、他人拍的照片都属于活体,如图10.1所示。

(2)攻　击

与活体对立,这种情形的核心判断依据是:摄像头拍的不是真人,也就是说,采集图像的摄像头面对的采集对象并不是鲜活的人,而是某个人的照片,那么这种情形下采集到的图像就叫做人脸标注中的攻击。另一方面,如果把拍到的活体照片的电子版彩色打印出来,再对这张彩印纸张进行拍照,这张照片也叫作人脸标注中的攻击。总而言之,只要是翻拍,就算攻击。对应到具体的人脸标注项目里,就需要判断图像是不是翻拍以后的结果。通常情况下,图像上出现色素带的分离(参考用手机拍照电脑屏幕时,照片上出现的色素带)或者图像上的某一部分出现不正常的扭曲变形的情形,都可以判断为"攻击"。图10.2同时具有色素带分离和扭曲变形,是典型的攻击图像。当然,图像有时并没有那么明显的特征,这时就需要根据标注员本身的项目经验,对图像上人物鲜活程度的评估进行判断。

图 10.1　活体人脸图像实例　　　　　图 10.2　攻击人脸图像实例

（3）不确定

实际情况中,关于活体和攻击的判断往往并不容易,采集到的人脸图像因为有滤镜等问题,可能使得原本鲜活的真人图像变得很像是翻拍的攻击图像。当标注员难以对图像进行活体和攻击的区分时,就可以把这张图像打上"不确定"的标签,"不确定"这一类别主要是针对不能较为准确地做出判断的人脸图像,图 10.3 就是一个不确定的人脸图像。

关于活体、攻击和不确定的分类具有重要的实际意义。举一个例子:日常生活中,人们使用支付宝的刷脸付费功能进行消费,方便快捷,但是如果支付宝的人脸识别系统不能区分出现在系统的图像采集的摄像头是否为真人的脸,那么不法分子通过打印别人的照片,放在摄像头面前,就可以迷惑人脸识别系统,窃取这些人的财产。这样,具有缺陷的人脸识别系统就不能作为一种可靠的技术应用于我们的生活,培养训练出具有很强的辨别活体能力的人脸识别系统,是非常具有应用价值的。

图 10.3　不确定人脸图像实例

从本质上讲,活体和攻击的图像在人脸识别相关的人工智能训练场景下,都是对人脸的拍摄采集区别是次数不同。人工智能面对活体照片进行特征学习,使得当一张真正的人脸出现在系统的摄像头前时,系统能判断出是否正在面对一个真实的人。对攻击图片的特征进行学习,就能判断出摄像头面对的人脸的真假,比如照片、纸质打印的人脸等。尽管在实际项目中,关于不确定和攻击的界限往往是比较模糊的,即使身经百战的标注员也难以准确说明两者的区别,通过上面的阐述不难发现,这个项目任务的重点在于区分活体和其他两类情形,而这也是标注员在这项任务中应该重点追求和培养的能力,这也正是活体数据筛选存在的价值——让人脸识别系统面对真实人脸可以正常判断,面对疑似非真实人脸的情形采取相应措施。标注员在学习过程中,不仅要知其然,更要知其所以然,牢记标注本身是为训练自动识别系统而服务的根本目标。

10.1.4　人脸数据标注实例

1. 基本案例——人脸 5 点

人脸面部最关键的有 5 个点,分别为两只眼的中心、左右两个嘴角和鼻尖这 5 个关键点。

第 1 点和第 2 点分别是左眼中心和右眼中心。可以看见瞳孔的,标在瞳孔处;看不见瞳孔,能看见黑眼球的,标在黑眼球正中间;只能看见眼睛形状、轮廓的,标注在眼睛的正中间;闭眼的,标注在眼缝的正中间,但一定不能标注在眼皮上。

第 3 点和第 4 点是左边嘴角和右边嘴角,分别标注在上下嘴唇的左右连接处。

第 5 点是鼻尖。通常标注在鼻子的最高处。

注意,人脸 5 点标注法的左右通常指的是图像中被标注的人物的左右,这要和下面的人脸 88 点标注方法进行区分。

2. 最常见的案例——人脸 88 点

目前,人脸 88 点标注是较为通用的一种标注方法,它将人脸关键点分为内部关键点和轮廓关键点。标注人脸的 88 点包括左右眉毛各 5 点、左右眼各 13 点、鼻梁 4 点、鼻边 2 点、鼻根 5 点、嘴巴内外轮廓各 12 点、脸部轮廓 17 点。关键点的序号为按上述顺序从 1 到 88。

下面以百度众测平台为例展示人脸 88 点标注的实际操作。

如图 10.4 所示,首先打开标注界面。人脸 88 点标注操作和第 7 章所讲的关键点标注操作基本一致,根据在操作时是否可见选取不同的属性。在标注前要将光标放在要标注部位的合适位置,通过滚动鼠标滚轮对图片进行缩放,便于后续标注。按下"编辑"/"选择"模式,切换按钮或者按下 R 键切换至编辑模式,开始标注。

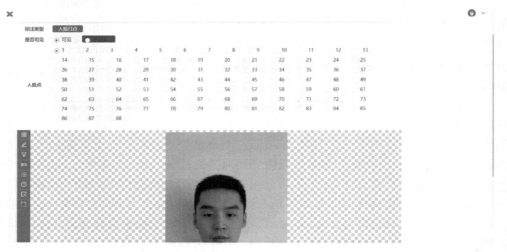

图 10.4　百度众测平台的人脸 88 点标注工具界面

人脸 88 点标注位置以及操作示范:

(1) 左右眉毛各 5 点。标注在眉毛宽度的中间,最边缘的点在眉毛的两端,点与点之间等分。

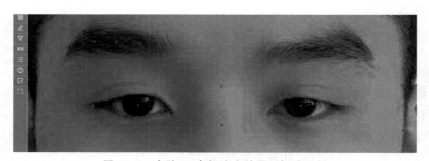

图 10.5　人脸 88 点标注中的眉毛标注示例

如图 10.5,根据标注规则,用关键点标注对应的特征位置。百度众测平台的 88 点人脸标注项目支持同一个编号的点同时标注多次,标注者在不切换点的编号的前提下反复标注,在多个点的位置之间相互比对,最终切换至选择模式,删除多余的同编号的点。

(2)左右眼睛各 13 点。标注在眼睛的内轮廓,点与点之间要求等分,每只眼睛的内外眼角分别用一点标记,眼睛张开时,上下眼皮各用 5 点等距标记,中心点标注在瞳孔中心,图 10.6 的情形;闭眼时,上下眼皮的点贴在一起,依据合理推断判断中心点位置,并标记,图 10.7 的情形。

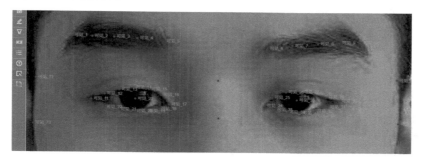

图 10.6　人脸 88 点标注中的人眼标注示例(1)

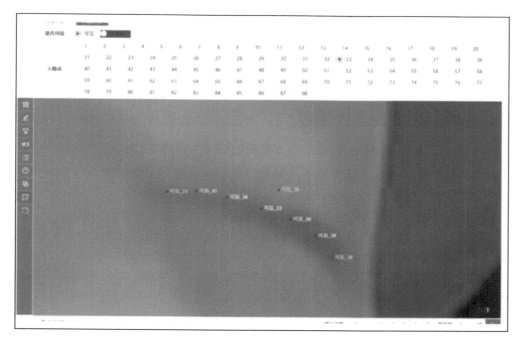

图 10.7　人脸 88 点标注中的人眼标注示例(2)

(3)鼻梁 4 点。沿着鼻梁,上端与眼睛平齐,下端在鼻头,点与点之间尽量等分,如图 10.8 所示。

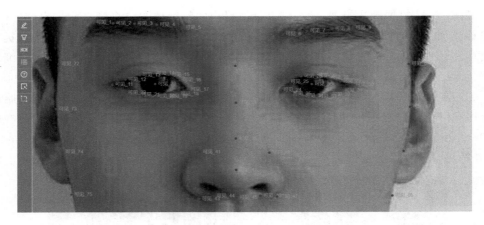

图 10.8　人脸 88 点标注中的鼻梁标注示例

（4）鼻边 2 点。鼻头与脸的上交点,如图 10.9 所示。

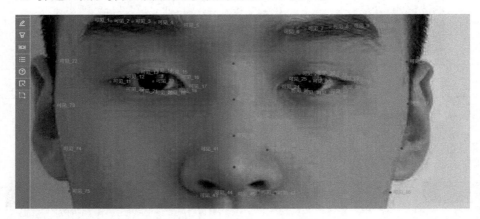

图 10.9　人脸 88 点标注中的鼻边标注示例

　　注意,在本例中,鼻头两点中有一点被鼻子遮挡无法确定具体位置,此时要在标注第 42 点之前改变点的可见性属性,点击"不可见"后,再进行标注。

　　对于不可见的点,要根据相对位置合理推断,在大概的范围内进行标注。

　　（5）鼻根 5 点。外端为鼻子与脸的交点,往里是鼻孔的正下方,中点为鼻头和脸的下交点中心,如图 10.10 所示。

　　（6）嘴部内外轮廓各 12 点。标记方法和眼睛相仿,从嘴角出发绕一圈回到嘴角,但嘴部轮廓不要求等距标注,应主要表现出嘴部形状特点。外轮廓标注在嘴唇的外轮廓,内轮廓标注在嘴唇的内轮廓。嘴巴闭上的时候,内轮廓点应该贴在一起,内轮廓点与外轮廓点位置应该对应上,如图 10.11 所示。

　　（7）脸部轮廓 17 点。关键点标注应在脸部可见的轮廓,脸部轮廓最高点与眼睛平齐,平齐不是指图像上的平齐,是指脸正对时候的平齐,中间点在下巴最低点处,其他点注意等分,如图 10.12 所示。标注的时候要和侧脸进行区分。

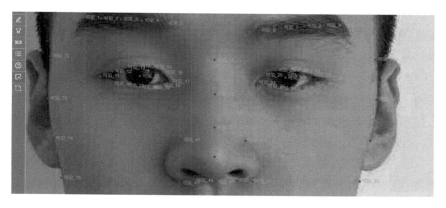

图 10.10 人脸 88 点标注中的鼻根标注示例

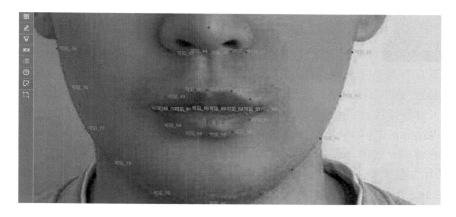

图 10.11 人脸 88 点标注中的嘴部标注示例

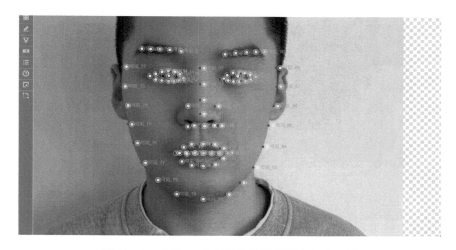

图 10.12 人脸 88 点标注中的脸部轮廓标注示例

需要格外注意的是，当因为角度、头发遮挡等需要预估被遮挡的点时，人脸的点应该是对称的，即使不是完全正脸角度，也应该按比例对称，即直视前方时，瞳孔连成的线应基本是和鼻梁线垂直的。

这里的左右通常指的是标注员的左右而非被标注对象的左右。

3. 热门案例——口罩 72 点人脸标注

口罩 72 点人脸标注和正常情况下的 72 点的人脸标注在关键点位置上基本没有区别，只不过在该类项目中会提供一个选项，以供选择是否包含口罩。此外，由于被口罩所遮挡的人脸区域（嘴部、鼻部和下巴）是依靠推测进行标注的，所以相比正常情况下的 72 点人脸标注方法，在项目验收的时候往往会稍微宽松一些。

（1）判断是否可以标注

首先要判断图像是否可以进行标注，这个判断在百度众测平台上通常是以一个选择题的形式呈现，口罩 72 点人脸标注案例中关于"是否可以进行标注"的一般规则如下：

图像中人脸被截断的选"否"，不进行标注（图 10.13）；图像中的人脸不是正向展示的（如倾倒 90°，甚至完全颠倒的）选"否"，不进行标注（图 10.14）；图像中人物侧脸角度大于 60°的选"否"，不进行标注（图 10.15）；此项目中，图像中的人脸没有佩戴口罩的，选"否"，不进行标注；其余包含口罩的人脸都要进行人脸框标注以及 72 点关键点标注。另外，值得注意的是，如果不符合上述提及的不标注情形，只是图像上人脸模糊或者光线过暗，通过放大图像、提高图片亮度（百度众测平台会有相应的补光功能）就可以判断关键点的标注位置，一般也将这类型图像归入可标注类型，且需要进行后续的关键点标注（图 10.16、图 10.17）。

图 10.13　图像截断示例

（2）绘制人脸框和标注人脸关键点

在判断图像属于可标注后，接下来就要在图像上绘制人脸框和标注人脸关键点，一般，此项目中对于这两种标注的要求如下：

标注人脸框时,要注意人脸框的 4 个边界分别是:上侧包含额头,左右侧包含耳朵,下侧包含下巴,人脸关键点标注分为可见区域和不可见区域(被口罩遮挡区域),可见五官区域按标注规则标注,不可见五官区域(被口罩遮挡)需要进行合理推断,确定位置。

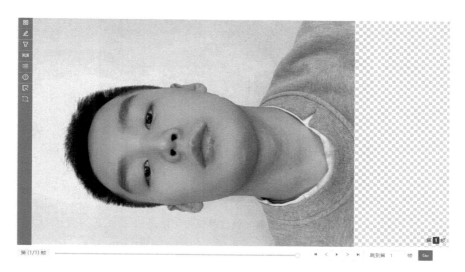

图 10.14 图像颠倒示例

图 10.15 图像侧脸示例

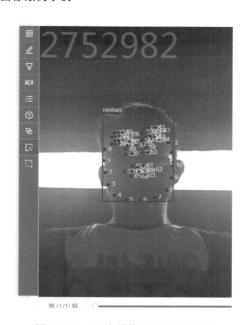

图 10.16 图像模糊但可标注示例

标注人脸关键点时,要注意 72 个人脸关键点的位置,72 个关键点包括脸部轮廓 13

图 10.17　图像光线过暗但可标注示例

点、左右眼各 9 点、左右眉毛各 8 点、鼻子 11 点和嘴部 14 点。注意,这里的左右指的是标注员的左右而不是图像上人物的左右。下面具体介绍一下在标注时确定位置的细节。

① 脸部轮廓共 13 点。第 0 点和第 12 点分别是左右脸轮廓的最上沿,其中,左脸的最上沿大致是从左眼的两个眼角连线后向外延长,与左脸颊的轮廓相交的点,右脸的最上沿同理。需要准确定位的是第 6 点,位置在下巴的中心。接着标注第 1~5 点,将 0 点到第 6 点之间的左脸轮廓 6 等分。标注第 7~11 点,将第 6 点到第 12 点之间的右脸轮廓 6 等分,这里用于等分的 10 个点不需要过度揣摩,只要肉眼看起来将脸部轮廓等分即可。

② 左右眼各 9 点和左右眉毛各 8 点。与 88 点标注不同的是,72 点标注中是先标注完左侧的眼睛和眉毛,再标注右侧,而且眉毛也像眼睛一样分别用闭合的区域围成,这与 88 点标注中的各自一条折线不同。

③ 左眼 9 点和左边眉毛 8 点。第 13 点和第 17 点分别标注在左眼的左右眼角,然后标注第 14~16 点,将从第 13 点到第 17 点之间的左眼上眼皮 4 等分。标注第 18~20 点,将从 17 点到 13 点之间的左眼下眼皮 4 等分。第 21 点标注在左眼的瞳孔,第 22 点和第 26 点分别标注在左边眉毛的左右眉角。接着标注第 23~25 点,将从第 22 点到第 26 点之间的左边眉毛上边缘 4 等分。标注第 27~29 点,将从第 26 点到第 22 点之间的左边眉毛下边缘 4 等分。

④ 右眼 9 点和右边眉毛 8 点。第 30 点和第 34 点分别标注在右眼的左右眼角,第 38 点标注在右眼的瞳孔,第 39 点和第 43 点分别标注在右边眉毛的左右眉角,等分的点参考左眼和左边眉毛标注即可。总之,这 4 个器官的标注都是编号最小的点标注在

器官最左边的关键点,其余的点按照序号在相应位置顺时针依次排列。

⑤ 鼻部 11 点。第 47 点和第 56 点分别是鼻梁的左右两侧,这里可以根据两眼睛内点连线和鼻子左右两侧的交点进行标注,第 48 点和第 55 点分别是左上鼻翼和右上鼻翼,第 49 点和第 54 点分别是鼻子左右两侧的凹陷部位,通常选择鼻头和脸连接轮廓向鼻梁收缩的凹形区域,第 50 点和第 53 点分别是左右鼻孔的最外侧,第 51 点和第 52 点分别是左右鼻孔最外侧到鼻尖正下方大约 1/2 处,第 57 点标注在鼻尖上,与 88 点标注不同,72 点标注法中鼻子是由闭合的区域围成的,从鼻梁左侧的第 47 点开始,按照序号逆时针排列在鼻部的轮廓上,最后第 57 点标注在鼻尖。

⑥ 嘴部 14 点。与 88 点相同,72 点人脸标注嘴部也是按照嘴唇的内外轮廓进行标注。在标注之前需要先了解几个嘴部的名词:上唇的唇红线呈弓形,通常称为唇弓;唇弓正中线稍低,并微向前突起部位称为人中迹(人中穴位的切迹);在人中迹两侧的唇弓最高点部位称为唇峰。

⑦ 接下来,说明嘴部标注关键点的位置:第 58 点和第 62 点分别标注在嘴的左右外嘴角,第 59 点和第 61 点分别标注在上唇的左右唇峰上,第 60 点标注在人中迹和上嘴唇外轮廓的交点,第 64 点标注在下嘴唇外轮廓的中间位置,然后第 63 点标注在第 62 点和第 64 点的中间,第 65 点标注在第 58 点和第 64 点的中间。

⑧ 嘴唇内轮廓。第 67 点标注在人中迹和上嘴唇内轮廓的交点,第 66 点、第 68 点分别标注在第 58 点和第 67 点、第 62 点和第 67 点的中间,同样,第 70 点标注在下嘴唇外轮廓的中间位置,第 69 点、第 71 点分别标注在第 58 点和第 70 点、第 62 点和第 70 点的中间。

4．推测性标注与不标注的情形

一般来说,由于图像中人脸被遮挡或者图片中人脸不完整会导致关键点不能完全显示,遮挡、截断比例小于整个脸部的 2/3 时,对被遮挡、被截断的关键点位置应做推测性标注。根据已知的五官位置,合理推测不可见部分,标注完的点符合正常的人脸结构和比例即可。通常戴口罩和戴脸基尼的情况都属于此类,需要根据已知五官位置进行合理的推测性标注。

当遮挡、截断比例大于整个脸部的 2/3 时,不进行标注,对于因侧脸导致的关键点位被遮挡,当侧脸角度超过 60°时不进行标注。

此外,当图片分辨率过低或者图像中人物过于小,以至于人脸脸部五官轮廓完全模糊,无法辨别关键点位时,不进行标注。

5．非正脸示例

大多数情况下,标注员面临的图像能够较好呈现出整张脸的所有关键点位的情况,此时要结合前面介绍过的内容,根据具体项目规则对关键点位进行标注。采集到的图像中的人脸很有可能并不是正脸,当遇到侧脸、仰头和低头这种遮挡了大部分关键点的情形时,就需要特殊情形特殊处理。

（1）侧脸情形

除了 5 点标注法,其他点数的标注项目由于需要标注的关键点数目较多,在收集需要标注的图像时往往就会有所取舍,就如同上一小节提到的那样,当侧脸角度大于60°时就不进行标注。总之,较多标注点数的项目遇到侧脸的情况比较少见,因此我们在这里重点介绍5点标注法在标注侧脸时的规则。

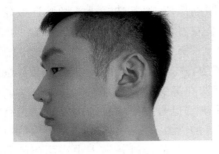

图 10.18 侧脸示例

在5点人脸标注中,当因为图像中看不见其中一侧的脸时,看不见的关键点要标在人脸轮廓的边缘,必须紧贴轮廓边缘而不能悬空。如果遇到两个点重叠的情形,将其中一个稍稍调整,微微错开即可,如图10.18所示。

结合上一小节中的遮挡情形,当图像中的人脸因为侧脸而导致可见的比例小于整个人脸的1/3时,就不进行标注,表现在5点标注法中就是:侧脸导致只能看到1~2个点时就不进行标注了,其他3~4个点都需要通过推测想象,不准确的概率较大。

(2)仰头低头情形

仰头低头情形同样可以参照前面一小节中提到的遮挡情形。当图像中的人脸由于仰头低头而导致遮挡比例超过了整个人脸的2/3时,就不进行标注。通常情况下,较多点数的标注项目中,仰头低头的角度并不会太大。

10.2 人体识别与人体数据标注

近年来,人体识别在日常生活中得到了广泛的应用。在运动健康检测、AR娱乐互动等过程中常常运用到人体识别技术。通常,人体标注就是指人体骨骼关键点标注,其中由于手部活动可以表达出较多信息,且骨骼较为清晰,可以作为人体数据中的重要研究部分,手部识别和手部标注在本节中也会作为重点进行介绍。

10.2.1 人体识别与手部识别的应用场景

1. 人体识别应用场景

在应用场景中,基于人体标注的人体识别系统得到了广泛的应用,其与我们的生活息息相关,比如新零售中的智能试衣镜,可以自动识别客人的身形、脸型,根据这些关键点信息,针对客人个性化推荐各式各样的衣服、妆容,快速在短时间内满足购物的体验。

在运动健身场景中,还可以分析运动员的姿态、运动轨迹、动作是否标准,判断是否健康或者存在受伤的风险,从而定制更好的训练计划,帮助运动员提升运动效果。当人们在做动作的时候,AR(Augmented Reality)能够快速地做出相应的动作,根据人体骨骼关键点位的信息,判断、了解玩家的意图,并给出准确的回应,这项技术增加了人们在游戏中的互动,提升了用户体验。

2. 手部识别应用场景

在计算机科学中,手势识别是通过算法识别人类手势的一个议题。手势识别的对象可涵盖人体各部位的运动,但一般是指脸部和手的运动,用户可以使用简单的手势控制或与设备交互,使计算机识别人类的行为。其核心技术为手势分割、手势分析以及手势识别。

手势识别是将模型参数空间里的轨迹(或点)映射到该空间里某个子集的过程,包括静态手势识别和动态手势识别,动态手势识别最终可转化为静态手势识别。从手势识别的技术实现看,常见手势识别方法主要有基于模板匹配、基于神经网络以及基于隐马尔科夫模型的识别方法。

10.2.2 人体数据标注与手部数据标注

1. 人体数据标注和手部数据标注的基本知识

人体标注,是指用信息描述头部、四肢的关键点的情况,就是指人体骨骼关键点标注。人体骨骼关键点对于描述人体姿态、预测人体头部、四肢行为活动尤为重要,人体标注是诸多计算机视觉应用的基础,例如动作分类、异常行为检测等。近些年,随着深度学习技术的发展以及人体标注效果不断提升,人体骨骼关键点标注技术已经广泛应用于计算机视觉的各个领域。

手部标注,主要指标注手部关键点,如手腕、指尖、各节指骨连接处等,提供手部信息描述。手部标注的目的是通过手部坐标信息定位手部关键点,以及通过检测图像中的位置信息识别对应的手部姿势。

2. 人体识别和手部识别的发展

与人脸图像标注一样,人体图像标注和手部图像标注均是为了提供数据以供相应的人体识别系统进行训练和测试。

(1) LSP(Leeds Sports Pose Dataset)数据集

该数据集包含 2000 张姿势标注图片,这些图片主要是使用"田径运动""羽毛球""棒球""体操运动""跑酷""足球""网球"和"排球"的标签从图片网站收集的运动型人物。这些图像经过缩放后,使得图像中最突出的人物大约只有 150 像素的长度,每张图像都对 14 个人体的关节位置进行了标注,关节的左右始终以图像上的人物的左右为参照进行标记,原始图像的属性和 Flickr URL 可以在每个图像文件的 JPEG 注释字段中找到。

LSP 数据集的官网提供了 LSP 数据集和原始比例图像数据集的 zip 压缩包的下载链接,正如前面介绍的那样,LSP 数据集的图片经过了比例调整,数据集大小为 33.7MB,而原始比例图像数据集大小为 253MB。

zip 压缩包中包含两个文件夹和所有图像,其中 images 文件夹中包含未经标注的原始图像,而 visualized 文件夹中是可视化姿势标注的图像,此外,压缩包中还有一个名为 joints.mat 的 MATLAB 数据文件,它包含了称为"joints"的矩阵中的人体关节注释,在注释中含有以 x 和 y 的形式表达的关节位置信息以及指示每个关节可见性的二进制值。

值得注意的是,虽然 LSP 人体姿态数据集采用的是 14 点标注,其标注位置和本章要介绍的标注位置有细微的差别,编号顺序是相反的。LSP 数据集的关节标注顺序如下:第 1 点,右脚脚踝中心点;第 2 点,右腿膝关节中心点;第 3 点,右臀部;第 4 点,左臀部;第 5 点,左腿膝关节中心点;第 6 点,左腿脚踝中心点;第 7 点,右手腕中心点;第 8 点,右肘中心点;第 9 点,右肩中心点;第 10 点,左肩中心点;第 11 点,左肘中心点;第 12 点,左手腕中心点;第 13 点,颈部中心点;第 14 点,头部中心,且为最高点。

整个数据集的图像被分为两部分,并分别用于训练和测试,其中前 1000 张图像(im0001.jpg 到 im1000.jpg)用于训练,后 1000 张图像(im1001.jpg 到 im2000.jpg)用于测试,数据集使用的评估方法是测量正确点位所占的百分比。

(2) CMU Panoptic Dataset 数据集

CMU Panoptic Dataset 数据集在业界内可以说小有名气,它是卡耐基梅隆大学采集制作的数据集。目前,CMU Panoptic Dataset 数据集已经收集了 65 个序列(长达 5.5 h)和 150 万个 3D 人体骨骼关键点图像。基于 CMU 数据集所训练的机器学习模型效果很好,并且拥有较好的鲁棒性,特别是当人体被遮挡了一部分时还能够进行较好的估计。

CMU KDSI 数据集的输入均为单帧 RGB 图像,输出均为(x,y,Visbility),包含位置信息和关键点的可见性,此外,输出包括图像中的手是左手还是右手,CMU KDSI 数据集包含 3 个子数据集:第一是带有人工标注的关键点的手部图像(Hands with Manual Keypoint Annotations),其中用于训练的注释有 1912 条,用于测试的注释有 846 条,这个数据集的属性是"真实图片",大小为 631 MB。第二是来自合成数据的手部图像(Hands From Synthetic Data),共有 14261 条标注,这个数据集的属性是"人造图片",大小为 631MB;第三是来自 Panoptic Studio 的经过多视图引导的手部图像(Hands From Panoptic Studio By Multiview Bootstrapping),共有 14 817 条标注,这个数据集的属性是"多视角远景",大小为 7.15 GB。前两个数据集的标签存储格式是一张图对应一个同名的.json 文件,第三个数据集的标签存储格式则是所有的标签存储在一个.json 文件中。

开源平台 GitHub 上的一些项目也已经比较成熟。以 openpose 为例,openpose 是 CMU - Perceptual - Computing - Lab 基于 opencv 库编写的一个实时多人系统,可在单个图像上检测人体、手部、面部和脚的关键点。因为同为卡内基梅隆大学的项目,openpose 自然与 CMU Panoptic Dataset 数据集渊源颇深,业内普遍认为它是基于发表在 CVPR 2016 的论文"Convolutional Pose Machine"和发表在 CVPR 2017 的论文"Realtime Multi-Person 2D Pose Estimation using Part Affinity Fields"以及"Hand Keypoint Detection in Single Images using Multiview Bootstrapping"这 3 篇论文的模型实现的。在 CMU Panoptic Dataset 数据集庞大的数据量和丰富的数据项目领域的支持下,openpose 已经可以实现 2D 实时多人关键点检测和 3D 实时单人关键点检测,

其中 2D 实时多人关键点检测中,openpose 支持 15、18 或 25 个人体或脚部关键点位检测,42 个手部关键点检测,70 个面部关键点检测等关键点检测任务。

10.2.3　人体数据标注与手部数据标注实例

1. 人体 14 点标注

14 点标注位置:第 1 点,头部中心,且为最高点;第 2 点,颈部中心点;第 3 点,左手腕中心点;第 4 点,左肘中心点;第 5 点,左肩中心点;第 6 点,右手腕中心点;第 7 点,右肘中心点;第 8 点,右肩中心点;第 9 点,左胯;第 10 点,左腿膝关节中心点;第 11 点,左腿脚踝中心点;第 12 点,右胯;第 13 点,右腿膝关节中心点;第 14 点,右脚脚踝中心点。

注意,以上左右是指图像中被标注人体的左右。

(1) 如图 10.19 所示,明确以上位置后,打开百度众测平台相关项目界面,按照编号顺序,先在平台界面中选择 1 号点标注头部,根据图像实际情况选择可见属性,点击"编辑"/"选择"模式切换按钮或者按下 R 键,开始标注。

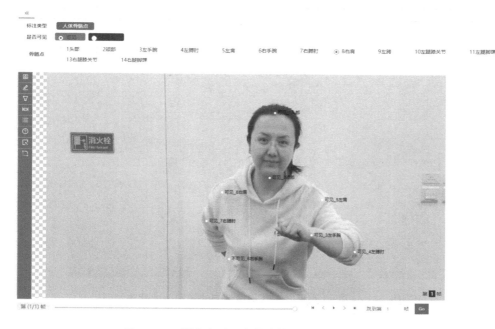

图 10.19　百度众测平台的人体 14 点标注工具界面

(2) 在标注完第一个点,并对其位置调整完毕后,开始标下一个点。此时要在平台界面中选择 2 号点,开始标注颈部。对于图像中标注对象上,因人体姿势、角度等遮挡而不可见的关键点,要点击平台界面的"不可见"进行标注点的属性切换,然后再根据图像尺寸和人体比例进行合理推断,在一个适当的区域内标注关键点位。在此例中,第 3 号点位左手腕中部由于人体姿势不可见,可根据图像中人体放在胸前的右臂上,右手腕中部和右手肘中部的距离大概推断出左手腕中部和图像上可见的左手肘中部的距离,由于光学影像原理,左臂上这两点的距离应该比右臂上这两点的距离小。

(3) 接下来按照上述方法对关键点进行标注。注意,人体关键点的可见、不可见属性是根据能否较为准确地判断出位置决定的,仅被衣服遮挡的关键点视为可见,图 10.20 是上半身 8 个点位的参考位置。

图 10.20　人体 14 点标注中上半身 8 个点标注示例

(4) 下面开始标记下半身的点位,图 10.21 是此例中被衣服遮挡的两胯的位置参考。

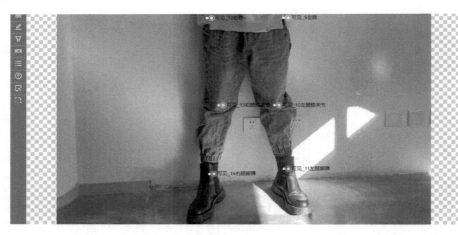

图 10.21　人体 14 点标注中被衣服遮挡的胯部两点标注示例

图 10.22 是整体标注完成后的效果图。

注意事项:

在人体标注的时候,一定要按照 14 个具体点的顺序进行标注;

标注的方向为先左后右,这里的左右是指图像中被标注的人物的左右,无论图像中的人面朝哪个方向,都要以真实人物的左右进行标注。

在标注人体的四肢时,应遵循从肢端到躯体的顺序,即在标注人物手臂的时候,要按照手腕、手肘、肩部的顺序依次标注,在标注人物腿部的时候,要按照胯骨、膝关节、脚踝的顺序标注。使用百度众测平台界面栏的编号会帮助标注者弄清标记顺序。

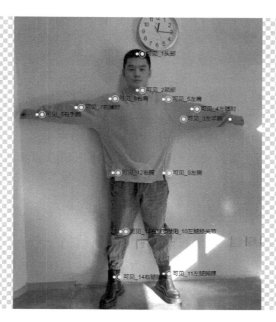

图 10.22 完整的人体 14 点标注示例

不仅要注意标注的顺序和准确性,标注的属性(可见与不可见)也要在标注中给出。百度众测平台上是按照不同属性选择点的不同颜色进行标注,下面说明可见与不可见一般的判断标准。

可见:指待标注点的位置可以准确清晰看见,或通过图片中已见的部位,可对点位的位置进行明确判断,比如虽然衣服挡住了大部分身体关键点,但还是可以明确地推断出标记位置,本案例中的左右肩部和左右两胯即属于这种情况。

不可见:指图片有遮挡、截止等原因导致待标注点位位置模糊、无法确认,只能以猜测的方式进行标注,比如侧着身子的人物其中一侧的手臂遮挡严重,将双手背在身后的人体两只手手腕都不可见,本案例中左手手腕就是不可见的点。

需说明的是:关于可见和不可见的衡量标准,是随着项目的不同而有所改变的,可见属性的判断标准很大程度上取决于项目的需求方:需求方提供的数据用于训练的模型不同,对于可见与否可能会有不同的定义,需求方所期望的应用场景不同,对于可见属性区分度的要求标准自然也就不一样,通常情况下,可以根据以下的判断标准进行衡量:

如果人物的关键点是被自身的躯干(比如侧着身子的人物其中一侧的手臂、放在身后的手)或者离自己比较远的、比较厚或比较大的物体遮挡(比如桌子、自己拿的书本等),那么这些关键点通常算作不可见。如果人物的关键点是被自身比较纤细的部位(比如被自己的胳膊挡住某个关键点)或者离自身比较近的轻薄物体遮挡(比如自己身上的衣服等),那么这些关键点通常算作可见。

当然,从上面的逻辑中不难看出,判断的最重要的依据其实还是"是否可以比较明确地判断待标注点的位置"这一标准。比如说,上面提到的衣服的情形有很多特例。如果图像中的人物穿着很夸张的裙子(比如婚纱),或是较大程度上改变了人体轮廓的衣物(比如臃肿的玩偶服),一些关键点判断不出具体的位置,就需要设置为"不可见"属性。

总的来说,容易出现分歧的就是从图像上不能直接看到的点,关于能否"准确判断"这一类点的位置,判断标准其实还是会因人而异,这里介绍的方法只能说相对普适,但不是 100% 适用,真正的项目往往需要通过需求澄清和对接后,结合项目数据特点制定出具体的项目规则。成熟的标注员需要在明确具体项目标注规则的基础上,理解规则的深层原因,即为什么要以这样的标准判断,标注的一切都应服务于特征信息的提取,只有灵活掌握衡量标准的依据,并理解其中的内在逻辑,才能在具体项目要求中游刃有余地进行标注。

2. 人体标注中推测性标注和不标注的情形

和人脸标注一样,一般来说,由于图像中人体被遮挡或者图片中人体不完整导致关键点不能完全显示,遮挡、截断比例小于整个人体的 2/3 时,要对被遮挡、被截断的关键点位置做推测性标注,根据已知的人体关键点位置,合理推测不可见部分。标注完的点符合正常的人体结构和比例即可,而当遮挡、截断比例大于整个人体的 2/3 时,不进行标注。

3. 手掌 21 点标注

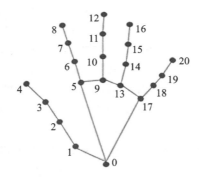

图 10.23   手掌 21 点标注示例

(1) 21 点标注位置。

0 点,手腕中心;第①点,靠近大拇指侧掌骨中心点;第②点,大拇指掌指关节;第③点,大拇指指间关节;第④点,大拇指指尖;第⑤点,食指掌指关节;第⑥点,食指第一指关节;第⑦点,食指第二指关节;第⑧点,食指指尖;第⑨点,中指掌指关节;第⑩点,中指第一指关节;第⑪点,中指第二指关节;第⑫点,中指指尖;第⑬点,无名指掌指关节;第⑭点,无名指第一指间关节;第⑮点,无名指第二指间关节;第⑯点,无名指指尖;第⑰点,小指掌指关节;第⑱点,小指第一指间关节;第⑲点,小指第二指间关节;第⑳点,小指指尖。

（2）注意事项：

在实际标注工作中，首先要判断图像中的内容是否需要标注，然后按照标注规则对手部进行标注。在进行手部标注时，由于要详细记住的点位较多，点的位置以及顺序是手部标注的难点，另外，和人体标注类似，图像采集手部的姿势较多，因此在手部标注点位被遮挡的情况下可见、不可见、无法判断的属性判断是手部标注的难点。

下面首先说明是否需要标注的一般判断标准：

（1）模糊或者手部交叉的不进行标注

手部图片由于遮挡或者图片不完整导致点不能完全显示，遮挡超过 80％的部分不予标注，其余手部遮挡或者截肢造成的不完整，要根据人体手部正常编号以及手部比例等因素，合理想象被遮挡、截断的点进行标注。（如"手枪"手势，尽管有三个手指的指尖被手背挡住，但还是要根据手指比例在合适位置进行标注）

① 手部标注的标注顺序为：从大拇指到小拇指，从关节到指尖。

② 对于手部标注和人体标注，标注的都是中心点，但在点的位置上有较大区别。手部标注以手作为目标物进行标注，中心点是可见手截面的中心位置。

③ 在标注中，0 点位置确定很关键。手腕处于正面时，0 点定位于手腕横纹的中心位置，若出现手腕被衣物遮挡，0 点位置需要判断，且无法直接标注在手腕上的情况，属性需要设为不可见。

（2）按照顺序进行标注时

要注意每个点位对应的属性，即可见、不可见和无法判断。

① 可见：在标注的图像中，手部关键点可清晰可见，并确认，属性为"可见"（9、10、11、12）。

② 不可见：指在标注的图像中，手部关键点出现遮挡的情况，但可以推测判断手部关键点大致位置，在实际的标注中，标注的点在可以合理范围内有偏差（通过中指的位置，可以合理判断出 13 点）。

③ 无法判断：指标注的图像中，手部的关键点被遮挡，且无法判断手部的关节点的位置，这些点属于无法判断的关键点。

10.3　本章小结

本章首先详细介绍了人脸数据标注的背景知识，从人脸人体标注的重要性和发展与现状出发，介绍了人脸人体的一些常见数据集，接下来对人脸识别及应用场景展开描述，对数码相机的人像模式、身份识别、网络应用等领域的人脸人体识别进行介绍，为数据标注员学习数据标注实例做好铺垫，便于标注员对本章的理解。

接着，从数据标注实例的角度，对项目的整体流程进行阐述，包括人脸图像采集及检测、人脸图像预处理、人脸图像特征提取、人脸图像匹配与识别等步骤的描述，并对人脸标注的实际操作进行分类,之后又对人脸人体标注的典型案例与实操方法做了介绍,包括对人脸 5 点、人脸 88 点、口罩 72 点人脸标注、人体 14 点标注、手掌 21 点标注等任务的详细介绍。

　　这部分内容较为复杂,不同项目中涉及的规则也不尽相同,数据标注员需要更多的时间对此类任务进行理解和练习。

　　总体而言,本章内容与第 7 章联系紧密,详细介绍了在人脸人体场景下对图像标注的应用,数据标注员要根据本章的介绍,认真理解标注的逻辑,体会其数据标注项目的流程,在熟练掌握标注方法的同时,认真思考,争取做到举一反三。

10.4　作业与练习

　　(1) 人脸图像标注项目中活体数据筛选是什么含义?

　　(2) 人脸 5 点标注法是指哪 5 个点?

　　(3) 在口罩 72 点人脸标注中,如何判断是否可以标注?

　　(4) 掌握人体 14 点标注的各点位置。

　　(5) 掌握手掌 21 点标注的各点位置。

第11章 数据标注未来展望

前面章节对数据标注相关的概念、流程、技术、方法、工具、平台以及典型的场景进行了介绍,本章将从数据标注需求趋势、数据标注技术发展方向和群智化数据标注的未来发展三个方面对数据标注产业的发展方向进行阐述。

11.1 数据标注需求趋势

作为人工智能的上游产业,数据标注与人工智能的发展存在相互制约、相互促进的关系。一方面,人工智能应用和技术的数据需求促使数据标注方法、模式乃至工具上革新和升级,以满足新型人工智能对高质量标注数据的需求,另一方面,标注数据的数量和质量决定了人工智能模型的性能,进而影响相应人工智能应用的发展。

本节基于数据标注产业"以满足人工智能数据需求为核心目标"这一出发点,从人工智能技术与应用的发展方面对数据标注需求趋势进行介绍。

11.1.1 人工智能技术与应用的发展趋势

随着近些年标注数据的积累、算力的提升以及相关算法的革新,人工智能技术催生了一系列新的应用,诸如自动驾驶、智能安防、智慧医疗、新零售以及智能制造等。这些新型的 AI+应用为许多行业带来了颠覆性的变革,深刻改变了原本行业的工作逻辑和发展方向。

未来人工智能应用将向深度和广度两个方向持续快速发展。

深度是对已有数据进行更加深入的挖掘,旨在获得人工智能性能的进一步提升,带来更加智能化的服务。例如,对于智能安防领域的应用,逐渐由被动防控转向主动预警,社区安防手段不再局限于对目标身份属性的持续监控,当传感器设备识别出社区中存在手握管制刀具的目标或者社区中出现爬窗、翻越等行为时,应主动对安保人员及相关业主进行示警,实现防患安全事件于未然的目标。

广度是随着技术和需求的发展,对更多场景智能化升级的探索,例如,作为新一代通信技术的标杆,5G 稳定、高速的信号传输特性为人工智能应用的发展带来了更多的可能,人工智能与 5G 的深度融合能够拓宽智能的感知和传输范围、提升智能化行为的精准程度,进而推动"智能+"应用的纵深发展。

随着标注数据的积累以及算力、算法的进一步发展,人工智能与新兴技术(如 5G 通信技术,物联网等)进一步耦合,产生了更多颠覆传统行业的应用,乃至创造"新行新业",如 AI 养猪、无人机送外卖、无人机驾驶员、数据标注工程师等。

与此同时,新的人工智能应用也对数据标注产业提出了新的要求。新的应用场景会有新的模型和数据标注方式,有高质量的标注数据,才能获得高质量的人工智能模型,数据标注产业的蓬勃发展依然是未来人工智能应用更加广泛的先决条件。

随着人工智能技术的不断发展,AI 与各行各业的融合日渐深入,人工智能技术的发展逐渐成为战略性技术和新一轮产业变革的核心驱动力。面对人工智能技术发展的全球性竞争,世界上各大主要经济体都相继发布了人工智能相关的战略规划和重要报告,人工智能技术正朝着更强大和更通用的方向发展,不断带我们走向以"AI+"为标志的普惠型智能社会。

人工智能的技术发展趋势包括从感知智能到认知智能以及对基础模型的探索,下面进行详细介绍。

1. 从感知智能到认知智能

关于人工智能的发展进程,学术界和工业界众说纷纭,但有一种说法是被普遍接受的,即人工智能的发展分为计算智能、感知智能和认知智能 3 个阶段。从 IBM"深蓝"打败国际象棋冠军卡斯帕罗夫,谷歌"AlphaGo"打败围棋冠军李世石,到如今世界瞩目的自动驾驶,人工智能已经实现了从计算智能到感知智能的转变,其中自动驾驶就是通过激光雷达等众多的感知设备和人工智能算法实现感知智能的。

虽然人工智能已经在"听、说、看"等许多领域达到,甚至超出了人类的水平,但对于需要外部知识、逻辑推理或者领域迁移等需要"思考和反馈"的问题,仍然存在诸多难题要攻破,在面对需要逻辑推理、外部知识等需要思考和反馈的认知时方面存在许多的困难。

阿里达摩院在 2020 十大科技趋势预测介绍:认知智能将从认知心理学、脑科学及人类社会历史中汲取灵感,并结合跨领域知识图谱、因果推理、持续学习等技术,建立稳定获取和表达知识的有效机制,让知识能够被机器理解和运用,实现从感知智能到认知智能的关键突破。

2. 从专用模型到基础模型

与此同时,通用人工智能技术的发展脉络也越来越清晰,通用人工智能(Artificial General Intelligence),是人工智能研究领域一个长久的话题和终极的目标。总的来说,通用人工智能指的是具备像人类一样理解和思考能力的智能算法或人工智能体。从能力表现上来说,通用人工智能同时具备超越人类的语音、文本、视频、图像等形式数据的分析和处理能力。有一部分学者将强人工智能与通用人工智能等价理解,强人工智能从人类的意识、感性、知识等方面对人工智能进行描述,通常指的是具备类人的意识、拥有感性的情绪、能够进行知识推理等能力的通用智能体。我们现在和过去的所有的人工智能算法都属于"弱人工智能",或者说是"专用人工智能",也就是专用人工智能针对某一特定问题的解决能力可以做到很强,甚至超越人类,但特定智能体或智能算法的能力很难拓展到解决别的问题上,例如,我们可以教会特定人工智能系统识别人脸,但这一能力以及习得能力的过程和基本方法,对控制身体平衡和导航没什么帮助。

学术界对人工智能技术的探索也从未停止,一个重要的趋势是,最新提出的模型正朝着更基础,更通用也更复杂的方向不断发展。

2020 年,由 OpenAI 发布了自然语言处理模型 GPT-3,通过测试发现,GPT-3 不仅能够答题、写文章、做翻译,还能自动生成代码、做数据分析、数学推理、画图表、制作简历,甚至玩游戏,而且效果惊人。例如,告诉 GPT-3"Whatpu"是坦桑尼亚的一种小型、毛茸茸的动物,让它用"Whatpu"进行造句,GPT-3 就会给出"我们在非洲旅行时,看到了非常可爱的 Whatup"。可以看到,GPT-3 不仅拥有惊人的理解能力,能够对问题的内容和包括的实体进行解析,同时也拥有自己的知识库,可以判断坦桑尼亚位于非洲。其强大的自然语言理解、分析和处理能力源于 GPT-3 在两个方面达到了史无前例的功能,一是参数量,GPT-3 模型拥有约 1 750 亿个参数,比当时世界上最大的 NLP 模型 Tururing 多了十倍,也比其早期版本 GPT-2 多了 116 倍。二是数据集,训练 GPT-3 涉及的数据总量高达 45 TB,英语维基百科的所有内容(约涵盖 600 万篇文档)仅占其训练集的 0.6%,其中的文本内容包括新闻、科技、诗歌文学、宗教、时事评论等多个主题。可以说,GPT-3 已掌握人类所能查询到的知识领域,这也是 GPT-3 能够应对各个学科文本任务的关键。相应地,GPT-3 的训练也需要很高的成本,微软和 OpenAI 为了训练 GPT-3 合作开发了一款超级计算机,这台超级计算机配备了大约 285 000 个 CPU、10 000 个 GPU,同时配备了 400 Gbps 的网络连接,据统计,GPT-3 的模型训练费用高达 460 万美元。

然而,GPT-3 距离通用人工智能还有很远的路要走,例如,GPT-3 在面对提问"太阳有多少只眼睛"时,会回答"太阳有一只眼睛",这样的错误表明 GPT-3 并不具备人类的感知思维和推理能力,它的表现依旧由数据决定,无法超越训练数据本身。

当然,任何技术在当下都有一定的局限性,我们应从更长远的角度看待 GPT-3 的价值。其实 GPT-3 与 GPT-2 的模型架构本质上差异并不大,主要是 100 倍的数据量和参数量为其带来了远超 GPT-2 的性能,未来,随着数据的积累和算力的提升,GPT-3 及其迭代版本的能力一定还会越发强大,图灵奖得主、深度学习之父 Geoffrey Hinton 教授谈到"如以 GPT-3 预测未来生命、宇宙和万物的答案不过是 4.398 万亿个参数而已"。

在大规模预训练模型研发方面,中国科研人员也取得了显著进展,在 2021 年 6 月份的北京智源大会上,清华大学发布了全球首个万亿级模型"悟道 2.0",该模型参数量高达 1.75 万亿,使用了 4.9TB 的高质量清洗数据在国产超算平台"神威"上完成训练。悟道 2.0 不仅是一个语言模型,它的能力横跨自然语言处理和计算机视觉两大领域,在图文检索、文本生图、完形填空、知识探测等 9 大任务中获得了世界第一的成绩。据唐杰教授介绍,悟道 2.0 的特点可以简单概括为"你是(实)最大"。

"你"指基于"悟道 2.0"建立起悟道社区生态的愿景,研发团队邀请每一个"你"即"数据者"加入;

"实"代表"悟道 2.0"模型的实用化,相关用户能利用实用框架实现快速部署;

"最"意味着最准确,"悟道 2.0"已在世界公认的 9 项精准记录上取得重大突破;

"大"表示其达到 1.75 万亿参数,创下全球当今最大预训练模型纪录,并具有简单易用、灵活、高性能等优势,支持大规模并行训练,是实现"万亿模型"基石的关键。

同时,基于悟道 2.0,北京智源人工智能研究院联合智谱 AI 团队和小冰公司推出了中国首位原创虚拟学生——华智冰。华智冰不同于一般的虚拟人物,其智商和情商都很高,不仅言语自然,能够作诗、作画、完成音乐创作,还具备知识学习、推理和情感交互的能力。"悟道 2.0"及"华智冰"的发布标志着中国超大预训练模型研发水平跨越到一个全新阶段,将推动国际超大预训练模型发展的步伐。此外,"悟道 2.0"还可应用于手语翻译、新闻稿件撰写、服装设计等领域,其任务完成程度非常接近人类水平。基于"悟道 2.0"研发的"冬奥手语播报数字人系统"能搭建多模态肢体动作、表情、手指同步采集系统,为赛事提供同步的手语播报,方便残障人士收看赛事报道,图 11.1 展示了冬奥实时数字手语播报员的播报场景。

图 11.1　冬奥实时数字手语播报员

世界各大研究机构对于大规模预训练模型和基础模型的探索,一定程度上代表了人工智能技术的发展方向——头部机构利用其数据、算法和算力优势构建大规模模型,下游机构专注场景挖掘,利用领域特定的标注数据进行模型微调和维护。在这样的发展趋势下,不论是感知智能还是认知智能,不论是 GPT-3 还是悟道 2.0,训练高质量的人工智能模型都需要充足的标注数据。

11.1.2　数据标注需求持续增长

众所周知,人工智能的发展离不开算法、算力和数据 3 大要素,作为人工智能应用和技术发展的基础,标注数据的质量和数量决定人工智能模型的性能以及相应产品的效果,同时,人工智能技术和应用的发展也给数据标注产业提出了新的要求。

从需求方来看,面向人工智能的标注数据需求主要来自科研机构、科技公司和传统应用行业,它们的数据需求有所不同。简单来说,AI科技公司通常在更多垂直领域挖掘价值,更聚焦于视觉和语音相关类型的基础数据服务,通常,通过算法自主性、领先性以保证公司的话语权。传统企业通常围绕自身业务进行 AI＋业务拓展,其标注数据需求与自身业务紧密相连。传统行业由于其多年的业务沉淀与数据积累,相比于科研机构,对标注数据需求的专业性更强,定制化要求更高。

与此同时,随着人工智能应用场景的不断扩展,标注任务的复杂程度也在随之上升。对于一个区分对象人工智能模型,标注员只需要给包含对象的原始图片打上相应的分类标签,但对于一个视觉关系检测任务,则着重需要对复杂图像中的实体间关系进行标注,例如,图 11.2 展示了斯坦福大学李飞飞发布的视觉关系检测数据集"Visual-Genome",图中右侧图片中展示的例子中,除了要用 2D 框框选出"person""guitar"等实体外,还需要标识出二者之间的关联"playing"。类似的复杂任务还有很多,例如在 2020 年 11 月的蛋白质结构预测大赛(CASP'14)中,DeepMind 发布的人工智能程序 AlphaFold2,对大部分蛋白质结构的预测与真实结构只差一个原子的宽度,达到了人类利用冷冻电子显微镜等复杂仪器观察预测的水平,这一成果被中国科学院院士施一公称为"21 世纪最重要的科学突破之一"。AlphaFold2 的成功原因,除了精妙的网络结构设计之外,还有大量的高质量带标签数据(氨基酸序列与对应的三维坐标),这些数据由领域专家进行标注,是 AlphaFold2 实现蛋白质结构精准预测不可或缺的重要部分。除此之外,还有许多复杂标注任务,例如,面向代码理解和代码生成任务的代码标注、面向场景理解的全景分割标注(图 11.3)、面向多模态预测任务的多模态标注等。总的来说,日渐复杂的人工智能任务在不断促使数据标注产业向更多标注类型和更复杂的标注任务方向发展。

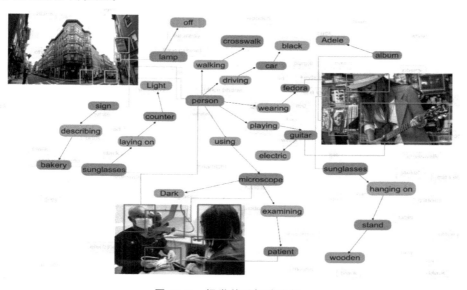

图 11.2　视觉关系标注实例

图 11.3　全景分割示例图

1. 人工智能算法应用的阶段划分

除此之外,从 AI 研发阶段来看,人工智能算法应用通常要经历研发、训练和落地 3 个阶段,不同阶段的对数据标注服务也有差异化需求:

(1)研发需求是指新的目标算法研发时对标注数据的需求,这一阶段通常需求数据量大,初期多使用标准数据集进行训练,中后期则需要更加专业的数据定向采标服务。

(2)优化需求的目标在于通过标注数据对已有算法的泛化性能、准确率等指标进行优化,是市场中的主要需求,其以定制化服务为主,对标注数据的质量和范围有较高要求。

(3)落地场景的业务需求中的算法通常较为成熟,涉及的数据采集和标注更贴合具体业务,如智慧农业中的作物病害种类的图片识别等,对于特定领域的专业知识和标注能力都有较高的要求。

2. 中国人工智能行业对数据标注的需求趋势

总的来说,中国人工智能行业对数据标注的需求趋势可以用空间广阔、稳步增长和高度定制化来概括。

(1)空间广阔。随着 AI+概念的提出,以及 IoT、5G 的快速发展,AI 逐步落地传统行业,随之而来的是更加丰富的人工智能应用场景以及更多类型的标注数据需求方和数据标注任务。

(2)稳步增长。从综合计算机视觉、自然语言处理以及语音等市场的需求情况看,AI 数据服务的需求成为常态,主要数据需求方稳定,对标注数据的需求量也呈稳步上升态势。

(3)高度定制化。随着人工智能算法的阶段性成熟,AI 在各个垂直领域逐步实施,且更有前瞻性,更具领域特色以及高度定制化的数据集产品和数据服务需求逐渐成为主流。

11.2 数据标注技术发展方向

本书前面内容从面向不同数据类型的标注任务分类、基于不同协作方式的标注方法、群智化的数据标注模式、相关的标注工具和平台等角度介绍了当下具有代表性的数据标注技术。随着数据标注产业的成熟，数据标注技术的发展逐渐成为数据标注产业升级的关键，各大企业和机构也开始从模式、工具、平台方面探索标注技术的发展。本节从数据标注技术与人工智能技术之间的双向增强关系、数据标注项目涉及的安全与隐私问题以及以数据为核心的新型人工智能平台 3 个方面介绍数据标注技术的趋势，对数据标注技术趋势的准确了解不仅能够紧跟数据标注产业的升级方向，同时也有助于把握人工智能技术和应用的发展趋势。

11.2.1 智能化数据标注技术

数据标注技术是规范数据标注产业、提升数据标注质量和效率、促进数据标注行业公平的方法和工具的集合。数据标注技术的成熟和进步为人工智能产业的技术研发和应用落地提供了坚实的数据基础，例如，先进的标注工具和人机协作的标注模式有助于提升标注员标注数据的效率和质量。

与此同时，先进的人工智能技术也为数据标注本身带来了更多机遇，标注员的标注行为本质上是其对原始数据认知结果的表达。随着人工智能技术的高速发展，在某些特定的领域（如 2D 目标检测、人脸识别等），人工智能的能力已经追上，甚至赶超人类，人工智能模型本身就能作为"标注者"对原始数据进行标注。目前，虽然人工智能单独进行的数据标注的结果还无法满足真实数据标注项目对标注结果质量的高要求，但已有部分企业和研究机构开始尝试将人工智能作为数据标注的辅助技术，以提升数据标注的质量和效率。

例如，3D 点云数据由于其低分辨率、目标框复杂等问题成为难度最大、耗时最长，且准确率最低的数据标注任务。百度众测依托百度 AI 研究院强大的算法能力，提出了针对 3D 点云连续帧标注任务"预测，迭代＋优化"的框架，其主要架构如图 11.4 所示，包括：待标注帧结合相邻帧标注结果，基于算法进行标注预测，得到预标注结果；标注员基于预标注结果进行人工修正；人工智能模型基于人工修正结果进行结果优化，得到最终标注结果。相比于完全依靠标注员的人力标注，这种人工智能技术辅助的预标注算法使得百度众测连续帧 3D 点云标注任务的标注效率平均提升了 28.8%。

除了预标注方法之外，人工智能技术在辅助标注和算法质检上的应用也使标注效率和质量有了显著的提升，图 11.5 展示了百度众测基于百度智能云 OCR 算法的图文与识别效果，其可将单框的标注时间由 17.10 s 降低至 11.32 s，效率提升约 20%。图 11.6 和图 11.7 展示了 2D 连续帧障碍物识别的算法质检结果。可以看到，图 11.6 中的质检算法对图像中的目标物体进行自动识别和 3D 点云技术框选（右），将原始图

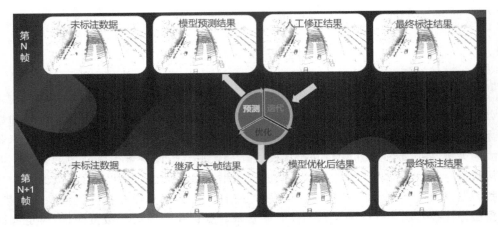

图 11.4　百度众测连续帧预标注框架

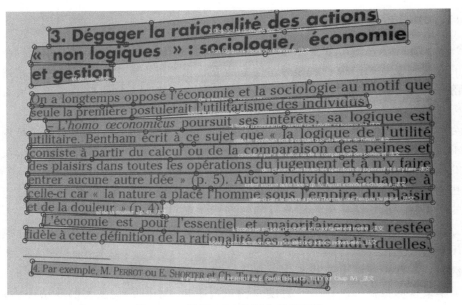

图 11.5　基于 OCR 的图文辅助标注

片中高度遮挡的漏标目标用深色框标出（左）并给出遮挡程度、遮挡物类别等信息。图 11.7 中质检算法对错标目标用深色框框选，并给出错标提示和相应的置信度。

　　随着信息与通信技术的蓬勃发展，各行各业信息系统积累的数据量越来越多，全球数据储量呈爆炸式增长，预计到 2025 年，全球数据量将达到 163 ZB，其中，我国的数据产生量约占全球的 23%。逐年暴涨的数据量给人工智能和数据标注技术提出了新的要求，数据标注产业迫切需要新的技术进一步提升数据标注的质量和效率。尽管目前的数据标注工具能够在一定程度上简化标注员的操作，提升标注效率，但总体自动化程度还不高，标注员依旧要通过精细、复杂且高度重复的标注操作完成标注任务，即通过先进的人工智能技术提升数据标注项目的效率以及标注产品的质量，再通过高质量的

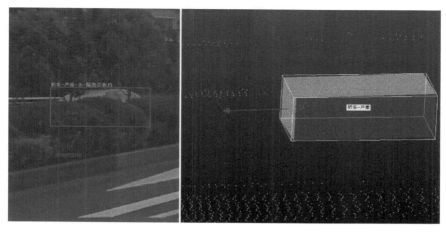

图 11.6 算法检出漏标目标

图 11.7 算法检出标注类型错误

标注数据进一步促进人工智能技术的发展。这种数据标注技术和人工智能技术双向增强的趋势成为人工智能技术和数据标注产业发展的重要特征。

11.2.2 数据标注安全与隐私

伴随着大数据技术和数字经济的不断发展,政府和企业拥有的数据资产规模持续扩大,数据的安全和隐私问题得到了各方越来越多的关注。为了充分保护个人和团体的数据隐私和安全、破除数据管理困境、提升数据质量,进一步释放数据价值,数据治理这一概念应运而生,国内外也出台了一系列政策法规保证数据质量相关的制度和标准的落地。

我国国家标准 GB/T 35295—2017《信息技术 大数据 术语》给出了"数据治理"的定义:数据治理是对数据进行处置、格式化和规范化的过程。同时指出,数据治理是数据和数据系统管理的基本要素,涉及数据全周期管理,涵盖了数据的静态、动态、未完成状态以及交易状态,从国家、行业协会、产业、组织等各个层面对数据治理工作进行大力推进。

在国家层面,数据治理标准化工作得到了高度重视,一方面将数据治理标准化作为新一代信息技术体系构建的重要环节,另一方面利用数据治理领域的标准化工作为标准化工作本身的基础理论研究提供新思路、新方法。国家标准委发布的《2021年全国标准化工作要点》中明确指出,要加快推进数据安全、个人信息保护、智能汽车数据采集等重点领域国家标准的制定,完善新一代信息技术体系建设,同时紧跟数字化等新技术在标准化活动中的应用。

中国通信行业标准化协会积极响应、贯彻国家大数据战略,不断加快数据治理标准化工作发展进程,积极落实工信部和国家市场监督总局的标准化工作要点,优化国家标准、行业标准与团体标准协同发展的新型标准体系,成立大数据技术标准推进委员会,切实推进体系建设、技术研究和标准研制工作,快速响应市场和技术创新需求,充分发挥标准的创新引领作用。

在产业层面,数据治理标准化是大数据产业高质量发展的核心领域,为响应市场需求、规范产业发展、提高产业服务质量、引导产品升级、促进技术创新提供支撑,是衡量数据治理产业发展水平和成熟度的关键标志,也是抢占产业发展主导权和话语权的关键手段。

在组织层面,数据治理标准化是政府、企业等机构进行数据资产管理的关键突破口和务实手段。数据治理标准化工作既有利于建立健全各种数据管理的工作机制、完善业务流程,又有利于提升数据质量、激活数据服务创新、保障数据安全合规使用,进而可以提高各类机构的数据管理水平,促进管理创新和技术创新,提升经济效益和社会效益。

世界各国陆续出台了相关政策以保障数据安全和隐私,欧盟于2016年4月发布了"通用数据保护条例"(GDPR,General Data Protection Regulation),并于2018年5月25日生效,该条例以法律法规的形式赋予欧盟公民更多的个人数据控制权,并对收集、处理和存储个人数据的公司提出更高的责任要求。

对于数据标注项目,原始数据和标注产品通常会以题包的形式在需求方、标注员和平台之间流转。一些涉及敏感信息的数据标签(例如人脸之类的个人数据)的非法泄露可能会导致严重的后果,对于数据标注公司而言,一方面要在数据的采集和标注过程中确保其每一步的操作都满足GDPR、SCO2、DPA等数据安全标准,同时还要通过具体的制度规范或监督机制确保数据的安全。例如,为了确保企业数据的安全性,必须禁止员工使用任何不安全的设备访问数据或将其下载,并传输到未知的存储位置以及在可能存在泄露风险公共位置处理数据,被未经安全检查的人滥用等。数据标注领域当前市值最高的公司Scale AI就曾被曝出将客户的数据标注项目以外包的形式交由第三世界国家的劳动力完成,进而引发许多用户对数据隐私泄露的担忧。对于数据标注公司而言,创建一个高度安全的环境,保证标注项目全流程中的数据安全和隐私保护是一项艰巨的任务,也是未来重要的探索方向。

11.2.3 新型数据标注工具和平台

1. 数据标注工具

作为标注员完成标注操作的直接媒介,数据标注工具直接决定标注任务完成的质量和效率。随着人工智能算法的发展,数据标注工具逐渐从人工标注转向智能辅助标注＋人工标注,逐渐减少标注过程中人工比例,提升算法标注的占比。在这一过程中,标注工具呈现出简易化和专业化的发展趋势。

在标注工具智能化的背景下,一方面,标注工具逐渐出现了简易化的趋势,例如,智能交通领域的顶级学术会议 ITSC(IEEE Intelligent Transportation Systems Conference)于 2019 年刊登了一篇介绍未来标注工具的文章,文中针对现有标注工具对 2D-3D 点云数据融合标注时画 3D 框非常耗时的问题,提出了"单点标注"的方法,作者通过聚类背景消除、2D-3D 映射以及 2D 算法预标注等方法将复杂的 3D 拉框操作简化为目标点击操作。实验证明,此方法在微小准确率损失的情况下大大提升了标注效率。

另一方面,标注工具同时朝着更专业化的方向发展,由于人工智能应用场景的不断深挖,某些任务对于标注数据的需求呈现出特异性趋势,常见的通用数据标注工具在面对这些场景中的标注任务时,会出现效率低下,甚至无法完成标注任务的情况。这就要求一些专注于特定领域的团队面向特定领域时,通过自研的方式制作专业化标注工具,以便高效、高质量完成标注任务。例如,在一些生物识别系统中,需要通过人脸建模完成三维人脸检测和活体识别等任务,这时就需要进行人脸 3D 朝向标注。3D 朝向标注任务需要通过旋转和放缩等操作使得 3D 模型的朝向和图片中真人朝向一致,传统的通用标注工具很难胜任这一任务。旷视科技凭借其在视觉领域的多年积累开发了旷视 Data＋＋数据标注平台,并针对人脸 3D 朝向任务开发了专用的标注工具,图 11.8 即展示了人脸 3D 朝向标注的图片示例和标注工具的示例。

图 11.8　人脸 3D 朝向标注

除此之外,大数据和 Web 技术的发展也给数据标注工具的发展提供了重要的支撑。例如,一些领先的数据标注平台逐渐尝试利用基于大数据技术对标注员的标注行为(例如,标注工具涉及的各个环节的耗时情况)和标注结果(如效率和质量)之间的关系进行建模,进而分析,找出标注工具的优化点,提升标注员的标注体验,Web 发展能够使标注工具的可实现性、可靠性和复用性等方面得以提升,例如,其模块化和组件化技术可以使得数据标注平台以一种搭积木的方式开发标注工具,这种方式一方面可以提高标注工具的复用性和可靠性,同时也可以在一定程度上加快标注项目的工具配置速度,提升标注项目的完成效率。

2. 数据标注平台

数据平台作为需求方发布任务、标注团队进行标注活动的场所以及标注工具的核心载体,其功能和架构不仅直接决定了用户体验模式,同时也对项目的效率和质量有着至关重要的影响。

一方面,相关技术的发展可以进一步提升和拓展数据标注平台的功能,例如,与数据标注工具的组件化设计相似,后端微服务技术的发展可以促进数据标注平台的模块化开发。模块化的数据标注平台可以进一步提升任务设计、流程设计乃至质量控制等环节的灵活性,进而提升产品功能。此外,大数据技术的成熟与发展也为标注项目中的人员管理和系统调度的效率提升指明了新的方向。例如,基于大数据的用户画像技术可以准确刻画标注员的标注能力和历史行为,而高质量的推荐算法则能准确地对用户画像和任务信息之间的关系进行建模,实现"让合适的人做合适的任务",进而从整体上提升标注平台的人员和任务调度水平,最终提升数据标注的质量和效率。

与此同时,作为人工智能模型和应用的上游产业,一些数据标注平台的功能已经不再局限于数据标注本身,开始以新的视角探索数据标注的模式,将数据标注任务的结果从合格的标注产品发展为高质量的人工模型。

斯坦福大学 AI 实验室基于"人工智能的关键在于高质量的标注数据而不是模型、算法或其他基础设施"这一理念,于 2016 年启动了一个名为 Snorkel 的项目。该项目起初的目标在于通过程序化标注(Data Programming)的方式构造一种高效的数据标注工具,结合专家知识进行自动化数据标注。后来,Snorkel 平台通过弱监督学习、数据增强、多任务学习、数据切片和结构、监控和分析等一系列新技术,完成了程序化标注到高质量人工智能模型的转变,完成"更快、更简单、更灵活的数据标注、部署人工智能模型"这一愿景,将 Snorkel 平台打造成为一个从原始数据到高质量模型的端到端人工智能应用平台。目前 Snorkel 平台已经与谷歌、微软、阿里巴巴、NASA 等机构完成横跨金融、医学、安防等领域的合作,实现了训练集标注和创建、数据集自动预处理、模型训练和部署、模型分析和监控的全流程工作。

对新型数据标注平台和工具的探索不仅能为数据标注产业升级带来帮助,也给人工智能的发展方向提供了新的视角。

11.3　群智化数据标注的未来发展

数据标注需求的多样化、大规模化、专业化以及常态化,给数据标注行业带来了极大的挑战。目前,数据标注不再是通过简单的招募与标注就可以完成的事情,而愈发需要构造以数据标注项目为核心的工程化的解决方案。其中,数据标注的多样化需求,意味着数据标注市场需要具备处理多种多样的数据标注需求的能力,这要求数据标注公司、平台应以及组织建立起完善的数据标注需求应对机制。数据标注的大规模化则要求相关企业基于标注工具和平台组织建立起完善的任务分解、分配以及人员管理机制,以提升数据标注项目的效率。数据标注的专业化要求数据标注行业建立完善的需求分析、人员培训机制。数据标注的常态化则要求数据标注行业能够实时响应,及时完成任务。总而言之,数据标注行业需要靠工程化方法应对数据标注需求带来的重大挑战,使得各类需求都能够得到充分解决,促进人工智能行业蓬勃发展。

11.3.1　数据标注的大众化与职业化并行发展趋势

从对标注人员的要求看,未来数据标注将呈现大众化与职业化并行发展的趋势。这是由数据标注需求的不断增长与专业化决定的。随着数据标注需求的不断增长,未来将涌现出越来越大规模的数据标注任务,大规模的数据标注需求意味着需要大量的数据标注人员。面对庞大的数据标注人员需求,传统的通过线下组织人员的方式显然不能够有效应对,只有通过互联网将全世界范围内的人群资源组织起来才有可能满足需求,这正是众包的思路。

众包经过十余年的发展,已成为比较成熟的技术模式,但这并不意味着如今的众包技术已经完美,用众包技术处理大规模数据标注任务的典型例子如 ImageNet,ImageNet 通过全球 167 个国家近 5 万名数据标注人员,历时 3 年标注了约 1 500 万张图像。尽管 ImageNet 被看作众包技术成功的案例,实际上,它仍然有着许多问题。

首先,在数据量方面,1500 万张图像虽然已经是相当大的数据集,但随着模型参数的不断增加,CPU/GPU 等算力的不断增强,ImageNet 逐渐成为人工智能技术发展的瓶颈,无法满足人工智能行业对数据量的巨大需求。在依托 ImageNet 的大规模视觉识别竞赛 ILSVRC 的 2017 年度竞赛中,由于所有参赛队伍的识别准确率均超过 95%,数据集已无法继续支持相关算法的创新,因而竞赛在 2017 年后已经终止。

其次,在标注完成时间方面,用时 3 年是一个不短的时间,尤其是在如今人工智能技术飞速更迭的时代,3 年时间可能已经完成了多轮技术迭代,原有的数据标注需求可能已经过时。

最后,在人员数量方面,ImageNet 的任务并不需要非常专业的知识,具备简单的常识就可以完成,作为目前已知最大规模的众包数据标注任务,ImageNet 仅招募了 5 万名标注人员,而全球互联网用户数量约为 46.48 亿人,这意味着这个市场还有很大的潜力。

综上,现有的众包技术还存在很多不足,需要大量的技术创新以响应未来的需求,包括处理更大规模的任务与更快的处理速度,这就要求众包平台能够随时提供大规模的在线标注人员,以保证大规模标注任务及时得到完成。由于众包标注人员在线时间不固定的特点,众包平台的注册标注人员数量远高于平均的实时在线人数,而愿意完成这一任务的在线标注人员数量更少,因此,要保证大规模标注任务能够及时完成,就需要更大规模的注册人员,这要求全社会广泛参与,也就是数据标注的大众化。

在未来,数据标注将是人人都可以参与进来的行业,大家可以利用业余时间做一些数据标注任务赚取报酬。为了争取大众的广泛参与,未来的大规模数据标注任务会在以下几方面做出改进:降低任务门槛,大任务要拆分为简易的子任务,标注人员只需要进行最简单的操作就可以完成子任务的标注。拓宽发放渠道,标注任务将无处不在,会被投放在各类场景,如标注平台、游戏、验证码等。充分利用时间,标注任务更注重于利用标注人员的零碎时间,可以随时开始,随时停止。

除了大众化,未来数据标注还将变得职业化,这与大众化并不矛盾,它与大众化是同时发生的,大众化是数据标注行业的广度,而职业化是数据标注行业的深度。随着一部分数据标注任务的难度越来越高,对数据标注人员的专业程度要求也越来越高。以自动驾驶中的 3D 点云标注为例,这类任务需要标注人员掌握如何观察、分析与标注 3D 点云数据,同时需要标注人员了解障碍物、车道线、红绿灯等的标注规则与注意事项,这些任务涉及大量的专业知识,没有经过培训的普通人难以完成。另外,这类任务规模大、难度高,普通人难以直接上手,但在经过一定的培训后就能较好地完成标注任务。任务的重复性强,流程相对机械化,但又不能由机器完成。为了完成这类任务,要求数据标注行业有一批实时在线的职业化标注人员,即要求数据标注行业具有完整的标注人员招募、培训、管理体系。

在未来,数据标注的职业化特征会更加突出,将会出现职业的数据标注师应对不同类别的复杂、专业数据标注任务,他们和现在的产业工人类似,只是工作场所从流水线上转到了电脑前,并且,由于他们的生产设备是电脑和数据标注软件,因此他们不需要被聚集到工厂内作业,而是有电脑和互联网的地方就能够工作,这种执行任务的便利性决定了数据标注人员的规模可以很大,并且人员的招募、培训与管理体系将不再局限于线下,而是有互联网的地方就可以进行。

在未来,数据标注将呈现大众化与职业化并行发展趋势,数据标注将深入人们的生活,以零工、验证码等多种形式出现在大众的生活中,人人都是数据标注员,有志于将数据标注作为主业的人也可以选择职业化的道路,只需要拥有一台联网的电脑或者手机,就可以参与数据标注员的职业化培训,成为一名数据标注工程师。

11.3.2 数据标注智能化的过程管理

在实际的数据标注案例中,常常遇到标注速度慢、标注质量不达标、标注开销过大等问题,而人们通常热衷于开发各类先进技术,如预标注、分配算法等。事实上,这些方法只是解决一些局部的小问题,合理的项目规划和生产流程才是从宏观上解决这些问题的重要方法。一套合理的生产流程首先要求将数据标注划分为多个环节,定义好每个环节的具体任务与要求,通过协调优化每个环节,使得整体的效率达到最优。数据从采集到验收,涉及多个环节,如采集、标注、质检、交付等,每个环节中又有大量的子环节,每一个环节都需要精心设计、调整。例如,质量不合格的标注应该如何处理,是否打回重新标注,打回重新标注需要花费额外时间,这一切都需要进行详细合理的流程设计。

未来的数据标注行业必然是工程化、流程化的,流程化带来的高效率、低成本将快速地在数据标注行业普及,并且不断迭代升级。未来的数据标注过程管理,一定会与人工智能技术高度结合,最大程度地提高标注效率。从宏观上讲,未来的人工智能技术将参与整体的数据标注流程设计,高度发展的强化学习技术可能在数据标注前进行整体的数据标注流程设计,只需将任务的相关需求作为参数输入模型,模型会给出几个备选的最优流程,包括需要哪些环节,每个环节的具体参数设置,如需要审核几轮等,具体到每个环节,则有更多的人工智能算法进行辅助。

在数据采集阶段,智能机器人、各类智能传感器以及智能化的"网络爬虫"将让数据采集更加高效、便捷、廉价。

在数据清洗阶段,未来成熟的自然语言处理技术将辅助完成一些基础的数据清洗任务,如数据去重、数据补齐等。

在确定需求阶段,决策型人工智能能够将数据需求方口语化的需求转化为更具体的,可以直接落实到流程中的标准。

在数据标注环节中,人工智能技术会有更多的用武之地,在数据标注前,采用人工智能技术进行辅助标注,数据标注员的工作从开始标注数据变成修改调整算法标注好的数据,这将大量减少数据标注员的工作量,数据标注员的修改结果也能够反馈给预标注算法,进行进一步调优,在下一次预标注时更好地进行辅助。

在任务设计阶段,人工智能技术则能够用于生成标注规范、辅助任务定价、设计激励机制、检测恶意工人、撰写标注指南、设计智能化标注工具(如智能辅助画线、画框等)。

在任务分发阶段,人工智能技术可以通过分析任务特征与数据标注员的特征,对任务与人员进行最优匹配。在用户培训方面,由于数据标注人员规模巨大,通常只能制定统一的培训方案,无法做到"因材施教",而人工智能技术让因材施教成为可能,未来,可能会通过人工智能技术为每个用户筛选,甚至生成最合适的培训材料,并设计练习题与准入考试。

在数据质检方面,通常,由于数据规模大,采用抽样检查的方式,人工智能技术可以用于数据初筛,预先筛选出可能不合格的标注数据,提高质检的效率,减少漏网之鱼。

在数据交付与验收方面,同样可以采用人工智能技术进行数据检查,提高交付与验收效率。

总之,人工智能的应用十分广泛,从数据标注项目的整体流程设计到每个具体环节,都能够发挥重要作用。未来,随着人工智能技术的不断革新,对标注数据的要求可能会越来越高,但相应地,其在数据标注行业中发挥的支撑作用也将越来越大。人工智能技术在每个任务方面带来的微小的成本降低、质量提高,在大规模的数据下将会被放大。因此,在未来的数据标注行业竞争中,智能化的数据标注过程管理将成为核心竞争力,数据标注公司不仅需要关注数据标注本身,还需要积累大量的人工智能辅助技术。目前,国内的许多数据标注公司的生产方式仍然停留在小规模、纯人工的阶段,全靠低廉的人工成本维持盈利,随着未来的人工成本增长以及数据需求方对规模、质量、效率要求的提高,小规模、纯人工的小作坊将难以为继,相对于具有智能辅助工具与平台支撑、进行流程化管理的数据标注公司,纯人工方式培训困难、效率不高,难以适应多样化的数据标注需求,无法服务于复杂项目,在智能化、流程化的公司面前,如果不采用智能化的过程管理,其技术与市场竞争力将逐渐变弱。

总体而言,目前国内的人工智能数据标注企业的智能化程度还需进一步提升,以满足人工智能科研机构、企业带来的大规模标注数据的需求。

11.3.3 数据标注过程标准化

数据标注的工程化必然伴随着标准化,工程化的思路将数据标注分解为数据标注、项目管理、质量检验等多个模块,每个模块又被细分为多个子模块,且每个子模块都有相应的运行规则。每当平台方接收到一个新的数据标注项目,就能够按照流程高效地将其完成,而标准化就是制定工程化中的流程标准、质量标准等相应细则的过程。

目前来讲,国内的数据标注行业标准化仍在起步阶段,智能化、工程化的数据标注流程管理在一些数据标注公司(如百度众测、京东众包、数据堂等)初具雏形,但仍未完善,且没有形成通用的、统一的标准性规范。在未来,数据标注将呈现高度的工程化,数据标注将成为一项系统性的工程,拥有一套完善的标注流程、人员管理机制,以及安全、隐私等相关机制以应对各式各样的复杂的数据标注需求,这一切都需要标准化进行支撑,即建立起完善的配套标准。

标准化是指在经济、技术、科学和管理等社会实践中,对重复性的事物和概念,通过制订、发布和实施标准达到统一,获得最佳秩序和社会效益。公司标准化是以获得公司的最佳生产经营秩序和经济效益为目标,对公司生产经营活动范围内的重复性事物和概念,制定和实施公司标准,贯彻实施相关的国家、行业、地方标准等为主要内容的过程。数据标注行业中的大量工具、技术、流程、规则等在实际的数据标注过程中经常出现大量重复,如果没有对其进行标准化,就会导致在每一次的数据标注任务中,重复地讨论流程、设计工具、制定规则等,浪费大量的人力与时间。

标注过程的标准化将会促进数据标注的效率与质量的提升以及成本的降低:① 数据标注过程的标准化将全面提升整体标注质量,标准化使得数据标注过程中每一个步骤的输入与产出都变得可控,数据标注员也知道在流程的每个步骤会得到怎样的结果,他们只需要按部就班地将上一步的结果,按照既定流程转化为这一步的输出。② 数据标注过程的标准化将有效节约时间成本,事实上,许多公司都需要花费大量精力处理生产过程中产生的浪费问题。在数据标注中,这体现为人力资源的浪费、时间的浪费以及金钱的浪费。例如,在质检环节,质检的迭代次数如果没有具体的标准,就可能导致质检次数过多或过少,从而导致人力资源的浪费或后续的数据质量不达标。③ 数据标注过程的标准化还有助于缺陷的定位与解决,由于每个环节的输入、输出被统一规定,当数据标注过程出现问题时,只需要对每个步骤的输入、输出情况进行检查,就能很快地定位问题之处,并快速加以解决。④ 标准化还能够帮助公司更好地规划预算,在标准化的数据标注流程中,每个环节所需要的人力与物力都可以根据标准提前确定,准确地估计预算,制定详细标准,有助于后续遇到突发状况时修改预算。⑤ 标准化的数据标注过程能够精简员工的培训过程,数据标注行业的人员规模是相当大的,对每一个人都临时制定入职、培训、管理规则显然是不切实际的,标准化的人员管理有助于精简人员培训流程,提高公司的运转效率。⑥ 从行业层面讲,对整个数据标注行业制定统一的标注过程标准,有助于国家对行业的统一管理,有助于各公司间的业务交流往来,全行业统一标准也有助于人工智能行业与数据标注行业间的数据流转,降低交流成本,促进行业发展。

随着人工智能行业的蓬勃发展,数据标注相关的标准化进程被快速推进,作为人工智能数据质量标准的附属标准包括各种类型数据的质量标准、机器学习数据质量的管理标准等,但关注数据标注行业本身的标准并不多,国内的相关标准制定比国外相对领先,但仍在起步阶段。随着国内外数据标注行业标准化进程的推进,未来的数据标注行业将出现统一、规范的标准,这些标准主要包括音频、文本、图像、视频的采集标准、标注标准、验收标准;规范的数据标注流程框架标准;数据标注行业的人员管理标准;数据标注行业的数据管理标准(包括对安全与隐私问题的保护)等。

在未来,数据标注公司在接收到数据标注任务后,只需根据相应标准开展业务即可,不需要再针对特定任务规划如何处理任务,对于一个图像标注任务,如果该公司没有相应的流程标准以供查询,就需要花费大量精力制定相应流程,还要制定每个环节相应的质量标准。未来的各项标准会是各数据标注公司长时间探索得出的宝贵经验,能够有效降低行业门槛,让数据标注行业的参与者不需要为标注本身外的事情花费大量的精力,以此会提高数据标注项目的完成效率和质量。

11.4　本章小结

本章介绍了数据标注行业的未来发展,设想了未来人工智能应用与技术的形态,并引出它们对数据标注行业提出的需求与挑战,指出未来的数据标注需求量将会增多,呈现规模持续增长、任务趋向复杂和高度定制化的趋势,之后对未来的数据标注技术发展进行了展望,未来人工智能技术将与数据标注技术深度结合,双向增强,数据标注技术的提升离不开人工智能技术的辅助,随着社会对数据安全与隐私的日渐重视,数据标注的安全与隐私保障技术将成为未来的重要技术。另外,未来还将涌现大量的新型数据标注工具与平台,以应对不断更新的数据标注需求。最后,本章介绍了群智化数据标注的未来发展预测,即从人员角度看,数据标注将呈现大众化与职业化并行发展的趋势,数据标注将变得流程化,需要具体的流程与制度,而其过程管理将用到大量的人工智能技术,且群智化数据标注必然伴随着其流程框架、质量要求等的工程化和标准化。

11.5　作业与练习

(1) 人工智能对数据标注的需求主要包括哪些环节?请结合人工智能算法开发阶段简要进行概括。

(2) 根据数据标注项目的实施流程,分析有哪些任务环节可以全部或者部分地基于人工智能技术来完成。

(3) 为什么要从人工智能的发展趋势开始介绍数据标注的趋势?二者的关系是什么?

(4) 未来的数据标注工具和平台是什么样的?有哪些新的功能?

(5) 数据标注的大众化与职业化是否矛盾?这两种趋势出现的原因是什么?

附录 数据标注工程师职业等级划分与技能等级认证要求

数据标注工程师职业技能分为 3 个等级：初级、中级、高级，3 个级别依次递进，高级别涵盖低级别职业技能要求。

数据标注工程师（初级）：对数据标注有一定的认知和理解，掌握数据标注基础理论知识、掌握数据标注工作流程；熟练使用数据标注工作平台，掌握文本、图像、语音、视频 4 大标注类型的基本标注规则和方法，能够通过学习给定的标注规则，完成特定的数据标注任务。

数据标注工程师（中级）：对数据标注具有较深入的理解，熟练掌握常见标注任务的目标及基本标注方法，能够高质量完成数据标注任务；能够总结提炼标注规则中的易错点、重难点；能够对标注规则提出改进建议，并对标注规则做简单的修正；同时在项目任务实施过程中，可参与一定的标注业务培训及标注规则辅导、答疑，以提升整个项目的质量与效率。

数据标注工程师（高级）：深度理解标注行业和标注业务需求，精通常见标注任务的目标及基本标注方法，能够高质量完成数据标注任务；精通各类项目标注规则，且能够独立根据项目需要完善和细化规则；能够独立主持标注规则、标注体系的制定和完善；同时掌握标注项目运营的全流程，承担标注项目管理职责，保证整个项目的质量与效率。

数据标注工程师的职业技能等级认证要求分为对基础知识要求和专业技能要求两大部分，基础知识包括标注基础知识、项目管理知识、标注平台知识、文本标注知识、图像标注知识、语音标注知识、视频标注知识 7 部分。专业技能要求主要包括标注任务实施和标注规则理解与指定两个部分，对数据标注工程师初级、中级、高级的相关知识要求和专业技能要求依次递进，高级内容涵盖低级别的要求。

1. 初级数据标注工程师

关于标注任务实施，应满足以下要求：

（1）熟知各标注项目的运营流程，并能够依据项目流程执行标注任务；

（2）能够根据各标注项目要求，通过相关标注项目的练习要求与标注任务能力准入测试；

（3）能够严格按照项目安排，实施数据标注作业，并如期提交；

（4）能够按照各标注项目中的要求和指导，利用标注平台完成相应标注项目，并满足标注项目对初级数据标注工程师标注正确率的要求。

关于标注规则理解与制定，应满足以下要求：

（1）能够读懂，并理解标注项目的目标及规则；

（2）能够在阅读学习标注规则时，发现项目规则中存在的问题，并及时向上反馈；

（3）能够在实际标注工作中，发现项目规则有待改进或更新的信息，并及时向上反馈；

（4）初步了解标注项目中标注规则的编写思路与注意事项。

2. 中级数据标注工程师

（1）标注任务实施

关于标注任务实施，应满足以下要求：

① 掌握各标注项目运营流程，清晰明确标注项目运营实施阶段；

② 能够根据各标注项目要求，通过相关标注项目的练习要求与标注任务能力准入；

③ 能够严格按照项目安排，实施数据标注作业，并如期提交任务；

④ 能够按照标注项目的要求和指导，利用标注平台高质量完成各标注项目，并满足标注项目对中级数据标注工程师正确率的要求。

（2）标注规则理解与制定

关于标注规则理解与制定，应满足以下要求：

① 能够快速理解各标注项目中的目标及规则；

② 能够总结提炼标注规则中的易错点、重难点；

③ 能够在理解项目规则的基础上，发现项目规则中的问题，并及时向上反馈；

④ 能够在实际标注工作中，发现项目规则有待改进或更新的信息，并及时向上反馈；

⑤ 深度理解各标注项目需求，能对标注规则做简单的修正。

（3）深度理解标注项目需求

关于标注项目管理，应满足以下要求：

① 能够参与一定的标注业务培训及标注规则辅导、答疑；

② 能够承担各标注项目质检工作，且质检正确率不低于项目要求；

③ 能够通过办公软件或相关系统，完成标注项目测试题筛选或评审工作；

④ 能够初步制定提升项目质量或提升标注效率的执行方案。

3. 高级数据标注工程师

（1）标注任务实施

关于标注任务实施，应满足以下要求：

① 能够根据各标注项目要求，通过相关标注项目的练习要求与标注任务能力准入；

② 熟练掌握各标注项目运营流程，能即时参与到各标注项目运营实施的各个阶段；

③ 精通常见标注任务的目标及基本标注方法，能够高质量完成数据标注任务，并

满足标注项目对高级数据标注工程师正确率的要求；

④ 能够严格按照标注项目安排，实施数据标注作业并如期提交。

（2）标注规则理解与制定

关于标注规则理解与制定，应满足以下要求：

① 精通各标注规则，且能够根据项目需要完善和细化规则；

② 能够提前预判各标注规则中的易错点、重难点，并提前辅导、培训标注团队；

③ 能够独立主持标注规则、标注体系的制定和完善。

（3）标注项目管理

关于标注项目管理，应满足以下要求：

① 掌握标注项目运营的全流程，可承担标注项目相关管理职责；

② 能够独立制定项目实施和管理方案，相关方案必需可落地、执行；

③ 能够独立运用相关软件录制培训讲解视频，并可在线上、线下组织培训活动；

④ 能够独立通过办公软件或相关系统，完成标注项目测试题筛选或评审工作；

⑤ 能够独立制定提升项目质量或提升标注效率的执行方案；

⑥ 能够有效把控标注项目的运营实施，保证项目如期、高质量交付。

表 1 和表 2 分别展示了不同职业等级认证中各类理论知识和专业技能所占的权重。

表 1　数据标注工程师职业技能等级认证理论知识权重表

项目 技能等级		初级数据标注 工程师/%	中级数据标注 工程师/%	高级数据标注 工程师/%
基础理论知识	标注基础知识	25	15	10
	项目管理知识	—	20	30
	标注平台知识	10	10	5
专业理论知识	文本标注	15	任选两项， 各占 27.5	任选两项， 各占 27.5
	图像标注	20		
	音频标注	15		
	视频标注	15		

表 2　数据标注工程师职业技能等级认证专业技能要求权重表

项目 技能等级		初级数据标注 工程师/%	中级数据标注 工程师/%	高级数据标注 工程师/%
技能要求	文本标注	25	任选两项，各占 50	任选两项，各占 50
	图像标注	35		
	音频标注	20		
	视频标注	20		
合计		100	100	100

参考文献

[1] Turing A M. Computing Machinery and Intelligence[M]. Oxford University Press,1950.

[2] Djellel D, Filatova E, Ipeirotis, P. Demographics and dynamics of mechanical turk workers[C]// Proceedings of the Eleventh ACM International Conference on Web Search and Data Mining. 2018,135-143.

[3] Doan A, Ramakrishnan R, Alon Y. Halevy:Crowdsourcing Systems on the World-Wide Web[J]. Communications of ACM, 2011,54(4):86-96.

[4] Gardner H. Frames of Mind: The Theory of Multiple Intelligences[M]. Basic Books, 1983.

[5] Gonzalez R C, Woods R E. Processamento de imagens digitais[M]. Editora Blucher, 2000.

[6] Hinton G E, Salakhutdinov R R. Reducing the dimensionality of data with neural networks[J]. Science, 2006, 313(5786):504-507.

[7] Ian G, Yoshua B, Aaron C. Deep Learning[M]. 赵申剑,黎彧君,符天凡,等译. 北京:人民邮电出版社,2017.

[8] Deng J, Dong W, Socher R, et al. ImageNet:A Large-Scale Hierarchical Image Database[C]. IEEE Computer Vision and Pattern Recognition (CVPR), 2009, 20-25.

[9] Krishna R, Zhu Y, Groth O, et al. Visual Genome:Connecting Language and Vision Using Crowdsourced Dense Image Annotations[J]. Computer Vision, 2017,123(1):32-73.

[10] Krizhevsky A, Sutskever I, Hinton G E. Imagenet classification with deep convolutional neural networks[J]. Advances in Neural Information Processing Systems, 2012(25):1106-1114.

[11] Michelucci P, Dickinson J L. The Power of Crowds[J]. Science, 2017, 351 (6268):32-33.

[12] Rosenblatt, F. The Perceptron: A Probabilistic Model for Information Storage and Organization in the Brain, Cornell Aeronautical Laboratory. Psychological Review, 1958,65(6):386-408.

[13] Rumelhart D E, Hinton G E, Williams R J. Learning representations by back-propagating errors[J]. Nature. 1986,323 (6088):533-536.

[14] Russell S J, Norvig P. Artificial Intelligence: A Modern Approach[M]. 4th ed. Pearson, 2020.

[15] Silver D, Huang A, Maddison C J, et al. Mastering the game of Go with deep

neural networks and tree search[J]. Nature，2016，529(7587):484-489.

[16] Wang B，Wu V，Wu B，et al. Latte：accelerating lidar point cloud annotation via sensor fusion，one-click annotation，and tracking[C]//2019 IEEE Intelligent Transportation Systems Conference (ITSC). IEEE，2019:265-272.

[17] LI W，WU W J，Wang H M，et al. Crowd intelligence in AI 2.0 era[J]. Frontiers of Information Technology and Electronic Engineering，2017，18(1):15-43.

[18] 蔡莉，王淑婷，刘俊晖，等. 数据标注研究综述[J]. 软件学报，2020，31(2):302-320.

[19] 崔桐,徐欣.一种基于语义分析的大数据视频标注方法[J].南京航空航天大学学报,2016,48(5):677-682.

[20] 国务院关于印发新一代人工智能发展规划的通知[EB/OL]. [2017-07-20]. http://www.gov.cn/zhengce/content/2017-07/20/content_5211996.htm.

[21] 旷视科技数据业务团队. 计算机视觉图像与视频数据标注[M]. 北京:人民邮电出版社,2020.

[22] 李德毅,于剑.人工智能导论[M].北京:中国科学技术出版社,2018.

[23] 李伟,李硕.理解数字声音——基于一般音频/环境声的计算机听觉综述[J]. 复旦大学学报:自然科学版,2019,58(3):45.

[24] 李晓龙,刘菁,张泽忠,等. 我国智能网联汽车关键技术与突破[J]. 智能网联汽车,2019(2):76-81.

[25] 连诗路. AI赋能:AI重新定义产品经理[M].北京:电子工业出版社. 2019.

[26] 刘鹏,张燕.数据标注工程[M].北京:清华大学出版社,2019.

[27] 刘欣亮,韩新明,刘吉.数据标注实用教程[M].北京:电子工业出版社,2020.

[28] 罗常伟,於俊,于灵云,等.三维人脸识别研究进展综述[J].清华大学学报:自然科学版,2021,61(1):12.

[29] 聂明,齐红威.数据标注工程——概念、方法、工具与案例[M].北京:电子工业出版社,2021.

[30] 数据标注师:人工智能背后的人工力量[N].科技日报,2019-9-10().

[31] 数据堂.手机自然通话语音数据——标注规范[EB/OL].(2015-05)[2015-12-05]. https://wenku.baidu.com/view/feff93ce011ca300a7c39071.

[32] 孙海龙,李国良.群智系统的质量保障方法[J].中国计算机学会通讯,2018,14(11):18-25.

[33] 孙海龙,卢暾,李建国,等. 群智协同计算:研究现状与发展趋势(2016—2017中国计算机科学技术发展报告)[M].北京:机械工业出版社,2017.

[34] 王建,徐国艳,陈竞凯,等. 自动驾驶技术概论[M].清华大学出版社,2019.

[35] 王科俊,赵彦东,邢向磊.深度学习在无人驾驶汽车领域应用的研究进展[J].智能系统学报,2018,13(1):55-69.

[36] 王玲,宋斌.计算机科学导论[M].第 2 版.北京:清华大学出版社,2013.

[37] 辛阳,刘治,朱洪亮,等.大数据技术原理与实践[M].北京:北京邮电大学出版社,2018.

[38] 张钹,朱军,苏航.迈向第三代人工智能[J].中国科学:信息科学,2020,50(9):1281-1302.

[39] 郑树泉,王倩,武智霞,等.工业智能技术与应用[M].上海:上海科学技术出版社,2019.

[40] 中国电子技术标准化研究院.人工智能标准化白皮书(2018 年)[R/OL].(2018-01-24)[2019-11-20].http://www.cesi.cn/images/editor/20180124/20180124135528742.pdf.

[41] 中国人工智能发展战略研究项目组.中国人工智能 2.0 发展战略研究[M].杭州:浙江大学出版社,2016.

[42] 中国信息通信研究院.全球人工智能战略与政策观察[EB/OL],(2019)[2020-07-02].http://www.huaujing100.com.

[43] 周志华.机器学习[M].北京:清华大学出版社,2016.